高分辨率环境遥感理论与实践

王　桥　赵少华　著

科学出版社

北　京

内 容 简 介

本书面向新时期我国环境遥感监测的业务需求,在分析高分辨率卫星环境遥感现状及发展趋势、高分辨率卫星环境遥感应用需求和应用潜力的基础上,阐述基于高分辨率卫星的图像数据处理、大气环境遥感监测、水环境遥感监测、生态环境遥感监测技术与方法,介绍高分环境应用示范平台的总体设计、结构组成、研发和运行情况,并以京津冀、太湖、三江源等示范区为例,给出了高分一号等国产高分卫星在区域空气质量、污染气体、温室气体、水华、水质、溢油、饮用水水源地、自然保护区、矿山资源开发、生物多样性保护区、农村、城市等应用示范成果。

本书可供环境遥感监测与管理专业人员使用,也可作为高等院校、科研院所的教学、科研及应用的参考用书,以及环境遥感监测评价技术人员的培训教材。

审图号:GS(2022)1127 号

图书在版编目(CIP)数据

高分辨率环境遥感理论与实践/王桥,赵少华著.—北京:科学出版社,2023.8
　ISBN 978-7-03-060389-0

　Ⅰ.①高… Ⅱ.①王…②赵… Ⅲ.①高分辨率-卫星遥感-环境遥感-研究 Ⅳ.①X87

中国版本图书馆 CIP 数据核字(2019)第 006738 号

责任编辑:周　炜　罗　娟 / 责任校对:任苗苗
责任印制:肖　兴 / 封面设计:陈　敬

科 学 出 版 社 出版
北京东黄城根北街 16 号
邮政编码:100717
http://www.sciencep.com

北京中科印刷有限公司 印刷
科学出版社发行　各地新华书店经销
*

2023 年 8 月第 一 版　　开本:787×1092　1/16
2023 年 8 月第一次印刷　　印张:27
字数:633 000

定价:328.00 元
(如有印装质量问题,我社负责调换)

本书参编作者

万华伟	马万栋	马鹏飞	王 玉	王 桥
王子峰	王中挺	王昌佐	王晋年	王雪蕾
毛学军	毛慧琴	厉 青	申文明	史园莉
付 卓	朱 利	朱海涛	任华忠	刘 锐
刘玉平	刘思含	刘晓曼	刘慧明	江 东
江 波	孙中平	杜世宏	李 飞	李 营
李 静	李云梅	李俊生	杨一鹏	杨海军
肖 桐	肖如林	吴 迪	吴传庆	吴艳婷
岑 奕	初 东	张 扬	张 峰	张 雪
张玉环	张丽娟	陈 辉	陈 静	陈良富
陈翠红	周春艳	屈 冉	赵 冬	赵少华
侯 鹏	姜 俊	洪运富	姚 新	姚云军
姚延娟	秦其明	聂忆黄	殷守敬	高彦华
陶金花	黄耀欢	曹 飞	程 乾	游代安
谢 涛	蔡明勇	裴浩杰	翟 俊	熊文成

序

2013 年 9 月,国务院印发的《大气污染防治行动计划》明确要求"加强重点污染源在线监控体系建设,推进环境卫星应用";2014 年 11 月,国务院办公厅印发的《关于加强环境监管执法的通知》明确要求"强化自动监控、卫星遥感、无人机等技术监控手段运用";2015 年 5 月,中共中央、国务院印发的《关于加快推进生态文明建设的意见》明确要求"利用卫星遥感等技术手段,对自然资源和生态环境保护状况开展全天候监测";2015 年 7 月,国务院办公厅印发的《生态环境监测网络建设方案》要求"研制、发射系列化的大气环境监测卫星和环境卫星后续星并组网运行,加强无人机遥感监测和地面生态监测,实现对重要生态功能区、自然保护区等大范围、全天候监测"。环境遥感具有大范围、全天候、全天时、快速、动态进行监测环境的优势,已成为我国生态环境监测的重要技术手段,在我国环境污染防治和生态文明建设中发挥了巨大作用。

目前环境遥感正向"三定(定量、定位、定时)"、"三全(全天候、全天时、全球观测)"、"三高(高空间分辨率、高光谱分辨率、高时间分辨率)"方向发展,国际上高分辨率卫星空间分辨率已达亚米级、时间分辨率达分钟级、光谱分辨率达亚纳米级,我国正努力赶超国际水平,目前已成功发射高分一号、高分二号、高分三号、高分四号、高分五号、高分六号、高分七号卫星,空间分辨率优于 1m,我国环境遥感监测将进入一个高分辨率观测的新时代。与常规的中低分辨率遥感手段相比,高分辨率遥感技术将给生态环境要素的高精度、高时效监测带来跨越式的发展。在大气环境遥感监测方面,可将以区域大气气溶胶监测为主的应用拓展到城镇和企业等大气污染物的精细监测;在水环境遥感监测方面,可将以内陆大型水体水色监测为主的应用拓展到小流域和饮用水水源地等水质的精细监测;在生态遥感监测方面,可将以宏观生态系统类型监测为主的应用拓展到各级自然保护区、生物多样性优先保护区、重要生态功能区等人类活动干扰和生态功能要素的精细监测。因此,开展高分辨率卫星环境遥感监测的方法研究与应用是我国环境管理与监测的迫切需求,只有尽快攻克高分辨率环境遥感监测技术,建立我国自主高分辨率环境遥感技术体系,才能大幅提升我国环境遥感监测的定量化和精细化水平,为环境管理、决策等提供高效技术支撑与服务,满足我国环境监测和管理的更高、更新的需求。

该书面向新时期我国环境遥感监测与管理的需求,基于高分环境应用示范项目的研究成果,系统阐述高分辨率卫星环境遥感监测的技术原理和方法,详细介绍高分图像数据处理、高分大气环境遥感监测、高分水环境遥感监测、高分生态环境遥感监测、高分环境遥感应用系统研发等相关内容,并以国产高分一号等卫星为例,列举了大量由作者牵头完成的高分环境遥感监测应用实例。相信该书的出版对于促进高分辨率卫星环境遥感监测的研究和应用具有重要意义,同时,对于环境、遥感、地球科学等相关领域的学者和学生也具有较好的参考价值。

中国工程院院士

2022 年 6 月

前　言

高分辨率对地观测系统重大专项(简称高分专项)是国务院《国家中长期科学和技术发展规划纲要(2006—2020 年)》确定的 16 个国家科技重大专项之一,它于 2010 年 5 月通过国务院审批后全面启动实施,其目标是发展基于卫星、飞机和平流层飞艇的高分辨率先进观测系统,形成时空协调、全天候、全天时的对地观测系统,建立对地观测数据中心等地面支撑和运行系统,提高我国空间数据自给率,形成空间信息产业链,保障环境保护、现代农业、防灾减灾、资源调查、国家安全等战略需求。2013 年 4 月 26 日,我国自主研发的高分一号卫星成功发射,由此拉开了我国高分专项系列卫星研发的序幕,大幅提高了环境保护部门对大气环境、水环境和生态环境监测评估及管理的科技支撑能力,使科技有效支撑我国环境监管的定量化和精细化水平,为加快构建天地一体化的环境监测预警能力发挥积极作用。

为推动国家天地一体化环境监测预警体系建设,加强高分辨率遥感数据在我国环境保护工作中的应用,提升我国环境遥感监测的定量化和精细化水平,充分发挥卫星遥感在国家大气污染防治、水污染防治、土壤污染防治、生态保护红线监管等重大工作中的有效作用,推动我国生态文明建设的发展,有必要对高分辨率卫星的环境遥感监测技术、应用领域进行总结,并以实例指导地方环境遥感监测工作的开展。为此,在国家国防科技工业局高分重大专项"环境保护遥感动态监测信息服务系统(一期)"项目以及国家重点研发计划"城乡生态环境综合监测空间信息服务及应用示范"项目的资助下,基于项目目前的研究成果和高分专项"环境保护遥感动态监测信息服务系统先期攻关"项目的研究成果,本书针对高分辨率卫星数据,总结国内外高分辨率卫星遥感应用现状和发展趋势,提出高分辨率卫星环境遥感应用需求和应用潜力,介绍高分辨率环境遥感监测应用、研究进展和应用示范情况,对高分一号等卫星载荷的技术特征、数据质量及处理方法进行分析,围绕环境保护遥感动态监测信息服务系统建设,重点介绍高分一号等我国自主研发的卫星在大气环境、水环境和生态遥感监测与评价中的应用方法和典型范例,以及高分环境遥感应用示范系统建设的标准规范、系统设计与开发等内容,以规范和指导高分辨率遥感技术在环境监测业务中的应用。

全书共分 7 章,第 1 章为绪论,阐述高分环境遥感的理论方法、应用需求和应用潜力,主要由王桥、赵少华、刘思含、朱利、王中挺、万华伟、熊文成、游代安、李营等撰写;第 2 章介绍辐射校正、几何校正、大气校正等 6 类高分环境图像数据处理和应用共性关键技术及应用实例,主要由熊文成、申文明、聂忆黄、屈冉、赵冬、岑奕、王晋年等撰写;第 3 章介绍颗粒物、气溶胶光学厚度、臭氧、空气质量、二氧化硫、二氧化氮等高分大气环境遥感监测关键技术及应用实例,主要由王中挺、厉青、周春艳、陈良富、王子峰、陶金花等撰写;第 4 章介绍水华、溢油、河口水质、饮用水水源地安全等 4 类高分水环境遥感监测关键技术及应用实例,主要由朱利、吴传庆、李云梅、李俊生、程乾等撰写;第 5 章介绍生态系统自动分类和生态参数定量反演、自然保护区、矿山开发环境破坏、农村生态环境、城市生态环境、生物多样性等 6 类高分生态环境遥感监测关键技术及应用实例,主要由万华伟、侯鹏、王昌佐、申文明、江东、黄耀欢、秦其明等撰写;第 6 章介绍高分环境应用示范平台的总体设计、系统组成、研发情况和运行实例,主要由游代安、申文明、王昌佐、赵冬、张扬等撰写;第 7 章介绍高分卫星在大气环境、水环境和生态环境中的典型应用示范情况,主要由王玉、吴迪、赵少华、朱利、王中挺、万华伟、裴浩杰等撰写。全书由王桥、赵少华、王玉、吴迪统稿,王桥定稿。

　　本书由生态环境部卫星环境应用中心等单位的技术人员撰写,在撰写过程中得到了国家国防科技工业局重大专项工程中心、生态环境部科技与财务司和生态环境监测司等单位的指导和大力帮助,也得到了中国科学院空天信息创新研究院、中国科学院地理科学与资源研究所、南京师范大学、北京大学、中国环境监测总站、北京师范大学、青海省生态环境遥感监测中心等单位的有力支持,在此一并表示衷心的感谢。

　　限于作者水平,书中难免存在疏漏和不妥之处,敬请读者批评指正。

作　者

2022 年 6 月

目　　录

第1章 绪 论

目前,航空航天遥感正向高空间分辨率、高光谱分辨率、高时间分辨率等方向迅猛发展(李德仁等,2012)。高分辨率卫星遥感技术逐渐呈现出高精度、多层、立体、多角度、多极化、全方位、全天候发展局面,涵盖紫外、可见、红外、偏振、高光谱、微波、激光等主被动协同多种手段的趋势,可以在环境保护领域中发挥巨大作用。针对环境保护工作特点的高分辨率环境遥感技术能够广泛应用在大气、水、土壤污染防治和生态保护等国家环境保护的重点工作中,提高环境监测的定量化和精细化水平,奠定环境保护精细化、信息化管理基础,提升环境监测、监管、督查执法等能力和水平,为国家环境管理、决策、环境外交和生态文明建设等工作提供有力的技术支撑。

针对高分辨率环境遥感技术的特点,结合新时期国家环境保护的重点工作,本书系统全面地阐述高分辨率环境遥感的理论、技术和应用等体系,以提升我国环境遥感应用的水平,促进环境遥感技术的发展和进步。

本章主要概述我国高分专项的背景,以及高分辨率卫星环境遥感的概念、特征、现状、发展、需求和潜力。

1.1 高分辨率卫星遥感概述

高分辨率卫星遥感是近几十年来发展起来的高新科学技术,是一个与传统中低分辨率比较的相对概念。狭义上主要是指高空间分辨率卫星遥感,例如,20世纪80年代法国发射空间分辨率为10m的SPOT卫星,21世纪以来特指空间分辨率优于1m的商业卫星(关元秀和程晓阳,2008)。广义上包括高空间分辨率、高光谱分辨率、高时间分辨率,甚至高辐射分辨率等特征,综合国内外高分辨率卫星遥感发展技术,本书主要介绍空间分辨率优于2m、光谱分辨率优于5nm、时间分辨率优于1天等特征的广义高分辨率卫星遥感技术。

目前,国外高分辨率卫星技术较为先进,商业化运行模式较为成熟,诸如目前在轨运行的高空间分辨率光学卫星IKONOS(1m)、QuickBird(0.61m)、GeoEye(0.41m)、WorldView(0.3m)等,高空间分辨率雷达卫星TerraSAR(1m)、RADARSAT-2(1m),国内均有代理。另外,还有高光谱分辨率的卫星EO-1 Hyperion(5nm)、PROBA CHRIS(1.3~12nm)、Aura OMI(0.45~1.0nm)等卫星,高时间分辨率的卫星Meteosat-7(15min)等。国内的高分辨率卫星特别是我国高分专项系列卫星也正在蓬勃发展,如高空间分辨率光学卫星ZY-3(2.1m)、ZY1-02C(2.36m)、CBERS-2B(2.36m)、GF-1(2m)、GF-2(1m)、GF-3(1m)等,高光谱分辨率的卫星HJ-1A(5nm),高时间分辨率的气象卫星FY-2(30min)、GF-4(分钟级)等(赵少华等,2015a)。

高分辨率环境遥感是指利用高分辨率卫星、航空等遥感技术探测和研究环境污染的空间分布、时间尺度、性质、发展动态、影响和危害程度,以便采取环境保护措施或制定环境规划的遥感活动,其具有多空间尺度、多时间尺度、多用途和多学科综合性等特点,例如,多空间尺度上,环境变化的空间尺度不同,需要采用不同的遥感手段,对全球、区域环境监测要用高时间分辨率手段,对局部污染源排放监测要用高空间分辨率手段;多时间尺度上,对水体污染事故需要小时级监测,对秸秆焚烧、水华暴发需要每天观测,对土地利用、植被覆盖等需要月度或季节监测等;多用途上,分为大气环境遥感、水环境遥感、土壤环境遥感、生态环境遥感等方面,对大气污染气体监测等需要高光谱、高时间分辨率等手段,对水污染、城镇黑臭水体等监测需要高空间、高光谱分辨率等手段,对土壤污染监测需要高空间、高光谱分辨率等手段,对生态环境监测需要高空间分辨率、大幅宽等手段;从多学科综合角度阐述,需要地理科学、环境科学等相结合(王桥等,2005)。

1.1.1 我国高分专项基本情况

高分专项是国务院《国家中长期科学和技术发展规划纲要(2006—2020年)》确定的16个国家科技重大专项之一,高分专项于2010年5月通过国务院等审批后已全面启动实施,其目标是发展基于卫星、飞机和平流层飞艇的高分辨率先进观测系统,形成时空协调、全天候、全天时的对地观测系统,建立对地观测数据中心等地面支撑和运行系统,提高我国空间数据自给率,形成空间信息产业链,保障环境保护、现代农业、防灾减灾、资源调查、国家安全等重大战略需求。其具有以下特点:①观测平台具有天基、临近空间和航空三个层次,其中天基平台又分别有极轨卫星平台和静止卫星平台;②观测分辨率具有高空间分辨率、高光谱分辨率、高时间分辨率遥感能力;③观测频段范围宽,覆盖紫外、可见、红外和微波段;④观测方式包括被动观测和主动观测两种方式,其中,主动观测又分别有雷达和激光;⑤观测参数不仅有辐射能量测量,还有辐射偏振测量。高分辨率对地观测系统包括七颗民用卫星,涉及高空间分辨率、高光谱分辨率、合成孔径雷达等特点,其发射进度见表1.1.1,各卫星的构型和影像如图1.1.1~图1.1.10所示。2013年4月26日发射的高分一号卫星,搭载全色分辨率2m、多光谱分辨率8m高分辨率相机,并携带分辨率16m幅宽800km的宽幅相机,是典型的高时间分辨率(宽覆盖)遥感卫星;2014年8月19日发射的高分二号卫星,携带全色分辨率优于1m、多光谱分辨率优于4m的高分辨率相机,实现较高的空间分辨率;2015年12月29日发射的高分四号卫星,携带分辨率高达50m全色多光谱相机,带有中红外波段,可在静止轨道上对大范围区域进行实时观测;2016年8月10日发射的高分三号卫星,携带一台分辨率达到1m的C波段多极化合成孔径雷达,是我国空间分辨率最高的民用雷达卫星;2018年5月9日发射的高分五号卫星,是我国第一颗民用高光谱观测卫星,大气高光谱载荷分辨率能力可达0.3nm,它还携带气溶胶探测仪、温室气体探测仪等探测设备;2018年6月2日发射的高分六号卫星是一颗全色分辨率2m、多光谱分辨率8m的遥感普查卫星;2019年11月3日发射的高分七号卫星属于立体测绘卫星,能为相关部门提供高分辨率的空间立体测绘数据。

表 1.1.1 高分卫星发射进度

序号	卫星名称	携带载荷	主要用户	发射时间
1	高分一号卫星	2m 全色/8m 多光谱相机	国土、环境、农业	2013 年 4 月
		16m 多光谱相机		
2	高分二号卫星	1m 全色/4m 多光谱相机	国土、住建、林业	2014 年 8 月
3	高分三号卫星	1m C-SAR(合成孔径雷达)	海洋、水利、减灾	2016 年 8 月
4	高分四号卫星	50m 全色多光谱相机	减灾、气象、地震	2015 年 12 月
5	高分五号卫星	可见短波红外高光谱相机	环境、国土、气象	2018 年 5 月
		全谱段光谱成像仪		
		大气痕量气体差分吸收光谱仪		
		温室气体探测仪		
		大气气溶胶多角度偏振探测仪		
		大气环境红外甚高光谱分辨率探测仪		
6	高分六号卫星	2m 全色/8m 多光谱相机	农业、减灾、林业	2018 年 6 月
		16m 多光谱相机		
7	高分七号卫星	立体测绘相机、激光测高仪等	测绘、住建、统计	2019 年 11 月

图 1.1.1 高分一号卫星示意图

图 1.1.2 高分一号卫星 2m 全色/8m 多光谱融合影像(山西大同)

图 1.1.3　高分二号卫星示意图

图 1.1.4　高分二号卫星 0.8m 全色/3.2m 多光谱融合影像(北京)

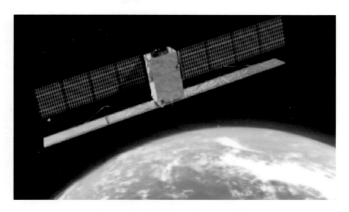

图 1.1.5 高分三号卫星示意图

图 1.1.6 高分三号卫星 1m HH(同向极化,H 表示水平)极化影像(厦门)

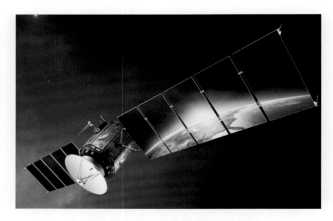

图 1.1.7　高分四号卫星示意图

图 1.1.8　高分四号卫星 50m 多光谱影像（黄河三角洲）

图 1.1.9 高分五号卫星模拟示意图

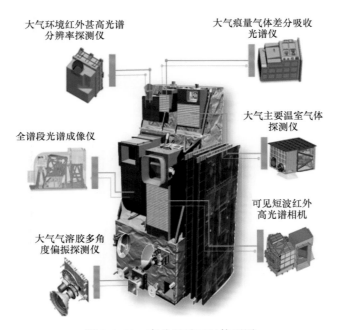

图 1.1.10 高分五号卫星构型图

生态环境部在我国高分专项中占有重要地位,是高分五号卫星的牵头用户,是高分一号卫星的主要用户,环境保护领域是高分专项18个行业应用示范中资金超过1亿元的四个重大应用领域之一,体现了国家对高分环境保护应用的高度重视。高分辨率对地观测系统瞄准国际遥感技术发展最高水平,对推动我国卫星工程水平提升,提高我国高分辨率数据自给率具有重大战略意义。该系统的建立将使我国对地观测整体能力发生质的飞跃,同时高分辨率对地观测系统所具有的高空间分辨率、高光谱分辨率、高时间分辨率、宽观测波段等特点决定了其在我国环境保护领域将发挥巨大作用。该系统的建立将对全面提升我国生态环境监测能力和水平,实现我国生态环境的全天时、全天候、大范围、定量化的遥感监测起到重大的推动作用。

1.1.2　高分辨率卫星遥感现状及发展

环境遥感具有宏观、快速、定量、准确的特点,经过50多年的快速发展,已从可见光发展到全波段,从传统的光学摄影演变为光学和微波结合、主动与被动协同的综合观测技术,空间、光谱、辐射、时间分辨率持续增加,具有大范围、全天时、全天候、周期性监测全球环境变化的优势,成为监测宏观生态环境动态变化最可行、最有效的技术手段。同时,环境遥感监测是天地一体化环境监测预警体系建设的重要组成部分,可推动我国环境监测由点上向面上发展、由静态向动态发展、由平面向立体发展。

在空间对地观测系统发展上,目前全球遥感技术正在进入高分辨率、多角度、全方位、全天候对地观测的新时代,欧美等发达国家在全球生态环境等对地观测方面长期处于主导地位,我国对地观测技术迅猛发展,已跃居世界航天强国,环境遥感技术体系已初步形成。截至2021年4月,全球在轨遥感卫星总数达960颗,其中美国442颗、中国215颗、日本35颗、俄罗斯、欧盟、印度卫星数量都在15颗以上。形成民用、军用、商用三类独立又相互联系的卫星体系。民用遥感体系以气象、海洋、陆地卫星系统为主,综合地球观测系统得到高度重视和发展,目前民用卫星遥感空间分辨率已达0.31m,光谱分辨率达5nm,例如,美国的全球地球观测系统(global earth observation system of systems,GEOSS),可用于农业、灾害、能源、天气、气候、水循环、生态、生物多样性等综合观测;欧洲全球环境与安全监测系统(global monitoring for environment and security,GMES)形成欧洲环境与安全大范围观测能力;日本海洋探测和陆地观测系统可用于陆地、温室气体、天气异常、气候变化、灾害、海洋等探测。商用遥感系统以高分辨率陆地卫星为主,正在与通信、导航、物联网技术融合形成遥感服务产业,商用小卫星如GeoEye、WorldView、TerraSAR等发展迅猛,空间分辨率已达亚米级。总体来看,随着环境遥感技术的不断进步以及环境监测需求的逐渐增加,国外环境卫星呈现出综合性大平台环境观测卫星与专业性环境监测小卫星星座共同发展的格局。

我国已相继形成气象卫星、资源卫星、海洋卫星、环境卫星等民用对地观测卫星系列。风云系列气象卫星已形成风云二号静止气象卫星"双星观测、在轨备份"的业务格局;资源一号02C卫星是我国首颗国土资源业务化运行卫星,资源三号为高分辨率光学立体测绘卫星,可快速获取测绘地理信息;环境卫星系列已经建成"2+1"星座,具备中分辨率、宽覆盖的观测能力,可初步实现大范围、快速、动态的环境和灾害监测;海洋卫星系列包括海洋一号(2颗海洋水色卫星)和海洋二号(1颗海洋动力环境探测卫星),组成我国海洋立体观测系统,实现业务化运行。另外,我国已成功发射高分一号、高分二号、高分三号和高分四号等系列卫星,空间分辨率最高优于1m,使我国遥感卫星进入亚米级时代。依托环境卫星等国内外数据资源,我国环境遥感已初步形成业务化运行能力。

未来5～10年,环境遥感监测将进入一个高分辨率、多层、立体、多角度、全方位、全天候对地观测的新时代。空间对地观测系统将向集成一体化、全方位、精细化方向发展,环境遥感载荷系统将向专业化、多样化、智能化方向发展,数据资源将更加丰富。定量遥感技术将不断深入,实用化程度将逐步加强。环境遥感监测将向天空地协同、物联网技术方向发展,环境应用系统将向大数据管理的云计算、云服务网络化平台发展,环境遥感应用将向业务化、实用化方向发展。

1.2　高分辨率卫星环境遥感应用需求分析

我国在环境监测基础理论与技术方法体系上,包括监测网络布设、监测样品采集、监测与分析方法、环境质量评价与表征等方面都形成了一套较为合理、科学、规范的技术体系,对环境监测各环节以及全流程的质量控制与保证,均有严格的规范与标准约束,确保环境监测数据的代表性、科学性和可比性。但传统地面环境监测手段已不能满足日益复杂严峻的环境形势需求,近几十年来,随着全球性环境污染与生态退化问题的日益尖锐,遥感技术因快速、连续、覆盖范围广和其他手段不可替代的优越性已成为环境监测强有力的工具。"十二五"以来,坚决向污染宣战,全力推进大气、水、土壤污染防治,持续加大生态环境保护力度,生态环境质量有所改善,完成了"十二五"规划确定的主要目标和任务。"十三五"期间,经济社会发展不平衡、不协调、不可持续的问题仍然突出,多阶段、多领域、多类型生态环境问题交织,生态环境与人民群众需求和期待差距较大,提高环境质量,加强生态环境综合治理,加快补齐生态环境短板,是核心任务。常规中低分辨率的卫星遥感技术已不能满足日益严峻和迫切的环境形势需要,急需高分辨率卫星遥感等手段来提高我国环境监测的定量化和精细化水平,提升环境监测监管能力,阐述环境质量状况,为国家的环境管理、环境决策和重大需求等提供重要技术支撑。

环境遥感卫星应用在数据源保障、图像处理与信息提取技术、监测评价方法等方面亟待提高。数据源方面,目前环境遥感使用的遥感数据以中分辨率的光学卫星遥感影像为主,包括环境一号卫星、Terra/Aqua MODIS 等。现业务运行的数据 80%来自国外卫星,数据费用高、实时性差,并且数据质量无法考证,导致环境遥感监测,如大气环境、水环境的监测定量反演结果精度没有保证,不利于业务化运行工作。指标体系和标准规范方面,针对环境遥感监测指标、环境遥感监测技术流程、天地同步监测规范、多源数据环境综合评价等方面并没有形成相应的技术规范与标准体系,十分不利于高分辨率环境遥感监测工作的业务化、例行化推广。遥感数据应用处理技术方面,急需攻克以高分辨率数据为主的多源遥感数据协同反演和同化等关键技术,提高我国环境遥感应用水平。总体看来,我国的环境遥感应用缺乏连续、稳定的高时间、高空间、高光谱等卫星数据源,环境遥感的产品类型和定量化能力对于我国环境监测、评价与预警应用要求尚有差距,因此,从国家环境保护发展来看,包括污染气体、温室气体和区域空气质量监测,流域水环境质量监测和生态环境质量监测等工作,迫切需要发展基于高分辨率对地观测系统、高效、安全可靠的环境遥感动态监测应用示范系统,支撑国家环境遥感业务运行,服务环境监测与管理的国家战略需求。

环境保护领域中,高空间分辨率卫星的主要应用需求为大气污染源核查、自然保护区人类活动干扰、矿山环境开发破坏、排污口、城市固体废弃物、农村面源污染等高精度监测;高光谱分辨率卫星的主要应用需求为大气污染气体、城市空气质量、温室气体、流域水环境污染、生物多样性、土壤污染等高精度监测;高时间分辨率卫星的主要应用需求为 $PM_{2.5}$ 等区域空气质量、水环境质量、环境突发事件等快速监测。然而,当前高分辨率卫星遥感技术在环境保护领域中的应用还不太多,并且受卫星数据费用或获取限制,这些研究应用大多呈现离散的特点,系统化、业务化应用的程度还很低,因此有必要对目前高分辨率卫星在环境保护领域的应用现状和存在问题进行梳理,分析和展望未来的应用趋势。下面分别阐述高分辨率卫星在我国大气环境、水环境和生态环境等环境保护领域的应用需求和案例,并对后续发展提出相关建议。

1.2.1 高分辨率大气环境遥感监测技术应用需求

大气环境主要关注气溶胶、颗粒物、秸秆焚烧、沙尘、污染气体、温室气体等要素。高空间分辨率卫星可以监测大气污染源排放等。近红外波段联合红光波段可以剔除有云像元,再结合中红外波段监测秸秆焚烧等火点。短波红外波段 $2.1\mu m$ 处由于受气溶胶影响较小,并且在植被密集区和红蓝波段的反射率具有很好的相关性,因此可以用于暗像元法中去除地表噪声,进而反演气溶胶光学厚度,此外,短波红外波段可以用来监测温室气体,但需要高光谱分辨率。具备偏振特性的可见光到短波红外波段,可以去除地表反射的影响,提高气溶胶光学厚度、颗粒物的探测精度。中红外、热红外波段对秸秆等生物质燃烧和沙尘敏感。一般秸秆燃烧温度为 $500\sim1000K$,其辐射能量主要集中在 $2.8\sim5.7\mu m$,主要位于中红外波段范围内,生物燃烧时,在中红外波段的辐射值要远远高于其周围背景像元,其辐射亮度特征非常明显。沙尘在电磁波可见光、红外波段都有其自身的波谱特征,可以利用卫星可见光、红外遥感技术进行沙尘发生、发展过程及强度的监测。

大气污染需要监测的污染气体(如 NO_2、SO_2、CO、O_3 等)及温室气体(如 CO_2、CH_4 等)在光谱响应范围上覆盖紫外-近红外-中红外-热红外整个谱段,但每种气体对光谱的响应区间都很窄,需要很高光谱分辨率的传感器才能满足监测需要,一般光谱分辨率需优于 $0.5nm$。例如,探测 NO_2 主要吸收带分布在 $0.3\sim0.57\mu m$ 和 $6.2\mu m$ 附近的两个较窄的波段,NO_2 的常用探测波段通常为 $0.3\sim0.57\mu m$,光谱分辨率需优于 $0.5nm$。SO_2 吸收带主要分布在 $0.31\mu m$、$7.6\mu m$ 附近的两个窄波段,探测光谱分辨率优于 $0.2nm$。CO 在 $4.4\mu m$ 处有个较强的窄吸收带,$2.3\mu m$ 附近有个较弱的吸收带,CO 的探测主要是利用这些吸收带,光谱分辨率优于 $0.2nm$。探测 O_3 的主要吸收带是两个较窄的波段,分别是 $0.21\sim0.34\mu m$、$9.6\mu m$,O_3 的常用探测波段为紫外波段 $0.21\sim0.34\mu m$ 和热红外波段 $9.6\sim10.0\mu m$ 附近,光谱分辨率需优于 $0.5nm$。CH_4 的常用探测波段为 $3.2\mu m$ 附近的窄波段,光谱分辨率需优于 $1.5nm$。CO_2 的主要探测波段是位于强吸收带 $2.8\mu m$、$14\mu m$ 附近的两个窄波段,光谱分辨率需优于 $1.5nm$。上述气体的光谱特征分别如图 1.2.1~图 1.2.4 所示。

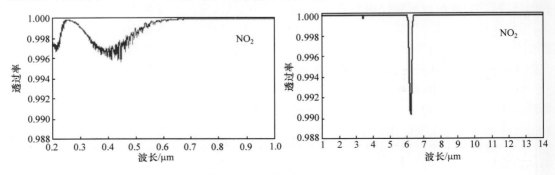

图 1.2.1 NO_2 的光谱特征

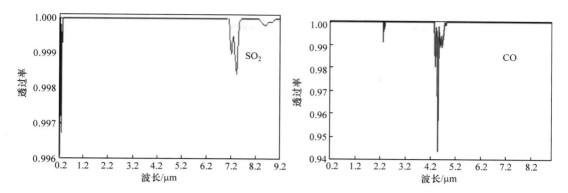

图 1.2.2　SO_2 和 CO 的光谱特征

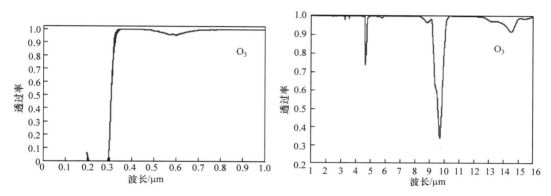

图 1.2.3　O_3 的光谱特征

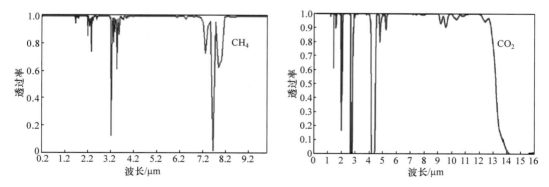

图 1.2.4　CH_4 和 CO_2 的光谱特征

　　大气环境遥感监测的高分典型应用需求包括燃煤电厂污染源监测及预警、温室气体监测及预警以及重点城市群空气质量监测及预警,即监测可吸入颗粒物、二氧化硫和氮氧化物排放以及二氧化碳、甲烷等温室气体排放;基于高空间分辨率、高光谱分辨率、高时间分辨率、全天时全天候多源数据提取长江三角洲、珠江三角洲、京津冀等城市群及典型区域的大气环境遥感参数,开展气溶胶光学厚度、可吸入颗粒物以及雾霾分布等动态遥感监测、预警和评价。具体需求如下：

（1）全国灰霾及颗粒物监测、分析与预警。对全国范围尤其是京津冀、长江三角洲、珠江三角洲等重点区域灰霾与颗粒物（$PM_{2.5}$）浓度、分布及迁移扩散情况进行遥感监测、分析与预警；开展全国重污染天气应急与溯源遥感监测分析，开展区域大气污染传输通道研究。

（2）全国污染气体监测、分析与预警。以氮氧化物、硫氧化物、臭氧等为主要监测指标，对全国范围尤其是"三区十群"等重点区域污染气体浓度、分布及迁移扩散情况进行遥感监测、分析与预警，对城市及其近郊酸雨污染严重地区等进行遥感监测与分析。

（3）城乡散煤燃烧、扬尘等监测与分析。开展重点区域散煤燃烧、塑料大棚建设对空气质量影响的遥感监测、分析与评估；开展城市及周边区域扬尘、交通干线机动车尾气排放、港口船舶污染气体排放等遥感监测与分析。

（4）全国挥发性有机物监测与分析。对甲醛、乙二醛等挥发性有机物（VOCs）进行遥感监测，对全国范围尤其是挥发性有机物排放较大的典型工业区进行遥感动态监测，分析其对区域大气环境质量的影响。

（5）全国秸秆焚烧动态监测、分析与评价。夏秋两季对全国范围的秸秆焚烧火点及其对区域大气环境质量的影响进行监测、分析和评价。

（6）重点区域温室气体监测与分析。开展重点区域二氧化碳、甲烷、臭氧等温室气体遥感监测，调查温室气体重点排放源，支撑服务我国环境外交、履约谈判等工作。

（7）我国北方地区沙尘监测与分析。针对我国北方沙尘集中发生区域，开展沙尘分布范围、动态变化情况遥感监测与预警，并评估沙尘天气对城市空气质量的影响。

1.2.2　高分辨率水环境遥感监测技术应用需求

水环境主要关注重点湖库水质、水华、城市黑臭水体及城市水环境、饮用水水源、面源污染、重点流域水环境、近岸海域水环境等。高空间分辨率卫星可以监测城镇黑臭水体、饮用水水源地、细小河流或局部水体污染等。通过近红外波段和绿波段构建的归一化水体指数以及近红外波段和红波段构建的归一化植被指数，可以对水华区域进行识别提取，通过归一化植被指数还可以对叶绿素 a、赤潮等进行监测。利用热红外波段可以监测近海和内陆水体的水表温度，对水体热污染、富营养化、赤潮暴发等监测具有重要意义。微波波段对溢油和水华敏感，如 X、C、S 波段等，可以利用合成孔径雷达（synthetic aperture radar，SAR）监测溢油、水华等，特别是在天气恶劣条件下更凸显其重要作用。

高光谱遥感技术可有效地监测近岸和陆地水质，因为其可以捕捉到近岸和陆地水体复杂而多变的光学特性，提高水质监测的精度。内陆水体光学特性复杂，光谱特征不仅受浮游植物的影响，还受无生命悬浮物和黄色物质的影响；不仅受区域和季节变化的影响（图 1.2.5），还受水底反射对水体光学性质的影响。多光谱遥感图像的光谱分辨率通常大于 20nm，且波段响应范围较宽，少量离散的几个波段无法捕捉内陆水体细微的光谱特征。光谱分辨率小于 10nm 的高光谱遥感图像能提取连续的水体光谱，捕捉内陆水体复杂、细微、多变的光谱特征，从而能提高内陆水质监测的精度（表 1.2.1）。对于水草和水华，其光谱与植被光谱具有一定的相似性，只有高光谱遥感数据才能捕捉水草和水华之间细致的光谱差异（图 1.2.6）。不同藻类的特征吸收光谱只存在几纳米差异，在高光谱反射率曲线上可以产生比较明显的差异。

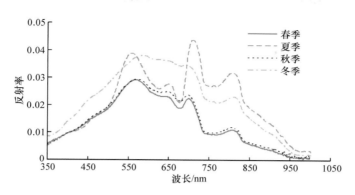

图 1.2.5 水体反射光谱曲线

表 1.2.1 水体要素特征波段

波长	特征	原因
440nm 附近	小反射谷	叶绿素吸收峰
490nm 附近	小反射谷	类胡萝卜素吸收峰
570nm 附近	大反射峰	藻类色素的低吸收，无生命悬浮物质和浮游植物细胞壁的散射
625nm 附近	反射率谷	藻青蛋白的吸收
650nm 附近	反射峰或肩部	该波长位于藻青蛋白的吸收峰和叶绿素 a 吸收峰之间，形成吸收系数的局部极小值
675nm 附近	大反射谷	叶绿素 a 在红波段的最大吸收
700nm 附近	小反射峰	水和叶绿素 a 的吸收系数之和的局部极小值
735nm 附近	反射率拐点	纯水的吸收系数的极小值
810nm 附近	反射峰	纯水的吸收系数急剧增大
830nm 附近	反射率拐点	——

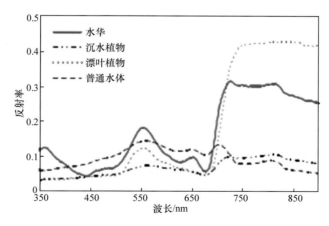

图 1.2.6 水华和水草的光谱曲线

  水环境遥感监测的高分典型应用需求主要包括全天候动态水华监管、重点河段河口监控、饮用水水源地监测评价，即以水体叶绿素、透明度、悬浮物、可溶性有机物等主要水质指标反演为目标,利用高空间分辨率、高光谱分辨率、高时间分辨率遥感影像数据,对我国重点湖库水华分布面积、暴发频率、水华成因机理进行动态监测与分析;对重点河段河口点污染源、河岸线变迁、水资源、河岸带生态环境安全进行遥感监测、监管和评价;对饮用水水源地保护区水域分布、消落带、取水口区域水质、水环境安全进行遥感动态监控。具体需求如下:

(1)重点湖库水质、水华监测预警。以叶绿素、悬浮物、透明度、富营养化指数等为主要监测指标,对太湖、巢湖、滇池、洞庭湖、鄱阳湖、丹江口水库、于桥水库等重点湖库水质进行监测,结合地面监测数据和气象数据,开展湖库蓝藻水华遥感监测预警;以湖泊水质和湖泊岸边带人为活动、汇水区环境状况为监测重点,开展全国良好湖泊水环境遥感监测;开展全国大江大河及重点湖库水色异常环境遥感巡查和应急监测。

(2)城市黑臭水体及城市水环境监测、分析与评估。利用高分辨率遥感影像开展城市黑臭水体遥感识别,筛查遗漏黑臭水体,摸清黑臭水体本底情况;开展城市黑臭水体整治过程监督、治理成效评估及治理后跟踪监测,为全国黑臭水体整治工作提供监管支持;基于遥感技术获取全国重点城市主要水体水域分布及面积,监测非法占用水域的违规建筑;基于遥感技术开展城市不透水面、建成区范围等信息提取与分析。

(3)全国饮用水水源监测与分析。开展全国饮用水水源水质、水量时空分布及变化遥感监测,湖库型饮用水水源营养状况遥感监测,全国饮用水水源保护区违章建筑及设施等风险源遥感监测,南水北调等跨流域调水工程沿线保护区风险源遥感监测。

(4)全国面源污染监测与估算。以总氮、总磷、氨氮、化学需氧量为主要监测评估指标,开展国家尺度、流域尺度、区域尺度的面源污染遥感监测,评估农田污染、农村生活、畜禽养殖、城镇径流等各类面源污染时空特征;开展面源污染分区分级研究,形成我国面源污染分区分级监测管理体系。

(5)重点流域水环境监测与分析。以七大流域植被覆盖、水体分布、河网密度等生境指标为主,对流域水环境质量、水生态功能进行遥感监测和评价;对七大流域河流水质、自然岸线、人工岸线、排污口、闸坝建设情况等进行遥感监测;开展重点流域工业园区分布、河滩地开发利用状况遥感监测,以及不同季节河流干涸遥感监测分析及跨流域调水生态评估。

(6)近岸海域水环境监测与分析。对重点海域赤潮、溢油、浒苔等进行遥感监测,开展我国大陆海岸线、围海造地、港口码头等遥感监测,调查大陆自然及人工岸线长度、空间分布状况,分析自然岸线变化及保有率等情况。

1.2.3　高分辨率生态环境遥感监测技术应用需求

生态环境主要关注自然保护区、资源开发、生物多样性、重点生态功能区、生态红线等遥感监测。高空间分辨率卫星可用于自然保护区人类活动、资源开发环境破坏、城市生态环境、农村生态环境等监测。可见光~近红外波段对地物敏感,可以识别不同的地物类型,近红外、短波红外波段等对植被水分等敏感,热红外遥感技术可用于土壤含水量、干旱、地表蒸散等生态环境要素的关键参数监测,也可进行地表温度、城市热岛监测。高光谱遥感可以进行精细的地物分类、目标识别和生物多样性监测等。

遥感在生态环境监测的应用主要从地物和植被入手,其光谱曲线分别如图 1.2.7 和图 1.2.8 所示。植物都具有自己特有的反射光谱特征,在遥感影像中可用植被的光谱特征变化来反映其生长状态。植被遥感最佳波段为 $0.4\sim2.5\mu m$,即可见光~红外波段,植物叶片组织对蓝光(470nm)和红光(650nm 或 690nm)有强烈的吸收,在绿光形成小的反射峰,因此植物呈绿色;叶片中心海绵组织细胞和叶片背面细胞对近红外辐射(700~1000nm)有强烈反射,形成反射峰,而裸地反射率从红光到红外基数较高但增幅很小,因此对于不同的地表状态,植被覆盖率越高,红光反射越小,近红外反射越大。由于叶绿素对红光的吸收很快饱和,对植被差异及植物长势反映敏感,指示着植物光合作用能否正常进行,植物所需的主要矿质营养成分的增加可增强植物对光的吸收作用,并使植物对光的反射率减小,因此随着土壤盐渍化程度的增强,植物光谱反射率有增高的现象,这些特殊的波谱特性是植被遥感的基础。在土地覆盖类型的识别、分类与专题制图制作方面,通过对多源多时相遥感图像的综合分析与处理并结合部分地学信息进行土地覆盖的分类。根据遥感数据源及目的的不同,可采用计算机自动分类、人工目视解译或两者相结合的分类方法。在生态遥感参数的信息提取方面,多在土地生态类型基础上利用遥感模型进行定量反演,分析过程包括建模和反演,建模是建立生态参数和遥感数据之间的物理或统计模型;反演则是基于建立的遥感模型,依据可测参数值以及遥感数据去反推目标的状态参数(王桥等,2013)。

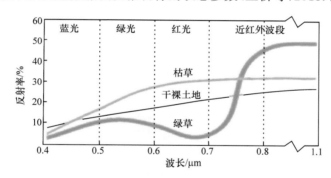

图 1.2.7　地物的光谱曲线

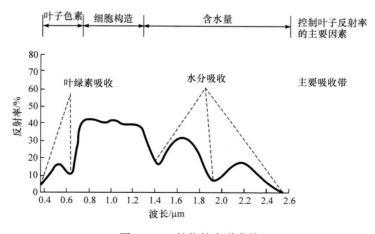

图 1.2.8　植物的光谱曲线

　　高光谱遥感是在电磁波谱的紫外、可见光、近红外、中红外和热红外波段范围内,获取许多非常窄的光谱连续的影像数据技术,其在生态环境中可广泛应用于植被类型、覆盖度、植被指数、水分、叶绿素等生物物理参量,土壤类型、侵蚀、退化,生物多样性,城市生态环境(绿地、土地利用、固体废弃物),农村污染等监测。与常规遥感相比,高光谱所获取的地物连续光谱比较真实,能全面地反映自然界各种植被所固有的光谱特性以及其间的细节差异性,从而极大地提高植被遥感分类的精细程度和准确性。同时,高光谱提高了根据混合光谱模型进行混合像元分解的能力,减少了土壤等植被生长背景地物的影响,从而能够获取最终光谱端元。此外,高光谱遥感技术将极大地提高植被指数反演的信息量。不同类型的土壤等存在明显的光谱差异,利用该差异可以明显区分性质相似的土壤类型。图1.2.9所示为利用环境一号卫星的高光谱数据对辽东湾地区的生态环境进行监测。由图中可以明显看出,高光谱遥感数据很容易区分植被、道路、海洋和水库等不同地物类型。

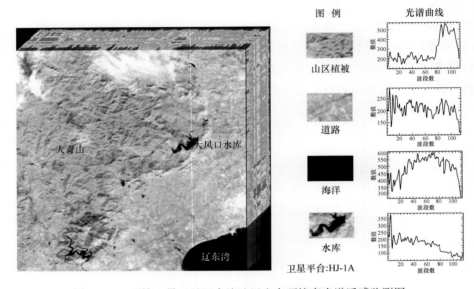

图 1.2.9　环境一号卫星辽东湾地区生态环境高光谱遥感监测图

　　生态环境遥感监测的高分典型应用需求包括国家级自然保护区遥感监测、城市生态环境遥感监测、大型工程/区域开发建设环境监察、农村生态环境遥感监测、生物多样性遥感监测等。利用遥感技术支持区域生态功能区划,确定不同地区的生态环境承载力和主导生态功能,指导生态保护分区、分级、分类工作,对自然保护区、重要生态功能区(包括重要水涵养区、水土保持区、洪水调蓄区、防风固沙区、生物多样性保护区)现状及动态变化的监测和综合评估;对资源开发活动、重大工程和重大开发项目引起的地表植被破坏、水土流失、土地退化、草原沙化、水生态平衡失调等生态环境变化及其影响,生态敏感区和脆弱区进行遥感监控、预警和评估;进行农村面源污染遥感监测、农产品产地、农产品生产基地和生产加工企业周边地区环境变化遥感调查。具体需求如下:

　　(1)全国生态状况变化调查与评估。根据国家生态管理需要,每五年开展一次全国尺度、典型区域尺度和省级尺度的生态环境遥感调查,动态反映生态系统格局、质量、服务功能状况,查明区域生态环境问题与胁迫,提出全国生态保护与履行《生物多样性公约》对策与政策建议;按照国家统领、省部联动工作思路,组织开展各省生态状况调查评估。

　　(2)全国生态保护红线监管。基于遥感解译并结合野外核查划定生态保护红线,构建全国生态保护红线监管平台,对生态保护红线进行遥感监测,监控红线区域生态系统变化、生态功能与质量、人为干扰、生态风险等,支撑生态保护红线绩效考核。

(3)自然保护区监测与评估。构建天地一体化的自然保护区生态遥感监测系统,每年两次对全国400多个国家级自然保护区进行遥感动态监测与评估,每年对全国省级自然保护区进行一次动态监测与评估,监测自然保护区内人类活动干扰、违规建设等情况。

(4)生物多样性保护优先区域监测与评估。开展生物多样性保护优先区域人类活动对生物多样性干扰情况、特有物种及其栖息地生态状况遥感监测与评估;开展我国外来物种入侵状况及途径、转基因作物范围等生物安全遥感监测。

(5)国家重点生态功能区监测与评价。开展国家重点生态功能区县域生态环境质量卫星遥感普查和无人机遥感抽查,并对县域生态环境变化进行评估,支撑服务国家生态补偿制度的有效落实;对国家重点生态服务功能区水源涵养、防风固沙、水土保持等生态服务功能进行遥感动态监测与评估。

(6)区域生态系统监测及生态资产评估。开展全国和典型区域生态系统遥感动态监测与评估,构建基于遥感的生态资产与生态承载力计算与评价指标体系,开展生态资产负债表编制与区域生态承载力核定,揭示区域主要生态问题并提出对策建议。

(7)城市生态环境监测与评估。开展城市绿地、城市生态系统结构与功能变化、城市热岛等遥感监测与评估。

(8)农村垃圾监测与分析。开展全国及重点区域农村垃圾、农村有机食品基地生态环境状况等遥感监测与分析。

(9)国家重大生态保护治理工程建设效果评估。对天然林保护、天然草原恢复、退耕还林、退牧还草、退田还湖、防沙治沙、水土保持等生态治理工程进行遥感监测,并综合评估生态治理工程实施成效。

1.3 高分辨率卫星数据环境应用潜力分析

高分辨率卫星数据在大气、水、土壤和生态环境领域中具有巨大的应用潜力。例如,针对现阶段及未来环境保护的重点工作,高空间分辨率卫星可以应用于大气污染源、城镇黑臭水体、饮用水水源地、环境风险源、自然保护区、土壤污染、农村垃圾、城市固体废弃物、资源开发利用、核安全、项目环境影响评价等遥感监测;高光谱分辨率卫星可以应用于大气污染气体、温室气体、水体水质、生物多样性、土壤污染等遥感监测;高时间分辨率卫星可以应用于区域空气质量、污染气体、水华、赤潮、溢油、水环境应急、区域生态环境等遥感监测。我国的高分专项涵盖具有高空间、高光谱和高时间分辨率等特征的卫星,因此,以我国的高分专项卫星为例,分析高分辨率卫星数据在环境保护领域中的应用潜力。随着新时期环境保护工作需求的不断深化,相信将会挖掘出越来越多的高分卫星环境应用潜力,高分卫星也将发挥更大作用。

1.3.1 高分一号卫星数据环境应用潜力分析

2013年4月26日高分一号(GF-1)卫星成功发射,由此拉开高分专项系列卫星研发的序幕。高分一号卫星为太阳同步轨道卫星,搭载了2台2m分辨率全色/8m分辨率多光谱相机(幅宽60km)、4台16m分辨率多光谱宽覆盖相机(幅宽800km),通过侧摆可实现4天对全球观测一次。其主要用户是自然资源部、生态环境部、农业农村部,同时还将为其他用户部门和有关区域提供示范应用服务。

高分一号卫星宽覆盖和高分辨率的特点能有效提高环境保护部门对大气环境、水环境和生态环境的监测评估和管理能力,特别是对我国区域空气质量、流域水环境质量和生态环境监管发挥重要作用,使科技有效支撑我国环境监管的定量化和精细化水平。具体表现在以下几个方面:一是高空间分辨率通过卫星影像可识别水环境中河流特征、生态系统中植被分布特征、城市建筑和垃圾场等分布特征;二是高时间重复频率,大幅提高我国高分辨率卫星遥感数据的获取能力,尤其是我国南方地区阴雨天气较多,很难获得无云的光学卫星数据,宽覆盖的高分一号卫星可以同步获取我国多省、市、县的卫星遥感影像,有利于数据获取和生态环境遥感分析与评估。由于原有环境一号卫星空间分辨率的限制,生态环境部开展业务工作时目标主要围绕空间范围较大、发生变化较明显的区域,如开展内陆大型水体和近海海域水环境的遥感监测,以及宏观生态系统的调查和分析。高分一号卫星解决了河流、饮用水水源地等水体较小的水环境遥感监测问题,以及重要生态系统人类活动监管和生态环境变化问题。例如,水环境遥感监测由内陆水体大型湖泊的水环境监测向流域、河流发展,宏观生态环境普查向典型区域和典型生态问题的监测发展,并进一步提高我国对自然保护区、重点生态功能区、生物多样性保护区等区域的人类活动监管能力,同时时间监测频率由年度监测向季度监测发展。

结合近年来环境保护领域的重点工作,高分一号卫星已进入大气污染源、城镇黑臭水体、饮用水水源地、自然保护区、资源开发利用、农村垃圾和土壤污染遥感监测等环境保护主体业务工作。在大气污染防治工作中可用于大气污染源、区域空气质量监测,例如,高分一号等卫星已在 2014 年北京 APEC 峰会、2016 年 G20 杭州峰会期间的空气质量保障方面发挥了重要作用。水污染防治工作中可用于重点湖库水质、水华监测预警、城市黑臭水体及城市水环境监测、分析与评估、全国饮用水水源监测与分析、全国面源污染监测与估算、重点流域水环境监测与分析、近岸海域水环境监测与分析。在土壤污染防治工作中,可用于全国土壤污染场地/污染源动态监测与评估、设施农业土壤污染监测与评估、矿产资源集中开采区土壤污染监测与分析、城市及其周边区域土壤环境监测与风险评估等。在生态环境监测中,可用于全国生态状况变化调查与评估、全国生态保护红线监管、自然保护区监测与评估、生物多样性保护优先区域监测与评估、国家重点生态功能区监测与评价、区域生态系统监测及生态资产评估、城市生态环境监测与评估、农村垃圾监测与分析、国家重大生态保护治理工程建设效果评估等工作。另外,还用于中央生态环境保护督察及环境专项执法检查技术支持、污染偷排环境监管执法、资源开发生态破坏及恢复情况监测、固体废弃物堆放环境监管、重点环境风险源调查与评估、项目环境影响评价所需环境要素和违法信息获取、项目环境影响评价事中事后监管/排污许可信息获取、规划环境影响评价与战略环境影响评价技术支持、核电站建设情况动态监控、核与辐射应急监测、突发环境事件应急监测、突发环境事件恢复情况监测与评估、"一带一路"沿线国家生态环境遥感监测与调查评估等重要工作。

高分一号卫星的轨道参数、有效载荷技术指标分别见表 1.3.1 和表 1.3.2。

表 1.3.1 高分一号卫星的轨道参数

参数	指标
轨道类型	太阳同步回归轨道
轨道高度/km	645
轨道倾角/(°)	98.0506
降交点地方时	10:30AM
回归周期/d	41

表 1.3.2 高分一号卫星的有效载荷技术指标

载荷	谱段号	谱段范围/μm	空间分辨率/m	幅宽/km	侧摆能力/(°)	重访周期/d
全色多光谱相机	1	0.45~0.90	2	60（2 台相机组合）	±35	4（侧摆时）
	2	0.45~0.52	8			
	3	0.52~0.59				
	4	0.63~0.69				
	5	0.77~0.89				
多光谱相机	6	0.45~0.52	16	800（4 台相机组合）		4
	7	0.52~0.59				
	8	0.63~0.69				
	9	0.77~0.89				

1.3.2 高分二号卫星数据环境应用潜力分析

2014 年 8 月 19 日高分二号(GF-2)卫星成功发射,这是我国自主研制的首颗空间分辨率优于 1m 的民用光学遥感卫星,高分二号卫星为太阳同步轨道卫星,搭载 2 台高分辨率 1m 全色、4m 多光谱相机,星下点空间分辨率可达 0.8m,观测宽幅达到 45km,是我国目前分辨率最高的民用陆地观测卫星,在亚米级分辨率国际卫星中幅宽达到较高水平。该卫星具有亚米级空间分辨率、高定位精度和快速姿态机动能力等特点,有效提升卫星综合观测效能,达到国际先进水平。其主要用户是自然资源部、住房和城乡建设部、交通运输部,同时还将为其他用户和有关区域提供示范应用服务。

高分二号卫星可在大气排污企业高分辨率核查、水环境质量高精度监测、生态环境质量高精度监测以及环境应急、环境监察、环境影响评价等方面发挥重要作用。大气环境方面,可对重点区域的燃煤电厂等大气排污企业、厂矿的烟囱污染源等进行高精度核查,例如,高分一号、高分二号等卫星已在 2014 年北京 APEC 峰会、2016 年 G20 杭州峰会期间的空气质量保障方面发挥了重要作用。水环境方面,可对城镇黑臭水体、细小河流的水体排污口精细识别、重点水污染源水质、重点河段河口监控、饮用水水源地水质安全监测评价等。生态环境方面,可对国家级自然保护区、城市生态环境、区域开发建设、农村生态、生物多样性等进行高精度遥感监测;对矿山开发、水电资源开发、重大工程和重大开发项目引起的地表植被破坏、水土流失,土地退化、草原沙化等生态环境变化及其影响、生态敏感区和脆弱区进行遥感监控、预警和评估;对农村面源污染、农产品产地/生产基地和生产加工企业周边地区环境变化等进行遥感监测。

高分二号卫星应用潜力如下：水污染防治工作中可用于城市黑臭水体及城市水环境监测、分析与评估、重点流域水环境监测与分析等。土壤污染防治工作中，可用于全国土壤污染场地/污染源动态监测与评估、设施农业土壤污染监测与评估、矿产资源集中开采区土壤污染监测与分析、城市及其周边区域土壤环境监测与风险评估等。在生态环境监测中，可用于自然保护区监测与评估、生物多样性保护优先区域监测与评估、国家重点生态功能区监测与评价、区域生态系统监测及生态资产评估、城市生态环境监测与评估、农村垃圾监测与分析、国家重大生态保护治理工程建设效果评估等工作。另外，还用于中央生态环境保护督察及环境专项执法检查技术支持、污染偷排环境监管执法、资源开发生态破坏及恢复情况监测、固体废弃物堆放环境监管、重点环境风险源调查与评估、项目环境影响评价所需环境要素和违法信息获取、项目环境影响评价事中事后监管/排污许可信息获取、规划环境影响评价与战略环境影响评价技术支持、核电站建设情况动态监控、核与辐射应急监测、突发环境事件应急监测、突发环境事件恢复情况监测与评估、"一带一路"沿线国家生态环境遥感监测与调查评估等重要工作。

高分二号卫星的轨道参数、有效载荷技术指标分别见表1.3.3和表1.3.4。

表1.3.3　高分二号卫星的轨道参数

参数	指标
轨道类型	太阳同步回归轨道
轨道高度/km	631
轨道倾角/(°)	97.9080
降交点地方时	10:30AM
回归周期/d	69

表1.3.4　高分二号卫星的有效载荷技术指标

载荷	谱段号	谱段范围/μm	空间分辨率/m	幅宽/km	侧摆能力/(°)	重访周期/d
全色多光谱相机	1	0.45~0.90	1	45（2台相机组合）	±35	5（侧摆时）
	2	0.45~0.52	4			
	3	0.52~0.59				
	4	0.63~0.69				
	5	0.77~0.89				

1.3.3　高分三号卫星数据环境应用潜力分析

2016年8月10日高分三号（GF-3）卫星成功发射，高分三号卫星为太阳同步轨道卫星，携带一台C波段全极化合成孔径雷达，具有聚束、条带、扫描和全球监测等多种工作模式，空间分辨率为1~500m，幅宽10~650km。该卫星是我国首颗分辨率达到1m的C波段多极化合成孔径雷达卫星，主要技术指标达到或超过国际同类卫星水平，具有高分辨率、大成像幅宽、多成像模式、长寿命运行等特点，能全天候和全天时实现全球海洋和陆地信息的监视监测，并通过左右姿态机动扩大对地观测范围和提升快速响应能力，将显著提升我国对地遥感观测能力,获取的 C 波段多极化微波遥感信息可服务于我国海洋、减灾、水利、环境保护等多个行业及业务部门,是我国实施海洋开发、陆地环境资源监测和防灾减灾的重要技术支撑。雷达不受光照、气候条件限制,可全天时、全天候工作,能穿透云层,对水体水华、溢油、植被覆盖区和松散盖层具有一定的穿透能力,并通过极化、相位、干涉等技术获得更多更精确的信息。因此可广泛应用于水环境质量监测、生态环境质量监测以及环境应急等方面。例如,在水环境监测方面,可用于溢油、赤潮、绿潮、水华、河岸线/海岸线水体识别等监测。在生态环境监测方面,可用于植被长势、生物量、土壤湿度等监测。在环境应急方面,可用于南方多云多雨天气下的地形分析、地物识别、土地覆被变化等监测。

高分三号卫星的轨道参数、有效载荷技术指标分别见表 1.3.5 和表 1.3.6。

表 1.3.5　高分三号卫星的轨道参数

参数	指标
轨道类型	太阳同步轨道
轨道高度/km	755
回归周期/d	29

表 1.3.6　高分三号卫星的有效载荷技术指标

载荷	波段	极化方式	空间分辨率/m	幅宽/km	重访周期/d
合成孔径雷达	C	全极化:HH、HV、VH、VV	1,3,5,10,25、50,100,500	10,25,30,50,100、150,300,500,650	1.5(+35°侧摆)

1.3.4　高分四号卫星数据环境应用潜力分析

2015 年 12 月 29 日高分四号(GF-4)卫星成功发射,高分四号卫星为地球同步轨道卫星,携带全色、多光谱和中红外凝视相机,幅宽 400km,区域成像能力 2000km,具有高时间分辨率的特点。高分四号卫星是我国首颗地球同步静止轨道高分辨率光学成像遥感卫星,利用定点赤道上空的优势,能够高时效地实现地球同步静止轨道可见光 50m 分辨率、中波红外 400m 分辨率遥感数据获取,开辟了我国地球同步轨道高分辨率对地观测的新领域。

高分四号卫星在环境保护等行业以及区域应用方面具有巨大潜力和广阔空间,可广泛应用在大气环境、水环境和生态环境的监测中。例如,大气环境中可高频次监测气溶胶光学厚度、秸秆焚烧、沙尘的分布及范围。水环境中可高效监测水华、赤潮、水质、富营养化、饮用水水源地水质安全等。生态环境中可高效监测植被覆盖、生物多样性、农村生态环境、矿山开发环境破坏及其动态变化等。另外,还可用于环境应急、环境影响评价遥感监测等方面。

高分四号卫星主要应用潜力如下:在大气污染防治工作中可用于区域空气质量监测。水污染防治工作中可用于重点湖库水质,水华监测预警,城市水环境监测、分析与评估,全国饮用水水源监测与分析,全国面源污染监测与估算,重点流域水环境监测与分析,近岸海域水环境监测与分析。在土壤污染防治工作中,可用于全国土壤污染场地/污染源动态监测与评估、设施农业土壤污染监测与评估、矿产资源集中开采区土壤污染监测与分析、城市及其周边区域土壤环境监测与风险评估等。在生态环境监测中,可用于全国生态状况变化调查与评估、全国生态保护红线监管、自然保护区监测与评估、生物多样性保护优先区域监测与评估、国家重点生态功能区监测与评价、区域生态系统监测及生态资产评估、城市生态环境监测与评估、农村垃圾监测与分析、国家重大生态保护治理工程建设效果评估等工作。另外,还用于中央生态环境保护督察及环境专项执法检查技术支持、污染偷排环境监管执法、资源开发生态破坏与恢复情况监测、重点环境风险源调查与评估、项目环境影响评价所需环境要素和违法信息获取、项目环境影响评价事中事后监管/排污许可信息获取、规划环境影响评价与战略环境影响评价技术支持、核电站建设情况动态监控、核与辐射应急监测、突发环境事件应急监测、突发环境事件恢复情况监测与评估、"一带一路"沿线国家生态环境遥感监测与调查评估等重要工作。

高分四号卫星的轨道参数、有效载荷技术指标分别见表1.3.7和表1.3.8。

表 1.3.7　高分四号卫星的轨道参数

参数	指标
轨道类型	地球同步轨道
轨道高度/km	36000
定点位置	105.6°E

表 1.3.8　高分四号卫星的有效载荷技术指标

载荷	谱段号	谱段范围/μm	空间分辨率/m	幅宽/km	重访周期/s
可见光近红外（VNIR）	1	0.45～0.90	50	400	20
	2	0.45～0.52			
	3	0.52～0.60			
	4	0.63～0.69			
	5	0.76～0.90			
中波红外（MWIR）	6	3.50～4.10	400		

1.3.5　高分五号卫星数据环境应用潜力分析

高分五号卫星为太阳同步轨道卫星,携带包括可见短波红外高光谱相机(空间分辨率30m,光谱分辨率5～10nm)、全谱段光谱成像探测仪(空间分辨率20～40m)、痕量气体差分吸收光谱仪(光谱分辨率0.3nm)、大气主要温室气体探测仪(光谱分辨率0.27波束)、大气气溶胶多角度偏振探测仪和大气环境红外甚高分辨率探测仪共6个载荷。该卫星于2018年5月9日成功发射,具有高光谱分辨率的特点,是我国光谱分辨率较高的卫星。

生态环境部是高分五号卫星的主要用户,高分五号卫星可有效探测大气污染气体(二氧化硫、二氧化氮等)、港口/船舶大气污染、温室气体(二氧化碳、甲烷等)、气溶胶光学厚度等。可高精度监测叶绿素、浮游生物、溶解的有机质,以及各种悬浮物、水生植物等。还可用于水色遥感大气校正、水体热污染监测、湖泊蓝藻水华监测预警、核电厂温排水、湖泊富营养化评估、近海赤潮、浒苔遥感监测等,以及流域非点源污染遥感监测、饮用水水源地遥感监测等水生态环境。可以高精度识别地物类型、植被类型,进行地表温度、土壤水分、蒸散、城市热岛效应、生物多样性、自然保护区、土地利用类型、大型工程生态环境破坏等监测。

高分五号卫星主要应用潜力如下:在大气污染防治工作中可用于全国灰霾及颗粒物监测、分析与预警,全国污染气体监测、分析与预警,城乡散煤燃烧、扬尘等监测与分析,全国挥发性有机物监测与分析,重点区域温室气体监测与分析。水污染防治工作中可用于重点湖库水质、水华监测预警,城市水环境监测、分析与评估,全国饮用水水源监测与分析,全国面源污染监测与估算,重点流域水环境监测与分析,近岸海域水环境监测与分析。土壤污染防治工作中,可用于全国土壤污染场地/污染源动态监测与评估、设施农业土壤污染监测与评估、矿产资源集中开采区土壤污染监测与分析、城市及其周边区域土壤环境监测与风险评估等。在生态环境监测中,可用于全国生态状况变化调查与评估、全国生态保护红线监管、自然保护区监测与评估、生物多样性保护优先区域监测与评估、国家重点生态功能区监测与评价、区域生态系统监测及生态资产评估、城市生态环境监测与评估、农村垃圾监测与分析、国家重大生态保护治理工程建设效果评估等工作。另外,还用于中央生态环境保护督察及环境专项执法检查技术支持、污染偷排环境监管执法、资源开发生态破坏及恢复情况监测、固体废弃物堆放环境监管、重点环境风险源调查与评估、项目环境影响评价所需环境要素和违法信息获取、项目环境影响评价事中事后监管/排污许可信息获取、规划环境影响评价与战略环境影响评价技术支持、核电站建设情况动态监控、核与辐射应急监测、突发环境事件应急监测、突发环境事件恢复情况监测与评估、"一带一路"沿线国家生态环境遥感监测与调查评估等重要工作。

1.3.6 高分六号卫星数据环境应用潜力分析

2018年6月2日高分六号卫星成功发射,它是我国首颗实现精准农业观测的高分卫星,它将与在轨的高分一号卫星组网运行,大幅提高对农业、林业、草原等资源的监测能力。高分六号卫星为太阳同步轨道卫星,携带2m分辨率全色、8m分辨率多光谱和16m分辨率多光谱宽覆盖(幅宽800km)载荷,其中,8m和16m多光谱相机将增加红边谱段等,以提高对植被胁迫等监测能力。该卫星具有高分一号卫星的高分辨率和宽覆盖特点,并和高分一号卫星组网,从而提升对地观测能力,其广泛应用于大气环境、水环境和生态环境的监测。例如,大气环境中可用于京津冀、长江三角洲、珠江三角洲等地区的气溶胶光学厚度遥感监测,水环境中可用于太湖、巢湖、滇池等区域的水华、叶绿素a、悬浮物、透明度等遥感监测,官厅水库、密云水库、南京夹江等饮用水水源地的叶绿素a等水质遥感监测的应用,生态环境中用于自然保护区人类活动干扰、矿山开发环境破坏、生物多样性、农村和城市生态环境等遥感监测。与高分一号卫星组网运行后,高分六号卫星在大气污染源、城镇黑臭水体、饮用水水源地、自然保护区、资源开发利用、农村垃圾和土壤污染遥感监测等环境保护主体业务工作中发挥了重要作用。

高分六号卫星的主要应用潜力如下:在大气污染防治工作中可用于大气污染源、区域空气质量监测。水污染防治工作中可用于重点湖库水质、水华监测预警、城市黑臭水体及城市水环境监测、分析与评估、全国饮用水水源监测与分析、全国面源污染监测与估算、重点流域水环境监测与分析、近岸海域水环境监测与分析。在土壤污染防治工作中,可用于全国土壤污染场地/污染源动态监测与评估、设施农业土壤污染监测与评估、矿产资源集中开采区土壤污染监测与分析、城市及其周边区域土壤环境监测与风险评估等。在生态环境监测中,可用于全国生态状况变化调查与评估、全国生态保护红线监管、自然保护区监测与评估、生物多样性保护优先区域监测与评估、国家重点生态功能区监测与评价、区域生态系统监测及生态资产评估、城市生态环境监测与评估、农村垃圾监测与分析、国家重大生态保护治理工程建设效果评估等工作。另外，还用于中央生态环境保护督察及环境专项执法检查技术支持、污染偷排环境监管执法、资源开发生态破坏及恢复情况监测、固体废弃物堆放环境监管、重点环境风险源调查与评估、项目环境影响评价所需环境要素和违法信息获取、项目环境影响评价事中事后监管/排污许可信息获取、规划环境影响评价与战略环境影响评价技术支持、核电站建设情况动态监控、核与辐射应急监测、突发环境事件应急监测、突发环境事件恢复情况监测与评估、"一带一路"沿线国家生态环境遥感监测与调查评估等重要工作。

1.3.7　高分七号卫星数据环境应用潜力分析

高分七号卫星为太阳同步轨道卫星，于 2019 年 11 月 3 日成功发射，携带 0.8m 的立体测绘相机、多光谱相机和激光测高仪等载荷。该卫星具有 1：10000 高精度立体成像能力，可开展高精度立体测图。高分七号卫星可获取高精度立体像对和三维地形，可用于生态环境中高精度立体成像、地形校正和水环境水下地形测量等应用，并辅助进行高精度制图等。

第 2 章　面向环境保护的高分图像
数据处理关键技术及应用

本书的高分辨率为广义说法,包括高空间分辨率、高光谱分辨率和高时间分辨率等特征。如对高空间分辨率而言,与普通的中、低空间分辨率的卫星影像相比较,高空间分辨率遥感卫星成像方式、传感器光谱和辐射性能的不同,使其影像具有数据量大、地物几何结构和纹理信息更清晰等特点,因此对影像存储、显示、处理等的要求都有很大不同,如几何校正、辐射校正、大气校正、数据融合等。高光谱卫星影像与传统的 10 个以内波段的多光谱影像相比较,具有相差达一个数量级的上百个光谱谱段,例如,高分五号卫星配置的可见短波红外高光谱相机具有三百多个谱段,光谱分辨率达 5nm,会产生巨大的数据量和冗余数据,对影像的存储、显示、处理等都提出很高的要求。因此,高分辨率影像数据处理技术至关重要,是后续专题应用产品特别是定量化产品生产的前提和基础。

近年来国内外对高分辨率卫星影像处理技术开展一系列研究应用,但在影像融合方法、几何校正方法和信息提取方法等方面还存在精度不高、针对性不强等问题。因此,针对高分辨率卫星影像的特点,结合环境保护工作的实际需求,本章分别从原理方法、技术流程和应用实例等方面详细阐述高分辨率影像的大气校正、几何精校正、辐射校正、数据融合与变化检测等六类应用需求迫切的高分辨率卫星影像数据处理技术,为大气环境、水环境和生态环境的定量化等应用奠定基础。

2.1　高分光学影像大气校正技术

高分辨率卫星影像的大气校正是遥感定量化研究的热点和难点之一,环境保护行业的遥感应用定量化程度要求较高,而大气校正是环境要素定量化应用的重要前提。2013 年高分一号卫星发射以来,针对高分一号、高分二号等高分系列卫星特点,环境保护应用的大气校正技术研究显得尤其重要。到目前为止,根据不同的成像系统和大气条件,遥感图像的大气校正发展了多种大气辐射校正算法模型,有基于辐射传输模型的方法(如 5S、6S、LOWTRAN、MODTRAN 等)、黑暗像元法、不变目标法、直方图匹配法和基于大气阻抗植被指数法等。

6S 模型与 LOWTRAN 模型、MODTRAN 模型相比较,具有较高的精度,在实际中 6S 的应用也十分广泛,6S 是由 Vermote 和 Tanre 在 5S 模型的基础上发展起来的一款用于太阳辐射传输模拟的软件。它采用最新近似和逐次散射算法来计算散射和吸收,充分考虑了水汽、CO_2、O_3、O_2、CH_4、N_2O 等气体的吸收、大气分子和气溶胶的散射作用以及非均一地表特性和地表双向反射特性。之后,6S 又发展了向量版本的辐射传输模型 6SV,它是一个能够计算矢量(偏振)辐射传输的软件包,可以计算 Stokes 偏振分量。6SV 主要考虑了大气偏振的影响,同时还增加了对一些新传感器的支持。整体上 6S/6SV 模型具有较高的模拟精度,能够适应大多数传感器的需求。因此,本技术选用目前具有较高精度和广泛应用的 6S

模型开展面向环境应用的大气校正,通过应用测试表明该技术可以很好地应用在高分系列卫星上。

2.1.1　6S 辐射传输模型原理

6S 模型是对 5S 模型的改进,主要包括以下五个部分:

(1)太阳、地物与遥感器之间的几何关系,用太阳天顶角、太阳方位角、视角天顶角、视角方位角四个变量来描述。

(2)大气模式,定义了大气的基本成分以及温湿度廓线,包括七种模式,还可以通过自定义的方式来输入实测的探空数据,生成局地更为精确、实时的大气模式,此外,还可以改变水汽和臭氧含量的模式。

(3)气溶胶模式,定义了全球主要的气溶胶参数,如气溶胶相函数、非对称因子和单次散射反照率等,6S 模型中定义了七种缺省的标准气溶胶模式和一些自定义模式。

(4)遥感器的光谱特性,定义了遥感器各波段的光潜响应函数,6S 中自带大部分主要遥感器的可见光～近红外波段的相应光谱响应函数,如 TM、MSS、POLDER 和 MODIS 等。

(5)地表反射率,定义了地表的反射率模型,包括均一地表与非均地表两种情况,在均一地表中又考虑了有无方向性反射问题,在考虑方向性时用了九种不同模型。

这五个部分构成辐射传输模型,考虑了大气顶的太阳辐射能量通过大气传递到地表,以及地表的反射辐射通过大气到达遥感器的整个辐射传输过程。6S 辐射传输模型优点如下:

(1)辐射传输模拟计算速度快,精度较高。

(2)对大气和气溶胶散射、吸收具有较高的处理精度。

(3)两者都是双向模型,既可以在给定大气参数和地表参数的情况下,计算卫星传感器接收到的表观辐射亮度信号,也可以在给定大气参数和卫星传感器接收到表观辐射亮度信号的情况下,计算地表参数。

(4)输入参数简单,可选项较多,使用方便简单。

(5)两者都支持对双向反射分布函数(bidirectional reflectance distribution function,BRDF)双向反射问题的处理,6SV 还可以考虑大气偏振现象,并输出 Stokes 偏振分量。

除了以上优点,在使用 6S/6SV 过程中还应注意以下问题:

(1)6S/6SV 仅适用于天气晴朗且无云大气情况下拍摄的影像,否则计算结果可能会有较大的误差。

(2)支持的光谱范围为 $0.4 \sim 4.0 \mu m$。

(3)能见度最好大于 5km,否则需要慎重考虑计算结果。

(4)在进行大气校正时,输出大气参数的光谱间隔为 2.5nm。

6S 模型的输入参数和输出参数如下。

(1)6S 模型的输入参数。

① 几何参数。

6S 几何参数有两种输入法:太阳和卫星的天顶角和方位角及观测时间(月、日);卫星接收时间(月、日、年)、像素点数、升交点时间,由程序计算太阳和卫星天顶角及方位角。

② 大气模式。

6S 给出几种可供选择的大气模式,包括热带、中纬度夏季、中纬度冬季、近极地夏季、近极地冬季等,美国 62 标准大气等,也可以根据需要自定义大气模式。

③ 气溶胶模式。

6S 可以选择不同的气溶胶模式,包括无气溶胶、自定义气溶胶模式。例如,四种基本气溶胶的加权平均,气溶胶的谱分布加光度计测量结果(光学厚度)和折射指数,直接给出消光系数。模型提供大陆型、海洋型和乡村型三种气溶胶模式。

④ 气溶胶浓度。

可输入波长在 550nm 处的光学厚度 τ_{550} 和气象能见度(km),它其实提供了两者关系。

⑤ 地面高度。

以千米为单位的地面海拔(负值)。

⑥ 探测器高度。

−1000 代表卫星测量,为地基观测,飞机航测输入以千米为单位的负值。

⑦ 探测器的光谱条件。

给出常见卫星 Meteosat、GOES、NOAA/AVHRR 和 HRV、Landsat TM 和 MSS、MODIS、POLDER 每个波段的光谱条件,也可选择自定义。

⑧ 地表特性。

可选择地表均一或不均一,也可选择地表为朗伯体或双向反射。6S 给出 9 种比较成熟的 BRDF 模式供选择,也可自定义 BRDF 函数(输入 10×12 个角度的反射率及入射强度)。

⑨ 表观反射率。

输入反射率或辐射亮度,同时也决定模式是正向工作还是反向工作。当 RAPP<−1 时,模式正向工作。当 RAPP>0(辐射亮度)或−1<RAPP<0(反射率)时,均决定模式是反向工作,即有大气校正进行。

(2) 6S 模型的输出参数。

输出文件不仅包括输入文件的全部内容,而且包括所有的计算结果。

① 辐射部分。

辐射部分的结果有:地面上的直接反射率及辐照度、散射透过率及辐照度、环境反射率及辐照度;卫星上的大气路径反射率及辐亮度、背景反射率及辐亮度、像元反射率及辐亮度。

② 吸收部分。

吸收部分包括各种气体的向上透过率、向下透过率、总透过率,气体总向上透过率、总向下透过率、总透过率。

③ 散射部分。

散射部分包括大气分子,气溶胶的向上散射透过率、向下散射透过率、总散射透过率,总向下散射透过率、总向上散射透过率、总散射透过率,大气分子,气溶胶,总的球面反照率、光学厚度、反照率,单次反照率及相函数。

④ 大气校正结果。

大气校正结果包括大气校正后的反射率及大气校正系数 x_a、x_b、x_c。

(3) 遥感图像的大气校正过程。

校正时,首先模拟计算大气校正系数 x_a、x_b 和 x_c。大气光学厚度和其他辐射条件选择标准默认值,然后计算校正后的反射率,即

$$\rho = \frac{y}{1+x_c y}, \quad y = x_a L_i - x_b \tag{2.1.1}$$

式中，i 为变量，代表波段；ρ 为校正后反射率；L_i 为波段 i 经定标后的辐射亮度。

大气校正技术流程如图 2.1.1 所示。

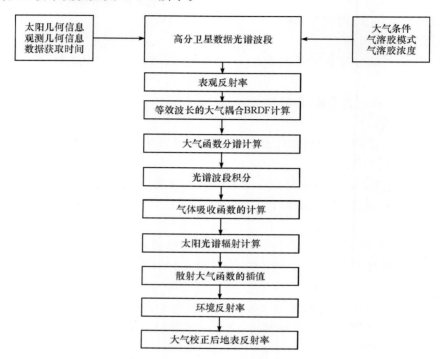

图 2.1.1　大气校正技术流程

2.1.2　应用实例

以北京地区 2013 年 11 月 7 日的高分一号卫星 8m 分辨率的多光谱数据为例，利用上述介绍的 6S 模型进行大气校正，并采用影像重叠区域较大、时间最接近的北京地区 2013 年 11 月 11 日的 Landsat-8 OLI 影像（30m 分辨率）做参考影像进行精度评价。高分一号卫星影像大气校正前后结果如图 2.1.2 所示。由于 Landsat-8 卫星数据和高分一号卫星数据在空间覆盖范围和空间分辨率有较大差异，且采用不同投影，为便于精度分析，使两幅影像完全叠合在一起，需要重投影、重采样、空间重叠区域裁剪等操作，处理后的结果如图 2.1.3 所示。

高分一号卫星图像精度测试选择两种主要地物类型的区域，分别是水体和城市（图 2.1.4），采用均方根误差、平均绝对误差和决定系数这三种常用的评价指标对这两个区域四个波段分别进行评价（表 2.1.1）。结果表明，从最标准的均方根误差来看，城市和水体的大气校正精度都在 90% 以上，水体的校正精度优于城市，说明该大气校正技术具有较高的精度。

(a) 影像大气校正前

(b) 影像大气校正后

图 2.1.2　大气校正前后高分一号卫星影像对比

图 2.1.3　Landsat-8 与高分一号数据的叠合图

(a) 水体　　　　　　　　　　　　　　　　　　(b) 城市

图 2.1.4　选取的两种主要地物类型覆盖区域

表 2.1.1　高分大气校正精度评价

指标	对象	波段 1	波段 2	波段 3	波段 4
均方根误差（RMSE）	城市	0.012529	0.019159	0.035848	0.080349
	水体	0.011407	0.017507	0.035166	0.073114
平均绝对误差（MAE）	城市	0.119911	0.165474	0.230903	0.328432
	水体	0.096778	0.135990	0.197354	0.283695
决定系数（R^2）	城市	0.789064	0.781043	0.812340	0.856688
	水体	0.868474	0.852704	0.908409	0.929353

2.2　高分光学影像几何精校正/正射校正技术

遥感影像的几何校正通常是指消除图像中的几何变形,产生一幅符合某种地图投影或图形表达要求的新图像。按照一定的数学模型,将遥感影像进行几何校正以生成具有"地理参考"的影像是遥感影像处理的重要内容。依据传感器的成像几何模型所反映的数学关系,一般将几何校正模型分为两类:一种是依据传感器成像特性,如画幅式相机的中心投影方式和线阵 CCD 传感器的线中心投影方式,利用成像瞬间地面点、传感器镜头透视中心和相应像点在一条直线上的严格几何关系建立的数学模型,即共线条件方程。这种严格几何模型的定位精度较高,但其数学形式较为复杂且需要较完整的传感器信息,在实际中无法取得如此大量的控制数据来解算全部的外方位元参数,因此有时无法利用严格几何模型进行处理。另一种与具体传感器无关、直接以形式简单的数学函数作为模型,即通用成像传感器模型,它是基于数学模型而不考虑影像的物理意义的几何校正模型,如多项式校正模型、直接线性变换模型等描述地面点和相应像点之间关系的通用成像数学模型,即它们通过一定数量的地面控制点解算模型参数。

针对高分一号、高分二号等系列卫星具备有理多项式系数(rational polynomial coefficients,RPC)辅助文件的特点,该技术采用基于数学函数模型的几何校正方式,通过将 RPC 辅助参数与控制点相结合,完成高分系列卫星的几何精校正与正射校正。利用高分卫星数据系统级 RPC 参数以及 XML 描述文件的特点,在进行几何精校正与正射校正过程中,通过对 XML 文件的解析,能够对校正流程实现智能批处理化。通过对 RPC 参数的充分运用,在人工选点时进行自动辅助定位,减少人工选点时间,在进行正射校正时,充分利用原有的 RPC 文件,可减少校正模型对控制点数量的要求,从而提升产品生产效率。

2.2.1　多项式几何校正技术原理

1. 几何精校正方法模型

目前,在实践中经常使用的几何校正方法是多项式校正法。多项式几何校正模型在 20 世纪 70 年代就已为世人所熟知。该模型是一种简单的通用成像传感器模型,其原理直观明了,且计算较为简单,特别是对于地面相对平坦的情况,具有较好的校正精度。Wong 的研究表明,对于低分辨率的遥感影像 ERTS-1,运用二维四阶多项式几何校正的效果不亚于用二维严密传感器模型校正的结果,作为二维多项式的扩展,三维的多项式几何校正模型通过在多项式中增加与地形起伏有关的 Z 坐标,使其能更符合地形情况。但是基于多项式的传感器模型,其定向精度与地面控制点的精度、分布和数量与实际地形密切相关。在采用该种模型定位时,在控制点上易拟合得好,在其他点的内插值可能有偏离,会在某些点处产生振荡现象。该方法将遥感影像的总体变形看成平移、缩放、旋转、仿射、偏扭、弯曲以及更高层次基本变形综合作用的结果,因而校正前后影像相应点之间的坐标关系,可以用以下的多项式来表达:

$$x=a_0+(a_1X+a_2Y)+(a_3X^2+a_4XY+a_5Y^2)+(a_6X^3+a_7X^2Y+a_8XY^2+a_9Y^3)+\cdots$$

$$y=b_0+(b_1X+b_2Y)+(b_3X^2+b_4XY+b_5Y^2)+(b_6X^3+b_7X^2Y+b_8XY^2+b_9Y^3)+\cdots$$

$$(2.2.1)$$

式中,(x,y)为某像素的原始影像坐标;(X,Y)为同名像素点的地面(或地图)坐标。齐次多项式的项数(即系数个数)N与其阶数n有着固定关系:

$$N=\frac{1}{2}(n+1)(n+2)$$

$$(2.2.2)$$

多项式系数$a_i,b_j(i,j=0,1,2,\cdots,N-1)$,一般利用已知控制点的坐标数值按照最小二乘法原理求解。

按此方法,首先根据式(2.2.1)确定所需的控制点数N。每个控制点须在地面(地图)和影像上可同时清楚辨认。控制点的地面坐标(X,Y)和影像坐标(x,y)必须预先测得,在此基础上,可按下列过程[以式(2.2.1)中求解x的方程为例]求解系数。

构成误差方程式,每个控制点i的误差方程式为

$$v_{xi}=\begin{bmatrix} 1 & XYX^2 & XYY^2 & \cdots \end{bmatrix}\begin{bmatrix} a_0 \\ a_1 \\ a_2 \\ \vdots \end{bmatrix}-v_{xi}$$

$$(2.2.3)$$

所有m个控制点组成的误差方程组的矩阵形式为

$$V_x=A\cdot D-L;权阵\ P$$

$$(2.2.4)$$

式中,$V_x=\begin{bmatrix} v_{x1} & v_{x2} & \cdots & v_{xm} \end{bmatrix}^\mathrm{T}$为改正数矢量(随机量);

$$A=\begin{bmatrix} 1 & X_1 & Y_1 & X_1^2 & X_1Y_1 & Y_1^2 & \cdots \\ 1 & X_2 & Y_2 & X_2^2 & X_2Y_2 & Y_2^2 & \cdots \\ \vdots & \vdots & \vdots & \vdots & \vdots & \vdots & \\ 1 & X_m & Y_m & X_m^2 & X_mY_m & Y_m^2 & \cdots \end{bmatrix}$$

$D=\begin{bmatrix} a_0 & a_1 & a_2 & \cdots & a_{N-1} \end{bmatrix}^\mathrm{T}$为变换系数矢量(待求的未知量);

$L=\begin{bmatrix} x_1 & x_2 & \cdots & x_m \end{bmatrix}^\mathrm{T}$为观测值矢量(已知常数项);

$$P=\begin{bmatrix} p_0 & & & 0 \\ & p_1 & & \\ & & \ddots & \\ 0 & & & p_m \end{bmatrix}$$ 为权矩阵。

构成法方程式,根据最小二乘法原理,从$V_x^\mathrm{T}PV_x=\min$的条件出发,可导出方程式

$$(A^\mathrm{T}\cdot P\cdot A)\cdot D=A^\mathrm{T}\cdot P\cdot L$$

$$D=(A^\mathrm{T}\cdot P\cdot A)^{-1}\cdot(A^\mathrm{T}\cdot P\cdot L)$$

$$(2.2.5)$$

对于式(2.2.1)中 y 方程的系数 $b_j(j=0,1,2,\cdots,N-1)$，也可按上述方法求解。多项式系数求出后，根据式(2.2.1)可求解原始影像任一像素的坐标，并对影像灰度进行内插，获得某种投影的纠正影像。

2. 正射校正方法模型

有理函数模型(rational function model, RFM)是通用传感器模型的一种，是将像点坐标 (r,c) 表示为以相应地面点坐标 (X,Y,Z) 为自变量多项式的比值：

$$\begin{cases} r_n = \dfrac{P_1(X_n,Y_n,Z_n)}{P_2(X_n,Y_n,Z_n)} \\[3mm] c_n = \dfrac{P_3(X_n,Y_n,Z_n)}{P_4(X_n,Y_n,Z_n)} \end{cases} \tag{2.2.6}$$

式(2.2.6)为 RPC 模型的正算模型。式中，(r_n,c_n) 和 (X_n,Y_n,Z_n) 分别表示像点坐标 (r,c) 和地面点坐标 (X,Y,Z) 经平移和缩放后的标准化坐标，取值在 $(-1,1)$，其变换关系为

$$\begin{cases} X_n = \dfrac{X-X_0}{X_S} \\[3mm] Y_n = \dfrac{Y-Y_0}{Y_S} \\[3mm] Z_n = \dfrac{Z-Z_0}{Z_S} \\[3mm] r_n = \dfrac{r-r_0}{r_s} \\[3mm] c_n = \dfrac{c-c_0}{c_s} \end{cases} \tag{2.2.7}$$

式中，(X_0,Y_0,Z_0,r_0,c_0) 为标准化的平移参数；(X_S,Y_S,Z_S,r_s,c_s) 为标准化的比例参数；$P_t(X_n,Y_n,Z_n)(t=1,2,3)$ 为一般多项式，表示形式如下：

$$\begin{aligned} P_t &= \sum_{i=0}^{m1}\sum_{j=0}^{m2}\sum_{k=0}^{m3} a_{ijk}X^iY^jZ^k \\ &= a_0 + a_1Z + a_2Y + a_3X + a_4ZY + a_5ZX \\ &\quad + a_6YX + a_7Z^2 + a_8Y^2 + a_9X^2 + a_{10}ZYX + a_{11}Z^2Y + a_{12}Z^2X + a_{13}Y^2X \\ &\quad + a_{14}Y^2Z + a_{15}ZX^2 + a_{16}YX^2 + a_{17}Z^3 + a_{18}Y^3 + a_{19}X^3 \end{aligned}$$

由此可得

$$\begin{cases} r = r_s\dfrac{P_1(X_n,Y_n,Z_n)}{P_2(X_n,Y_n,Z_n)} + r_0 \\[3mm] c = c_s\dfrac{P_3(X_n,Y_n,Z_n)}{P_4(X_n,Y_n,Z_n)} + c_0 \end{cases} \tag{2.2.8}$$

根据式(2.2.8)可建立原始图像像元与纠正后图像像元之间的坐标对应关系,然后进行内插获得正射影像上各点的灰度值,完成正射影像生成。

高分环境应用光学数据几何校正和正射校正的主要流程如图2.2.1所示。

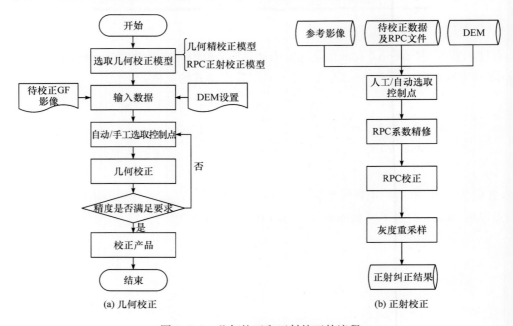

图 2.2.1　几何校正和正射校正的流程

2.2.2　应用实例

以天津、青海和太湖地区 2014 年的三组高分一号卫星影像为例,分别利用上述多项式方法进行几何精校正和正射校正,并采用同区域的高分一号卫星影像做参考影像进行精度评价,结果如下。

1. 天津地区高分一号全色影像几何精校正

以 2014 年 2 月 4 日天津地区高分一号卫星 2m 分辨率全色数据作为待校正影像,如图 2.2.2(a)所示,参考影像采用同区域的高分一号多光谱正射影像,如图 2.2.3 所示。地形以平原为主,中心经度和纬度分别为 117.0°E、38.9°N。基于同区域的高分一号多光谱参考影像,选取 141 个控制点,采用几何精校正模型,控制点分布如图 2.2.4 所示,通过选取检查点进行精度验证评价,检查点见表 2.2.1。结果表明,几何精校正模块的校正精度在 1 或 2 个像元以内,校正后结果如图 2.2.2(b)所示。

(a) 校正前

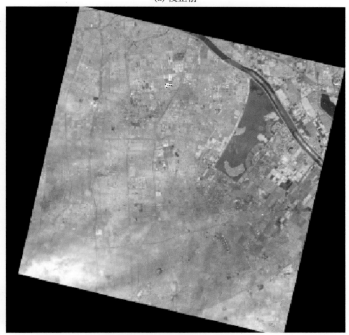

(b) 校正后

图 2.2.2　天津地区高分一号全色影像校正前后对比

图 2.2.3　天津地区高分一号多光谱参考影像

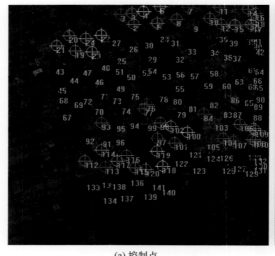
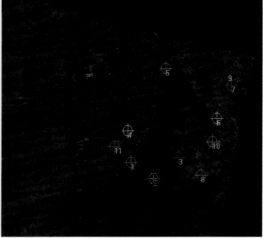

(a) 控制点　　　　　　　　　　　　　　　　　　　(b) 检查点

图 2.2.4　天津地区控制点和精度验证检查点分布

表 2.2.1　天津地区高分一号影像检查点　　（单位:m）

序列号	待校正影像 X	待校正影像 Y	参考影像 X	参考影像 Y	X 方向残差	Y 方向残差	总残差
1	504364.7	4302372	504364	4302378	0.734481	5.553858	5.602214
2	507451.4	4300459	507452	4300458	0.605838	1.146656	1.296865
3	510998.8	4303032	510998	4303038	0.807596	5.660771	5.718088
4	503888.4	4306236	503892	4306234	3.638044	2.139695	4.220623
5	509161.6	4313718	509164	4313714	2.350380	3.531153	4.241854
6	516221.3	4307741	516218	4307742	3.334253	0.601220	3.388025
7	518286.9	4311738	518288	4311738	1.083241	0.148110	1.093319
8	514079.6	4300830	514078	4300830	1.610237	0.092474	1.612890
9	517796.9	4313038	517796	4313036	0.877810	2.114601	2.289561
10	515600.5	4304887	515600	4304886	0.488094	1.068323	1.174542
11	502047.3	4304358	502046	4304358	1.299288	0.017555	1.299406

2. 青海地区高分一号全色影像正射校正

以 2014 年 8 月 27 日青海地区高分一号卫星 2m 分辨率全色影像作为待校正影像,如图 2.2.5(a)所示,参考影像采用同区域的高分一号全色正射影像,如图 2.2.6 所示。地形以山区为主,中心经度和纬度分别为 96.9°E、37.2°N。基于同区域的高分一号全色正射参考影像,选取 84 个控制点,校正模型采取正射校正模型,控制点分布如图 2.2.7 所示,通过选取检查点进行精度验证评价,检查点见表 2.2.2。结果表明,正射校正模块在山区的精度在 2 或 3 个像元以内,校正后结果如图 2.2.5(b)所示。

(a) 校正前

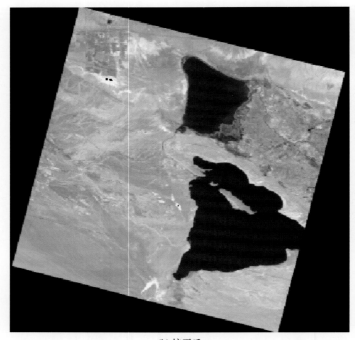

(b) 校正后

图 2.2.5　青海地区高分一号全色影像校正前后对比

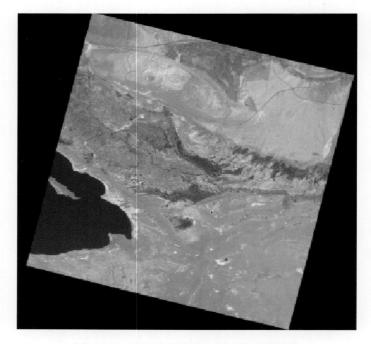

图 2.2.6　青海地区高分一号全色参考影像

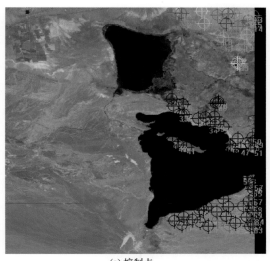 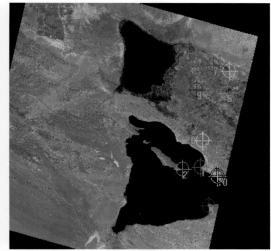

(a) 控制点　　　　　　　　　　　　　　(b) 检查点

图 2.2.7　青海地区控制点和精度验证检查点分布

表 2.2.2　青海地区高分一号影像检查点　　　　（单位：m）

序列号	待校正影像 X	待校正影像 Y	参考影像 X	参考影像 Y	X 方向残差	Y 方向残差	总残差
1	321713.8	4114098	321717.4	4114093	3.629459	5.105236	6.263897
2	319055.3	4113845	319056.3	4113847	0.962108	2.892965	3.048754
3	322854.2	4108886	322850.1	4108884	4.115316	2.255423	4.692842
4	322024.6	4117723	322031.3	4117731	6.653089	7.397477	9.949184
5	325625.2	4124137	325626.2	4124137	1.057802	0.111492	1.063661
6	325928.4	4127162	325931.5	4127169	3.123437	7.103254	7.759644
7	323577.0	4127900	323583.1	4127896	6.132431	3.823332	7.226658
8	320243.4	4118494	320249.4	4118495	5.976354	1.161109	6.088102
9	321126.4	4124507	321126.3	4124509	0.296212	2.502170	2.519642
10	324120.5	4112799	324123.1	4112802	2.640226	3.013560	4.006537

3. 太湖区域高分一号宽覆盖影像正射校正

以 2014 年 10 月 3 日太湖区域高分一号卫星 16m 分辨率宽覆盖影像作为待校正影像，如图 2.2.8(a)所示，参考影像采用同区域高分一号宽覆盖正射影像，如图 2.2.9 所示。北部地形以平原为主，南部地形以山地为主。基于同区域的高分一号宽覆盖多光谱影像，选取 78 个控制点，校正模型采取正射校正模型，控制点分布如图 2.2.10 所示，通过选取检查点进行精度验证评价，检查点见表 2.2.3。结果表明，正射校正模块在平原地区的精度在 1 或 2 个像元以内，校正后结果如图 2.2.8(b)所示。

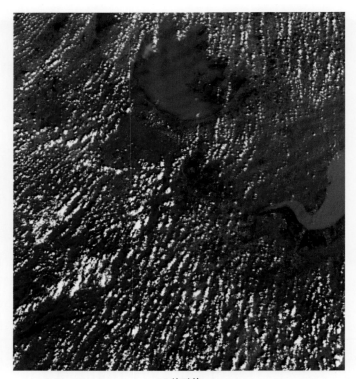

(a) 校正前

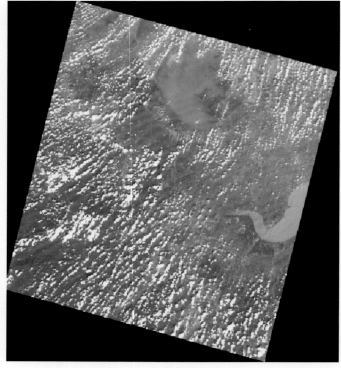

(b) 校正后

图 2.2.8 太湖区域高分一号宽覆盖影像校正前后对比

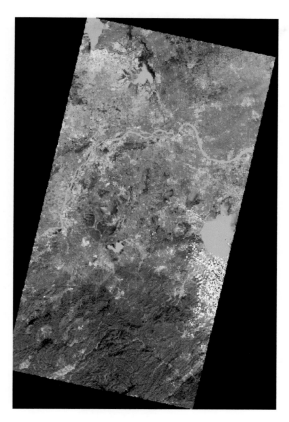

图 2.2.9　太湖区域高分一号宽覆盖参考影像

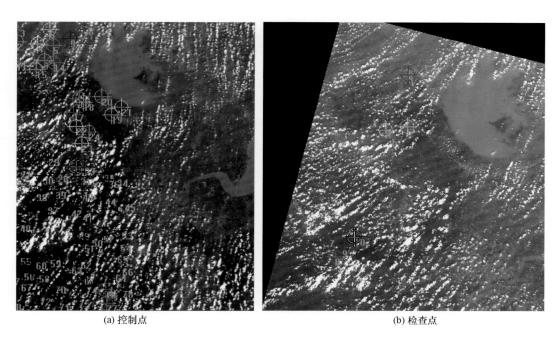

(a) 控制点　　　　　　　　　　　　　　　　(b) 检查点

图 2.2.10　太湖区域控制点和精度验证检查点分布

表 2.2.3　太湖区域高分一号影像检查点　　　（单位:m）

序列号	待校正影像 X	待校正影像 Y	参考影像 X	参考影像 Y	X 方向残差	Y 方向残差	总残差
1	193831.4	3482189	193806	3482205	25.393240	16.02457	30.02671
2	184612.0	3478213	184606	3478189	6.001632	23.61175	24.36256
3	184435.6	3475615	184430	3475629	5.630662	13.85163	14.95232
4	171833.1	3442201	171854	3442205	20.876830	4.133569	21.28211
5	175296.4	3438385	175294	3438381	2.407674	3.839990	4.532374
6	184259.3	3444285	184270	3444301	10.740310	15.749380	19.06298
7	138579.2	3376912	138558	3376909	21.178480	2.540103	21.33026
8	141946.3	3365399	141934	3365405	12.260630	5.674117	13.50995
9	146355.5	3370642	146350	3370653	5.534879	10.646190	11.99901
10	153169.9	3377553	153166	3377565	3.867808	12.110920	12.71354

2.3　高分 SAR 影像几何精校正技术

　　距离-多普勒(range-Doppler,RD)算法是 SAR 成像处理中最直观、最基本的经典方法,目前在许多模式的 SAR,尤其是正侧视 SAR 的成像处理中仍然广为使用,可以将其理解为时域相关算法的演变。

　　高分三号卫星是分辨率高达 1m 的 C 波段 SAR 卫星,具有多模式、全极化、多入射角的特点,高分三号雷达卫星现已投入使用。本节针对高分三号卫星 SAR 图像的特点,基于同类 C 波段的 RADARSAT 替代雷达卫星数据,采用应用广泛的 RD 模型进行几何精校正,并选择实验区对算法的几何定位精度进行评估。

2.3.1　距离-多普勒模型原理

　　RD 模型通过地球椭球体模型、雷达成像的距离向分辨率以及多普勒中心约束,建立起一套方程组,每个方程的建立都遵循雷达成像机理。以下的坐标(X,Y,Z)未经说明都为地心地固坐标系的坐标。这种坐标系也是新型雷达数据 RADARSAT-2 和 TerraSAR-X 提供的卫星状态矢量所在的坐标系。RD 模型如下:

$$\begin{cases} \dfrac{X_t^2+Y_t^2}{(R_e+H_t)^2}+\dfrac{Z_t^2}{R_p^2}=1 \\ R=R(i,j) \\ f_d=-\dfrac{2}{\lambda}\dfrac{\mathrm{d}R}{\mathrm{d}t} \end{cases} \tag{2.3.1}$$

式中,(i,j)为原始 SAR 影像上的像元行列号;(X_t,Y_t,Z_t)为原始影像上的像点所对应的地物点在地心直角坐标系中的坐标;R_e、R_p为地球椭球的半径;H_t为地面点的高程;$R(i,j)$为原始 SAR 影像上像元所对应的斜距;f_d为多普勒频率;λ为雷达波长。不同的解算方法形成不同的算法,本书采用基于 RD 定位模型的 ASF(Alaskan SAR facility)算法来作为雷达遥感数据快速几何校正的基本方法。基于 RD 定位模型的 ASF 算法是由 ASF 雷达数据处理中心发布的,公开了相应的实验程序源代码。该算法的核心是一种基于迭代的直接定位方法,陈尔学(2004)证明了其定位精度比一般方法要高。

SAR 数据几何校正处理流程如图 2.3.1 所示。

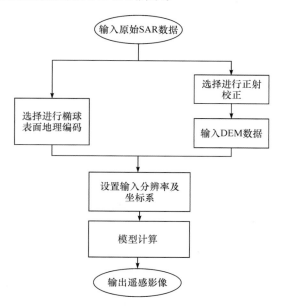

图 2.3.1　SAR 数据几何校正处理流程

1. 地球椭球地理编码几何校正

在某些应用情况下,高精度的 DEM 是不可获得的,此时考虑不使用地面高程数据,只利用卫星轨道信息的几何校正方法。该方法与地球椭球地理编码方法流程一致。根据上述 ASF 算法的测试结果发现,直接利用雷达影像元数据中的几何校正参数,并不能取得良好的几何校正精度,因此可以引入精度较高的精确轨道数据参与几何校正处理过程。该做法不考虑地物点的精确高程,认为所有地物点在一个具有平均高程的地球表面上,从而直接利用卫星轨道数据(最好能够使用加密过的精轨数据)来求解 RD 模型方程,得到像点与地面点之间的几何关系,完成雷达数据的几何校正,生成地球椭球表面校正地理编码影像产品。该方法流程如图 2.3.2 所示。

2. SAR 数据正射校正

在高分辨率 DEM 可获得情况下,可以基于 DEM 通过正射校正的方法对雷达数据进行几何精校正。对采用的新型雷达数据的元数据进行分析和处理,获取式(2.3.1)所需要的参数。这些参数包括任意时刻的位置矢量 $R_s(S_x, S_y, S_z)$ 和速度矢量 $V_s(V_x, V_y, V_z)$,原始 SAR 影像上每个像元对应的斜距 R,每个像元对应的多普勒频率 f_d 以及目标点高程 H_t。由于 SAR 影像的头文件中一般都提供几个离散时刻的位置矢量 $R_s(S_x, S_y, S_z)$ 和速度矢量 $V_s(V_x, V_y, V_z)$,可以将位置矢量和速度矢量表示为时间的函数,用内插的方法得到任意时

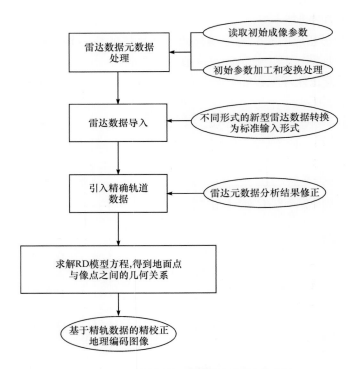

图 2.3.2　地球椭球地理编码几何校正流程

刻的位置矢量和速度矢量。SAR 影像头文件中一般还提供最小斜距,因此可以利用下面的公式求出每个像元对应的斜距:

$$R(j) = r_0 + j \cdot \delta t_r \cdot C/2 \qquad (2.3.2)$$

式中,j 为原始 SAR 影像上像元的列号;r_0 为最小斜距;δt_r 为列方向快时间;C 为光速。这些参数在 RADARSAT-2、TerraSAR-X 影像头文件中已经提供。

多普勒频率一般按式(2.3.3)解算:

$$f_d = d_0 + d_1(t - t_0) + d_2(t - t_0)^2 \qquad (2.3.3)$$

式中,参数 d_0,d_1,d_2 和多普勒中心参考时间 t_0 一般在 SAR 影像头文件中给出,$t = 2R/c$,斜距 R 可以求出,因此 t 是已知的,f_d 可求,而目标点的高程由 SAR 影像覆盖区域的 DEM 提供。

在对新型雷达数据的元数据进行分析的基础上,就可以将形式多样的原始新型雷达数据转换为该模块可以直接处理的标准输入形式。将输入的 SAR 影像覆盖区域的 DEM 转换到规定的投影坐标系中。一般能够得到的 DEM 通常是北京 54 坐标系或西安 80 坐标系下的,因此需要首先将 DEM 进行坐标系转换,转换为所规定的投影坐标系下。在雷达影像和 DEM 数据输入后,利用 ASF 算法来解算 RD 定位模型,求出地物点的地面坐标和像元像平面坐标之间的几何关系。

在解算出 RD 定位模型,获取影像坐标 (i,j) 与大地坐标之间的映射关系后,将 DEM 上对应大地坐标上的灰度值(高程值)投影到原始 SAR 影像空间中,形成一幅行列数和原始 SAR 影像一致的斜距 SAR 影像。斜距 SAR 和斜距 DEM 影像是为了生成模拟 SAR 影像做准备的,对于斜距 DEM 影像上每个像元 (i,j),利用临近的 $(i+1,j)$、$(i,j+1)$、$(i+1,j+1)$ 三个像元,选择一定的后向散射模型生成与原始 SAR 影像纹理大致相同的模拟 SAR 影像。这种 SAR 模拟生成的方法已非常成熟。在生成模拟 SAR 影像的过程中,可以根据叠掩阴影产生的几何条件生成叠掩阴影掩模影像。

模拟 SAR 影像与真实 SAR 影像之间被认为只存在简单的线性变形,与高程有关的复杂几何变形已经在模拟过程中描述,这使模拟影像和真实影像之间的差异局限在一定的平移、缩放和很小的旋转中,因此可以通过简单的多项式变换模型直接建立模拟影像坐标和真实影像坐标之间的关系。由于模拟影像与地面之间的几何关系已经在模拟影像产生的过程中确定,当模拟影像坐标和真实影像坐标之间的关系多项式确定后,真实影像坐标与地面坐标之间的关系也就确定了,从而完成几何精校正(正射校正)过程。通过基于 DEM 的几何校正方法可以得到正射校正 SAR 影像和叠掩阴影掩模影像。SAR 数据正射校正流程如图 2.3.3 所示。

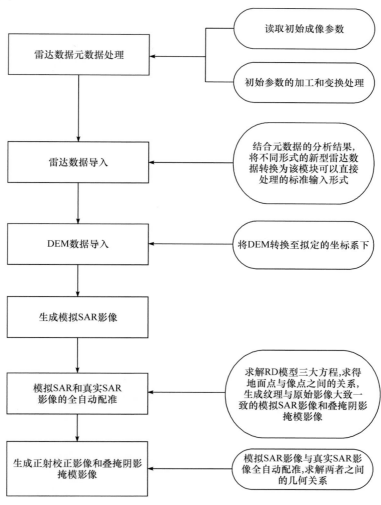

图 2.3.3　SAR 数据正射校正流程

2.3.2 应用实例

　　针对 C 波段的高分三号雷达卫星的数据特点,选用 C 波段的 RADARSAT-2 雷达卫星作为替代数据和距离-多普勒模型进行几何精校正的应用测试。图 2.3.4 所示为 RADARSAT-2 HH 极化图像正射校正结果图像(叠掩阴影掩模影像中绿色区域为叠掩,红色区域为阴影)。为定量评价正射校正效果,以经过正射校正的 SPOT-5 影像为参考,通过在正射影像和 SPOT-5 影像上均匀选取 20 个控制点对上述 RADARSAT-2 的正射校正结果进行定位精度评价分析,结果见表 2.3.1。为更直观地对 RADARSAT-2 正射结果的定位精度进行比较,选取均方根误差来描述其定位误差,结果为 3.09。RADARSAT-2 是最新一代的 SAR

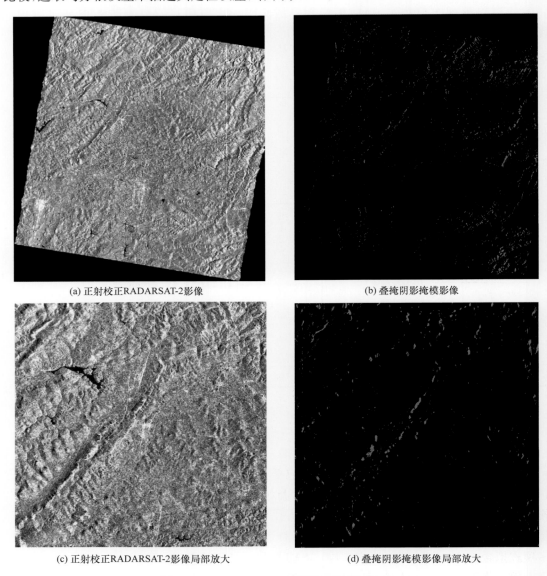

(a) 正射校正 RADARSAT-2 影像　　　　　　　(b) 叠掩阴影掩模影像

(c) 正射校正 RADARSAT-2 影像局部放大　　　　(d) 叠掩阴影掩模影像局部放大

图 2.3.4　RADARSAT-2 数据正射校正结果

卫星,其元数据中提供的卫星轨道等相关参数的精度较高,因此 RADARSAT-2 的正射校正结果都能取得较高的定位精度。RADARSAT-2 的定位误差可达到 3 个像元左右。在无地面控制点的情况下,相对于 RADARSAT-2 数据本身的分辨率,该定位精度令人满意,表明选用基于 SAR 影像模拟的方法进行高分辨率 SAR 影像的正射校正是有效的。

表 2.3.1　RADARSAT-2 影像正射校正结果定位精度分析

RADARSAT-2 正射		DRG 上 X 坐标/m	DRG 上 Y 坐标/m	dX/m	dY/m	偏差像元数
图像 X 坐标/m	图像 Y 坐标/m					
658522.071	2979868.123	658509.329	2979888.458	−12.742	20.335	2.999663
672807.318	2970464.184	672795.209	2970463.449	−12.109	−0.735	1.516286
665666.756	2983026.131	665645.865	2983015.896	−20.891	−10.235	2.907934
675569.544	2969066.580	675551.197	2969069.444	−18.347	2.864	2.321149
668387.755	2963818.350	668374.101	2963837.123	−13.654	18.773	2.901662
667686.892	2991889.992	667658.953	2991873.056	−27.939	−16.936	4.083916
678010.198	2984073.303	677980.565	2984070.472	−29.633	−2.831	3.720990
664545.374	2966675.399	664527.246	2966695.580	−18.128	20.181	3.391012
676616.717	2974665.242	676601.504	2974654.002	−15.213	−11.240	2.364361
658542.685	2970278.662	658509.329	2970273.454	−33.356	−5.208	4.219996
672930.999	2983677.522	672916.891	2983681.944	−14.108	4.422	1.848098
670187.176	2971437.192	670193.537	2971428.491	6.361	−8.701	1.347276
669558.609	2975988.637	669539.685	2975988.233	−18.924	−0.404	2.366039
677358.807	2971424.780	677333.730	2971421.961	−25.077	−2.819	3.154369
668499.069	2967557.662	668463.761	2967545.219	−35.308	−12.443	4.679590
662005.775	2972257.570	661986.869	2972263.060	−18.906	5.490	2.460872
666144.992	2979975.314	666156.075	2979969.579	11.083	−5.735	1.559806
679585.079	2963051.523	679568.834	2963049.393	−16.245	−2.130	2.048006
680290.066	2983026.131	680258.365	2983013.761	−31.701	−12.370	4.253620
667319.969	2985029.776	667296.042	2985005.501	−23.927	−24.275	4.260606

2.4　高分光学影像辐射校正技术

高分环境应用光学数据辐射校正主要包括相对辐射校正和绝对辐射校正。相对辐射校正分为条纹噪声去除和辐射归一化;绝对辐射校正为主要利用定标系数将影像的 DN 值转换为绝对辐射值的过程。图像条纹噪声去除技术可分为空间域降噪和变换域降噪。空间域降噪针对图像本身,直接对图像的像元进行处理;空间域降噪方法主要包括直方图匹配法、多项式拟合法、比值法、相邻列均衡法、自适应匹配法等。空间域方法在自适应和计算复杂度方面要优于变换域方法,处理效率较高,但易造成图像原始非噪声细节信息丢失。变换域降噪法是指将图像进行变换,通过分析信号和噪声在频域内的分布情况,在变换域中对图像的变换域系数消噪处理后再进行逆变换从而获得降噪后的图像。变换域降噪中应用最广泛的是傅里叶变换和小波变换。变换域虽然可以更好地分离和研究信号与噪声,但不容易选择正确的频率成分,且在一定程度上会损失地物的高频信息,并且变换域牵涉空域频域变换,这样会消耗大量的处理时间和内存。辐射归一化是将一影像作为参考图像,调整另外一幅影像的辐射特性,使其匹配到参考影像,使两个不同时相影像具有相同的辐射特性。近年来,学者对多时相遥感影像的辐射归一化已经展开较多的研究,并形成许多方法。现有的辐射归一化方法可分为两类:基于像元对的相对辐射归一化方法和基于分布的相对辐射归一化方法。基于像元对的相对辐射归一化方法主要包括全景简单线性回归法、暗集-亮集法、伪不变特征归一化法、自动散点控制回归法、多元变化检测变换法等。基于分布的相对辐射归一化主要包括最大-最小归一化法、平均值-标准偏差归一化法、直方图匹配法、顺序转换法等。总体而言,基于像元的相对辐射归一化方法选择伪不变特征对计算归一化系数更加准确,但有一定的主观性,依赖于配准精度;基于分布的相对辐射归一化方法无须选择伪不变特征点,较为简单、客观,但执行效果往往不如基于像元的辐射归一化方法。

针对高分一号、高分二号卫星等高分系列卫星的特点,绝对辐射校正采用常用公式,相对辐射校正选用处理效率较高、降噪较为有效的相邻列均衡法的空间域降噪方法,以及充分考虑高分五号卫星高光谱图像波段间高相关性特点的多元变化检测的辐射归一化方法来进行,通过应用测试表明该技术可以很好地应用在高分系列卫星上。

2.4.1　原理方法

1. 图像条纹噪声去除技术

采用相邻列均衡法进行条纹噪声的去除,相邻列均衡法是一种有效去除推扫式电荷耦合器件(charge coupled device,CCD)遥感器图像条纹的方法。在消除了图像由光学系统畸变产生的镜头边缘减光效应等因素在不同探测器上产生的能量差异后,利用相邻列均衡法能得到有效的相对辐射校正系数。从统计意义上看,图像对应相邻列上地物灰度值的均值和标准差应该是平缓过渡的,由于线阵传感器相邻探测器响应和输出时的奇偶效应,图像出现明显的纵向条纹,这反映在实际图像中相邻列均值和标准差会出现上下抖动效应,这种抖动可以用来求取探测器的增益和偏执,进而对图像进行相对辐射校正,达到消除纵向条带的目的。

相邻列均衡法的基本原理如下:对于一幅原始图像,第 i 行第 j 列像素的 DN 值表示为 $DN_{raw_i,j}$,DN_{raw_j} 表示第 j 列 DN 值向量。相对辐射校正后的图像,第 i 行第 j 列像素的 DN 值表示为 $DN_{cal_i,j}$,DN_{cal_j} 表示第 j 列的 DN 值向量。根据公式可以得到校正前后第 j 列 DN 值向量的标准差和均值有如下关系:

$$Std(DN_{cal\_j}) = NG_j \cdot Std(DN_{raw\_j}) \tag{2.4.1}$$
$$Mean(DN_{cal\_j}) = NG_j \cdot Mean(DN_{raw\_j}) + B_j \tag{2.4.2}$$

式中,Std 和 Mean 分别表示对向量求标准差和均值。对列均值和列标准差采用一维均值滤波的方法得到平缓变化的列均值和标准差,并将得到的列均值和列标准差当作相对辐射校正后图像对应的列均值和列标准差,这样就可以经过式(2.4.1)和式(2.4.2)得到相对辐射校正系数。

设 σ_{i-1},σ_i,σ_{i+1} 和 μ_{i-1},μ_i,μ_{i+1} 分别为第 $i-1$ 列,第 i 列,第 $i+1$ 列的标准差和均值,那

么第 i 列的增益和偏置按如下方法计算：

$$NG_i = \sigma / \sigma_i \qquad (2.4.3)$$

$$B_j = \mu - \mu_i \cdot NG_i \qquad (2.4.4)$$

式中，$\mu = \dfrac{\dfrac{\mu_{i-1}+\mu_{i+1}}{2}+\mu_i}{2}$；$\sigma = \dfrac{\dfrac{\sigma_{i-1}+\sigma_{i+1}}{2}+\sigma_i}{2}$。

该方法求解相对辐射定标系数时不依赖于均匀场景，较好地保留地物的原始信息，为图像的进一步定量化应用奠定基础。

一般用经过相对辐射校正处理的产品计算其广义噪声，作为评定相对辐射校正的精度指标，即广义噪声测试方法。广义噪声法利用图像中各列像素均值之间的统计特征对图像的辐射均一度进行整体评价，计算结果受地物空间分布的影响较大。因此，进行相对辐射校正精度验证时，需选择地物完全均一的图像，或者选取图像上尽可能大的均匀区域进行精度评价。

采用相邻列均衡法进行条纹噪声的去除，技术流程如图 2.4.1所示。

图 2.4.1　相对辐射校正（条纹噪声去除）流程

2. 多时相遥感图像辐射归一化技术

本节采用的基于多元变化检测（multivariate alteration detection，MAD）的辐射归一化方法属于基于不变目标的校正方法，是线性校正法。线性校正法的前提假设：不同时相的图像灰度值之间满足线性关系，这种假设在近似情况下是成立的。这样就可以通过线性等式来描述不同时相之间的灰度关系，用 x 表示参考图像，y 表示待校正图像，其线性关系可描述为

$$y = ax + b \qquad (2.4.5)$$

式中，a，b 为线性等式中的参数，分别为增益和偏移量。

根据上述原理，完成辐射归一化包括以下三个步骤：

第一步，在两幅图像中搜寻相对固定目标，即光谱稳定的地物样本点，即伪不变特征（pseudo-invariant features，PIF）要素。

第二步，运用这些伪不变特征点的 DN 值，利用线性回归方法求解式中参数，得到图像间的线性关系。

第三步，根据该关系式，通过波段运算得到与参考图像具有相同或相近辐射值的结果图像，完成相对大气校正。

其中关键的一步就是伪不变特征要素的选取，这将直接影响辐射归一化结果。本节采用 MAD 变换方法进行不变特征点的选取。MAD 法不仅能自动获取不变特征点，减少主观性，还考虑高光谱图像波段间的高相关性，与传统相对辐射归一化方法相比，有明显的优势。MAD 法的原理如下：

首先计算出两幅不同时相影像所有光谱波段的线性组合，即典型变量，分别用随机变量 U 和 V 表示，即

$$U = a^{\mathrm{T}}F = a_1 F_1 + a_2 F_2 + \cdots + a_N F_N$$
$$V = b^{\mathrm{T}}G = b_1 G_1 + b_2 G_2 + \cdots + b_N G_N \qquad (2.4.6)$$

式中,两期不同时相 t_1 和 t_2 的遥感影像分别为 $F=[F_1,F_2,\cdots,F_n]$ 和 $G=[G_1,G_2,\cdots,G_n]$,n 表示遥感影像的光谱波段数;a 和 b 都是常向量,用于将 U 和 V 正相关最小化。

通过拉格朗日乘数法计算 $\mathrm{Cov}(U,V)$ 的极值,在方差约束的前提下可获得 $a=[a_1,a_2,\cdots,a_n]$ 和 $b=[b_1,b_2,\cdots,b_n]$。将 a 和 b 代入公式中得到典型变量 U 和 V。再根据公式分别计算 $U-V$ 的典型变量差 MAD 以及 MAD 的方差,即

$$\mathrm{MAD}_i=U_i-V_i, \quad i=1,2,\cdots,N \tag{2.4.7}$$

$$\mathrm{Var}(\mathrm{MAD}_i)=\mathrm{Var}(U_i-V_i)=\sigma_{\mathrm{MAD}_i}^2=2(1-\rho_i) \tag{2.4.8}$$

用于辐射归一化的样本点由公式确定,即

$$\sum_{i=1}^{N}\left(\frac{\mathrm{MAD}_i}{\sigma_{\mathrm{MAD}_i}}\right)^2\leqslant t \tag{2.4.9}$$

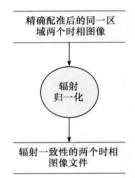

图 2.4.2　相对辐射校正
(辐射归一化)流程

式中,t 为阈值,在不变假设前提下,归一化 MAD 变量的平方和符合自由度为 n 的卡方分布(chi-square distribution),即 $t=\chi_{n,p}^2$。通过阈值的控制选取不变特征点。

利用相对偏差 D 指标来评价校正后图像与参考图像之间的相对偏离程度,对辐射归一化结果进行评价。相对偏差越大,则表明校正图像和参考图像在信息上的匹配程度越小,两幅图像之间偏离越大。

基于多元变化检测变换的辐射归一化方法利用 MAD 变换和阈值的控制提取多元变化检测中的不变特征点,然后用这些不变像元进行回归分析得到归一化系数,进而对实验影像进行辐射归一化。

相对辐射校正(辐射归一化)流程如图 2.4.2 所示。

3. 绝对辐射校正技术

利用高分卫星载荷通道观测值 DN 与入瞳处等效辐射亮度的转换公式及卫星载荷的定标系数进行绝对辐射校正。

$$L_e(\lambda_e)=\mathrm{Gain}\cdot\mathrm{DN}+\mathrm{Bias} \tag{2.4.10}$$

式中,Gain 为定标斜率,$\mathrm{W/(m^2\cdot sr\cdot\mu m)}$;DN 为卫星载荷观测值;Bias 为定标截距,$\mathrm{W/(m^2\cdot sr\cdot\mu m)}$。

绝对辐射校正流程如图 2.4.3 所示。

图 2.4.3　绝对辐射校正流程

2.4.2　应用实例

以 2013 年 9 月 27 日、2014 年 5 月 21 日和 2014 年 6 月 27 日北京地区高分一号卫星,

2005 年 10 月 3 日和 2006 年 9 月 11 日的 CHRIS 高光谱图像为例,进行图像条纹去噪、辐射归一化相对辐射校正和绝对辐射校正。结果表明,采用相邻列均衡条纹噪声去除方法对高分一号数据和 CHRIS 数据进行测试,条纹噪声去除的误差计算结果均在 4% 以内,达到应用的误差要求(≤7%)。采用 MAD 辐射归一化方法对 CHRIS 数据进行测试,结果表明,辐射归一化的误差计算结果均在 7% 以内,达到应用的误差要求(≤7%)。

1. 图像条纹去噪结果分析

1) 高分一号卫星数据测试结果分析

从 2013 年 9 月 27 日、2014 年 5 月 21 日和 2014 年 6 月 27 日北京地区高分一号卫星的 3 景 WFV1(宽覆盖相机 1)数据中分别选取植被、沙地、水体均匀地块(图 2.4.4),进行条纹噪声去除。利用广义噪声法对校正图像进行精度评价,结果见表 2.4.1。从表可以看出,高分一号卫星 WFV1 图像上植被、沙地、水体的误差均小于 4%,总体误差小于 3%。

| (a) 植被 | (b) 沙地 | (c) 水体 |

图 2.4.4　高分一号卫星宽覆盖影像上选取的均匀地物

表 2.4.1　北京地区高分一号影像误差计算结果

波段	植被/%	沙地/%	水体/%	总体/%
1	1.48	2.13	0.57	1.39
2	1.83	2.00	0.91	1.58
3	3.57	2.92	0.86	2.45
4	2.26	3.68	1.06	2.33

2) CHRIS 高光谱数据测试结果分析

本节采用高光谱 CHRIS 数据来测试图像条纹去噪技术的效果。CHRIS 是欧洲太空局(European Space Agency,ESA)于 2001 年 10 月 22 日发射的 PROBA 卫星上搭载的紧凑式高分辨率成像分光计,共有五个成像模式。以推扫方式获取可见光～近红外光谱数据,其光谱范围为 400～1010nm,光谱间隔为 10nm。这里所用的测试数据为第 3 模式成像数据,其光谱波段有 18 个,空间分辨率为 17m。以 2005 年 10 月 3 日获得的 CHRIS 高光谱图像为例,利用相邻列均衡法进行条带噪声去除,并对校正结果进行定性和定量评价。图 2.4.5 为校正前后图像对比。从图 2.4.5 中校正前后图像的目视对比可以看出,利用相邻列均衡法校正后的图像上条纹噪声基本消除。表 2.4.2 为利用广义噪声法对校正后的植被、建筑地物进行评价,从计算结果可以看出,校正后植被、建筑和总体误差均小于 3%。

表 2.4.2 CHRIS 高光谱数据条纹去噪精度计算结果

波段	植被/%	建筑/%	总体/%
1	0.64	0.72	0.680
2	0.86	1.07	0.965
3	1.06	1.28	1.170
4	1.12	1.44	1.280
5	1.25	1.73	1.490
6	1.97	2.41	2.190
7	2.40	2.74	2.570
8	2.54	2.86	2.700
9	2.04	2.30	2.170
10	1.82	1.84	1.830
11	1.73	1.49	1.610
12	1.59	0.79	1.190
13	1.64	0.80	1.220
14	1.62	0.81	1.215
15	1.67	0.87	1.270
16	1.68	0.88	1.280
17	1.76	0.89	1.325
18	1.76	0.81	1.285

(a) 校正前CHRIS图像

(b) 校正后CHRIS图像

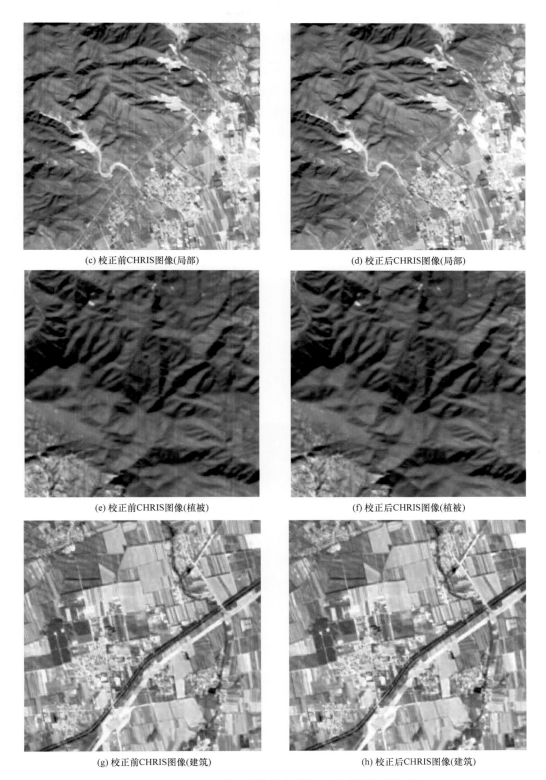

(c) 校正前CHRIS图像(局部)　　　　　　　(d) 校正后CHRIS图像(局部)

(e) 校正前CHRIS图像(植被)　　　　　　　(f) 校正后CHRIS图像(植被)

(g) 校正前CHRIS图像(建筑)　　　　　　　(h) 校正后CHRIS图像(建筑)

图 2.4.5　CHRIS 高光谱条纹去噪校正前后图像质量对比

2. 多时相遥感影像辐射归一化结果分析

以 2005 年 10 月 3 日和 2006 年 9 月 11 日获得的 CHRIS 高光谱图像为例,进行辐射归一化精度测试。首先对两景 CHRIS 影像进行精确配准,控制配准均方根误差在 0.5 个像元以内,然后根据研究区范围,从已配准好的两景影像中分别剪裁出 500×500 像元大小的两时相影像。选择目视质量效果较好,变动范围较大的 2005 年影像作为参考影像,对 2006 年影像进行辐射归一化。从辐射归一化前后影像的目视对比可以看出,校正后影像的辐射特征与参考影像更加接近(图 2.4.6)。表 2.4.3 为利用相对偏差 D 对辐射归一化图像进行评价的结果。可以看出,校正后的误差小于 7%。

(a) 2005年参考影像

(b) 2006年实验影像

(c) 2006年校正后影像

图 2.4.6　CHRIS 高光谱辐射归一化校正前后图像对比

表 2.4.3　CHRIS 高光谱辐射归一化精度计算结果

波段	1	2	3	4	5	6	7	8	9
$D/\%$	2.23	2.29	4.52	4.53	5.82	3.18	1.81	1.57	4.60
波段	10	11	12	13	14	15	16	17	18
$D/\%$	3.33	2.49	2.70	0.71	1.19	2.07	1.85	1.47	1.66

3. 高分一号数据绝对辐射校正结果

以 2013 年 9 月 27 日和 2014 年 6 月 27 日北京地区高分一号卫星 16m 分辨率宽覆盖相机数据为例,采用上述方法进行绝对辐射校正,并选用建筑物(红色图斑表示)、植被(绿色图斑表示)和水体(蓝色图斑表示)进行光谱分析,结果如图 2.4.7 和图 2.4.8 所示。

(a) 绝对辐射校正结果

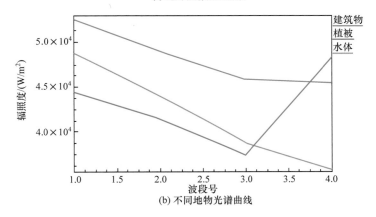

(b) 不同地物光谱曲线

图 2.4.7　2013 年 9 月 27 日北京地区高分一号卫星绝对辐射校正结果和校正后不同地物光谱曲线

(a) 绝对辐射校正结果

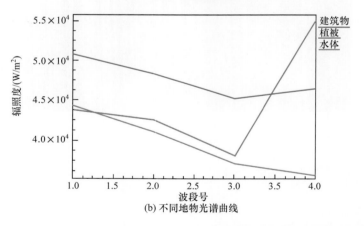

(b) 不同地物光谱曲线

图 2.4.8 2014 年 6 月 27 日北京地区高分一号卫星绝对辐射校正结果和校正后不同地物光谱曲线

2.5 高分多源数据融合技术

遥感影像融合是综合不同数据源所提供的影像资料,以获得高质量的信息,同时消除信息间的冲突和冗余,使之互补,降低其不确定性;改善影像中信息的清晰度,使解译更精确、更可靠并且提高使用率,以形成对目标相对完整一致的信息描述。目前,国内外针对多光谱遥感数据融合的理论方法主要包括信息提取与成分替换[如亮度、色调和饱和度(intensity, hue，saturation，IHS)变换、主成分分析(principal components analysis，PCA)变换]、代数运算(如线性加权拟合、Brovey 比值变换)、图像滤波(如高通滤波)和光谱分解(如小波变换)等。IHS 变换和 PCA 变换等算法更多注重空间信息的增强,在成分替换的同时改变了原始数据的光谱信息,存在光谱失真问题,而且只能同时对三个多光谱波段进行融合处理,不适合高光谱数据的高维信息融合。线性加权拟合和 Brovey 比值变换等算法在光谱信息保持上其稳定性受不同运算方法的影响很大。近年来高通滤波和小波变换算法不断发展,在图像融合领域得到广泛应用。这类算法不受波段数目的限制,算法简单快捷,但只能利用高分辨率数据的单个波段,无法充分利用多光谱数据丰富的光谱信息,而且融合参数的选择会对融合结果产生较大影响,算法存在很大的不稳定性。因此,针对多光谱数据的融合算法有着各自的优势,但都存在不足。

　　针对高空间分辨率和高光谱分辨率遥感数据的特点,2007 年,Winter 等提出 CRISP (color resolution improvement software package)高光谱数据融合算法,其核心是运用数理统计学的总体参数估计理论进行高光谱高空间分辨率数据的模拟。该算法首先利用高空间分辨率数据的所有波段,通过一系列线性方程建立与原始高光谱数据间的相关关系,再用最小二乘法进行参数估计建立模拟高光谱数据,最后利用小波变换等滤波算法与原始高光谱数据进行数据融合,从而得到最终结果。该算法原理简单、处理速度快,能够同时对高光谱数据的所有波段进行融合处理。融合结果不但在空间分辨率提高和光谱信息保持上都有良好表现,而且能通过调节参数,充分利用多光谱数据中包含的空间和光谱信息,实现融合数据空间和光谱分辨率融合上的平衡。其理论基础为解决高分多光谱数据与全色数据的融合问题提供了很好的思路。

　　因此,针对高分一号、高分二号等高空间分辨率卫星的数据特点,选用 CRISP 高光谱图像锐化理论进行适应性改进,应用到高分数据多光谱图像与全色图像的融合,通过数据融合技术提升多光谱数据的空间分辨率,同时保持足够高的信噪比和光谱分辨率,增强高分数据的应用能力,测试结果表明,该算法可以较好地应用于高分一号、高分二号等卫星。

2.5.1　CRISP 算法原理

　　合成多光谱图像和原始多光谱融合算法描述如图 2.5.1 所示,原始输入数据有两个:一个是原始多光谱图像;另一个是原始高分辨率全色图像。原始的全色图像通过线性近似转化为合成多光谱图像。注意,在这个转化过程中,合成多光谱图像相比原来的全色,其频谱信息并没有增加,只是具有全色图像的高空间分辨率。最后使用小波变换或 Butterworth 方法对合成多光谱和原始多光谱图像进行融合,得到最终的融合图像。这种算法融合两者的优点:全色图像的高空间分辨率和多光谱图像的高频分析能力。

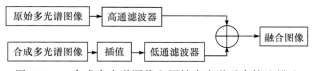

图 2.5.1　合成多光谱图像和原始多光谱融合算法描述

1. 输入数据

整个系统的输入数据由一个多光谱图像和一个高分辨率的全色图像组成。该算法的输入数据要求全色和多光谱的图像背景应相同,拍摄时间间隔尽量短,两者拍摄的时间间隔越短,匹配误差就越小。理想的输入数据是多光谱图像和全色图像在同一场景同一时间拍摄,两个图像没有匹配误差,没有任何变化。

2. 多光谱图像模拟模型

用一系列线性方程将全色图像近似转化为多光谱图像的前提是全色图像和多光谱图像拍摄的是同一个场景,具有相同的物理特性,因此同一物理场景下的高分辨率和多光谱之间具有很强的关联性,可以用一系列线性方程表示两者之间的关系。这里用 P_H 表示多光谱图形的频谱矩阵,P_M 表示高分辨率矩阵的频谱矩阵:

$$P_M = FP'_H + e \tag{2.5.1}$$

式中,F 表示多光谱变换为高分辨率的滤波器矩阵;e 为高斯白噪声。滤波器矩阵 F 用来将多光谱数据转化为高分辨率数据。方程(2.5.1)描述了高分辨率图像和多光谱图像之间最简单的关系。由方程(2.5.1)很容易得到其逆变换方程:

$$GP_M = P'_H + e \tag{2.5.2}$$

式中,G 表示高分辨率近似转化为多光谱的估计矩阵。该变换过程相当于在高分辨率的频域进行插值,即进行升采样。近似转化的效果很大程度上取决于图像中的波段数,这是一个近似估计,多光谱的波段越多,估计的效果越好;另外也与波段的质量和位置有关。滤波器 G 的表达式可由最小二乘法近似得出:

$$G \gg (P_M P_M^T)^{-1} P_M P_H^T \tag{2.5.3}$$

3. 图像模型

估计矩阵 G 与高分辨率的频谱相乘,得到多光谱的频谱估计:

$$S_H = GS_M \tag{2.5.4}$$

式中,S_H 为多光谱的频谱向量;S_M 为高分辨率的频谱向量。逐个频谱按式(2.5.4)进行计算,得到最终的合成多光谱图像。需要注意的是,该多光谱模型并不是原始多光谱图像的完美近似,因为其只是将高分辨率图像进行线性近似转化为多光谱图像,转化后的合成多光谱图像和原始多光谱图像在频谱上具有相同的秩。尽管该合成多光谱图像比高分辨率图像的波段数多,但实际其统计特性和高分辨率图像是一样的。该合成多光谱图像并没有增加更多有用的信息,只是便于图像融合进行下一步操作。

4. 合成多光谱图像和原始多光谱图像融合的算法描述

当高分辨率图像转化为多光谱图像后,就可以进行合成多光谱图像和原始多光谱图像的融合。用一对滤波器选择性地选取合成多光谱和原始多光谱中的数据进行融合。让合成多光谱图像通过一个高通滤波器,选取其高频部分,让原始多光谱图像通过一个低通滤波器,选取其低频部分,然后两者相加,得到的结果就是最终所要的锐化图像。原始多光谱通过滤波器前要进行升采样,这是因为原始多光谱的空间分辨率比合成多光谱的空间分辨率低,只有进行空间插值即升采样才能使两个图像匹配。当前广泛应用的两种滤波器是小波变换滤波器和 Butterworth 滤波器。小波变换滤波器是一种简单的正交空间滤波器,能够很容易地将图像分解为高频子图像和低频子图像。小波变换的优点是方便快速。当两个图像之间的匹配性好时,这种方法得到的锐化结果就好;反之当两个图像匹配较差时,小波变换的效果就很差。这说明小波变换滤波器的稳健性不好。Butterworth 滤波器的数据容量比小波变换滤波器小,但其具有更多的数值特性。Butterworth 滤波器使用离散余弦变换将高分辨率图像和低分辨率图像输入频谱域,然后对两个图像的频谱参数进行加权求和,求和的结果再进行反余弦变换就得到锐化图像。Butterworth 滤波器的优点在于,不管高分辨率图像和低分辨率图像的匹配性如何,最终的锐化结果都不会变换太大,也就是说,其稳健性比小波变换滤波器好。缺点是计算耗内存,速度慢。

　　针对高分卫星环境应用特点,研究传统的遥感图像融合理论和算法机理,分析高分 CCD 全色及多光谱、多光谱及高光谱成像方式及光谱重构原理;分析研究基于数理统计遥感图像融合的算法机理(重点研究 CRISP 算法),保证在增强图像空间分辨率的同时保持光谱信息,并在此融合算法基础上,设计开发基于 CRISP 算法的高分环境应用图像融合模块。技术流程设计如图 2.5.2 所示。

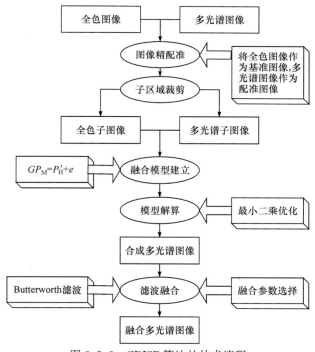

图 2.5.2　CRISP 算法的技术流程

2.5.2　应用实例

　　以 2013 年 8 月 6 日河南省南阳市方城县和社旗县的高分一号卫星 2m 全色和 8m 多光谱数据为例,采用上述 CRISP 算法融合数据。原始 2m 分辨率全色整景图像和局部放大图像如图 2.5.3 所示,原始 8m 分辨多光谱整景图像和局部放大图像如图 2.5.4 所示,CRISP 融合 2m 分辨率多光谱整景图像和局部放大图像如图 2.5.5 所示。融合后图像空间分辨率为 2m,4 个波段。采用平均相关系数、平均光谱信息保真度作为精度评价指标,平均相关系数为 0.99,平均光谱信息保真度为 93.43%,消耗时间约为 40min。说明该方法效果较好,具有较高的融合精度。

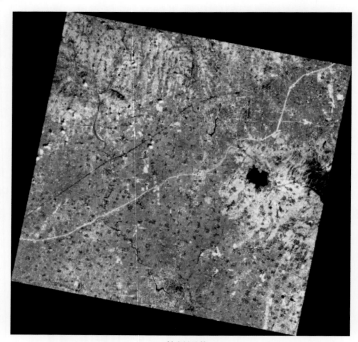

(a) 整景图像

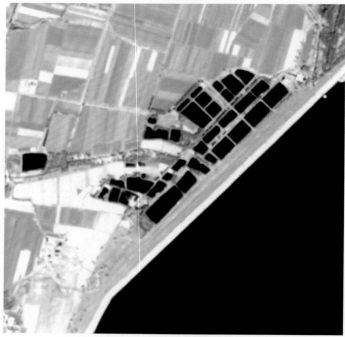

(b) 局部放大图像

图 2.5.3　原始 2m 分辨率全色整景图像和局部放大图像

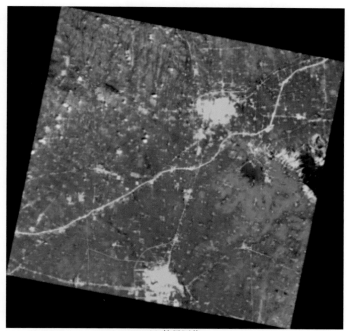

(a) 整景图像

(b) 局部放大图像

图 2.5.4　原始 8m 分辨率多光谱整景图像和局部放大图像

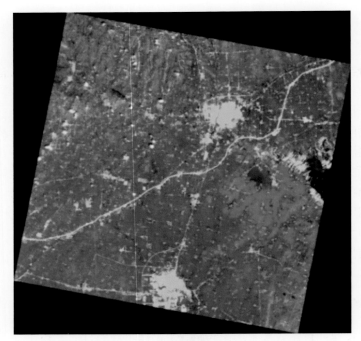

(a) 整景图像

(b) 局部放大图像

图 2.5.5　CRISP 融合 2m 分辨率多光谱整景图像和局部放大图像

2.6　高分光学影像土地覆盖变化检测技术

　　遥感图像分类和变化检测技术是遥感技术领域研究的重要内容之一,传统中低分辨率卫星影像的变化检测技术不一定适用于高分辨率卫星影像。针对高分一号、高分二号卫星高分辨率光学数据的特点,通过研究并选取适用于环境应用的快速有效图像分类算法,降低多时相遥感数据间大气条件和环境差异的影响,最大限度地保留地物光谱特征,提高地物精细分类精度。在图像分类算法的基础上,基于现有的土地时间序列,充分利用现有的高空间分辨率数据,选取适用的土地覆盖变化检测方法。通过对分类模型的训练和对高分数据生产的流程化精确控制,实现一次模型多次使用的功能,能够将普适性训练数据得到的分类模型应用于具有相同特征的批量数据,提高了生产效率,减少了人力成本。针对环境应用,将经过辐射校正和大气校正的高分卫星多时相数据批量进行土地覆盖分类,并将不同时相、同一区域的分类结果图像进行土地覆盖变化检测,得到变化检测结果图像,且其中间的处理都能进行无人工干预的批量处理。

2.6.1　支持向量机的方法原理

　　土地覆盖变化检测技术首先采用支持向量机(support vector machine,SVM)的方法进行图像分类,然后进行变化监测。SVM 是 Vapnik(1995)于 20 世纪 90 年代提出的一种机器学习方法,与传统算法所采用的经验风险最小化准则不同,SVM 建立在 VC 维(Vapnik-Chervonenkis dimension)理论和结构风险最小化原理的基础上,根据有限的样本信息在模型的复杂性和学习能力之间寻求最佳折中,以期获得最佳的推广能力。SVM 的核心思想是将输入空间的样本通过非线性变换映射到高维核空间,在高维核空间求取具有较低 VC 维的最优分类超平面。

　　设有样本集$\{(x_1,y_1),(x_2,y_2),\cdots,(x_n,y_n)\}$,其中,$x_i\in \mathbf{R}^d$ 表示输入模式,$i=1,2,\cdots,n$,$y\in\{\pm 1\}$表示目标输出。设最优超平面为$w^{\mathrm{T}}x_i+b=0$,则权值向量 w 和偏置 b 必须满足以下约束条件:

$$y_i(w^{\mathrm{T}}x_i+b)\geqslant 1-\xi_i \tag{2.6.1}$$

式中,ξ_i 为松弛变量,表示模式与理想线性情况的偏离程度。SVM 的目标是找到一个使训练数据平均错误分类误差最小的超平面,从而可推导出以下优化问题:

$$\phi(w,\xi)=\frac{1}{2}w^{\mathrm{T}}w+C\sum_{i=1}^{n}\xi_i \tag{2.6.2}$$

式中,C 为需指定的正参数(惩罚系数),表示 SVM 对错分样本的惩罚程度。根据拉格朗日乘子法,最优分类超平面的求解可转化为以下约束优化问题:

$$Q(a)=\sum_{i=1}^{n}a_i-\frac{1}{2}\sum_{i=1}^{n}\sum_{j=1}^{n}a_ia_jy_iy_jK(x_i,y_j) \tag{2.6.3}$$

约束条件为

$$\sum_{i=1}^{n}a_iy_i=0,\quad a_i\geqslant 0,\quad i=1,2,\cdots,n \tag{2.6.4}$$

式中,$a_i(i=1,2,\cdots,n)$为拉格朗日乘子,其中大部分 a_i 为 0,而不等于 0 的 a_i 所对应的样本即称为支持向量。$K(x_i, y_j)$为满足 Mercer 定理的核函数,常用的核函数包括线性核、多项式核、Sigmoid 核与径向基核四种。

(1) 图像分类。提供需要分类的影像,该影像必须为经过严格辐射校正、大气校正的反射率影像。第一次分类需提供人工选取的 ROI 数据(默认提供一套模型训练的 ROI 数据,但也可以按需更改)。利用 SVM 算法建立分类模型,并自动进行影像分类。默认分成四大类:其他、湿地、植被、城镇。SVM 分类过程为:模型训练,需要指定训练数据进行模型的训练。训练过程实际上是将训练数据进行高维空间的映射,找到一个最优的超平面能将不同的类别区分开来。模型分类,根据图像每个像元的光谱信息,训练好的模型将对该像元做出类别判断,并输出判断结果类别编码。

(2) 变化检测。提供经过严格几何精校正的不同时相影像分类结果数据。对不同时相的影像数据进行叠加,通过比较同一像元位置两幅分类结果编码,判断该像元区域是否产生变化。变化则输出相应的变化编码,不变则输出 0 值。最终生成带有变化检测结果编码的图像文件。

高分光学影像土地覆盖变化检测技术流程如图 2.6.1 所示。

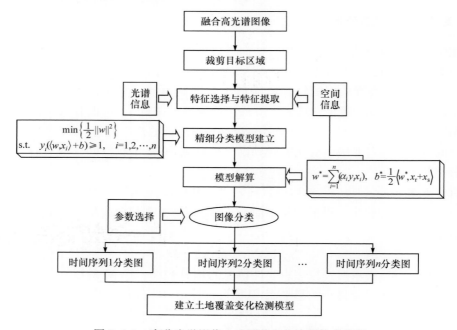

图 2.6.1　高分光学影像土地覆盖变化检测技术流程

2.6.2　应用实例

以 2013 年 8 月 9 日和 2014 年 1 月 15 日上海地区高分一号卫星宽覆盖数据为例(图 2.6.2 和图 2.6.3),首先裁剪两景影像,获得两幅影像的重叠区域,对重叠区域采用上述支持向量机的方法进行图像分类,并根据图像分类结果,将不同时相的分类结果数据进行叠加,自动分析图像中每个像元包含的类别信息,检测变化、生成具有变化信息编码的结果图像。上海地区高分一号卫星变化检测结果如图 2.6.4 所示。变化检测的结果图像与图像分类的结果图像都采用标准分类图的规则生成,结果图像中存储的字段信息直接代表某一个类别的代码,因此变化检测精度同图像分类技术精度评价采用同样的方法,也是通过混淆矩阵和 Kappa 系数进行分析,结果表明平均精度为 79.64%。该方法适用于高分一号、高分二号等高空间分辨率的光学卫星。

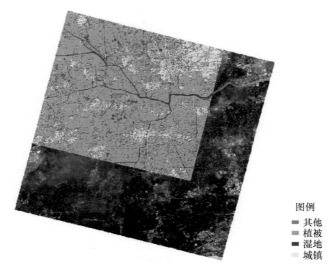

图 2.6.2　2013 年 8 月 9 日上海地区高分一号卫星影像分类图

图 2.6.3　2014 年 1 月 15 日上海地区高分一号卫星影像分类图

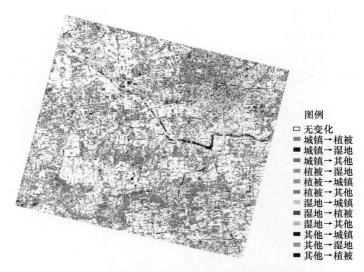

图 2.6.4　上海地区高分一号卫星变化检测结果示意图

第 3 章　高分大气环境遥感监测关键技术及应用

　　高分辨率卫星在大气环境中可以用于气溶胶光学厚度、灰霾、秸秆焚烧、沙尘、污染源、二氧化硫、二氧化氮、臭氧、甲烷、二氧化碳等要素监测,与中低分辨率卫星相比,高空间分辨率卫星可以获取精细空间尺度上的空气质量状况,高光谱分辨率卫星可以探测出普通光学卫星无法探测的污染气体、温室气体等的时空分布情况,高辐射分辨率卫星可以高精度监测秸秆焚烧、沙尘的时空分布,高时间分辨率卫星可以快速监测大气空气质量、灰霾过程、污染气体、温室气体等变化,以及大气污染物的迁移传输路径等,为国家大气污染防治、重污染天气应对等工作提供重要技术支撑,其主要情况概述如下。

　　高空间分辨率光学卫星主要用于区域城市气溶胶光学厚度监测、大气排污企业高分辨率核查等应用。例如,生态环境部卫星环境应用中心基于高分一号卫星 16m 宽覆盖相机,采用暗目标法等反演京津冀地区气溶胶光学厚度,并尝试反演 $PM_{2.5}$,反演结果与实际情况较符合(赵少华等,2015a;赵少华等,2014a)。在 2014 年 11 月北京 APEC 会议期间,利用 1m 分辨率的高分二号卫星等十多颗高分辨率卫星对京津冀及七省(市、自治区)重点工业企业排放情况开展遥感监测,上报企业污染源排放环境遥感应急监测快报 9 期、总结专报 1 期,合计上报应急快报及专报 21 期,遥感监测共发现全国秸秆焚烧火点 427 个,京津冀地区在排烟囱 84 处,为 APEC 会议期间环境空气质量保障提供了有效技术支撑。

　　高辐射分辨率红外卫星主要用于秸秆焚烧、沙尘等遥感监测应用。利用遥感技术进行大范围秸秆焚烧的火点位置和焚烧烟尘监测,国内已有不少研究和应用。例如,王子峰等(2008)基于背景对比火点探测算法,提出利用 MODIS 数据在我国华北地区秸秆焚烧、林火和草原火遥感监测技术方法,并据此对我国华北地区 2007 年 5~8 月秸秆焚烧点进行监测,监测精度能满足实际业务化监测需要。王桥等(2010)基于 HJ-1B IRS 遥感数据,通过比较第 3 波段中红外通道(3.5~3.9μm)及第 4 波段热红外通道(10.5~12.5μm)在同一像元亮度温度的地区差异,提取潜在的热异常点,并根据背景环境温度及土地分类信息,判断耕地范围内秸秆焚烧点。由于受限于国内卫星的时间分辨率和信噪比,生态环境部卫星环境应用中心目前的秸秆焚烧火点监测业务主要采用国外的 MODIS 数据。在沙尘监测上,国内监测沙尘主要采用国外卫星和气象卫星数据(如 MODIS、FY 系列)等,如生态环境部卫星环境应用中心基于 HJ-1B CCD 数据,通过计算 CCD 传感器 4 个波段的表观反射率,再对表观反射率进行阈值提取、均值密度分割、分析统计等步骤,监测我国北方部分地区的沙尘分布面积及等级(王桥等,2010)。

　　高光谱分辨率卫星主要用于二氧化硫、二氧化氮、臭氧、二氧化碳、甲烷等大气要素遥感监测,本章主要基于国外的 EOS/Aqua AIRS、EOS/Aura OMI、ERS-2/GOME、GOSAT TANSO 等高光谱卫星数据开展环境保护研究和应用。闫欢欢等(2012)利用臭氧监测仪(OMI)卫星数据获得的长时间序列 SO_2 浓度,分析广州亚运会从申办到成功举办期间珠江三角洲地区近地面 SO_2 浓度的变化过程,以及亚运会举办期间珠江三角洲 SO_2 浓度分布状况。姜杰(2012)通过 2005~2010 年 OMI 卫星数据分析我国大气 SO_2 时空分布特征,采用中尺度气象模式和通用多尺度空气质量模式对大气 SO_2 进行模拟，分析各地 SO_2 的源汇关系，并提出基于遥感数据的 SO_2 排放量估算方法。徐晓华（2012）利用 SCIAMACHY 传感器反演的 2004～2010 年对流层 SO_2 垂直柱浓度数据产品，采用 ArcGIS 地统计分析方法，结合气象、地形、土地覆盖、亚洲区域排放清单（regional emission inventory in Asia，REAS）、人类活动排放清单、人口密度和国内生产总值（gross domestic product，GDP）等辅助数据，分析我国区域上空 SO_2 垂直柱浓度的时空分布、变化规律及主要影响因素。齐瑾等（2008）利用高光谱分辨率大气辐射传输模型 SCIATRAN，在考虑分子吸收和气溶胶多次散射影响的基础上，精确模拟气溶胶、地表反照率和 NO_2 气体浓度变化对差分处理前后星载 SCIAM-ACHY 观测反射光谱的影响，并对 3 个模拟参数进行综合评价。周春艳等（2016）利用 Au-ra-OMI 的 NO_2 柱浓度产品对我国 2005～2015 年 NO_2 时空特征进行遥感监测，并从经济、机动车、秸秆焚烧及环境保护措施等多方面分析其变化的影响因素，为国家氮氧化物减排提供重要决策依据。结果表明，2005～2015 年我国对流层 NO_2 柱浓度时间变化特征为 2005 年浓度最低，2011 年浓度最高，空间变化特征为高值区主要分布在京津冀中南部、山东大部、河南北部、山西和陕西中部条带状区域、长江三角洲中部及珠江三角洲等地区，我国 NO_2 柱浓度较高等级面积 11 年来变化显著，2005～2011 年五级高浓度分布面积呈显著上升趋势，NO_2 的变化与第二产业生产总值相关性很大，需要调整优化产业结构，降低第二产业比例，才能降低氮氧化物的排放量；长期依赖燃煤高污染的能源结构也是 NO_2 浓度居高不下的重要原因，亟须开发新能源以替代煤燃料等各种方法；机动车保有量快速增加，汽车标准及油品跟不上国际发展水平，导致 NO_2 排放量大增。刘毅等（2011）利用 2002～2008 年的 GOMOS（global ozone monitoring by occultation of stars）卫星资料研究热带平流层臭氧、二氧化氮和三氧化氮的准两年和半年振荡特征。廖秀英等（2012）介绍了基于 SCIAMACHY 传感器数据，利用差分吸收光谱技术（differential optical absorption spectroscopy，DOAS）等相关算法反演 CO_2 柱浓度的技术。张莹等（2012）基于欧洲中尺度天气预报中心大气廓线库和 RTTOV 9.3 辐射传输正向模式，探讨大气 CH_4 混合比浓度垂直廓线和柱总量的经验正交函数反演方法，并利用地基傅里叶热红外光谱仪观测数据和红外 EOS/Aqua 卫星的传感器 AIRS 实际观测资料进行反演实验和验证。生态环境部卫星环境应用中心基于 2008 年以来 Aura 卫星 OMI 数据和 ENVISAT SCIAMACHY 数据，对全国 SO_2、NO_2 的分布情况进行持续监测。

　　本章主要针对高分一号、高分四号、高分五号、高分六号等高分辨率卫星的特点，特别是针对高分五号卫星高光谱分辨率的特征，结合环境保护工作的实际需求，分别从原理方法、技术流程和应用实例方面详细阐述基于多光谱、偏振、高光谱等手段的重点城市群气溶胶光学厚度、细颗粒物、臭氧和空气质量等高分遥感监测技术，基于高光谱手段的二氧化硫、二氧化氮等污染气体高分遥感监测技术，基于高光谱的二氧化碳、甲烷等温室气体高分遥感监测技术。

3.1　基于高分卫星数据的近地面颗粒物反演技术

　　研究发现，卫星观测的气溶胶光学厚度与近地面颗粒物浓度具有直接相关性。但是卫星获取的是整层大气的气溶胶光学厚度，而在很多情况下气溶胶在大气层中的垂直分布并不均匀。而且受不同季节温度和湿度变化的影响,气溶胶层的垂直高度和光学厚度变化很大。在北半球地区,夏季地面温度升高,对流增强,人为排放会输送到较高的高度。而冬季温度较低,人为排放主要集中在近地面。气溶胶光学厚度可能具有与近地面颗粒物浓度相反的季节变化趋势(Barnaba et al.,2010)。气溶胶中的可溶性组分在潮湿环境下会吸收水分,体积变大,从而使消光能力增强。当相对湿度从 30% 增长到 90% 时,气溶胶光学厚度可增加 2~4 倍(Cheng et al.,2008)。与气溶胶光学特性不同,近地面颗粒物浓度测量的是气溶胶化学组分的干质量。因此,定量、准确地建立气溶胶光学厚度与近地面颗粒物浓度之间的关系,必须考虑气溶胶消光层垂直分布和湿度的影响(Wang et al.,2010)。目前,基于卫星反演的气溶胶光学厚度(aerosol optical depth,AOD)估算近地面颗粒物浓度的关键问题在于:AOD 为整层大气气溶胶的消光系数积分,而近地面 $PM_{2.5}$ 浓度为干燥条件下细粒子质量浓度,两者相关关系受气溶胶垂直分布、粒子吸湿增长特性以及消光-质量关系的影响,因此随时间、地域变化显著。

　　针对高分一号卫星宽覆盖相机数据及高分五号卫星大气多角度偏振相机(directional polarimetric camera,DPC)数据的特点,采用垂直-吸湿物理订正与消光-质量统计相结合的方法估算近地面颗粒物浓度,该方法主要包括以下三个步骤:①基于大气模式模拟获取的气溶胶垂直分布实现 AOD 垂直订正,提取区域近地面气溶胶消光系数;②基于大气模式模拟的颗粒物吸湿增长经验模型及环境湿度,对获取的近地面气溶胶消光系数进行吸湿订正,得到气溶胶“干”消光系数;③基于近地面颗粒物消光-质量经验模型,由气溶胶“干”消光系数估算近地面 $PM_{10}/PM_{2.5}$ 的质量浓度。采用中尺度大气模式进行大区域尺度垂直订正与湿度订正参数的模拟,代替地基站点的点尺度观测,提高区域尺度颗粒物反演的精度。

3.1.1　技术原理

1. 由整层 AOD 提取近地面气溶胶消光系数

　　在平面平行大气假设的前提下,AOD 是整层气溶胶消光系数在垂直方向上的积分,如下所示:

$$\tau_a(\lambda) = \int_0^{+\infty} \sigma_a(\lambda,z)\mathrm{d}z \qquad (3.1.1)$$

　　采用精细的气溶胶垂直分布廓线数据代替标高等有限信息,能减少对气溶胶垂直分布模型的假设依赖,更好地适应局地气象条件和污染状况的变化,从 AOD 中有效提取近地面气溶胶的消光贡献。由方程(3.1.1)可推知,基于气溶胶的垂直廓线,可获得任意高度气溶胶含量或消光系数占整层气溶胶总量或 AOD 的比例。设测量或模拟的气溶胶消光系数垂直廓线或浓度廓线的相对值可表达为高度的离散函数 $f(z_i)$,则近地面一层内气溶胶消光贡献占整层 AOD 的比例 frac_{low} 可由式(3.1.2)计算:

$$\mathrm{frac}_{low} = \frac{f(z_1)}{\sum_{i=1}^{N} f(z_i)} \qquad (3.1.2)$$

式中,$f(z_i)$ 为 z_i 高度处气溶胶消光系数或浓度;i 为层号;N 为总层数,则该高度内大气气溶胶的光学厚度 $\tau_{a,low}$ 可表示为

$$\tau_{a,low}(\lambda) = \tau_a(\lambda)\mathrm{frac}_{low} \qquad (3.1.3)$$

　　若进一步假设近地面层内在卫星过境时刻对流混合充分,气溶胶垂直分布近似均匀,则

可由式(3.1.3)进一步估算近地面气溶胶消光系数：

$$\sigma_0(\lambda) = \tau_{a,low}(\lambda)/H_{low} = \tau_a(\lambda) frac_{low}/H_{low} \qquad (3.1.4)$$

式中，H_{low}为近地面层的高度。

由于对流实际应用中，$f(z_i)$可基于区域大气模式模拟的气溶胶垂直廓线获得，同时应考虑模式数据卫星反演 AOD 之间的时空匹配。

2. 去除近地面消光系数的湿度影响

颗粒物消光的吸湿订正同样基于观测与大气模式相结合获取区域近地面气溶胶的吸湿增长近似函数。为定量描述 E_{ext}^0 的吸湿增长，给出模式模拟的近似消光吸湿增长因子 $f_{ext}(RH)$，即

$$f_{ext}(RH) = \frac{E_{ext}^0(RH)}{E_{ext}^0(RH<40\%)} \qquad (3.1.5)$$

式中，$E_{ext}^0(RH)$为相对湿度 RH 时的湿粒子平均质量消光效率；$E_{ext}^0(RH<40\%)$为干燥条件下的粒子平均质量消光效率。若进一步假定 $E_{ext}^0(RH<40\%)$在一定的时空范围保持不变，则 $f_{ext}(RH)$与 $E_{ext}^0(RH)$之间存在近似正比关系，两者随湿度变化的相对趋势一致，此时可将 $E_{ext}^0(RH)$看成相对湿度的单变量函数。参考经典的气溶胶散射吸湿增长经验函数，给出可较好拟合 $E_{ext}^0(RH)$的近似函数，以描述实际的颗粒物吸湿增长特性，如式(3.1.6)所示：

$$E_{ext}^0(RH) = E_{ext,dry}^0 f_{ext}(RH) = a + b\left(\frac{RH}{100}\right)^c \qquad (3.1.6)$$

式中，a、b、c 为经验系数，可基于大气模式数据模拟得出。

基于大气化学模式模拟的气溶胶微物理、化学特性以及主要的气溶胶组分单质吸湿增长特性先验知识，利用米散射理论定量计算颗粒物的吸湿增长因子。从大气模式模拟的大气颗粒物组分出发，综合考虑影响颗粒物吸湿增长的多种因素，建立各影响因素与颗粒物吸湿增长的关系，自底向上，以最终建立一个考虑颗粒物构成组分的、具有广泛时间和空间适应性的、能匹配逐个卫星像元的颗粒物吸湿增长时空动态模型为目标。在已有研究成果的基础上，首先收集颗粒物中常见纯化学物种的吸湿增长规律，研究颗粒物组分比例、各组分混合状态对吸湿增长的影响，得到各因素对颗粒物吸湿增长的影响规律；在此基础上，建立颗粒物吸湿增长因子与化学组分的关系，建立不同混合状态下颗粒物吸湿增长模型，进而最终建立基于大气模式的多组分颗粒物吸湿增长时空动态模型。最终，结合不同尺度气象模式模拟的近地面环境相对湿度，实现对卫星估算的近地面气溶胶消光系数的吸湿订正。

3. 基于多元统计相关模型将消光系数转化为质量浓度

基于米散射等相关理论可知，在低湿度条件(粒子无吸湿增长)下细颗粒物消光系数与其质量浓度相关关系取决于粒子的化学组分、散射截面与粒径分布等化学、物理特性，因此该相关关系仍具有一定的时空差异。引入气象条件、环境背景、地理位置等辅助信息能较好地去除诸多不确定因素的影响，从而提高消光系数与质量浓度的相关水平。然而各类环境因素对气溶胶粒子理化特性的影响和贡献复杂多变，难以用清晰的机理公式量化，因此考虑使用多元统计方法，将环境因子引入气溶胶消光-质量浓度相关模型。最终，基于监测区域的污染状况和时空特点，选择适宜的消光-质量浓度相关模型，使用前述步骤获取的区域近地面气溶胶"干"消光系数，从而实现区域近地面颗粒物浓度估算。所基于的多元统计模型

如式(3.1.7)所示：

$$PM_{10}=a_0\sigma_{0,dry}^{b_0}+a_1WS^{b_1}+a_2WD^{b_2}+a_3TMP^{b_3}+a_4PRS^{b_4}$$
$$+a_5LT^{b_5}+a_6ET^{b_6}+\varepsilon \tag{3.1.7}$$

式中，$\sigma_{0,dry}$ 为近地面气溶胶"干"消光系数；WS 为近地面风速；WD 为近地面风向；TMP 为近地面温度；PRS 为近地面压强；LT 表示所在位置的地表类型；ET 为所在位置排放类型；a_0，a_1，a_2，…，a_6 和 b_0，b_1，b_2，…，b_6 为拟合系数。

　　该方法以高分一号卫星宽覆盖载荷与高分五号卫星大气多角度偏振载荷替代卫星数据的 POLDER 数据反演的 AOD 为主要输入，首先基于气溶胶垂直分布进行 AOD 垂直订正，其次将基于颗粒物吸湿增长近似模型进行消光吸湿订正，最后基于颗粒物消光-质量相关模型估算近地面颗粒物质量浓度，其技术流程如图 3.1.1 所示。

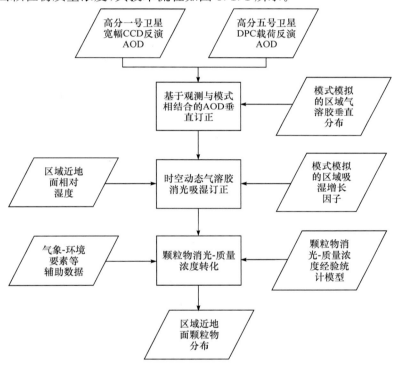

图 3.1.1　颗粒物反演技术流程

3.1.2　应用实例

　　基于 2014 年全年的高分一号卫星宽幅 CCD 反演的 AOD 数据，结合大气模式辅助数据进行必要的订正，采用上述方法对京津冀、长江三角洲和珠江三角洲三大重点城市群近地面 PM_{10} 与 $PM_{2.5}$ 浓度进行估算。同时根据在上述地区观测的 2014 年 PM_{10} 与 $PM_{2.5}$ 数据，对高分一号卫星估算结果进行比对验证。整体而言，卫星观测结果能够反映近地面颗粒物的空间分布特征与时间变化趋势，不同城市群、不同季节 AOD 与颗粒物相关关系与相关水平差异较大。从观测值与估算值的整体差异来看，两者一致性较高。同时，在部分季节存在颗粒物高值区低估、低值区高估的情况，说明卫星估算结果中仍有一定的不确定性存在。三大城市群卫星估算的近地面颗粒物年均分布如图 3.1.2～图 3.1.4 所示。基于各城市群地面观

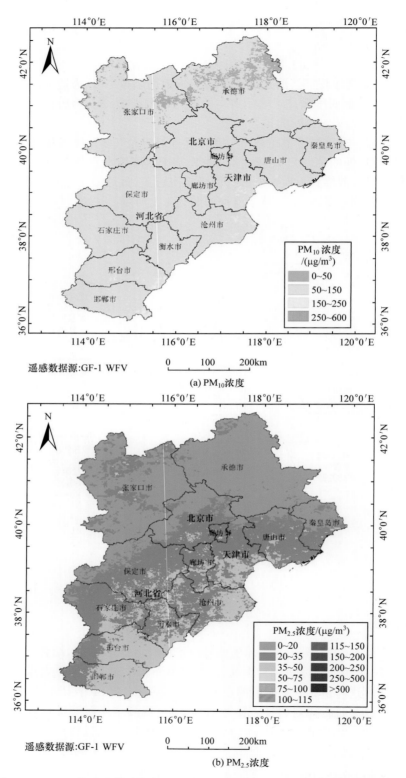

遥感数据源:GF-1 WFV

(a) PM₁₀浓度

遥感数据源:GF-1 WFV

(b) PM₂.₅浓度

图 3.1.2 2014 年京津冀地区 PM₁₀ 和 PM₂.₅ 浓度高分一号卫星遥感监测分布图

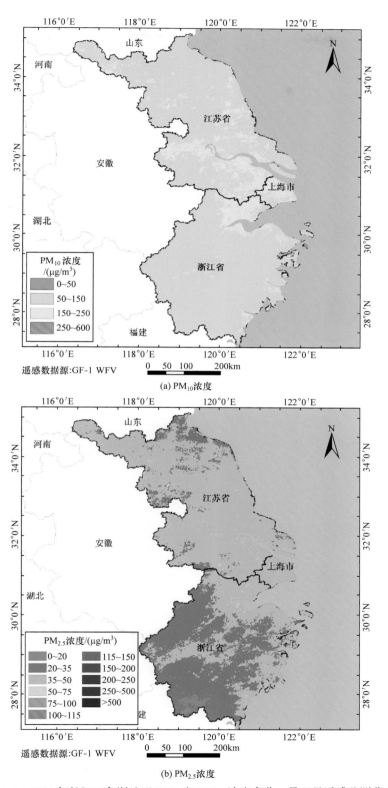

(a) PM$_{10}$浓度

(b) PM$_{2.5}$浓度

图 3.1.3　2014 年长江三角洲地区 PM$_{10}$ 和 PM$_{2.5}$ 浓度高分一号卫星遥感监测分布图

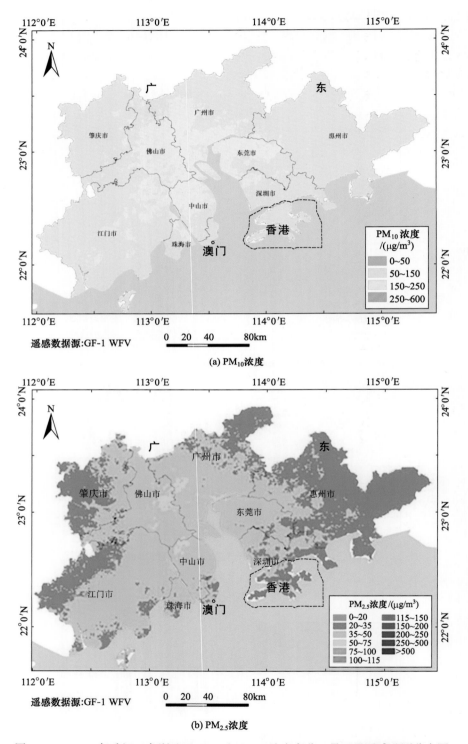

图 3.1.4　2014 年珠江三角洲地区 PM$_{10}$ 和 PM$_{2.5}$ 浓度高分一号卫星遥感监测分布图

测的 PM_{10} 及 $PM_{2.5}$ 数据,取卫星过境前后 1h 内时段均值作为卫星反演结果的比对值,结合卫星真彩及气象信息等去除地基观测数据中不合理的异常数据,根据站点经纬度和日期与卫星反演结果进行匹配,分别按不同城市群及不同季节对卫星结果进行验证分析。三大城市群季节平均的 PM_{10} 与 $PM_{2.5}$ 浓度卫星反演结果与地面观测结果的比较如图 3.1.5 ~ 图 3.1.7 所示。通过比较可见,在季平均尺度下各大城市群卫星反演结果与地面观测结果一致性较高,R^2 为 0.5~0.8,整体精度优于 75%。

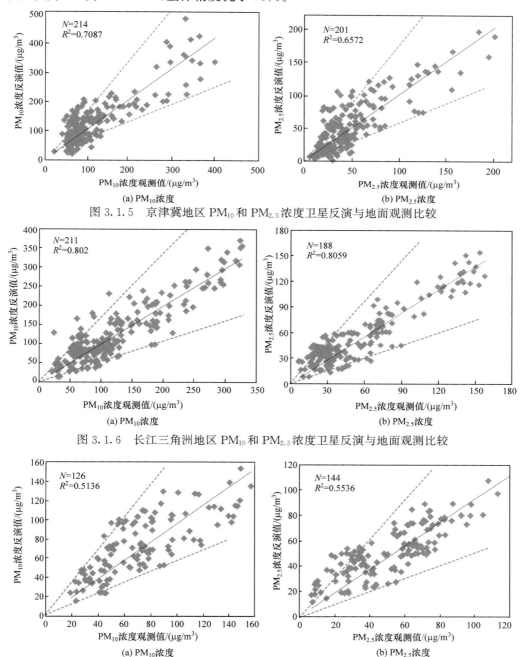

图 3.1.5　京津冀地区 PM_{10} 和 $PM_{2.5}$ 浓度卫星反演与地面观测比较

图 3.1.6　长江三角洲地区 PM_{10} 和 $PM_{2.5}$ 浓度卫星反演与地面观测比较

图 3.1.7　珠江三角洲地区 PM_{10} 和 $PM_{2.5}$ 浓度卫星反演与地面观测比较

3.2 O₃柱浓度高分遥感反演技术

卫星遥感 O_3 总量主要利用卫星紫外辐射后向散射进行反演,通过接收到太阳紫外辐射后向散射,消除地表的反射作用以及云层和气溶胶的散射作用,从而提取大气层中的 O_3 柱总量。该方法最早于 1967 年由 Dave 等首次提出(Dave 和 Mateer,1967),经过不断发展改进,已经更新多个版本。其中,V7 反演算法假定辐射来自地表和云层两个有效气压层,这一假定在一定程度上减小了云对 O_3 总量反演的影响;并且使用多个波长来订正 O_3 总量的初估值,减小了由仪器的标定和有效反照率对波长的依赖等引起的反演误差;而后来的 V8 反演算法仅用两个波段(317.5nm 和 331.2nm)来反演 O_3 总量,其他波段用于诊断结果和误差订正。因此,在已有算法的基础上发展 O_3 柱总量反演技术,通过对气溶胶散射作用进行校正,并且采用多组波长数据进行 O_3 总量迭代计算以降低仪器噪声误差,从而有效提高反演精度。

高分五号卫星上搭载的大气痕量气体差分吸收光谱仪可以对 O_3 进行监测。针对高分五号卫星上大气痕量气体探测仪的特点,采用在通道设置和观测方式等方面都类似的美国 Aura 卫星上的 OMI 高光谱数据作为同类替代数据进行 O_3 柱浓度的反演。

3.2.1 紫外辐射后向散射反演 O₃柱浓度技术原理

紫外辐射后向散射反演 O_3 总量的方法遵循以下两个基本假定:第一,在大于 310nm 的波段内,紫外辐射后向散射主要与大气 O_3 总量相关,而与 O_3 廓线弱相关;第二,通过使用一个相对简单的辐射传输模型,假定云层、气溶胶和地表为朗伯反射体,计算紫外辐射后向散射的光谱依赖,在处理特殊区域时,以精确的辐射传输模型为理论依据,使用半经验矫正法有效地减少模拟误差。本节采用 TOMRAD 作为正演辐射传输模型,利用正演模型计算天顶反射率;基于反演模型利用观测值与模拟值对比计算在一定反射率条件下的 O_3 柱总量,其中利用气象数据库为反演模型提供地表气压、有效云顶气压和地表冰雪覆盖类型等气象参数。

基于 OMI 的大气 O_3 总量 V8 反演方法主要包括以下几个步骤:①正向辐射传输模拟计算,构建查找表;②下垫面有效反照率和有效云量的计算;③大气 O_3 总量初估值的计算;④大气 O_3 总量的精确订正。

1. 正向辐射传输模拟计算,构建查找表

根据辐射传输理论,卫星传感器测量到的紫外辐射后向散射强度与太阳入射辐射通量的比值是大气臭氧总量、下垫面的有效反照率、观测几何等参数的函数,可以表示为

$$I_\lambda(\theta_0,\theta,\varphi,\Omega,R,P_0,\delta)=I_{0\lambda}(\theta_0,\theta,\varphi,\Omega,P_0,\delta)+\frac{RT_\lambda(\theta_0,\theta,\varphi,\Omega,P_0,\delta)}{1-RS_b(\Omega,P_0,\delta)} \quad (3.2.1)$$

式中,右边第一项表示不考虑下垫面反射大气后向散射辐射,第二项表示下垫面对直接和向下漫射辐射的反射贡献。其中, T_λ 为到达地面的直射和漫射量的和; S_b 为下垫面将大气散射辐射反射到空间的比例; R 为下垫面有效反照率; θ_0 为太阳天顶角; θ 为卫星观测天顶角; φ 为相对方位角; Ω 为大气 O_3 总量; P_0 为等效反射层气压; δ 为大气 O_3 廓线。

通过辐射传输模式,可以计算得到一个用于估计大气 O_3 总量的插值表,这个表计算得到各个探测波长在不同 O_3 总量、不同有效反照率、不同太阳天顶角和卫星观测天顶角等条

件下的 I、I_0、S_b、T 等多个物理量。

2. 下垫面有效反照率和有效云量的计算

对于卫星观测紫外辐射后向散射,首先要确定反射是来自地表还是云。通常采用 O_3 吸收较微弱的长波长的辐射强度来计算下垫面有效反照率。

假设一个大气 O_3 总量 Ω,令下垫面气压为地表气压,利用 331.2nm 波长测量的后向散射强度 I_m,结合查找表中计算得到的 I_0、S_b、T 等参量,依据式(3.2.1)转换可得到地表反照率 R,公式如下:

$$R = \frac{I_m - I_0}{T + S_b(I_m - I_0)} \tag{3.2.2}$$

(1) 若 $0.15 \leqslant R \leqslant 0.80$,且地表不存在冰雪或海面亮区域(由气象数据库获得),则可由式(3.3.3)计算有效云量:

$$f_c = \frac{I_m - I_{ground}}{I_{cloud} - I_{ground}} \tag{3.2.3}$$

式中,I_{cloud} 和 I_{ground} 分别由公式计算得到。

若地表有冰雪或海面亮区域出现,则 $f_{c\text{-}snow} = f_c/2$,重新计算得到地表反照率 R_{ground}。

(2) 若 $R < 0.15$,则下垫面有效反照率为 R。

(3) 若 $R > 0.80$,且地表不存在冰雪或海面亮区域,就认为地表对辐射的贡献为 0,此时令下垫面气压等于云顶高度处气压,重新计算下垫面有效反照率。

3. 大气 O_3 总量初估值计算

利用下垫面有效反照率 R 或有效云量 f_c,分别通过式(3.2.1)或式(3.1.4),就可以在 317.5nm 波长计算得到不同 O_3 含量时的后向散射强度。

$$I_m = I_{cloud} f_c + I_{ground}(1 - f_c) \tag{3.2.4}$$

由 317.5nm 波长测量得到的后向散射强度 I_m,通过内插得到 O_3 总量 Ω_1 为

$$\Omega_1 = \Omega_i + \frac{\ln I_m - \ln I_i}{\left.\dfrac{\partial \ln I}{\partial \Omega}\right|_{i, i+1}} \tag{3.2.5}$$

式中,$I_i < I_m < I_{i+1}$。重复上面的步骤:将 Ω_1 作为 Ω 代入式(3.2.2),求 332.7nm 处的下垫面有效反照率 R,再由 317.5nm 波长的 I_m 经内插得到 O_3 总量 Ω_2,若 Ω_2 等于 Ω,则停止,否则继续下去,重复 n 步,直至 Ω_n 等于 Ω。这时的 O_3 总量 Ω_n 就是 O_3 总量的初估值,而 R 即为下垫面有效反照率。

4. 大气 O_3 总量的精确订正

受温度廓线、O_3 垂直廓线、气溶胶、海面反射、SO_2 吸收等因素的影响,需要对大气 O_3 总量初估值进行精确订正,从而有效提高反演精度。O_3 柱浓度的反演技术流程如图 3.2.1 所示。

3.2.2 应用实例

以 2013 年 1~8 月和 2014 年 8 月同类型的美国 Aura OMI 卫星数据作为高分五号卫星

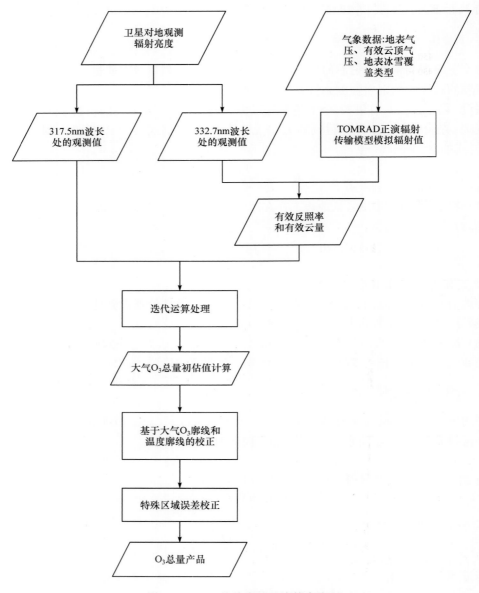

图 3.2.1 O_3 柱浓度的反演技术流程

大气痕量气体差分吸收光谱仪的替代数据反演我国 O_3 柱浓度的月均值,同时与 NASA 发布的产品进行对比。从反演结果来看, O_3 柱总量分布按照北高南低、沿海高于内陆的趋势,符合大气化学模式的分布趋势,我们的反演结果和 NASA 的产品分布趋势也是一致的。 O_3 对流层柱浓度反映了更多来自人为排放的信息,如人口、工业的分布情况。

将反演结果与 NASA 对应标准产品和 2012 年香河地基观测结果进行比较发现,两者高度一致(图 3.2.2 和图 3.2.3),表明该技术反演 O_3 柱浓度的方法较为可靠。由图可以看出,我国整层 O_3 柱浓度存在较大的空间差异,浓度大致随纬度升高而增加,整体而言,华南及青藏高原最低,东北及西北最高。同时 O_3 柱浓度随季节变化十分显著,1 月全国 O_3 柱浓度明显高于 8 月。整层 O_3 柱浓度与地理位置及季节变化相关,与 NO_2、SO_2 等污染气体相比,其受人为活动影响较小。

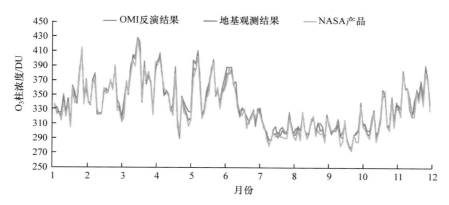

图 3.2.2　该技术 OMI 反演 O_3 柱浓度与 NASA 产品和地基观测结果的比较

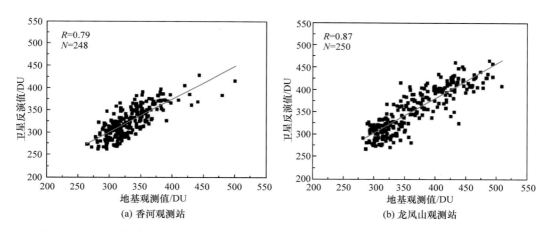

(a) 香河观测站　　　　　　　　　　(b) 龙凤山观测站

图 3.2.3　2013 年香河观测站和龙凤山观测站 OMI 反演整层 O_3 柱浓度与地基观测结果对比

采用世界臭氧和紫外辐射数据中心(World Ozone and Ultraviolet Radiation Data Centre,WOUDC)提供的中国地区 2013 年地基 O_3 柱浓度观测数据,对基于 Aura OMI 数据反演的整层 O_3 柱浓度结果进行验证,观测站点见表 3.2.1。

表 3.2.1　我国地区地面 O_3 柱浓度监测站点位置信息

站点	经度/(°)	纬度/(°)	海拔/m	仪器	时间范围
香河(Xianghe)	116.96	39.76	29	Dobson	1979-01～2014-06
昆明(Kunming)	102.21	25.03	1917	Dobson	1980-01～2014-05
瓦里关山(Mt. Waliguan)	100.89	36.29	3810	Brewer	1993-09～2013-10
龙凤山(Longfengshan)	127.60	44.74	334	Brewer	1993-07～2013-10
拉萨(Lasa)	91.03	29.41	3650	Brewer	1998-06～2013-10

因 Aura 卫星过境时刻为下午 1:30,地基 O_3 柱浓度观测数据采用 13:00～15:00 的小时平均值,OMI 反演结果采用过境时刻数据。分别利用 2013 年香河观测站地基 Dobson 光

度计观测的 248 个整层 O_3 柱浓度样本、2013 年龙凤山观测站地基 Brewer 光度计观测的 250 个整层 O_3 柱浓度样本对 OMI 数据反演的整层 O_3 柱浓度结果进行验证,如图 3.2.4 所示。2013 年香河观测站整层 O_3 柱浓度的地基观测数据与 OMI 全年遥感反演结果的相关系数达到 0.79,精度优于 90%,相对偏差优于 20DU。2013 年龙凤山观测站整层 O_3 柱浓度的地基观测数据与 OMI 遥感反演结果的相关系数达到 0.87,精度优于 90%,相对偏差优于 25DU。两个地区时间序列数据也显示两者达到高度一致性(图 3.2.5),说明 OMI 数据 O_3 柱浓度反演结果在该地区应用效果较好。图 3.2.5 所示为 2013 年我国地区 OMI 数据反演的整层 O_3 柱浓度与地基观测结果散点图对比,两者相关系数均大于 0.9,精度优于 90%,相对偏差优于 20DU,说明该方法可较好反映当地整层 O_3 柱浓度分布。

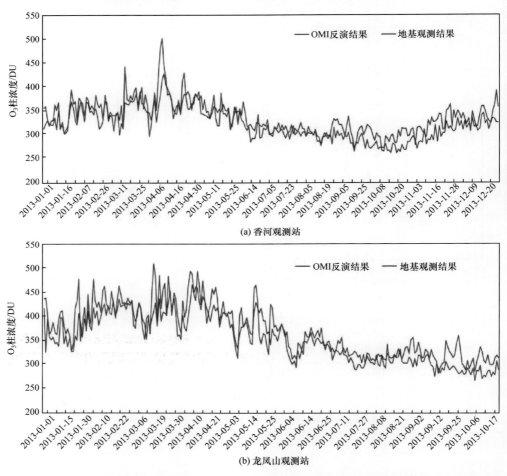

图 3.2.4 2013 年香河观测站地基和龙凤山观测站地基观测结果与 OMI 反演结果时间序列对比

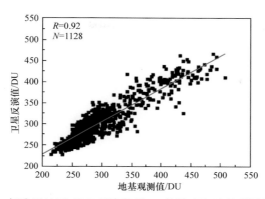

图 3.2.5　2013 年我国地区 OMI 反演整层 O_3 柱浓度与地基观测结果散点图对比

3.3　基于高分卫星遥感的空气质量评价方法

随着我国大气污染形势的日益严峻,特别是京津冀、长江三角洲、珠江三角洲等重点城市群出现严重的复合型污染,评价空气质量在当前具有重要的现实意义。空气质量指数(air quality index,AQI)是定量描述空气质量状况的无量纲指数,参与空气质量评价的主要污染物为细颗粒物($PM_{2.5}$)、可吸入颗粒物(PM_{10})、SO_2、NO_2、O_3、CO 等六项。由于 AQI 评价的六种污染物浓度限值各有不同,在评价时各污染物都会根据不同的目标浓度限值折算成空气质量分指数。AQI 就是各项污染物空气质量分指数中的最大值,指数越大,级别越高,说明污染越严重,对人体健康的影响也越明显。

为了监测大气污染,生态环境部相关部门建立了空气质量地面监测网点。与地面稀疏的站点相比,遥感监测具有空间连续、探测范围广、受地面条件限制少、能在不同尺度上反映污染物的宏观分布和传输路径等优势,从而能为全方位立体监测大气污染提供重要的信息来源。

目前,我国对大气污染物(尤其是燃煤电厂排放的烟气)的控制集中于 NO_2、SO_2 和烟尘。AOD 数值可以反映大气中烟尘的含量,NO_2 是 NO_x 中的主要成分。反映空气质量的 NO_2、SO_2 和 AOD 都能通过卫星遥感获得,为有利于提高评价的准确性以及反映信息的全面性,选取 NO_2、SO_2 和 AOD 这三种污染物作为评价因子来评价空气质量。针对高分一号卫星和高分五号卫星载荷的特点,本节主要利用高分一号等卫星遥感观测数据和 AQI 地基观测数据来建立模拟 AQI 的多元线性回归模型,探讨如何利用高分卫星遥感观测进行空气质量评价。

3.3.1　基于多元线性回归模型的反演方法

1. 数据处理

数据包括:Aura OMI 的 NO_2、SO_2 和高分一号卫星 AOD 卫星遥感反演产品,其中 NO_2 和 SO_2 的分辨率为 12.5km,AOD 分辨率为 160m;AQI 地基站点观测数据。本节对上述数据进行处理与匹配以便于建模、验证和分析,AOD 采用 100×100 单元的平均值。经处理与匹配后共有 899 例建模数据。

2. 建模

本节利用高分卫星遥感观测的 NO_2 和 SO_2 柱浓度以及 AOD 数据和 AQI 地基站点观测数据建立模拟 AQI 的多元线性回归模型,探讨利用高分卫星遥感观测进行空气质量评价的方法。构建多元线性回归模型如下:

$$AQI = A_0 + A_1 \times AOD + A_2 \times NO_2 + A_3 \times SO_2 \tag{3.3.1}$$

式中,A_0,A_1,A_2,A_3 为回归系数。设有 N 组建模数据$(AOD^i, NO_2^i, SO_2^i)(i=1,2,\cdots,N)$,根据最小二乘原理,使式(3.3.2)中 q 达到最小值,从而得到回归系数 A_0,A_1,A_2,A_3。

$$q = \sum_{i=1}^{N} \left[AQI_i - (A_0 + A_1 \times AOD^i + A_2 \times NO_2^i + A_3 \times SO_2^i) \right]^2 \tag{3.3.2}$$

3. 建模结果与分析

将匹配的建模数据应用于 AQI 多元线性回归模型,并进行回归分析,得到模型的回归系数分别为:$A_0 = -431.66691$,$A_1 = 23.02098$,$A_2 = 66.45406$,$A_3 = 16443.13519$,模拟值和观测值的相关系数为 0.5942,AOD、NO_2 和 SO_2 的偏相关系数分别为:$V_1 = 0.44946$,$V_2 = 0.64726$,$V_3 = 0.99516$,说明 2015 年 1~3 月长江三角洲地区 SO_2 对 AQI 的作用最显著。

4. 处理流程

卫星反演 AQI 的多元线性回归模型主要包括以下三个步骤:第一步,将卫星反演的 NO_2、SO_2 和 AOD 数据与 AQI 地基站点观测数据进行匹配处理,生成样本数据;第二步,将第一步生成的样本数据进行回归分析得到回归系数,确立 AQI 回归模型;第三步,将匹配处理后的 NO_2、SO_2 和 AOD 数据应用于第二步确立的 AQI 回归模型,得到遥感监测 AQI 的结果。

卫星反演 AQI 多元线性回归模型的技术流程如图 3.3.1 所示。

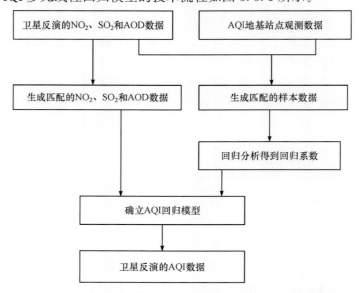

图 3.3.1 基于卫星数据反演 AQI 多元线性回归模型的流程

3.3.2　应用实例

利用 2014 年高分一号卫星宽覆盖相机反演的 AOD,以及 Aura 卫星 OMI 反演的 NO_2 与 SO_2 柱浓度产品,基于上述模型估算京津冀、长江三角洲及珠江三角洲等示范区域的空气质量评价因子。图 3.3.2 所示为 2014 年京津冀地区、长江三角洲地区和珠江三角洲地区空

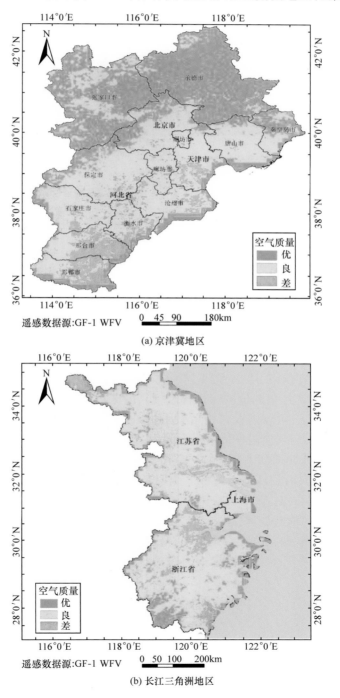

遥感数据源:GF-1 WFV

0　45　90　180km

(a) 京津冀地区

遥感数据源:GF-1 WFV

0　50　100　200km

(b) 长江三角洲地区

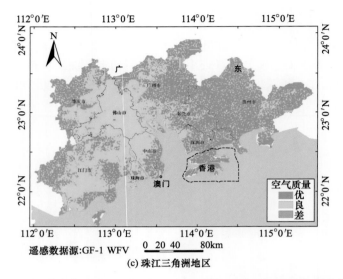

图 3.3.2　2014 年京津冀地区、长江三角洲地区和珠江三角洲地区空气质量评价分布图

气质量评价的空间分布。由图可知,京津冀地区空气质量评价结果为差的地区位于保定、邢台、邯郸等区域,空气质量评价结果为良的地区集中在北京、天津、唐山、石家庄、衡水、沧州等京津冀城市群的核心区域,这里城镇密集,人口密度高,而承德、张家口、秦皇岛部分地区,植被覆盖率高,农林业和旅游业占主导产业的比例较大,空气质量评价的结果为优。长江三角洲地区 AQI 高值区集中在南京、镇江等长江沿岸区域及杭州、宁波等人为排放集中的核心区域,这里城镇密集,制造业及工业排放集中,也是长江三角洲地区污染程度较高的地区,空气质量评价结果为差;随着远离上述核心区域,长江三角洲内人口密度较低的农村及山区,植被覆盖率高,工业排放的 SO_2 和 NO_2 相对较少,空气质量评价结果为良。珠江三角洲地区 AQI 高值区集中在佛山、广州、东莞、中山、珠海等核心区域,这里城镇密集,制造业及工业排放集中,也是珠江三角洲地区污染程度较高的区域,空气质量评价结果为良;随着远离上述核心区域,珠江三角洲内人口密度较低的农村及山区,植被覆盖率高,工业排放的 SO_2 和 NO_2 相对较少,空气质量评价结果为优。

以长江三角洲地区地面实测的 AQI 与基于高分卫星观测估算的 AQI 数据进行比较(图 3.3.3),发现两者具有较高的一致性。说明基于高分卫星进行城市群空气质量评价具有一定的应用潜力。但同时,现有方法中卫星观测的主要是大气整层的污染物信息,而 AQI 主要基于近地面污染物浓度折算,加之卫星产品(特别是 NO_2、SO_2)分辨率较粗,与地面采样观测间存在尺度差异,这些信息差异使得卫星估算结果与地面观测值之间仍有较大偏差。后续研究应注重从卫星产品中提取近地面污染贡献,并进一步减少尺度效应带来的信息偏差。

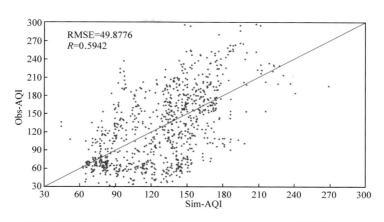

图 3.3.3　长江三角洲地区高分卫星估算 AQI(Sim-AQI)与地基观测值(Obs-AQI)的比较

3.4　基于波段残差算法的 SO_2 对流层柱浓度反演

高分五号卫星上搭载大气痕量气体差分吸收光谱仪,可以对主要污染气体(SO_2、NO_2)进行监测,其中 SO_2 柱浓度反演主要依靠提取其在紫外通道的吸收信息进行。在紫外波段 310～330nm 处,O_3 和 SO_2 是该波段光谱最主要的两种吸收气体,通过计算将卫星接收到的紫外辐射后向散射的散射部分消除,剩下 O_3、SO_2 吸收的光谱信息,再将 O_3 的吸收光谱信息扣除,就可以反演得到 SO_2 柱总量。本书在 SO_2 反演算法的基础上,充分考虑 O_3 吸收对 SO_2 反演的影响,采用一种新的波段残差(band residual difference, BRD)算法来反演 SO_2。BRD 算法选择紫外波段 310.8～314.4nm 内 SO_2 气体吸收的波峰与波谷(由 310.8nm、311.9nm、313.2nm 和 314.4nm 组成三个波长对:$P_1 = 310.8～311.9nm$,$P_2 = 311.9～313.2nm$,$P_3 = 313.2～314.4nm$),用三个波长对卫星的天顶观测值计算残差,以实现 SO_2 柱总量反演,从而最大化提取 SO_2 有效信息。

本节采用广泛应用的美国 Aura 卫星上的 OMI 高光谱数据作为高分五号卫星上大气痕量气体探测仪的同类替代数据进行 SO_2 柱浓度的反演。

3.4.1　技术原理

1. 计算波长对的观测光谱差值

首先利用消光朗伯-比尔定律 $I(\lambda) = I_0(\lambda)e^{-\tau(\lambda)}$ 和太阳辐射亮度近似值 $I_0(\lambda) = aF_0(\lambda) \cdot e^{-b\lambda}$ 得到 N 值变换 $N = -100\lg(I/F)$ 后的大气辐射传输表达式:

$$N(\lambda) = -100\lg a + Kb\lambda + K\tau_s(\lambda) \tag{3.4.1}$$

式中,$\tau_s(\lambda)$ 为倾斜路径上的光学厚度;$F_0(\lambda)$ 为太阳参考光谱;a、b 为未知系数;K 为常数,$K = 100/\ln10$。

通过大气质量因子(air mass factor, AMF)可以将倾斜光学厚度转换为垂直光学厚度 $AMF(\lambda) = \dfrac{\tau_s(\lambda)}{\tau_v(\lambda)}$,其中,在大气均匀、无散射等理想条件下 $\tau_s(\lambda) = \dfrac{\tau_v(\lambda)}{\sec\theta + \sec\theta_0}$,$\theta$ 为太阳天顶

角，θ_0 为卫星天顶角。然而在实际大气中，由于大气散射、表面反射、气体的垂直分布等影响因素的存在，大气质量因子偏离了几何大气质量因子。定义 m 为几何大气质量因子，$m = \sec\theta + \sec\theta_0$，用 AMF 的订正因子 g 表示偏移量，于是式(3.4.1)可以进一步变换为

$$N(\lambda) = -100\lg a + Kb\lambda + Kmg\tau_v \tag{3.4.2}$$

考虑气体吸收、瑞利散射和米散射对太阳后向散射的贡献，在 310～360nm 波段，垂直光学厚度可以表示为

$$\tau_v[\sigma^{O_3}(\lambda)n^{O_3} + \sigma^{SO_2}(\lambda)n^{SO_2} + \varepsilon^M(\lambda)\varepsilon^R(\lambda)]L \tag{3.4.3}$$

式中，σ 为吸收截面；n 为吸收气体的数密度；$\varepsilon^M(\lambda)$ 为米散射消光系数；$\varepsilon^R(\lambda)$ 为瑞利散射消光系数；L 为垂直路径长度。结合式(3.4.2)和式(3.4.3)，将 $N(\lambda)$ 值两两做差值：

$$N_j = Kmg_j(\sigma_j^{O_3}\Omega^{O_3} + \sigma_j^{SO_2}\Omega^{SO_2}) + \frac{\partial S}{\partial \lambda}\Delta\lambda_j \tag{3.4.4}$$

式中，$j = 1, 2, 3$，分别对应三个波长对；Ω^{O_3} 和 Ω^{SO_2} 分别表示 O_3 和 SO_2 的柱总量；$N_j = N(\lambda_j^{short}) - N(\lambda_j^{long})$；$S(\lambda)$ 为未被消除的、随波长变化的系统偏差。

2. 利用正向辐射传输模型模拟光谱差值

在 SO_2 的吸收反演波段内，O_3 也有一定的紫外波段吸收，大气中 O_3 含量比 SO_2 高，因此须考虑 O_3 的紫外吸收影响。在 O_3 反演算法中，假设紫外辐射吸收都是由 O_3 的吸收导致的，利用波长 317.6nm 和 331.3nm 两个波段，反演计算得到大气初估的 O_3 柱总量。实际上，O_3 反演得到的 O_3 柱总量是包含 SO_2 在内的综合柱总量，如式(3.4.5)所示：

$$\Omega^{O_3} = \Omega_0 + \frac{\sigma_4^{SO_2}}{\sigma_4^{O_3}}\Omega^{SO_2} \tag{3.4.5}$$

式中，Ω^{O_3} 为 O_3 算法反演得到的 O_3 柱总量；Ω_0 为大气中真实 O_3 柱总量；Ω^{SO_2} 为真实 SO_2 柱总量。在此，类似于式(3.4.4)，O_3 的吸收简化为

$$N_B = Kmg_B\sigma_B^{O_3}\Omega^{O_3} + \frac{\partial S}{\partial \lambda}\Delta\lambda_B \tag{3.4.6}$$

式中，N_B 为 317.6nm 和 331.3nm 波长的 N 值差；Ω^{O_3} 为只考虑 O_3 的紫外吸收时反演得到的 O_3 柱浓度。在 BRD 反演波长处，将 OMT O_3 和朗伯反射率作为辐射传输模型输入，得到：

$$N_j^{calculated} = Kmg_j\sigma_j^{O_3}\left(\Omega^{O_3} + \frac{\sigma_4^{SO_2}}{\sigma_4^{O_3}}\Omega^{SO_2}\right) + \frac{\partial S}{\partial \lambda}\Delta\lambda_j \tag{3.4.7}$$

3. 观测值与模拟值进行差值计算得到波长对残差res_j

将 $N_j^{measured}$ 值与 $N_j^{calculated}$ 值做差值，形成波长对残差：

$$\text{res}_j = N_j^{measured} - N_j^{calculated} \tag{3.4.8}$$

即

$$\text{res}_j = Kmg_j\Omega^{SO_2}\sigma_j^{SO_2}\left(1 - \frac{\sigma_j^{O_3}\Omega_4^{SO_2}}{\sigma_j^{SO_2}\Omega_4^{O_3}}\right) + \text{bias} \tag{3.4.9}$$

4. 残差校正，获得 SO_2 垂直柱总量

由于考虑系统偏差，经验订正后 SO_2 柱总量可以由以下公式给出：

$$\sum P_j = \frac{\mathrm{res}_j - \langle \mathrm{res}_j(\mathrm{Equatorial}) \rangle = \mathrm{const}}{k(\sec\theta + \sec\theta_0)g_j\sigma_j^{\mathrm{SO_2}}\left(1 - \frac{\sigma_j^{\mathrm{O_3}}\Omega_4^{\mathrm{SO_2}}}{\sigma_j^{\mathrm{SO_2}}\Omega_4^{\mathrm{O_3}}}\right)} \tag{3.4.10}$$

$$\sum \mathrm{SO_2} = \frac{\sum P_1 + \sum P_2 + \sum P_3}{3} \tag{3.4.11}$$

式中，$\langle \mathrm{res}_j(\mathrm{Equatorial}) \rangle = \mathrm{const}$ 为赤道地区 $\mathrm{SO_2}$ 背景值偏差订正，使用三个波长对残差 res_j 可以得到三个垂直柱总量，求平均后得到 $\mathrm{SO_2}$ 垂直柱总量。

$\mathrm{SO_2}$ 柱浓度卫星反演技术流程如图 3.4.1 所示。

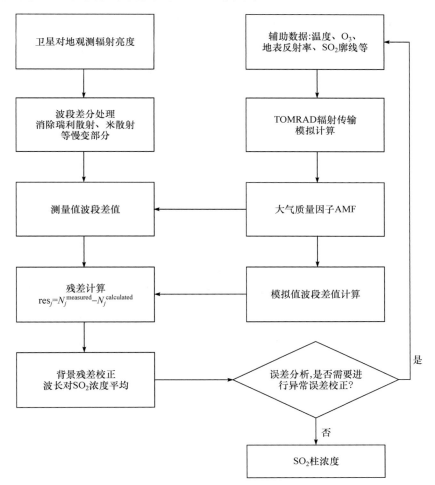

图 3.4.1　$\mathrm{SO_2}$ 柱浓度卫星反演技术流程

3.4.2　应用实例

采用美国 Aura 卫星上的 OMI 高光谱数据作为高分五号卫星上大气痕量气体探测仪的同类替代数据对 $\mathrm{SO_2}$ 柱浓度进行反演研究。采用 NASA 发布的 2008 年 1 月 12 日业务运行的 $\mathrm{SO_2}$ 柱总量产品与本研究基于 OMI 数据反演的 $\mathrm{SO_2}$ 柱总量结果进行对比，如图 3.4.2

所示。结果表明,两者具有较好的一致性。总体而言,本研究结果与 NASA 标准产品相比,精度可以达到 80%。采用 2014 年全国地区地基 MAX-DOAS 观测到的 89 个 SO_2 对流层柱浓度样本对 OMI 数据反演的 SO_2 对流层柱浓度结果进行验证,地面站点选取北京地区(55 个样本)、上海地区(34 个样本)的监测数据。由于 Aura 卫星过境时刻为下午 1:30,地基 MAX-DOAS 观测值采用 13:00~15:00 的小时平均值,OMI 反演结果采用过境时刻数据。

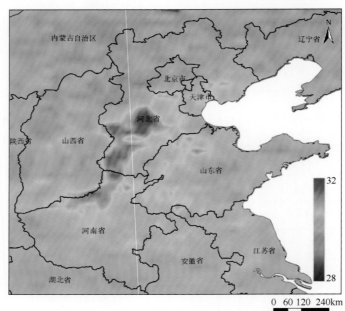

(a) NASA 发布的 SO_2 对流层柱浓度(单位: DU)

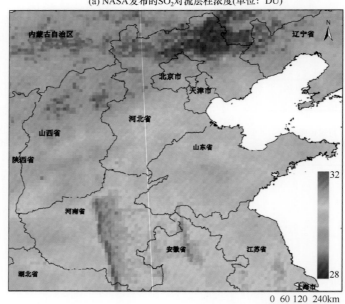

(b) Aura-OMI 反演的 SO_2 对流层柱浓度(单位: DU)

图 3.4.2　2008 年 1 月 12 日 NASA 发布的 SO_2 柱总量产品与基于 OMI 数据反演的 SO_2 柱总量结果对比(单位:DU)

图 3.4.3 所示为 2014 年中国地区、北京地区、上海地区 OMI 数据反演得到的 SO_2 对流层柱浓度与地基 MAX-DOAS 观测值的散点图对比,相关系数分别为 0.60、0.58 和 0.53;整体而言,卫星反演结果精度优于 70%,与地面观测的相对偏差优于 0.5DU。由于 SO_2 反演通道与 O_3 吸收通道相互重叠,SO_2 的卫星反演受到 O_3 的强烈干扰,相比于 NO_2 的卫星柱浓度反演结果较差,但是 SO_2 的卫星反演柱浓度仍能反映当地 SO_2 对流层柱浓度分布。

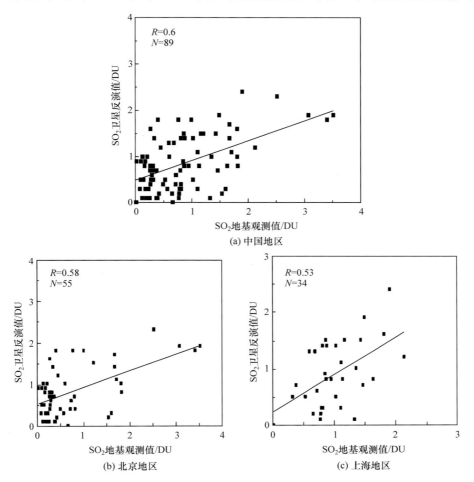

图 3.4.3　2014 年中国地区、北京地区和上海地区 OMI 数据反演 SO_2
对流层柱浓度与地基 MAX-DOAS 观测值散点图对比

3.5　基于差分吸收光谱的 NO_2 对流层柱浓度反演

卫星接收到的后向散射地球光谱来源比较复杂,主要是由于大气中不同的气体成分混合在一起,同时还存在大气气溶胶、云和地表的散射与反射影响,痕量气体的吸收作用只是卫星探测反射和散射信号中的弱信号,所以难以科学准确地计算痕量气体的浓度。基于卫星光谱的 DOAS 技术是在地基 DOAS 算法的基础上发展起来的,在波段 400~450nm 存在吸收带,NO_2 的吸收作用随波长变化剧烈,而大气分子的瑞利散射、气溶胶的米散射随波长变化缓慢,是波长的低阶函数。通过光谱分离技术,即将随波长快变部分与慢变部分分离,可提取太阳辐射传输路径上的 NO_2 吸收光谱信息。

高分五号卫星上搭载大气痕量气体差分吸收光谱仪,可以对主要污染气体(SO_2、NO_2)进行监测,本节采用美国 Aura 卫星上的 OMI 高光谱数据作为高分五号卫星上大气痕量气体探测仪的同类替代数据对 NO_2 柱浓度进行反演。

3.5.1 技术原理

星载 DOAS 算法反演对流层 NO_2 垂直柱浓度主要分为以下三步:首先,利用 DOAS 算法拟合得到 NO_2 在观测路径上的有效倾斜柱浓度;其次,利用模式模拟或经验公式计算得到 AMF,将有效倾斜柱浓度转换为垂直柱浓度;最后,扣除大气化学传输模式或参考区域法计算出的平流层 NO_2 垂直柱浓度,最终产品为对流层 NO_2 垂直柱浓度。

1. DOAS 算法反演大气 NO_2 整层斜柱浓度

卫星传感器接收到的表观反射率 $R(\lambda)$ 可表达为

$$R(\lambda) = \frac{\pi I(\lambda)}{\mu_0 E(\lambda)} \quad (3.5.1)$$

式中,$I(\lambda)$ 为地球大气层顶进入卫星传感器的辐射亮度;$E(\lambda)$ 为卫星接收到的太阳辐照度;μ_0 为太阳天顶角的余弦。

基于 DOAS 原理,假定卫星接收到的反射率也满足朗伯-比尔定律,则式(3.5.1)可写为

$$\ln[R(\lambda)] = -\sum_{i=1}^{n} \sigma_i(\lambda)\,SCD_i - P_3(\lambda) \quad (3.5.2)$$

式中,SCD_i 为第 i 种气体分子的斜柱浓度;$\sigma_i(\lambda)$ 为第 i 种气体分子的差分吸收截面;$P_3(\lambda)$ 为波长的三阶多项式,用于代表由分子的多次散射和吸收、气溶胶的米散射以及下垫面反射等因素引起的随波长缓慢变化的光谱结构。需要说明的是,Ring 效应被当成一种伪分子吸收截面参与计算,目的是提高目标气体的反演精度,而计算得到的伪斜柱浓度,最终是不需要的。斜柱浓度 SCD_i 和多项式系数通过最小二乘法获得。假设测量误差在整个吸收谱段上的每个波长处均匀分布,则最小二乘法是在无权重的情形下进行的,即光谱范围内的所有波长都具有相同的权重。

2. 利用大气质量因子将斜柱浓度转化为垂直柱浓度

卫星天底观测条件下,大气质量因子 AMF 定义为气体测量斜柱浓度 SCD 与垂直柱浓度 VCD 的比值,可以表示为

$$AMF = \frac{SCD}{VCD} \quad (3.5.3)$$

AMF 依赖于大气的辐射传输特性,对其产生影响的因子很多,包括观测的几何角度(太阳天顶角、卫星天顶角以及两者的相对方位角),温度和大气压强廓线,痕量气体的浓度廓线,气溶胶的总量、光学特性(吸收与散射)及其所在高度,反射率及下垫面地形高度等。利

用辐射传输方程,考虑在一定的大气条件下,大气中存在目标痕量气体和不存在这种痕量气体两种模式,分别计算大气层顶的卫星模拟辐射亮度,两者差异即可看成由该气体的倾斜光学厚度所引起。因此可按照式(3.5.4)计算 AMF_λ:

$$AMF_\lambda = \frac{\ln[I_{nogas}(\lambda)/I_{total}(\lambda)]}{\tau_v(\lambda)} \tag{3.5.4}$$

式中,AMF_λ 为气体在波长 λ 处的大气质量因子;$I_{nogas}(\lambda)$ 为除目标气体外包含所有吸收体的卫星模拟辐射亮度;$I_{total}(\lambda)$ 为包含所有吸收体的卫星模拟辐射亮度,则 $\ln[I_{nogas}(\lambda)/I_{total}(\lambda)]$ 为目标气体倾斜光路上的光学厚度;$\tau_v(\lambda)$ 为目标气体在垂直光路上的光学厚度,通过对先验目标气体廓线的积分得到。而且根据式(3.5.4)可知,AMF 是波长的函数,一般采用拟合窗中间点波长的 AMF 进行柱总量的转换。

纯像元的 AMF 可由式(3.5.4)计算,但由于卫星传感器视场内存在部分有云的情况,有云条件下大气质量因子计算方法为

$$AMF_{total} = w\, AMF_{cloud} + (1-w)AMF_{clear} \tag{3.5.5}$$

式中,AMF_{cloud} 和 AMF_{clear} 分别为视场全部为云或完全无云时的 AMF;w 为云影响系数,定义如下:

$$w = \frac{FI_{cloud}}{FI_{cloud}+(1-F)I_{clear}} = \frac{F}{F+(1-F)I_{clear}/I_{cloud}} = \frac{FR}{FR+(1-F)(1-R)} \tag{3.5.6}$$

式中,F 为视场中的有效云量,一般用 OMI 云算法得到的云量值替代;R 为云辐射贡献因子,定义为式(3.5.7),其中云量、云辐射贡献因子均可由卫星产品得到。

$$R = \frac{I_{cloud}}{I_{cloud}+I_{clear}} \tag{3.5.7}$$

NO_2 垂直柱浓度可由式(3.5.8)得到:

$$VCD = \frac{SCD}{AMF_{total}} \tag{3.5.8}$$

3. 对流层 NO_2 垂直柱浓度计算

将 NO_2 的整层垂直柱浓度减去平流层垂直柱浓度可得到对流层柱浓度。平流层 NO_2 浓度可由大气化学传输模式计算获得或采用参考区域方法来校正。NO_2 柱浓度卫星反演技术流程如图 3.5.1 所示。

3.5.2 应用实例

本节采用美国 Aura 卫星上的 OMI 高光谱数据作为高分五号卫星上大气痕量气体探测仪的同类替代数据开展 NO_2 柱浓度的反演研究。将 2014 年 1 月 NASA 发布的对流层 NO_2 柱浓度产品与本研究基于 OMI 数据反演的对流层 NO_2 柱总量结果进行对比,结果表明,两者具有较好的一致性,相对精度可以达到 90%,最高能达到 95%。采用全国地区 2014 年地基 MAX-DOAS 观测到的 68 个对流层 NO_2 柱浓度样本对 OMI 数据反演的对流层 NO_2 柱浓度结果进行验证,地面站点选取北京地区(35 个样本)、上海地区(33 个样本)的监测数据。由于 Aura 卫星过境时刻为下午 1:30,地基 MAX-DOAS 观测值采用 13:00~15:00 的小时

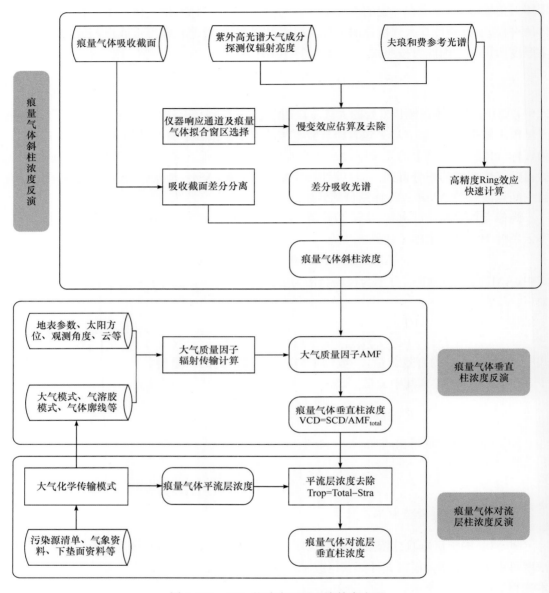

图 3.5.1　NO₂ 柱浓度卫星反演技术流程

平均值,OMI 反演结果采用过境时刻数据。

　　图 3.5.2 所示为 2014 年全国地区、北京地区和上海地区 OMI 数据反演得到的对流层 NO₂ 柱浓度与地基 MAX-DOAS 观测值的散点图对比,相关系数分别为 0.72、0.72 和 0.71,整体精度优于 80%,相对偏差优于 $12\times10^{15}\,\mathrm{molec/cm^2}$,说明反演结果可有效反映当地对流层 NO₂ 柱浓度分布。

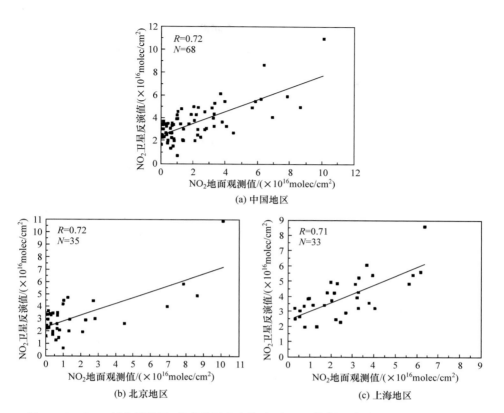

图 3.5.2　2014 年中国地区、北京地区和上海地区 OMI 数据反演对流层 NO_2 柱浓度与
地基 MAX-DOAS 观测值散点图对比

第 4 章　高分辨率水环境遥感监测关键技术及应用

　　高分辨率卫星在水环境中可以用于水华、叶绿素、悬浮物、透明度、富营养化程度、水表温度、黑臭水体、溢油、赤潮、饮用水水源地风险源、面源污染、近海等要素监测,与中低分辨率卫星相比,高空间分辨率卫星可以获取精细空间尺度上的水环境质量状况,高光谱分辨率卫星可以高精度探测水华、水质等时空分布情况,高辐射分辨率卫星可以高精度监测水表温度、水体热污染、核电厂温排水等时空分布,高时间分辨率卫星可以快速监测水华、水质、赤潮、溢油等变化,以及水体污染物的扩散运移过程等,为国家水污染防治、水环境事件应急等工作提供重要技术支撑,其主要情况概述如下。

　　高空间分辨率光学卫星在水环境遥感监测中主要用于排污口高精度识别和重点水污染源、饮用水水源地等方面。蒋赛(2009)以渭河陕西段水域为研究对象,采用法国 SPOT-5 卫星遥感影像和基于参数优化支持向量回归的方法对该水域水质进行定量反演。生态环境部卫星环境应用中心基于高分一号卫星 16m 多光谱数据,对太湖的叶绿素 a、富营养化指数等水质指标进行监测。结果表明,高分一号卫星 16m 多光谱影像数据可以反映水质富营养化的空间变化特征,整体从西北到东南递增,即叶绿素 a 浓度的高值区,基本也是富营养化指数的高值区,符合常规监测规律(赵少华等,2014a)。

　　高辐射分辨率红外卫星在水环境遥感监测中主要用于水表温度、热污染以及核电厂温排水等方面。在海洋表面温度方面,高玉川等(2011)利用 HJ-1B IRS 数据反演了 2009 年 12 月 21 日我国渤海和黄海部分海域的水表温度,并借助 MODIS 产品验证。在内陆湖泊表面温度监测方面,叶智威等(2009)采用 TM 数据,对洪泽湖区的地表温度进行遥感反演并分析其空间差异。结果表明,洪泽湖区陆地与水体温度空间差异明显,而且水体及陆地内部差异明显,湿地在水体温度中较低,上游河流注入区水体温度较高。孙俊等(2011)以 HJ-1B IRS 数据为例,分别利用不同算法反演太湖流域地表温度,并通过与同期的 MODIS 温度产品进行对比分析,发现普适性单通道算法精度较高(比 MODIS 温度产品高 1.23K)。生态环境部卫星环境应用中心利用长时间序列 HJ-1B IRS、Landsat TM 和 Terra/Aqua MODIS 数据,针对我国太湖、巢湖、滇池的水表温度,开展了遥感监测水温及生态环境之间关系的研究和业务应用(王桥等,2010)。利用热红外遥感技术进行温排水监测的方法主要有单通道、多通道、多角度反演等,国内学者开展了诸多应用研究。陆衍和阚芔芔(2012)基于 ETM＋影像对田湾核电站周围海湾的海水温度进行反演,监测了该核电站 2006 年 5 月 28 日和 2009 年 5 月 4 日的温排水变化趋势;周颖等(2012)、梁珊珊等(2012)分别采用 HJ-1B IRS 数据反演田湾核电站、大亚湾核电站水表温度,分析核电站出水口及周边海域水温的空间分布特点和不同季节、潮汐情况下温排水的分布特征,并利用 MODIS 海表温度产品进行验证,结果表明 HJ-1B IRS 反演结果与 MODIS 产品具有良好的一致性。生态环境部卫星环境应用中心已在核电厂温排水遥感监测方面开展了一系列业务化应用,支撑多个在运行核电厂的温排水监测。

　　高分辨率雷达卫星在水环境遥感监测中主要用于溢油、水华、河岸线/海岸线水体识别等方面(赵少华等,2014b)。从目前研究来看,在谱段上从 Ku 到 L 波段均可用于溢油监测,但不同波段对不同的风速和油膜特性的敏感程度不同。邹亚荣等(2011)基于 SAR 数据分析表明,

X波段与C波段较L波段更适合溢油监测。极化方式上,VV极化较HH、HV极化更适合监测海上溢油。位于远入射角的疑似溢油不易与海水分离,而相对近入射角的疑似溢油较容易与海水分离。马广文等(2008)利用SAR数据对黄海溢油污染监测证明了该法的有效性,实验表明,C、X和Ku波段的SAR图像上的油膜和海水的海面后向散射有较大的差异,在图像上反映为较大的对比度。但C波段、VV极化方式更适合油膜监测。按照风速和雷达使用频率的限制,最适合的入射角为20°~45°。生态环境部卫星环境应用中心利用RADARSAT SAR影像,提取2010年7月26日的渤海溢油,提取的红色油膜区域大小为291km²;基于ERS-2 SAR影像,采用支持向量机的方法,提取2010年8月13日的太湖水华,红色区域为水华分布区。通过同期光学影像对比发现,雷达影像对溢油、水华的提取精度优于90%(赵少华等,2015a)。王庆和廖静娟(2010)利用C波段的ASAR数据和L波段的PALSAR数据对鄱阳湖的水体进行提取和变化监测,研究表明,C波段的提取精度比L波段的精度高。此外,SAR还可用来监测水质污染,陈炯等(2010)利用RADARSAT-2 SAR数据研究HH和VV通道的后向散射系数比与水质的关系,发现化学需氧量与HH/VV比值成正相关。

高光谱分辨率卫星在水环境遥感监测中主要用于水质、富营养化等方面。阎福礼等(2006)利用Hyperion数据和同步获取的25个水面采样点数据,建立了叶绿素和悬浮物反演经验模型,然后利用另外13个同步水面采样点数据检验了反演结果,研究发现,悬浮物浓度的最大误差为23.1mg/L,叶绿素a(Chl-a)浓度的最大误差为21.4mg/m³。吴传庆(2008)通过实验室实验和高光谱图像对富营养化水体及其主要指标进行了光谱分析和研究,并建立相关遥感反演模型,取得了较好的效果。李俊生等(2007)利用CHRIS数据,在太湖梅梁湾开展了水面综合实验,建立叶绿素浓度反演半经验模型,并取得较好的结果。王彦飞等(2011)利用环境一号卫星高光谱遥感HSI数据对其在巢湖水质监测应用方面的适宜性,包括信噪比和数据真实性、倾斜条纹去除方法、大气校正方法等方面分别进行评价。结果表明,HSI水体图像在530~900nm波段范围内数据质量较为真实可靠。Chen等(2011)提出基于三波段的叶绿素a反演模型,并利用Hyperion数据和实测数据在中国南方的珠江进行验证,结果表明该法可行。潘邦龙等(2012,2011)利用HJ-1A HSI遥感数据,分别基于协同克里格遗传算法对巢湖的总氮和总磷浓度进行反演,并用实测值进行对比,结果表明该算法的氮磷反演精度较高。

本章主要针对高分一号、高分二号、高分三号、高分四号、高分五号、高分六号等高分辨率卫星的特点,结合环境保护工作的实际需求,分别从原理方法、技术流程和应用实例方面详细介绍基于多光谱、雷达、高光谱等手段的水华、溢油、河口水质参数、饮用水水源地安全等高分遥感监测技术。

4.1　水华高分遥感监测技术

4.1.1　基于多光谱遥感的自适应水华识别技术

蓝藻水华的光谱特征与陆地植被相似,而与普通水体的光谱特征差异明显,通过常规的光学多光谱遥感传感器就能记录和识别蓝藻水华。目前多光谱遥感监测水华研究应用中,蓝藻水华分布提取方法多采用阈值方法且阈值是固定的,或者采用目视解译的方法,主观性较强,导致统计的水华面积不一致。本节提出一种基于多光谱遥感数据的自适应水华识别方法,以实现水华的自动化提取。

针对内陆水体蓝藻水华灾害,遥感监测以美国地球观测系统中分辨率成像光谱仪(EOS/MODIS)数据为主。国内外学者开展了基于空间分辨率为250m的MODIS第1、2通道的蓝藻水华信息提取工作,形成多种蓝藻水华信息的提取方法和研究手段(金焰等,2010;徐京萍等,2008;马荣华等,2008;周立国等,2008;李炎等,2005);Hu等(2010)使用基于MODIS的645nm、859nm、1240nm波段的浮游藻类指数(floating algae index,FAI)提取太湖蓝藻水华,但该方法只适用于具有短波红外的遥感数据,而且对于零星暴发的小块水华应用效果较差。另外,李旭文等(2010)利用Landsat-5和Landsat-7监测太湖的大规模蓝藻水华暴发;金焰等(2010)利用环境一号卫星CCD数据,对太湖水华进行遥感监测,并与同时相的EOS/MODIS卫星遥感数据进行对比分析。目前蓝藻水华遥感监测的主要问题是缺少适用性很强的自动化提取方法。

针对高分一号等卫星的特点,本节提出基于红光和近红外波段的自适应水华识别方法——最大梯度复杂度法,解决了蓝藻水华光学遥感监测应用中自动化处理的关键问题,实现了基于多光谱数据的自适应水华识别,该方法可以应用于多源多光谱遥感数据。基于多源多光谱遥感数据的自适应水华识别方法流程如图4.1.1所示。

1. 技术原理

本节分析了基于高分一号卫星宽覆盖影像的水华归一化植被指数(normalized difference vegetation index,NDVI)图的梯度特征,利用灰度-梯度的邻域映射函数特征自动获取合适的指数阈值以用于判别水华像元。图像灰度直方图反映图像的灰度分布特征,不包含边界信息,不能反映图像的局部特征,这使得基于灰度直方图进行分割时不能充分利用图像的一些细节特征。梯度在数字图像处理中常用于描述图像灰度在空间中的变化状况。图像边缘具有不连续性的重要特征,梯度值大的像素点是边缘的可能性也较大,因此梯度信息在很多图像处理算法中,如边缘检测、特征检测等作为算法的关键信息进行处理。

2. 应用实例

利用2014年10月23日和24日两天的高分一号宽覆盖多光谱图像监测太湖蓝藻水华分布,如图4.1.2所示。由图可知,10月23日太湖西北湖区及沿岸出现蓝藻水华,其面积达到75.95km²,10月24日太湖西北湖区及沿岸出现蓝藻水华,其面积达到123.27km²。

为了对基于GF-1 WFV数据的水华提取结果进行真实性检验,于2014年10月23日开展了同步的水华提取地面验证实验,在容易暴发水华的湖区西部水域实地采集了12个点位的水华暴发信息(是否有水华),用于对基于GF-1 WFV数据的水华暴发遥感监测进行验证。12个实地采样点中,2号、3号和4号采样点有水华覆盖,其余9个采样点都是没有水华覆盖的浑浊水体区。水华提取结果和12个实地采样点的分布如图4.1.3所示。从图中可以看出,2号、3号和4号采样点被提取为水华(黄色),剩余的9个采样点都被提取为水体(紫红色),基于图像的水华监测结果与实地采样点信息完全一致,12个采样点中没有出现将水华识别为水体和将水体误判为水华的情况。利用目视解译方法提取2014年6月、9月和10月3景GF-1图像的水华分布,计算出水华分布面积,并与自动化提取结果进行对比得到水华提取精度为87.4%。

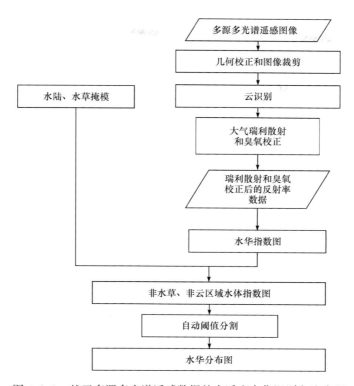

图 4.1.1　基于多源多光谱遥感数据的自适应水华识别方法流程

数据源:GF-1 WFV

(a) 2014年10月23日

数据源:GF-1 WFV

0 4 8 16km

(b) 2014年10月24日

图 4.1.2　2014 年 10 月 23 日和 24 日太湖蓝藻水华分布

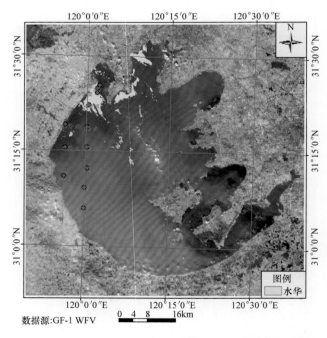

数据源:GF-1 WFV

0 4 8 16km

图 4.1.3　2014 年 10 月 23 日太湖水华实地采样点分布

4.1.2　基于高光谱遥感的高精度水华识别技术

国内外对水华和水草的识别研究主要基于多光谱遥感,其缺点是较低的光谱分辨率不能高精度识别水华和水草,因此在提取水华时常利用先验知识将水草剔除。因为高光谱数据具有较高的光谱分辨率,其成像光谱仪可以收集上百个非常窄的光谱波段信息,现在已得到广泛应用,对于内陆水体,水华和水草同时存在于某一湖区,基于高光谱遥感影像的算法可将水华与水草同时识别出来。但利用高光谱数据识别水华和水草仍然鲜有研究。

高分五号卫星上搭载了可见短波红外高光谱相机,本节利用高光谱成像仪(hyperspectral imager for the coastal ocean,HICO)数据作为高分五号卫星的替代数据,提出叶绿素 a 光谱指数(chlorophyll a spectral index,CSI)和藻蓝蛋白基线(phycocyanin baseline)相结合的算法来识别水华和水草,解决了多光谱数据不能将其识别的问题,实现了遥感影像监测水华和水草的应用目标。

基于 HICO 数据的水华和水草识别算法流程如图 4.1.4 所示。

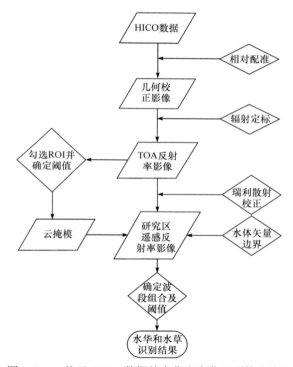

图 4.1.4　基于 HICO 数据的水华和水草识别算法流程

1. 技术原理

通过确定合理的波段组合、CSI 和藻蓝蛋白基线(baseline)的阈值,基于高光谱数据,采用 CSI 和藻蓝蛋白基线相结合的算法,实现水华和水草的高精度识别。

$$\text{CSI}=\frac{R(B_1)-R(B_2)}{R(B_1)+R(B_2)} \tag{4.1.1}$$

式中,$R(B_1)$ 为 700nm 附近反射峰的反射率;$R(B_2)$ 为 675nm 附近反射谷的反射率。

$$\text{baseline}=B_1-B_2+\frac{\lambda(B_2)-\lambda(B_1)}{\lambda(B_3)-\lambda(B_1)}\times(B_3-B_1) \tag{4.1.2}$$

式中,B_1 为 550nm 附近反射峰的反射率;B_2 为 620nm 附近反射谷的反射率;B_3 为 650nm 附近反射峰的反射率;λ 为波长。

2. 应用实例

基于上述算法,利用 HICO 高光谱数据作为高分五号卫星的高光谱替代数据进行水华和水草的遥感识别。选择 2013 年 11 月 16 日和 11 月 20 日 2 景 HICO 数据提取太湖水华和水草。从 2013 年 11 月 16 日太湖蓝藻水华和水草分布可知(图 4.1.5),蓝藻水华(图中黄色区域)主要分布在太湖西部沿岸和南部区域,面积达到 203.24km²,水草(图中绿色区域)主要分布在东太湖区域,面积为 43.05km²。由 2013 年 11 月 20 日的太湖蓝藻水华和水草分布可知(图 4.1.6),蓝藻水华(图中黄色区域)主要分布在太湖西部沿岸和南部区域,面积达到 248.56km²,水草(图中绿色区域)主要分布在东太湖区域,面积为 14.25km²。

采用均匀布满整个太湖的点来评价精度,假设该点落在水华上,提取结果也显示该点为水华,则认为该点提取正确,否则认为错误,最后统计所有点中提取正确点的个数,得到提取精度,水华提取精度是 93.69%,水草提取精度是 95.11%。

4.1.3 基于 SAR 遥感监测的水华分布提取技术

目前使用光学卫星遥感监测水华的技术已较为成熟,可以对水华的位置、面积和动态变化进行业务化监测,但由于光学传感器受天气条件限制,在有云雾遮盖时不能使用,而我国大型内陆湖泊多在南方,在水华暴发季节有较多阴雨天气,这降低了内陆湖泊水华遥感监测的实际应用效果。雷达具有不受云雨等天气条件限制可全天候工作的特点,SAR 的全天候成像能力显示出它与光学遥感器相比的优越性,一些研究探索使用 SAR 和光学传感器相结合的方法探测藻类暴发。SAR、AVHRR 和 TM 用于监测波罗的海藻类暴发(Gade et al.,1998)。2005 年,Furevik 等使用同步的 AVHRR、SeaWiFS 和 SAR 来监测丹麦沿岸北部海域的藻类。Bentz 等(2004)结合多源遥感影像以及现场监测数据解释包括藻类在内的多种海洋现象。研究表明,水华在 SAR 影像上呈明显的黑影特征,光学传感器和 SAR 的结合可以更好地解释 SAR 图像上水面的各种特征。在不利于光学遥感探测的天气情况下单独采用雷达来探测和监视水华现在仍是挑战。水华能阻尼水面的毛细波,降低了雷达波的后向散射。但还有其他一些自然或人为现象也会在 SAR 影像上产生暗区图斑,如溢油、低风区、生物油膜、陆地背风区、雨团、洋流锋面、油脂状冰、内波和上升洋流带(Karathanassi et al.,2006;Espedal and Johannessen,2000)。单独使用 SAR 监测水华的关键在于将水华和一些类似现象区别开。

星载 SAR 主要在 L、C、X 三个波段工作。ERS-1 SAR、ERS-2 SAR、ENVISAT ASAR、RADARSAT-1、RADARSAT-2 都在 C 波段工作,在环境遥感监测方面,如海洋、陆地、湿地、森林监测等有广泛应用。高分三号卫星已经发射,但目前尚未得到监测水华的有效数据,因此基于 SAR 遥感监测的水华分布提取技术以 C 波段单极化的 RADARSAT-2 卫星 SAR 影像为例作为高分三号雷达卫星的替代数据来研究水华提取技术,其特点主要体现在 SAR 探测水华机理和探测水华方法两个方面。在 SAR 探测水华机理方面,通过实地水面采集水华样本,在实验室内分析水华样本的表面张力和生物表面活性剂。结果表明,藻类水华能释放出生物表面活性剂,降低水面表面张力,阻尼水面毛细波,降低雷达波的后向散射,从而在雷达图像上形成暗区图斑。这使得 SAR 探测藻类水华成为可能。在 SAR 探测水华方法方面,分析了 SAR 图像水华的后向散射、纹理、形态学特征,确定了用于判断水华的特征组合,进而实现了基于特征的水华提取方法。

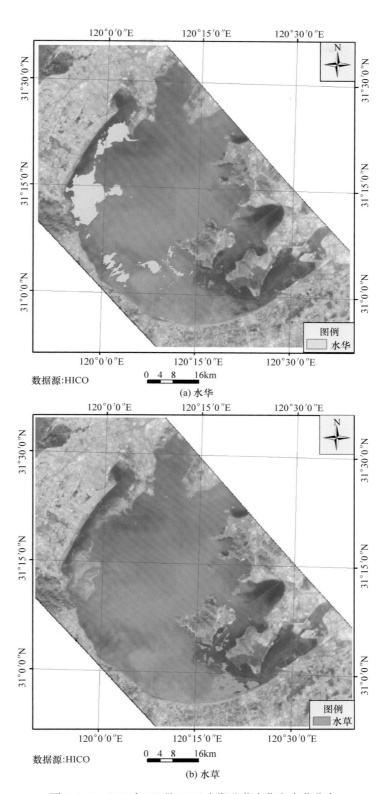

图 4.1.5　2013 年 11 月 16 日太湖蓝藻水华和水草分布

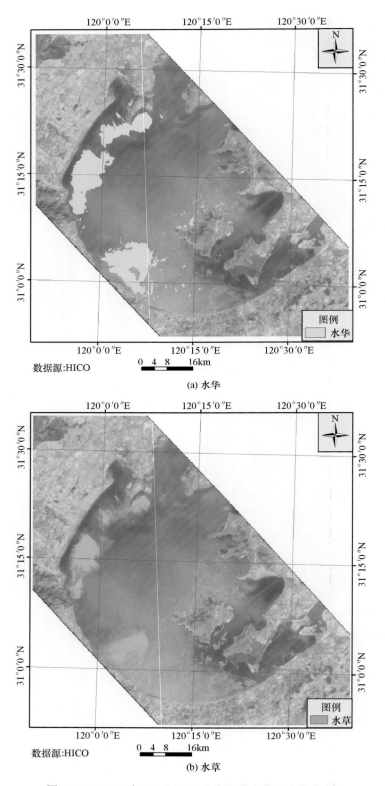

图 4.1.6 2013 年 11 月 20 日太湖蓝藻水华和水草分布

基于 SAR 遥感监测的水华分布提取技术通过建立全天候的蓝藻水华监测方法,可以突破多云天气的影响,从而提高水华监测的时间连续性,为蓝藻水华的监测、预测、治理等方面提供更好的数据保证。

1. 技术原理

蓝藻水华暴发时,大量蓝藻漂浮在水面上,在一定风速下阻尼了水面的毛细波,降低了水面粗糙度,从而导致降低了 SAR 回波强度,因此水华在 SAR 影像上呈明显的黑影特征,这是能够基于 SAR 图像提取水华的最重要的理论基础。为此,基于 SAR 遥感监测的水华分布提取技术采用面向对象的分类方法,首先利用图像分割方法提取 SAR 图像暗区图斑,然后对每个图斑进行分类,这样可以引入纹理等特征辅助进行分类。

1) 特征分析

SAR 图像的暗区图斑特征分析是水华分类算法的关键。首先提取 SAR 图像的暗区图斑,然后通过与 SAR 影像准同步的光学影像的解译将暗区图斑分为水华区和类似水华区两类。最后提取两类暗区图斑的散射、形状、纹理和时空特征,分析哪些特征有利于区分两类暗区图斑。采用支持向量机递归特征消除(support vector machine recursive feature elimination,SVM-RFE)算法得到最优的特征集为后向散射均值(MN)、后向散射标准差(STDN)、Contrast 均值(MCON)、Contrast 标准差(STDCON)、在该区域和其最小边界矩形中的像素比例(EXTENT)、最小外接矩形长宽之比(RLWSR),这些特征将被用在使用 SVM 方法对 SAR 图像暗区图斑的分类识别。

2) 基于支持向量机面向对象的分类方法

采用非线性的人工智能算法——支持向量机进行分类。采用基于 RBF 核函数的 CSVC 分类器来对 SAR 图斑信息进行分类。先进行数据预处理,将训练集和测试集归一化到 $[-1,1]$,接着采用交差验证的方法确定最优参数,然后对训练集进行训练,其结果用于测试集做出分类。

本节的思路是采用面向对象的分类方法提取蓝藻水华,即先分割再分类的方法。本算法输出为 1 景二值栅格图像,0 为陆地和水体;1 为水华。

基于 SAR 影像的内陆湖泊水华提取算法流程如图 4.1.7 所示。

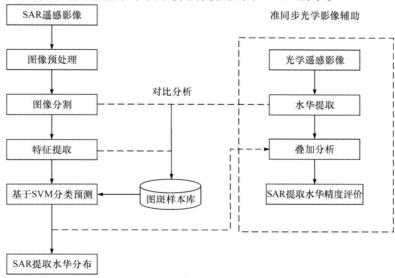

图 4.1.7　基于 SAR 影像的内陆湖泊水华提取算法流程

2. 应用实例

基于上述面向对象分类监测水华的方法,利用 2014 年的 2 景 RADARSAT-2 数据作为高分三号雷达卫星的替代数据提取太湖水华。从 2014 年 8 月 9 日太湖蓝藻水华分布可以看出[图 4.1.8(a)],太湖西北沿岸出现蓝藻水华,其面积达到 53.8km²。从 2014 年 8 月 25 日监测的太湖蓝藻水华分布可以看出[图 4.1.8(b)],太湖西北沿岸出现蓝藻水华,其面积达到 64.2km²。

2014 年 8 月 25 日下午 6 点有 RADARSAT-2 过境太湖区域。当日天空有云,无法通过光学卫星获得水华的分布情况,采用快艇巡视太湖西北湖面,发现有大片水华。为检验 RADARSAT-2 SAR 遥感监测太湖蓝藻水华的真实性,在与卫星同步时特地选择采样点的位置,6 个在水华边界的内侧;2 个在水华边界的外侧,该 2 点位置无水华。分析遥感图像发现,水华在图像上呈现黑色,SAR 图像能准确地反映水华的分布情况。根据现场记录,采样点 1~6 处存在水华,采样点 7 和 8 无水华。RADARSAT-2 SAR 遥感图像准确地反映了这个情况。

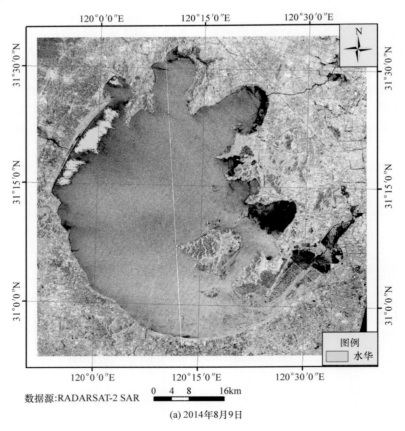

数据源:RADARSAT-2 SAR

(a) 2014年8月9日

数据源:RADARSAT-2 SAR

0　5　10　　20km

(b) 2014年8月25日

图 4.1.8　2014 年 8 月 9 日和 25 日太湖蓝藻水华 SAR 遥感监测分布

4.2　溢油高分遥感监测技术

由于雷达卫星具有不受天气影响、穿透力强和对溢油分布敏感等优势而广泛应用于海面溢油监测中。海面油膜最显著的特点就是对海面毛细波和重力波的阻尼作用。由于海面风和重力作用,海面会产生细微的波浪,即表面张力波和短重力波。表面张力波和短重力波在雷达波段的信号为强反射性,在雷达图像上表现为亮色。当海面上覆盖一层油膜时,表面张力波和短重力波由于受到阻尼,海面变得更为平滑,海面粗糙度减小,使得溢油区域在雷达信号波段的反射性降低,即海面的雷达后向散射系数降低,该部分海域对应的 SAR 图像灰度级降低,颜色变暗。因此在 SAR 图像上所观察到的海上溢油通常呈现为颜色较暗的斑点、斑块或条形状,从而可以利用这个特性,在 SAR 图像上识别溢油区域。2004 年,Indregard 等运用挪威 Kongsberg 卫星服务公司(KSAT)遥感溢油监测业务化系统来检测溢油,同时考虑风速和方向、油管的位置等因素,但这种方法需要对整幅图像进行处理,耗时较长。Brekke 和 Solberg(2005)提出用一系列规则和知识来识别溢油。Fiscella 等(2000)提出一种半自动方法,首先检测出黑点,然后进行目视判读。1993 年,Skoelv 和 Wahl 提出一种以双峰直方图的 $N \times N$ 窗口来分割的方法。1998 年,Vachon 等提出在用户定义阈值之前先对图像进行一次空间平均。2003 年,Solbreg 等采用自适应算法,其阈值为低于移动窗口的平均值,这个阈值与多尺度的金字塔方法联系起来。Canny(1986)和 Kanaa 等(2003)使用滞后(Hysteresis)阈值来检测溢油,由一个响应的联合步骤来向八个方向搜寻。del Frate 等(2000)以 ERS SAR 为数据源,选用图像黑斑以及提取图像特征等作为神经元,采用两层网络开展溢油信息提取。目前的检测方法中,自适应阈值法的检测精度不够,概率密度函数计算量大,并且有 Bessel 复杂函数的计算,概率神经网络(probabilistic neural network,PNN)算法求解形状参数费时等。基于恒虚警率(constant false alarm rate,CFAR)技术,确定 SAR 图像中溢油检测整体阈值的方法是采用高杂波模型作为 SAR 图像灰度的概率密度函数,由 CFAR 技术直接导出用于溢油检测整体阈值的计算公式,用计数滤波器滤波去除虚警。该算法避免了复杂公式迭代和求解形状参数计算过程,也避免了用二分法寻找阈值的循环解算过程,提高了检测速度,是一种较好的遥感溢油信息提取方法(邹亚荣等,2008)。

　　CFAR 溢油检测算法实现了溢油分布提取阈值的自动化计算,不再需要人工目视选取。相比人工目视选取,CFAR 自动计算的阈值更为客观,不受人为因素干扰,较大地提高了溢油提取速度和效率。针对高分三号雷达卫星的特点,该算法以 C 波段单极化的 RADAR-SAT-2 卫星 SAR 影像作为高分三号雷达卫星的替代数据来研究溢油信息提取技术。

4.2.1　基于 CFAR 技术监测溢油的原理

　　CFAR 是一个基于像素的假设检验,它通过单个像素的幅度和某一个阈值进行比较以确定该像素是否属于目标像素。为了在全局得到恒定的虚警概率,检测的阈值将随着周围杂波功率的不同而变化。CFAR 检测技术的关键是确定自适应的阈值。CFAR 检测器和统计模型紧密相关,SAR 图像目标检测的恒虚警是通过对背景杂波的统计分布模型正确选取的基础上推导得到的。CFAR 检测是雷达自动目标检测的一个重要组成部分,它的实质是针对不同背景来调整虚警率到指定的等级。下面以高斯分布模型为例介绍 CFAR 溢油检测方法。CFAR 检测首先要确定杂波分布模型,一般认为,以陆地为背景的杂波服从瑞利和韦布尔分布模型,而瑞利分布只是韦布尔分布的一种特殊情况。对于高分辨率和低视角的 SAR 图像,瑞利分布模型与实际数据不能很好地匹配,采用韦布尔分布比较合适,而以海洋为背景的杂波通常服从 K 分布和韦布尔分布模型。通过实验,在对海面目标检测时,采用将 K 分布与 Gamma 分布相结合的模型,这个模型不仅在很宽的条件范围内与杂波幅度分布可以很好地匹配,还可以正确地模拟杂波回波脉冲间的相关特性,这一特性对于精确预测回波脉冲积累后的目标检测性能是非常重要的。

　　从上面分析可以看出,只要建立合适的海洋 SAR 图像模型,就可以利用 CFAR 技术进行目标的检测,因此假定海洋 SAR 图像服从简单的高斯分布,其理论主要基于如下假设条件和中心极限定理,假设条件如下:

　　(1) 在一个分辨单元内的任何散射单元不会很大程度地影响其他散射单元。

　　(2) 每个散射单元相位服从[−π, π]上的均匀分布。

　　(3) 每个散射单元相位随机变量互不相关,相关的一些散射单元自然形成一个散射中心。

　　(4) 每个散射单元幅度随机变量与相位随机变量之间互不相关。

　　计算图像统计量。计算各局部区域内图像亮度的均值 μ_i 和标准差 σ_i。

　　对海面来说,同质区的判断应该和目标与背景的尺度有关,平静海面对小目标可以看成是同质区,海浪比较大时,海面对大型目标也可以看作同质区。在任何情况下,海面 SAR 图

像基本满足上面的四条假设,所以假设 SAR 海洋图像服从高斯分布:

$$f_i(x) = \frac{1}{\sqrt{2\pi}\sigma_i} \exp\left[-\frac{(x-\mu_i)^2}{2\sigma_i^2}\right] \qquad (4.2.1)$$

式中,$f_i(x)$ 为第 i 区域的概率密度函数;σ_i 和 μ_i 分别为该区域像素强度的标准差和均值,μ_i 描述了数据分布集中特性,σ_i 为形状参数,描述数据的分散程度,是确定高斯分布(正态分布)的形状特征和概率密度函数 $f(x)$ 的关键参数。在海浪比较大时应用式(4.2.1),形状参数会比较大,表明分布函数取值的分散程度大,这样会降低检测精度,尤其是对于小型目标。要进行检测误差研究需要大量实验,并对各种情况下的检测结果进行分析。

　　分析可知,CFAR 算子的基本思想是对每个像素点 x_c,取其周围一定区域作为参考窗口(本节中取整幅图像作为参考窗口),根据参考窗口的统计特性确定一个阈值 x_0,使以下的检测具有恒虚警 P_{fa}:

$$\begin{cases} x_c \text{为目标像素点,} & x_c > x_0 \\ x_c \text{为杂波像素点,} & \text{其他} \end{cases} \qquad (4.2.2)$$

　　此时通过计算,阈值 x_{0i} 的虚警率为

$$x_{0i} = \mu_i + \sqrt{-2\sigma_i^2 \ln P_{fa}} \qquad (4.2.3)$$

　　由此可知,在给定 CFAR 情况下可通过计算图像均值和方差来确定一个全局检测阈值。

　　CFAR 算法提取海洋溢油分布主要包括图像预处理、CFAR 计算、图像分割等三个过程。图 4.2.1 所示为 CFAR 算法提取海洋溢油的流程。

4.2.2　应用实例

　　利用 2006 年和 2010 年获取的 2 景 ENVISAT 和 RADARSAT 数据作为高分三号雷达卫星的替代数据提取海洋溢油分布信息。2006 年 3 月 23 日 ENVISAT-ASAR 数据监测的曹妃甸原油码头附近溢油分布如图 4.2.2 所示。由图可以看出,曹妃甸原油码头附近海域发生了严重的溢油现象,其面积达到 146.2km²。2010 年 7 月 26 日 RADARSAT-2 数据监测的溢油分布如图 4.2.3 所示,可以看出该海域发生了严重的溢油事故,其面积达到 291km²。

　　海洋溢油油膜会随着风、洋流、波浪等动力因素而流动,在短时间内发生较大的形状、纹理变化和位置移动。这种快速多变的特性给溢油提取算法的检验带来了困难,很难在卫星过境的同时进行大量的人工实地检验,所

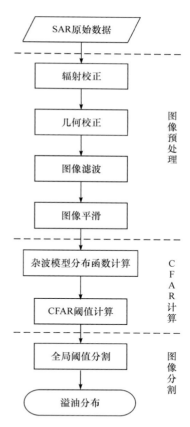

图 4.2.1　CFAR 算法提取海洋溢油的流程

以通过实验的方法来检验算法的精度行不通。另外,很多遥感产品采用交叉验证的方法来检验产品精度,即和已有的成熟产品做对比,通过比较检验新算法的精度。溢油属于突发性事故,没有常规的溢油监测产品,当天如果缺少高分辨率的光学影像或云雾影响等,就很难进行交叉验证。因此该算法采用目视方法和比较方法进行算法精度验证。目视方法较为容

易,但因人而异,这里主要采用比较方法。比较方法是指运用 CFAR 算法对他人文献中使用的数据进行溢油提取,将提取的结果和文献结果做对比,默认文献的结果即为油膜的真实值,根据文献结果和 CFAR 算法结果计算提取精度。以 2007 年 7 月 25 日曹妃甸溢油事故为例进行比较方法的精度评价,结果表明其精度为 95.9%。

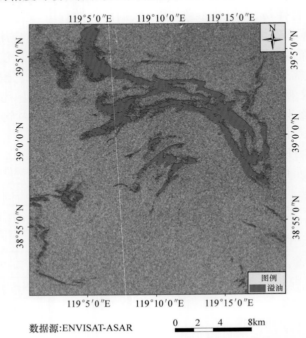

数据源:ENVISAT-ASAR

图 4.2.2　2006 年 3 月 23 日曹妃甸原油码头附近溢油分布

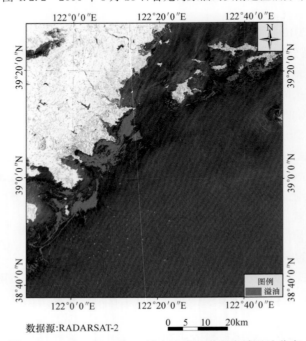

数据源:RADARSAT-2

图 4.2.3　2010 年 7 月 26 日大连附近渤海海域溢油分布

4.3　河口水质高分遥感监测技术

悬浮泥沙是水质评价的重要参数之一,其大小直接影响水体的透明度、浑浊度及水色等光学性质。悬浮泥沙的分布格局对水质、地貌、生态环境方面的研究以及海岸工程、港口建设等具有重要影响,也是分析河口海岸冲淤变化、估算河流入海物质通量、研究海洋沉积速率和海洋环境的重要参数,是海岸带可持续发展研究的重要领域(程乾等,2015)。卫星遥感技术能对大面积的水域进行动态、连续、同步观测,快速地检测水域悬浮泥沙空间分布和动态变化(丁晓英和许祥向,2007;Dekker et al.,2001)。研究表明,大桥影响桥两侧水和泥沙运动及空间分布(闫勇和韩鸿胜,2012)。尽管国内外学者在悬浮泥沙遥感领域做了很多研究,提出众多遥感模型,但由于河口高悬浮泥沙的特点,至今尚无统一的针对河口高悬浮泥沙浓度的精度较高的遥感模型(李四海和恽才兴,2001)。

基于高分系统多载荷数据的高分辨率、高光谱等特点,以光学机理模型、半经验分析和理论模型为基础,通过光谱特征寻找和波段组合等方法对河口水体悬浮泥沙等参数的反演模型进行研究,利用研究所得的模型方法,进行悬浮泥沙浓度、叶绿素 a 浓度、透明度等指标反演。经验模型是建立在实测数据基础上的,利用实验数据集,建立水质参数和水体光学性质之间的定量关系,此类模型的构建通常需要海量遥感同步或准同步实测数据,海量数据包括现场用海洋水色光谱仪获取的海水表观光学特性数据(遥感反射率、离水辐亮度)、海水固有光学特性数据(吸收系数、透射系数和后向散射系数等)和大气光学特性数据(臭氧浓度、气溶胶光学厚度等),以及实验室获取的由同步采样水样提取的悬浮泥沙浓度等参数,通过测量水体表面的光谱辐射特征和水体悬浮泥沙浓度等参数,建立关系模型。针对高分系统载荷特点,建立基于水体光谱特征机理的半经验模型。根据高分卫星载荷的参数设置,结合辐射传输模型、生物光学模型和经验方程实现水体组分反演的半分析方法,需要实测的光谱数据来建立水色参数模型,然后通过近似关系对模型进行简化,减少未知量的个数和相互依赖关系,利用多波段数据获取代数方程组,求解方程组得到水体悬浮泥沙等组分浓度。理论模型是模拟可见光在水中的传输特性以建立悬浮泥沙浓度的相关关系式,理论基础为辐射传输模型和生物光学模型。

针对河口高悬浮泥沙背景下杭州湾跨海大桥两侧水域水质参数时空差异较大的特征,通过大量实测数据建立和筛选适宜高分卫星应用的反演模型,结合自主高分一号卫星及其他卫星反演大桥两侧水域水色参数变化,实测和结合卫星反演大桥两侧不同区域、不同季节水色参数变化,从高分卫星遥感角度长时序研究重大建设工程对河口水质环境的影响。

4.3.1　基于统计模型的河口水质高分遥感监测技术原理

利用高分一号卫星多光谱影像数据,结合地面测量光谱和水质参数数据,开展河口悬浮泥沙浓度、透明度和叶绿素浓度遥感反演算法研究,建立基于高分卫星的河口水质参数定量反演模型,实现河口悬浮泥沙浓度和透明度等水质参数的遥感监测。

1. 基于高分一号卫星的河口水体悬浮泥沙浓度反演模型

由于杭州湾地理位置特殊,测量难度高,水质变化频率也很大,本次实验主要围绕杭州湾跨海大桥上下游展开,图 4.3.1 所示为各实测采样点的地理位置分布示意图。

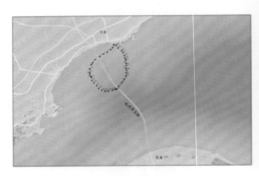

(a) 杭州湾研究区

(b) 实测样本点分布

图 4.3.1　杭州湾研究区及水域实测样本点分布示意图

采用实测的 ASD 高光谱数据,通过响应函数模拟得到高分一号卫星数据不同波段的遥感反射率数据,通过分析悬浮泥沙敏感波段,利用单波段和波段组合等不同方法构建高分悬浮泥沙浓度多光谱反演模型。建立的模型主要以经验模型和半经验/半分析模型为主,这些模型包括单波段模型、波段组合模型。随着悬浮泥沙浓度上升,发现光谱曲线第 4 波段变化较大,呈明显上升趋势,而其他 3 个波段也有或多或少的上升趋势,4 个单波段以悬浮泥沙浓度波段值为自变量,悬浮泥沙浓度为因变量建立反演模型。

基于高分一号卫星的悬浮泥沙浓度反演模型,利用地面实验获取的未参与建模的另外 12 组数据对各模型进行验证。针对多光谱高分一号卫星影像数据构建的适用于杭州湾的悬浮泥沙浓度反演的多光谱模型见表 4.3.1。由表可知,针对多光谱高分一号卫星构建的杭州湾悬浮泥沙浓度反演模型采取波段组合 B_4/B_2 模型以及波段组合 $B_4/(B_1+B_2+B_3)$ 模型较适合。

表 4.3.1　高分一号卫星悬浮泥沙浓度多光谱反演模型

方法	变量	模型	表达式	R^2	平均相对误差/%	标准差/(mg/L)
单波段	B_4	线性模型	$y=19962x-111.84$	0.7229	79.02	115.93
		二次模型	$y=217266x^2+8608.5x+3.4644$	0.7313	73.15	115.13
		指数模型	$y=57.992\mathrm{e}^{61.216x}$	0.6666	53.78	136.41
波段组合	B_4/B_3	线性模型	$y=1470.9x-528.17$	0.8188	43.31	83.38
		二次模型	$y=255.84x^2+1141x-429.86$	0.8195	40.66	82.82
		指数模型	$y=15.538\mathrm{e}^{4.5968x}$	0.8149	25.92	155.75
		乘幂模型	$y=1160.3x^{2.8168}$	0.8281	25.58	102.28
	B_4/B_2	线性模型	$y=1042.7x-346.82$	0.8342	25.91	67.16
		二次模型	$y=142.4x^2+833.73x-279.19$	0.8348	23.38	66.50
		指数模型	$y=26.795\mathrm{e}^{3.2889x}$	0.8456	24.04	121.54
		乘幂模型	$y=693.42x^{2.2431}$	0.8634	18.10	76.23

续表

方法	变量	模型	表达式	R^2	平均相对误差/%	标准差/(mg/L)
波段组合	$B_4/(B_1+B_2+B_3)$	线性模型	$y=3190.1x-394.76$	0.8295	26.44	67.23
		二次模型	$y=1417x^2+2468.5x-312.43$	0.8303	22.99	66.68
		指数模型	$y=22.988e^{10.07x}$	0.8423	23.86	126.86
		乘幂模型	$y=9149.4x^{2.4021}$	0.8595	18.01	79.75
	$(B_3+B_4)/(B_3-B_4)$	对数模型	$y=363.14\ln x-187.2$	0.8358	41.82	132.12

2. 基于高分一号卫星的河口水体叶绿素浓度反演模型

利用实测叶绿素浓度数据以及高分一号多光谱数据,分析不同波段组合与叶绿素浓度的相关性,从而建立基于高分数据的叶绿素浓度的反演经验模型。本节叶绿素建模光谱数据为 2014 年 5 月 2 日杭州湾研究区实测光谱数据,剔除 5 组光谱异常数据,用剩余 37 组数据建模。采集各样本点的光谱数据同时采集叶绿素浓度信息。最后选取 25 组数据进行建模,12 组数据进行验证分析。综上所述,适合于杭州湾的叶绿素浓度多光谱反演模型见表 4.3.2。

表 4.3.2　高分一号卫星叶绿素浓度多光谱反演模型

方法	变量	模型类型	表达式	R^2
波段组合	$(B_1+B_2+B_3-B_4)/B_1$	线性模型	$y=0.3207x+1.1721$	0.5421
		二次模型	$y=0.122x^2-0.9637x+4.0896$	0.9102
	$(B_1+B_2+B_3)/B_4$	线性模型	$y=0.27x+1.2067$	0.6347
		二次模型	$y=0.0677x^2-0.4426x+2.8256$	0.8219

3. 基于高分一号卫星的杭州湾水域透明度反演模型

利用实测 ASD 高光谱反射率数据模拟高分多光谱数据,分析不同波段组合与透明度的相关性,建立基于高分数据的透明度反演模型。光谱数据、透明度采取现场实测数据。在采集各样本点光谱数据的同时利用塞氏盘对各样本点进行透明度信息采集。由于杭州湾水体浑浊,加上船行的影响,采集数据时将透明度统一取整,以方便快速观测,使结果不至于偏差太大。综上所述,适合于杭州湾的透明度多光谱反演模型见表 4.3.3。

表 4.3.3　高分一号卫星透明度多光谱反演模型

方法	变量	模型类型	表达式	R^2
单波段	B_4	线性模型	$y=-299.6x+17.41$	0.657
		二次模型	$y=-5407.1x^2-17.02x+14.54$	0.678
波段组合	B_4/B_1	线性模型	$y=-10.74x+20.20$	0.764
		二次模型	$y=-1.466x^2-7.831x+18.95$	0.765
	B_4/B_2	线性模型	$y=-15.59x+20.85$	0.770
		二次模型	$y=-1.330x^2-13.64x+20.22$	0.771

续表

方法	变量	模型类型	表达式	R^2
波段组合	B_4/B_3	线性模型	$y=-21.88x+23.49$	0.749
		二次模型	$y=-2.657x^2-18.46x+22.47$	0.749
	$B_4/(B_1+B_2+B_3)$	线性模型	$y=-47.78x+21.58$	0.769
		二次模型	$y=-11.76x^2-41.79x+20.90$	0.769
	$B_4/(B_1+B_2+B_3+B_4)$	线性模型	$y=-74.33x+24.25$	0.764
		二次模型	$y=-155.3x^2-13.47x+18.72$	0.770
	$B_4/(B_2+B_3)$	线性模型	$y=-37.13x+22.11$	0.763
		二次模型	$y=-7.735x^2-31.83x+21.29$	0.763
	$(B_4+B_3)/(B_3-B_4)$	二次模型	$y=0.038x^2-1.567x+16.91$	0.695

河口悬浮泥沙等水质参数反演技术流程如图 4.3.2 所示。

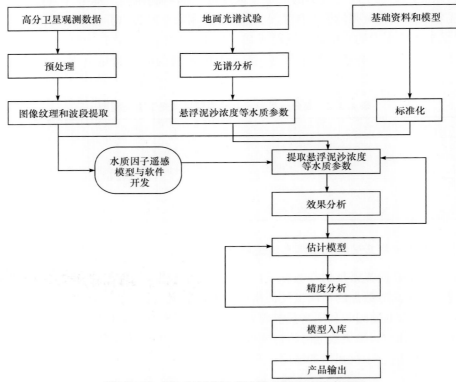

图 4.3.2　河口悬浮泥沙等水质参数反演技术流程

4.3.2　应用实例

基于 2013 年 8 月 5 日、8 月 9 日的高分一号卫星 8m 多光谱影像和 2014 年 10 月 15 日高分一号卫星 16m 宽覆盖多光谱影像数据,利用悬浮泥沙浓度、叶绿素浓度和透明度估算模型得到杭州湾水域的水质遥感分布,如图 4.3.3～图 4.3.11 所示。结果表明,2013 年 8 月 5 日(涨潮)研究区悬浮泥沙平均浓度为 498.12mg/L,2013 年 8 月 9 日(退潮)悬浮泥沙平均浓度为 513.57mg/L。涨潮时杭州湾跨海大桥两侧悬浮泥沙差异比退潮时明显大,这主要是大桥对涨潮海水的泥沙稀释过程影响更大;杭州湾跨海大桥两侧的悬浮泥沙浓度呈现冬季明显高、桥两侧分布均匀,而夏季浓度低、浓度差异较大的特征。2014 年 10 月 15 日叶绿素浓度普遍偏低,叶绿素平均浓度为 2.38mg/m³,此时处于落潮期,悬浮泥沙翻滚较小,水面平静,悬浮泥沙沉降,叶绿素浓度相对较高,但比夏季要小。删除异常值后,2013 年 8 月 5 日平均透明度为 7.82cm,8 月 9 日平均透明度为 8.12cm,杭州湾跨海大桥下游透明度要大于大桥上游。高分一号卫星 WFV 传感器监测的叶绿素 a 浓度、悬浮泥沙浓度和透明度经地面实测数据检验,其精度分别为 68.5%、73.1%、70.1%,可有效监测水质环境。总体来看,杭州湾泥沙浓度较大,叶绿素浓度很低,透明度也很小,遥感反演难度较大,精度不高。悬浮泥沙反演模型精度相对较好,但仍需要改进参数,提高反演精度。

　　2003 年 6 月 8 日之前,杭州湾跨海大桥还未施工修建,利用 Landsat TM 数据监测表明,大桥两侧悬浮泥沙分布较为均匀,大部分年份并没有明显差异。少数反演图像大桥两侧悬浮泥沙分布存在一定差异,这是由杭州湾形状、潮流以及气候等自然因素引起的。2003 年 6 月 8 日~2008 年为杭州湾跨海大桥施工建设阶段,随着大桥施工建设,Landsat TM 数据监测表明,大桥两侧某个特定区域(施工区域)呈现悬浮泥沙分布不均匀,其他区域悬浮泥沙分布较为均匀,直至大桥修建完成后,大桥两侧悬浮泥沙呈现明显的分布不均。2008 年大桥建设完成后,通过 Landsat TM、高分一号卫星反演杭州湾水域悬浮泥沙浓度。基于高分等卫星综合评价杭州湾跨海大桥建成前后杭州湾水域悬浮泥沙浓度的分布情况,结果表明存在较大差异。建成前悬浮泥沙浓度分布均匀,建成后分布不均匀,呈现左侧明显高于右侧;杭州湾跨海大桥对钱塘江水体悬浮泥沙有明显的影响差异,跨海大桥对钱塘江携带泥沙有阻碍的影响,同时还使大桥左右两侧泥沙的稀释程度不同。

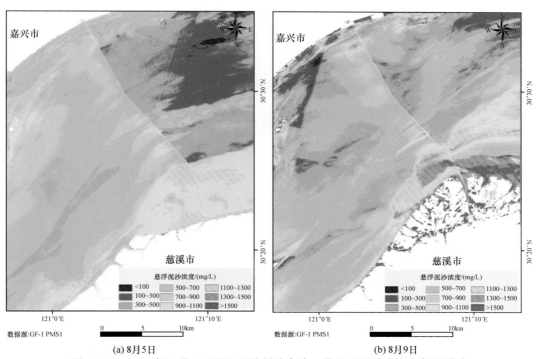

图 4.3.3　2013 年 8 月 5 日和 9 日杭州湾高分一号卫星悬浮泥沙浓度监测图

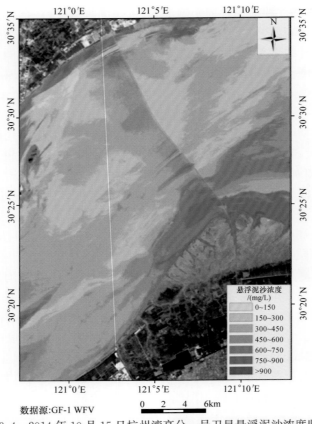

数据源:GF-1 WFV

图 4.3.4　2014 年 10 月 15 日杭州湾高分一号卫星悬浮泥沙浓度监测图

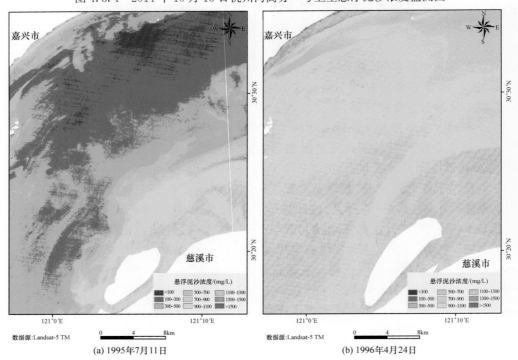

数据源:Landsat-5 TM

(a) 1995年7月11日　　　　　　　　　　　　　　　　　(b) 1996年4月24日

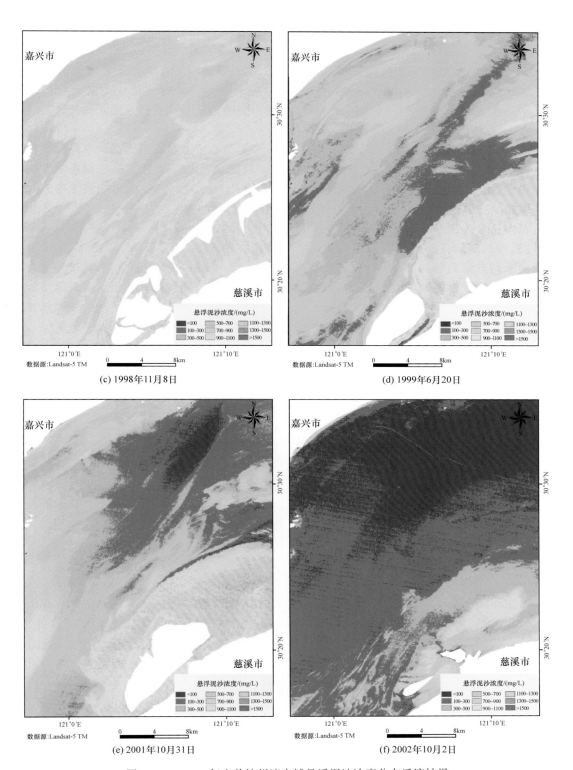

图 4.3.5　2003 年之前杭州湾水域悬浮泥沙浓度分布反演结果

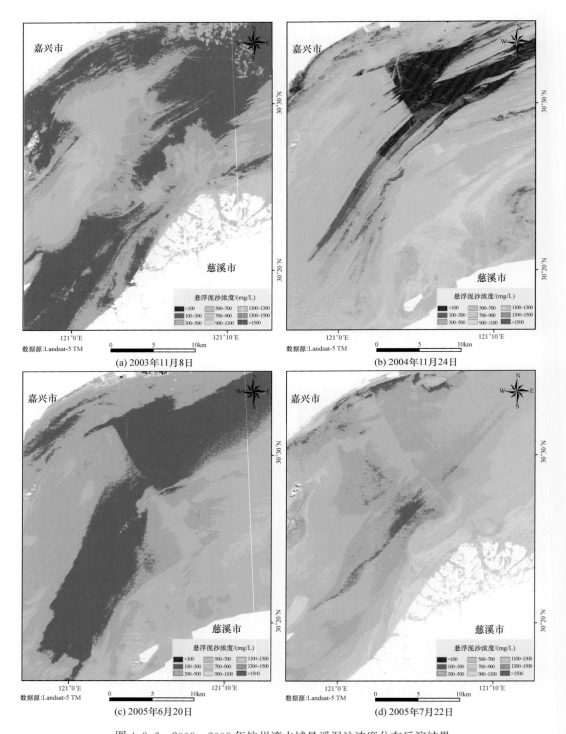

图 4.3.6　2003～2008 年杭州湾水域悬浮泥沙浓度分布反演结果

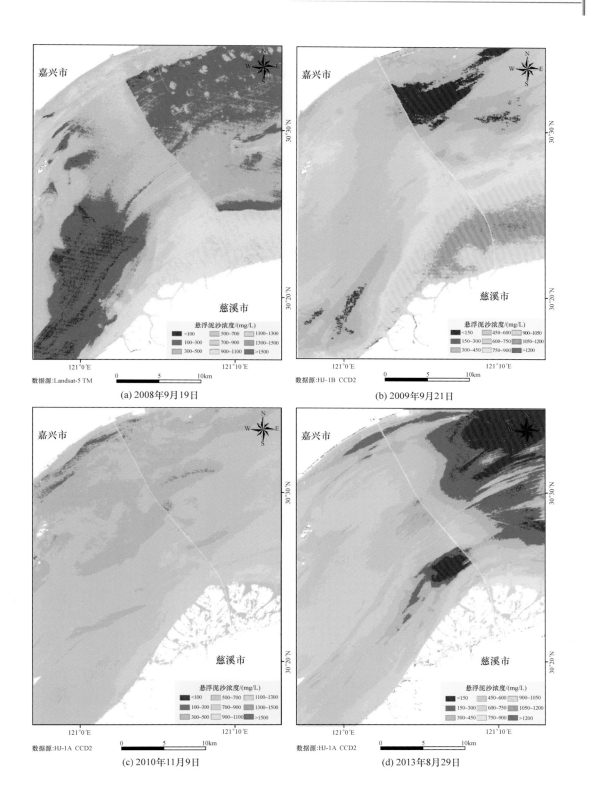

(a) 2008年9月19日

(b) 2009年9月21日

(c) 2010年11月9日

(d) 2013年8月29日

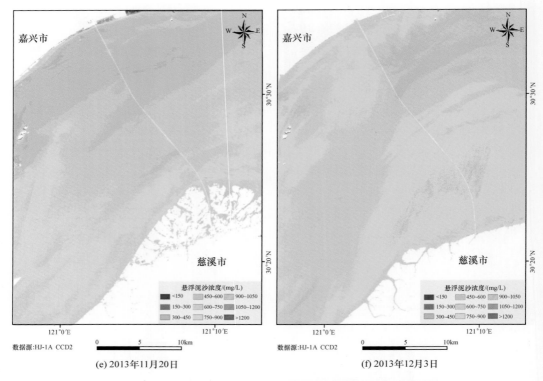

(e) 2013年11月20日   (f) 2013年12月3日

图 4.3.7　2008～2013年杭州湾水域悬浮泥沙浓度分布反演结果

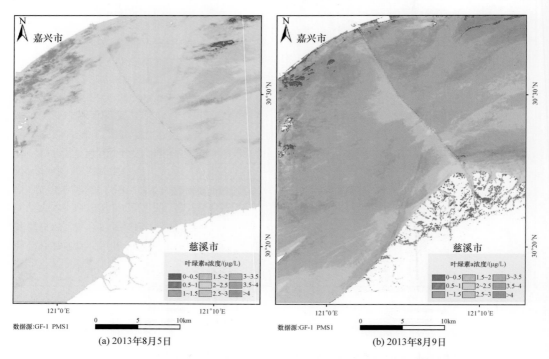

(a) 2013年8月5日   (b) 2013年8月9日

图 4.3.8　2013年8月5日和8月9日杭州湾水域叶绿素a浓度反演结果

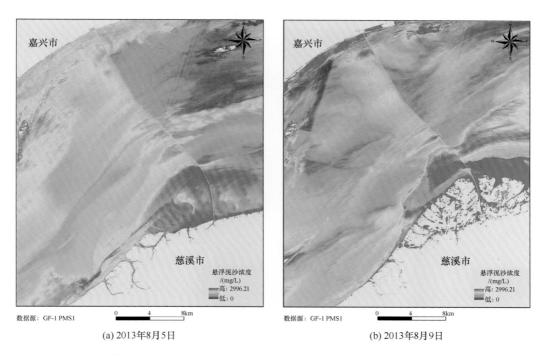

图 4.3.9 2013 年 8 月 5 日和 8 月 9 日杭州湾叶绿素 a 浓度分布

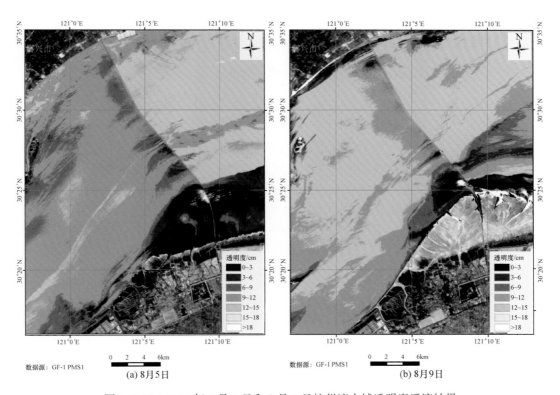

图 4.3.10 2013 年 8 月 5 日和 8 月 9 日杭州湾水域透明度反演结果

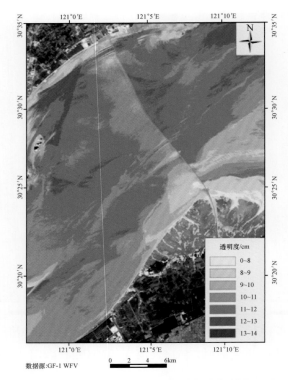

数据源:GF-1 WFV

图 4.3.11　2014 年 10 月 15 日杭州湾透明度分布

4.4　饮用水水源地水环境安全评价技术

4.4.1　面向对象的消落带高分遥感提取技术

　　饮用水水源地是水环境监测的重要内容,与社会民众的日常生活密切相关。消落带是指丰水期最高水位线与枯水期最低水位线之间的库周区域,或指因水库调度引起的水位变动而在库周形成一段特殊的地带或区域。消落带作为水域与陆地环境系统的过渡地带,受库区水位周期性涨落的影响,是水域生态系统中物质、能量转移和转化的活跃地带。消落带水流相对缓慢,水体自净能力和稀释能力较差,上游和库周边排放的污染物滞留库岸,易在消落带形成岸边污染带,污染带将会对夹江水质造成严重的威胁。水域消落带周边土壤侵蚀产生的泥沙及其携带的化肥、农药残留物,岸边污染带本身残留的液体、固体污染物经降水、水流冲刷进入夹江水域,造成水源污染。

　　由于长江季节性的水位涨落,夹江水域消落带会发生周期性的出露现象。消落带的污染是对夹江水源地水质状况的严重威胁,但是目前针对夹江水源地消落带的研究非常少。消落带区域的有效提取是深入研究该区域的关键,目前基于地形图或数字地形图的消落带提取方法忽略了消落带时空动态变化的特征,只能得到较为粗略的结果。利用遥感影像提取水域面积的算法已较为成熟,高分影像的高空间分辨率和相对较高的时间分辨率为快速、准确的消落带区域提取提供了可能。

利用遥感技术提取消落带的方法主要有以下两种：人工目视解译和计算机自动解译。传统的人工目视解译，主要以遥感影像中水边线的色调、纹理、图案、位置、空间分布与组合等影像特征作为目视判读标志，辅助水体周围与其具有鲜明对比度的地物，采用人机交互手段提取消落带，但传统目视解译手段除存在解译周期长、成本高的缺点外，其解译精度还受判读者地学知识、野外经验以及专业积累等主要因素的影响。与之相比，计算机自动解译以其成本低、人为干预小的优势，在遥感消落带提取研究中得到较为广泛的应用。Muller 和 Apan 等综合利用 Landsat TM 影像、航空平台影像、数字高程模型、土地利用、河流等级以及河岸坡度等多源数据，在对河岸带地理数据进行整合的基础上，描述并分析了消落带的基本状况（Apan et al. ，2002）。孙美仙和张伟（2004）在对福建省海岸线进行提取的过程中，基于中等空间分辨率的 Landsat TM 影像，采用人工目视解译和计算机辅助分类相结合的方法来获取水边线。王宇等（2003）提出一种新的基于数学形态学算法的水边线提取算法，该方法在结构元素和变换方法的选择过程中具有一定的针对性，可以对某一类特定目标进行减弱或加强，因此在利用 Landsat 影像的近红外波段进行海岸提取的过程中，可以同时获取河道、公路及地貌等边缘信息，该方法可以有效排除噪声干扰，从而提高工作效率。王常颖（2009）在对不同海岸类型水边线的提取过程中，以数据挖掘技术中的关联规则为核心方法，针对不同海岸类型提出不同的提取算法。张永继等（2005）以高空间分辨率的 IKONOS 全色波段影像为数据源，综合影像的光谱与空间信息，提出一种基于邻域相关关系与二维类间方差原理的快速自动海岸线提取方法，研究获得了较好的提取结果。冯兰娣等（2002）在黄河三角洲地区进行水边线的提取过程中，采用高斯函数的一阶导数作为小波变换函数的核函数，通过对 Landsat TM 影像的近红外波段进行小波变换，并以监测获取的小波变换模式极值点来获取影像水边线的候选边缘点，进而通过滤波变换获取影像中的水体边缘信息。张朝阳（2006）在海岸线半自动提取的研究中，结合色差理论改进 Canny 算法与全方位多尺度形态学提取算法，实现海岸线的有效提取。崔步礼等（2007）在对黄河口海岸的研究过程中，以 1976～2002 年的 18 期多时相遥感影像为数据源，利用近红外波段在区分水体与其他类型地物方面的优势，在获取黄河口海岸平均高潮线的同时，基于地理信息系统（geographic information system，GIS）空间分析方法获得水边线的时空变化规律。

针对高分一号等卫星遥感影像的数据特点，结合我国饮用水水源地的结构特征，在构建结合光谱、形状特征的多精度遥感图像分割算法的基础上建立基于高分数据面向对象水体消落带提取技术，并以南京夹江饮用水水源地为例，对水域分布、消落带提取进行了应用研究。

1. 技术原理

1）结合光谱、形状特征的多精度遥感图像分割算法

高分辨率遥感数据的数据量和空间计算复杂性骤增，影像噪声、光谱混淆现象更为突出，而传统主要依赖于光谱信息的基于像素的图像处理与分析方法存在严重缺陷。因此，特征极大丰富以及在噪声处理和知识融合上更具优势的面向对象的图像分析方法逐渐成为高分辨率遥感图像应用的研究热点，多精度遥感图像分割算法流程如图 4.4.1 所示。

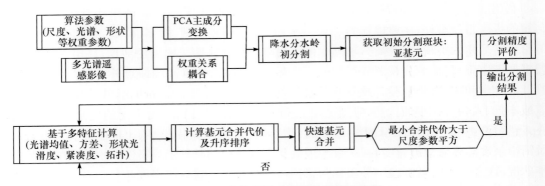

图 4.4.1　多精度遥感图像分割算法流程

2）基于高分数据的面向对象水体消落带提取

客观规律的区域分异具有多层次性,在地理遥感分析中层次分类理论是一个重要方法,层次分类理论的关键就是尺度选择,其直接影响信息提取的精度。根据该理论,设计了一种"整体-局部"的双尺度变换的技术体系,首先利用归一化水体指数(normalized difference water index,NDWI)从整幅影像中提取水体范围(整体),在 NDWI 确定的水体范围的基础上,运用最大似然函数,采用迭代方法实现高精度的水体提取,实现从粗提取到精提取的水体信息提取。水体在近红外及中红外波段范围内(740～2500nm)具有强吸收特点,导致清澈水在该波长范围内几乎无反射率,因此,该波长范围常用来研究水陆分界、确定水体范围。NDWI 所需要的波段是绿波段和近红外波段,所以运用 NDWI 可以粗提取高分一号卫星影像中的水体,水域提取流程如图 4.4.2 所示。

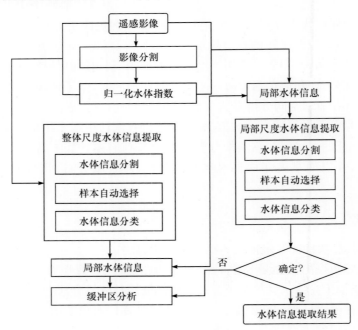

图 4.4.2　水域提取流程

2. 应用实例

　　基于上述方法,利用2013年10月1日和2014年10月15日的高分一号 WFV 16m 影像进行影像分割、水域分布、消落带分布提取应用测试。因消落带信息提取需要图像分类等,一定程度的图像分割对后续分析影响不大,因此对分割精度评价的标准是分割应该尽可能地保证不同地物不落入同一分割斑块。采取10分割尺度对南京夹江饮用水水源地的高分遥感图像进行分割(图4.4.3)。由图中可以看出,上述方法对地物边界的保持效果较好,对图中水域部分分割边界精确,在分割的效果和总体效率上可满足应用需求。在影像分割基础上,结合支持向量机、最近邻等分类器,开发面向对象的水域提取算法。2013年10月1日和2014年10月15日高分影像原始数据及水域提取结果(标记为黄色)如图4.4.4所示,利用两景不同时间提取结果即可准确得到该时间段夹江水域消落带,如图4.4.5所示。消落带提取中图像分割算法的分割精度达80%,能较精确地提取水域面积。根据提取的夹江水域面积可以有效地得到某一时间段内的水域消落带区域,为深入剖析消落带污染源,消落带污染对饮用水水源地水质污染的影响等提供了可能。

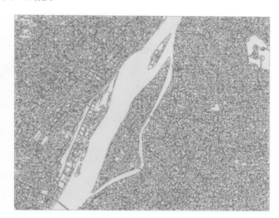

(a) 2013年10月1日

(b) 2014年10月15日

图 4.4.3　2013年10月1日和2014年10月15日南京夹江饮用水水源地影像分割结果

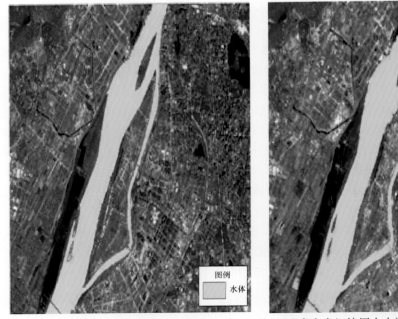

图 4.4.4　2013 年 10 月 1 日和 2014 年 10 月 15 日南京夹江饮用水水源地水域提取结果

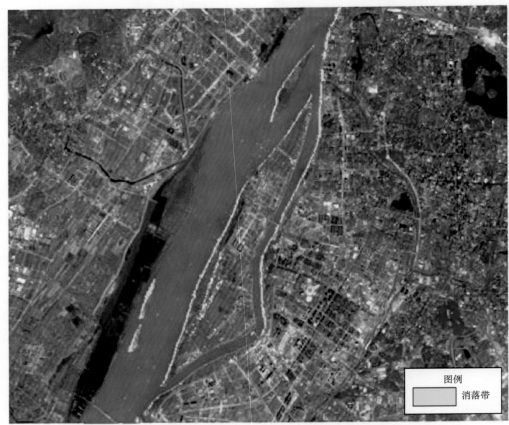

图 4.4.5　2013～2014 年南京夹江水域消落带提取结果

4.4.2　基于半经验模型的水质安全评价技术

我国饮用水资源短缺。河流型饮用水水源地受流域空间跨度大、污染源分布广、污染物成分复杂、污染事故易突发的限制,其安全保障工作一直处于被动的应急管理状态,尚未形成较为系统的水源地安全评价技术。只有准确地获取水源地水质参数浓度,识别水体的主要污染物,才能采取相应的控制和保护措施来降低水体污染物浓度,并为水厂处理提供相应的预警,保障水厂出水的安全性和可靠性。此外水源地常规水质参数的获取也有利于管理部门更好地了解水源地安全状况,分析水源地水质变化趋势,识别主要污染物和分析流域主要污染源的生态风险,推动水源地保护工作的开展。通过水源地水质安全的评价,有助于分析水源地供水安全及防洪安全的状况,也便于水库调度等。

利用遥感监测内陆水体水质具有范围广、速度快、成本低、便于进行长期动态监测等优势,还可以发现一些常规方法难以揭示的污染源和污染物的迁移特征,遥感在内陆水体水质监测中发挥着越来越大的作用。利用光学遥感监测水质又称为水色遥感,水色遥感主要用于水色因子包括浮游植物色素、无生命悬浮物和黄色物质及其他相关水质参数的定量探测(潘德炉等,1997)。内陆水体的遥感监测是个难点,因为近岸水体和内陆水体光学特性要复杂得多,它不仅受浮游植物的影响,还受无生命悬浮物和黄色物质的影响,在水比较浅的情况下,还要考虑水底物质对水体光学性质的影响(Dekker et al. ,2001;Gordon and Morel,1983;Morel and Prieur,1977)。水质参数遥感反演通常有三种方法:经验方法、半经验方法和分析方法(Dekker and Peters,1993)。经验/半经验模型是通过建立遥感数据与同步水面监测数据之间的统计关系得到的,由于各次实验条件和影响因素都有些差异,统计得到的关系常不稳定,可重复性差,难以对比和推广。分析方法是基于水中辐射传输机理,具有明确的物理意义,水质监测结果更为可靠,算法的普适性也更好,因此其是水质遥感监测模型算法的发展趋势(Dekker et al. ,2001;Forget et al. ,1999;Dekker and Peters,1993)。目前,分析方法主要包括代数法、矩阵反演法和非线性优化法。矩阵反演法以水体的单位固有光学量作为输入参数,对于特定水域单位固有光学量经常取常数(李素菊和王学军,2003)。代数法和非线性优化法一般都要建立水质参数和水体固有光学量之间的经验关系(Carder et al. ,1999;Lee et al. ,1996),这一方面为模型带来了误差,可能降低水质反演精度;另一方面模型中使用的经验关系一般不具有区域和季节上的适用性。

目前,国内外对于总磷、总氮、化学需氧量(chemical oxygen demand,COD)的遥感反演研究并不多,普遍使用的方法分为间接法和直接法。间接法主要基于总磷、总氮及 COD 与某些光敏感性物质(叶绿素等)、海面温度等之间的关系,建立总磷、总氮、COD 遥感反演模型。例如,Silió-Calzada 等(2008)运用间接法,基于特定营养盐和海水表层温度的关系,建立营养盐遥感反演模型。直接法则使用偏最小二乘法、光谱微分技术等获得这些水质参数与光谱数据的关系,实现这些参数的反演(徐良将等,2013)。Chen 等(2012)利用 Landsat TM数据分别建立了太湖氮、磷元素的遥感反演模型,通过与实测数据验证,发现其磷含量反演的模型精度比氮含量的高,效果更好。王建平等(2003)利用鄱阳湖地区的 TM 影像资料,建立了该地区总氮、总磷、叶绿素浓度、悬浮物浓度、化学需氧量和溶解氧六个参数的人工神经网络反演模型。研究结果表明,该模型能较好地通过遥感影像实现湖泊水质参数的反演,反演误差基本能控制在 25% 以下。张穗和何报寅(2004)基于对水体叶绿素光谱特征的分析和河口水体富营养化指标的研究,选取适合长江口特点的叶绿素浓度解译方法,利用总磷、总氮与叶绿素的相关特征得出适合河口特征的富营养化评价方法,并且在长江口的遥感影像上选取合适的实验区对这一方法进行实验,取得了较好的结果。张霄宇等(2005)根据水体悬浮物含量与颗粒态总磷含量的相关关系,利用 SeaWiFS 数据反演得到长江口及附近海域颗粒态总磷分布特征遥感图。Wu 等(2010)则根据 Landsat TM 数据建立了钱塘江磷含量的遥感反演经验模型,并探讨其空间分布特征。潘洁和张鹰(2011)基于 Hyperion 影像对射阳河口的无机氮磷浓度反演进行研究,利用光谱数据与表层无机氮磷营养盐浓度进行了相关性分析,以及氮磷与悬浮泥沙浓度的光谱相关性分析,构建定量模型,实现了射阳河口水体无机氮磷浓度的定量反演。Chang 等(2013)基于 MODIS 数据采用遗传算法程序对美国佛罗里达州西部坦帕湾总磷浓度的空间分布进行了研究,并从飓风等自然灾害及变化的水文环境分析了总磷浓度的分布规律。王丽艳等(2014)以呼伦湖为研究区域,采用回归分析方法遥感反演水体 COD 浓度并进行水体水质评价,并结合同步 MODIS 影像建立了基于 MODIS 遥感影像的半经验回归模型,COD 浓度估算值与实测值相关系数 $R=0.75$,反演结果较好。Sun 等(2014)针对内陆富营养化湖泊提出了一种新的总磷反演方法,运用内陆典型湖泊的采样点数据结合光谱分类和支持向量机回归的方法建立总磷反演模型,并将此模型用在 HJ-1A HSI 影像上。

因此,针对高分一号、高分二号等卫星数据的特点,结合我国饮用水水源地的特点,基于经验方法、分析方法等,测试这些方法对高分卫星数据的适用性。根据《地表水环境质量标准》(GB 3838—2002),并考虑水质参数遥感反演的可能性,对总氮、总磷、COD 遥感反演算法进行研究,构建基于高分一号等多光谱数据的参数反演模型,制定基于遥感反演总氮、总磷、COD 等参数的水质安全评价技术流程,并利用高分一号卫星数据对南京夹江饮用水水源地和北京官厅水库进行监测和评价,结果表明,该方法可以较好地应用于高分卫星数据。

1. 技术原理

基于高分系统多载荷数据的高分辨率、高光谱等特点,以光学机理模型和半经验模型为基础,通过光谱特征寻找和波段组合等方法,进行饮用水水源地水质参数反演模型研究,利用研究所得的模型方法,进行总氮、总磷、COD 浓度等指标反演。在遥感水质反演算法的基础上,最终构建基于遥感水质反演结果的水质安全评价体系。

光学机理模型的建立:通过对水体光学特性机理的研究,建立主要水质参数遥感监测机理模型,该类模型的建立,重点研究水体组分固有光学特性的季节、区域变化特征,分析水体组分单要素或多要素组合对水体反射的影像,建立水体固有光学特性的参数化表达模型。

半经验模型的建立:针对高分系统载荷的特点,建立基于水体光谱特征机理的半经验模型。研究水体光谱特征,寻找总氮、总磷、COD 等参数变化的敏感波段,探索不用参数的特征描述,确定不同参数特征描述的最佳波段组合,建立参数反演模型。

以南京夹江为研究区,于 2014 年 10 月 15 日在该区域进行野外采样。2014 年 10 月 15 日共获取了 29 个点位的水体遥感反射率、经纬度、空气湿度、空气温度、相对湿度、水文等数据,并且采集水样带回实验室进行分析,获取了各样点的总氮、总磷及 COD 浓度数据。

1) 总磷反演模型的构建

利用野外实测数据对多种模型方法进行对比分析。结果显示,采用指数拟合模型进行总磷浓度反演能够取得较好的效果。其模型表达式如下：

$$y = 0.1546e^{-38.07x} \qquad (4.4.1)$$

式中，y 为总磷浓度；x 为 599nm 和 682nm 波段处遥感反射率的差值。模型决定系数 $R^2 = 0.51$。

2）总氮反演模型的构建

利用野外实测数据对多种模型方法进行对比分析。结果显示，采用对数拟合模型进行总氮浓度反演能够取得较好的效果。其模型表达式如下：

$$y = -1.634\ln x - 4.3811 \qquad (4.4.2)$$

式中，y 为总氮浓度；x 为 496nm 波段处遥感反射率。模型决定系数 $R^2 = 0.77$。

3）COD 反演模型的构建

利用野外实测数据对多种模型方法进行对比分析。结果显示，采用对数拟合模型进行 COD 浓度反演能够取得较好的效果。其模型表达式如下：

$$y = 6.1291\ln x + 0.4847 \qquad (4.4.3)$$

式中，y 为 COD 浓度；x 为 545nm 和 495nm 波段处遥感反射率的比值。模型决定系数 $R^2 = 0.80$。

4）基于遥感影像反演水质参数的饮用水安全评价

根据遥感反演水质参数：总氮、总磷、COD，根据各个参数的水质评分值，取其最高评分值为该断面（或测点）的水质综合评分值。在野外实验获取数据的基础上，根据地面实测遥感反射率与同步实验测得的水质参数浓度，建立反演模型，并应用到高分影像，得到水源地污染物浓度分布图，再根据《地表水环境质量标准》（GB 3838—2002），利用水源地安全评价标准，计算综合水质评分值，最终得到饮用水安全等级。

饮用水安全等级采用水质综合评价指标（water grade index，WGI）进行评价，计算公式如下：

$$WGI = \max[WGI(i)] \qquad (4.4.4)$$

依据各项水质单个项目的浓度值，按式（4.4.5）计算单个项目的水质评分值：

$$WGI(i) = WGI(i)_l + \frac{WGI(i)_h - WGI(i)_l}{C(i)_h - C(i)_l}[C(i) - C(i)_l]$$

$$C(i)_l < C(i) < C(i)_h \qquad (4.4.5)$$

式中，$C(i)$ 为第 i 个水质项目的监测值；$C(i)_l$ 为第 i 个水质项目所在类别标准的下限值；$C(i)_h$ 为第 i 个水质项目所在类别标准的上限值；$WGI(i)_l$ 为第 i 个水质项目所在类别标准下限值所对应的评分值；$WGI(i)_h$ 为第 i 个水质项目所在类别标准上限值所对应的评分值；$WGI(i)$ 为第 i 个水质项目所在类别对应的评分值。

饮用水水源地水质安全评价阈值见表 4.4.1。

表 4.4.1　饮用水水源地水质安全综合评价

类别	I 类	II 类	III 类	IV 类	V 类	劣 V 类
WGI	0＜WGI≤20	20＜WGI≤40	40＜WGI≤60	60＜WGI≤80	80＜WGI≤100	WGI＞100
安全级别	安全	安全	低安全	不安全	不安全	不安全

夹江水质参数反演模型集分别见表 4.4.2。

表 4.4.2 夹江水质参数反演模型集

水质参数	反演模型	模型自变量
总磷浓度/(mg/L)	$y=0.1546e^{-38.07x}$	B_2-B_3
总氮浓度/(mg/L)	$y=-1.634\ln x-4.3811$	B_1
COD浓度/(mg/L)	$y=6.1291\ln x+0.4847$	B_2/B_1

注：B_1:450~520nm，B_2:520~590nm，B_3:630~690nm，B_4:770~890nm。

卫星传感器获取的亮度信息首先经过预处理，由 DN 值转换为辐射亮度，进而经过大气校正转化为遥感反射率，再基于高分一号卫星数据的特点，通过光谱特征寻找和波段组合的方法，建立基于高分一号卫星数据的水质参数反演模型，最终完成基于遥感水质反演结果的水质安全评价体系的构建，主要水质指标浓度参数反演技术路线如图 4.4.6 所示。

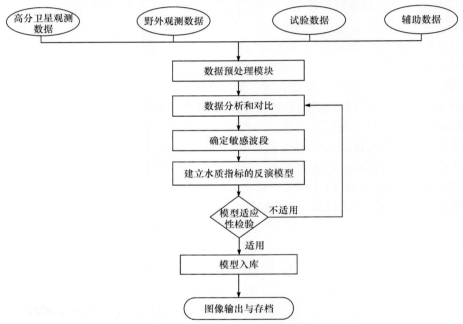

图 4.4.6 主要水质指标浓度参数反演技术路线

2. 应用实例

本节分别选择南京夹江和北京官厅水库作为饮用水水源地示范区开展饮用水水质安全评价。

1）南京夹江饮用水水源地示范区

长江南京段夹江地处长江南京段上游，其南岸是南京市河西新城区，北岸是江心洲。长江南京夹江段自梅子洲头至梅子洲尾，长 13.6km，俗称大胜关水域，具有饮用、渔业、工业水域功能，平均宽 300m 左右，流域内城镇人口 15.23 万、农村人口 0.55 万，共计 15.78 万人，年取水量 38.081 万 m³。夹江河段为感潮河段，平均水深 20~30m，深槽最深处 72m，多年平均流量 28800m³/s，水文特征（水位、流速）受到上游地表径流及来自长江口潮波的双重影响，同时淮河入江水量对江水下泄也有一定的顶托影响。南京年最高水位一般发生在 5~9月，20 世纪年最高水位大于 9.0m 发生的时间集中在 7~9 月，其中最大三次分别发生在 7

月中旬和 8 月中旬。最高水位为 10.22m(1954 年 8 月 17 日),最低水位为 1.54m(1956 年 1 月 9 日),多年平均水位(1950～1982 年)高潮 5.48m,低潮 4.97m。

作为南京市的主要供水水源地,夹江供应南京市 80%以上的自来水。河段沿岸主要包含两个水厂,分别是北河口水厂和城南水厂,其中北河口水厂位于南京市城西,占地面积 320 亩[①],制水能力 120 万 m³/d,是南京地区历史最久,规模最大的自来水厂,平均日供水量为 65 万 m³;城南水厂位于南京西南角双闸镇曹埂头堤坝内,占地面积 82 亩,制水能力为 30 万 m³/d,因此夹江段水质状况也以这两个水厂为代表。参考 2001～2009 年《南京市环境状况公报》、《南京市环境状况季报》、《南京市集中式饮用水源地水质状况(旬)月报》等数据,2001～2009 年夹江水源地水质各项监测指标均达到《地表水环境质量标准》(GB 3838—2002)Ⅱ类水质标准,2010 年夹江水源地水质为Ⅲ类。根据《江苏省水质自动监测周报》数据,2011 年 1 月～2015 年 3 月,夹江水源地的水质以Ⅱ类为主。虽然从数据上看,夹江水源地水质较为安全,但随着长江沿江的开发,水资源短缺和水环境污染问题日趋明显,夹江水源地的安全状况将直接关系到南京市人民的身体健康和环境安全问题。

目前,夹江段沿岸工业污染源已基本搬迁,现主要污染源为生活源和流动源。尽管经过整治,大胜关水源保护地大部分的污染源已关闭和搬迁,但是由于历史等原因,仍然有部分污染源还在生产和营业,对夹江水质造成一定威胁。以 2013 年 7 月 12 日获取的高分一号 WFV 16m 影像和 2013 年 10 月 21 日获取的高分一号 MSS 8m 影像作为应用实例,对南京夹江水域进行水质参数反演和水源地安全评价。

(1) 2013 年 7 月 12 日夹江饮用水水源地遥感监测情况。

利用 2013 年 7 月 12 日高分一号卫星 WFV2 数据进行遥感监测的南京夹江饮用水水源地总磷浓度、总氮浓度、COD 浓度和水质安全等级分布如表 4.4.3 和图 4.4.7 所示。从图中可以看出,夹江水域中游和下游大部分水体属于三类水,上游小部分水体属于四类水。整体较安全,但水质较差。从表中可以看出,南京夹江饮用水水源地总磷浓度整体较低,分布较为均匀,总磷浓度分布在 0.01～0.40mg/L,夹江南部的部分水体总磷浓度相对较高,值域分布在 0.2～0.4mg/L,夹江北部水体总磷浓度相对较低,值域分布在 0.1～0.2mg/L。总氮浓度分布在 0.01～0.18mg/L,高值区主要分布在夹江南部部分区域,值域分布在 0.14～0.18mg/L,夹江北部总氮浓度相对较低,值域分布在 0.11～0.14mg/L,夹江总氮浓度最大值为 0.180mg/L,最小值为 0.010mg/L,平均值 0.170mg/L。COD 浓度不同水域变化较大,相对来说,夹江南部水域的 COD 浓度高于夹江北部,沿岸水域 COD 浓度高于江心区域,高值区主要集中在夹江南部,低值区主要集中在夹江北部与长江交汇口处,整体看来,夹江水域 COD 浓度最大值为 4.900mg/L,最小值为 0.020mg/L,平均值为 4.579mg/L。

表 4.4.3　2013 年 7 月 12 日南京夹江饮用水水源地水质浓度统计

指标	最大值	最小值	平均值	方差
总磷浓度/(mg/L)	0.400	0.010	0.180	6.877×10^{-4}
总氮浓度/(mg/L)	0.180	0.010	0.170	1.779×10^{-4}
COD 浓度/(mg/L)	4.900	0.020	4.579	1.542

---

① 1 亩≈666.7m²,下同。

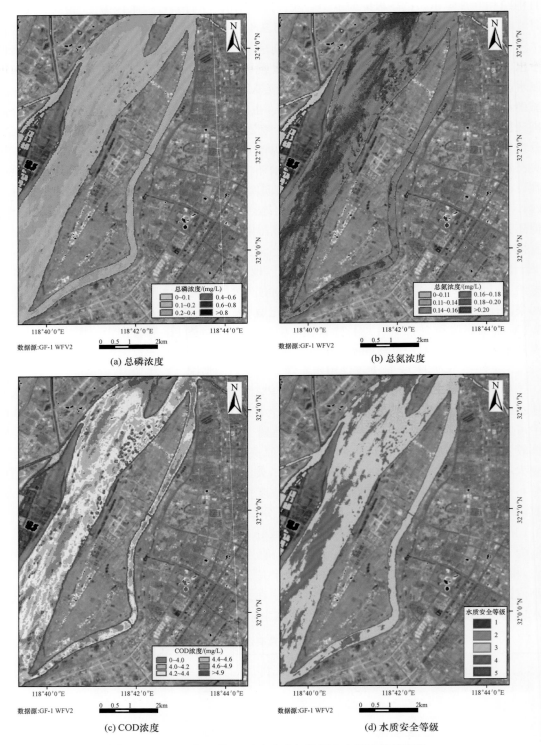

(a) 总磷浓度

(b) 总氮浓度

(c) COD浓度

(d) 水质安全等级

图 4.4.7　2013 年 7 月 12 日南京夹江饮用水水源地总磷浓度、
总氮浓度、COD 浓度和水质安全等级分布

（2）2013 年 10 月 21 日夹江饮用水水源地遥感监测情况。

利用 2013 年 10 月 21 日高分一号卫星 MSS2 数据监测的南京夹江饮用水水源地总磷浓度、总氮浓度、COD 浓度和水质安全等级分布如表 4.4.4 和图 4.4.8 所示。从图中可以看出，夹江饮用水水源地水域和长江南京段水质基本属于三类水，空间差异不大。从表中可以看出，南京夹江饮用水水源地总磷浓度整体分布非常均匀，值域分布在 0.001～0.035mg/L，其中最大值为 0.035mg/L，最小值为 0.001mg/L，平均值为 0.033mg/L。总氮浓度较低，值域分布在 0.01～0.14mg/L，除了夹江南部弯道处总氮浓度分布在 0～0.11mg/L，其余大部分水体总氮浓度值域主要分布在 0.11～0.14mg/L，最大值为 0.140mg/L。COD 浓度整体分布在 0.220～4.559mg/L，夹江北部水体的 COD 浓度高于夹江南部，相对高值区主要分布在夹江中部到北部以及南部与长江交汇口处，值域分布在 4.300～4.559mg/L，其余水域的 COD 浓度主要分布在 4.1～4.4mg/L。整体来看，整个夹江流域 COD 浓度最大值为 4.559mg/L，最小值为 0.220mg/L，平均值为 4.460mg/L。

表 4.4.4　2013 年 10 月 21 日南京夹江饮用水水源地水质浓度统计

指标	最大值	最小值	平均值	方差
总磷浓度/(mg/L)	0.035	0.001	0.033	3.26×10^{-5}
总氮浓度/(mg/L)	0.140	0.010	0.140	5.624×10^{-4}
COD 浓度/(mg/L)	4.559	0.220	4.460	0.002

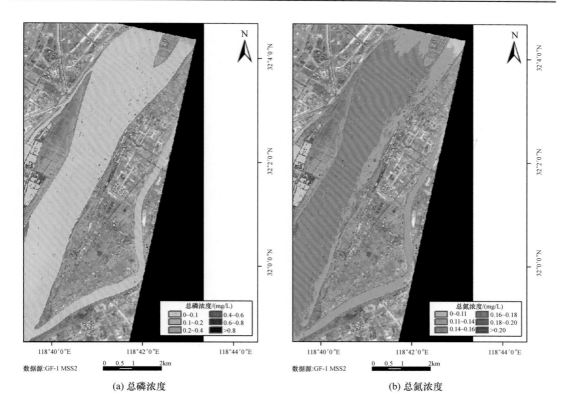

(a) 总磷浓度　　　　　　　　　　　　　(b) 总氮浓度

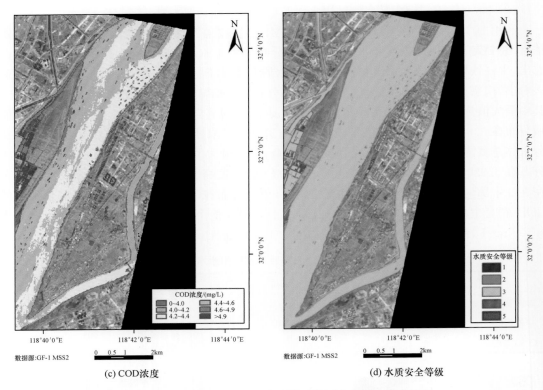

(c) COD浓度   (d) 水质安全等级

图 4.4.8   2013 年 10 月 21 日南京夹江饮用水水源地总磷浓度、
总氮浓度、COD 浓度和水质安全等级分布

（3）基于地面同步监测样点的结果验证。

水质参数验证结果如图 4.4.9~图 4.4.11 所示。其中图 4.4.9(a)~图 4.4.11(a)均代表地面实测点位的验证情况，图 4.4.9(b)~图 4.4.11(b)均代表高分影像的验证情况。

总磷浓度的估算结果如图 4.4.9 和表 4.4.5 所示。从地面实测点验证结果来看，模型对总磷浓度有一定的解释能力，所有样点的偏差都在 0.02mg/L 以下；整体均方根误差（RMSE）为 0.0122mg/L，平均绝对百分比误差（MAPE）为 0.0907。从同步影像点验证结果来看，验证效果稍差于地面验证效果，少量点位偏差大于 0.02mg/L，小于 0.04mg/L；整体 RMSE 为 0.0185mg/L，MAPE 为 0.1484，均高于地面验证点结果。从数据分布可以看出，在总磷浓度高值区，同步影像验证结果偏差比较大。

总氮浓度的估算结果如图 4.4.10 和表 4.4.5 所示。从地面实测数据验证结果来看，结果均匀分布在 $x=y$ 直线附近，但是在高值区偏差较大，有一个点位偏差超过 0.2mg/L。整体 RMSE 为 0.1101mg/L，MAPE 为 0.0549。从同步影像点验证结果来看，在总氮浓度小于 1.8mg/L 的低值区，模型没有反映出总氮的变化趋势，估算值几乎没有变化。随着总氮浓度升高，估算结果稍好。整体 RMSE 为 0.0965mg/L，MAPE 为 0.0450。

COD 浓度的验证结果如图 4.4.11 和表 4.4.5 所示。从地面实测样点的验证结果来看，模型结果较好，大多数样点分布在 0.25mg/L 偏差线以内，少量样点偏差为 0.25~0.5mg/L。整体 RMSE 为 0.4338mg/L，MAPE 为 0.0860。从同步高分影像验证结果来

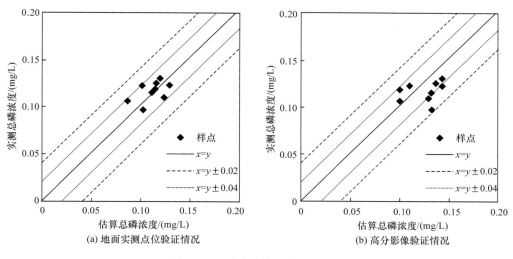

图 4.4.9 总磷浓度反演模型验证

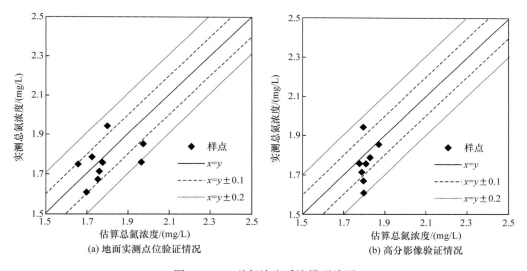

图 4.4.10 总氮浓度反演模型验证

看,虽然结果较地面实测稍差,但依然有较高的精度,偏差基本保持在 0.25mg/L 以内,样点均匀分布在 $x=y$ 直线附近。最终的 RMSE 为 0.2128mg/L,MAPE 为 0.0727,均小于地面实测点的误差。

从 2014 年 10 月 15 日夹江饮用水水源地卫星-地面同步数据验证结果来看,悬浮物、COD、总磷、总氮模型均有较高的精度。总磷地面光谱反演 RMSE 为 0.0122mg/L,MAPE 为 0.0907,高分影像反演 RMSE 为 0.0185mg/L,MAPE 为 0.0148,精度较高,达到反演要求;总氮地面光谱反演 RMSE 为 0.1101mg/L,MAPE 为 0.0549,高分影像反演 RMSE 为 0.0965mg/L,MAPE 为 0.0450,精度较高,可以达到反演要求;COD 地面光谱反演 RMSE 为 0.4338mg/L,MAPE 为 0.0860,高分影像反演 RMSE 为 0.2128mg/L,MAPE 为 0.0727,精度较高,达到反演要求。

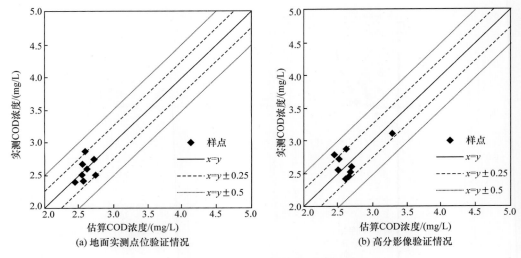

(a) 地面实测点位验证情况　　　　　　(b) 高分影像验证情况

图 4.4.11　COD 吸收系数反演模型验证

表 4.4.5　地面光谱实测数据与高分影像数据模型误差

数据集	指标	总磷	总氮	COD
地面光谱数据	RMSE/(mg/L)	0.0122	0.1101	0.4338
	MAPE	0.0907	0.0549	0.0860
高分影像数据	RMSE/(mg/L)	0.0185	0.0965	0.2128
	MAPE	0.0148	0.0450	0.0727

（4）2013～2014 年南京夹江饮用水水源地水质安全分析。

高分一号卫星 WFV 相机和 MSS 相机摄取的图像可以反映夹江 COD、总磷、总氮时空变化规律，能够有效地进行夹江水质环境监测，及时向有关部门反映夹江饮用水水源地的水质状况。夹江饮用水水源地水质状况以三类水体为主，通过 2013 年 10 月～2014 年 11 月基于高分一号卫星的水质状况遥感监测发现，夹江饮用水水源地水质状况较为稳定，但有时仍然存在四类水，需引起有关部门的重视。目前仍缺少针对高分一号卫星数据有效的去云算法和水体提取算法。较差的去云和水体提取结果是造成水质参数反演误差增大的重要原因，值得进一步研究。

2）北京官厅水库示范区

基于经验统计方法，利用 2014 年 9 月 18 日同步实测获取的北京官厅水库水质参数与当日高分一号卫星 WFV 数据的反射率构建经验关系模型，并反演叶绿素 a 浓度、悬浮物浓度等，结果如图 4.4.12 所示。由图可知，叶绿素 a 浓度分布较为均匀，平均值约为 23.75mg/L。悬浮物浓度分布较为均匀，平均值约为 8.25mg/L，同时利用实测数据的不同数据集进行验证，平均值非常接近。

2014 年 9 月 18 日上午 11 点 44 分左右有高分一号卫星 WFV 影像数据过境官厅水库区域。当日天空无云，可通过卫星数据监测水库水质结果，同时采用快艇巡视方式在官厅水库区域进行同步地面试验，采样点布设如图 4.4.13 所示。每个样本点主要采集其水面遥感反射

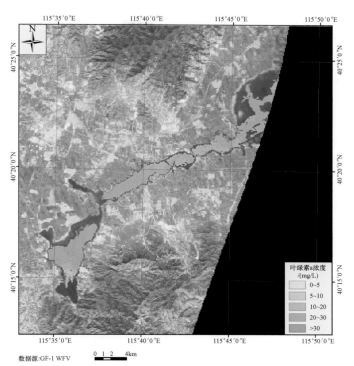

(a) 官厅水库水体叶绿素a浓度分布遥感监测图

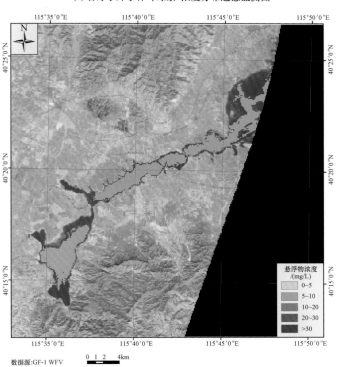

(b) 官厅水库水体悬浮物浓度分布遥感监测图

图 4.4.12　2014 年 9 月 18 日北京官厅水库水质分布

率,采用美国 ASD Filed Spec Pro 便携式光谱辐射计采集水体遥感反射率,采集水体表面光谱的同时采集其表层水样,并低温冷藏带回实验室测量有关水质参数。在实验室严格按照有关规定进行水体组分测量。实验采样点布设从官厅偏北部区域一直向南,共 16 个采样点,每个采样点除采集其水面光谱数据外,还在其表层采集相应点位的水样,并进行低温冷藏带回实验室进行有关水质参数的测量。在实验室严格按照《海洋光学调查技术规程》进行水体组分固有光学量的测量,同时进行叶绿素和悬浮物的提取和测量工作。叶绿素测量工作主要经过过滤水样、萃取叶绿素、测量吸光度、计算叶绿素 a 浓度等步骤进行。悬浮物浓度主要采用滤膜法进行测量,所用滤膜采用孔径为 $0.7\mu m$ 的玻璃纤维滤膜,悬浮物浓度的测量采用干燥、烘干、称重的常规方法进行。精度评价结果如下:①官厅水库高分一号叶绿素a 浓度反演趋势正确,反演精度达到 80.4%;②官厅水库高分一号悬浮物浓度反演趋势正确,反演精度达到 90.4%。

图 4.4.13 2014 年 9 月 18 日官厅水库区域同步地面试验

4.4.3 基于层次分析法的饮用水水源地安全评价技术

饮用水的安全直接关系到人类的生存和社会的发展。然而,随着我国经济社会快速发展、人口持续增长和城镇化率逐步提高,饮用水源所在区域的工业、生活和面源污染给水源环境质量带来了很大的威胁,关系人民群众切身利益的饮用水安全状况堪忧(姚延娟等,2013)。据统计,不安全的饮用水是发展中国家 80% 疾病和 30% 死亡的起因(郑丙辉和张远,2008)。饮用水安全问题的不断加重,必然会影响人民群众的健康,甚至成为制约我国经济和社会发展的瓶颈。目前,对饮用水水源地水质安全及环境安全的监测与评价主要采用断面监测和实地调查等手段,这些传统的手段存在监测点分散,不能全面反映水源地水质状况以及效率低下等问题,具有一定的局限性。卫星遥感技术作为一种先进的监测手段,能够大范围、快速对水体及陆地信息进行观测。近年来,遥感技术在饮用水水源地水质监测中发挥了重要作用,卫星遥感技术的实时同步特点能够快速发现水源地突发的污染事件,为相关部门进行快速处理和决策提供依据。另外,利用卫星遥感技术易于进行长期动态监测,从而发现水源地水质和环境状况的变化规律和趋势,从而为水源地安全风险的预测和预警提供依据。目前,我国利用遥感手段进行水源地安全监测主要针对湖库型饮用水水源地,而对于河流型饮用水水源地的监测较少,这主要是由于河流型饮用水水源地面积较小,河流宽度相对较窄,同时由于大多数河流型饮用水水源地位于城市地区,地物空间差异性较大,需要使用高空间分辨率的影像进行观测。高分一号、高分二号等卫星的发射给饮用水水源地监测和安全评价提供了重要的数据支撑。

水源地安全评价体系的建立和实施是一项复杂的系统化工程。水源地安全评价是水源地保护和水处理的基础。准确地评价水源地水质现状,是保障水厂出水安全性和可靠性的前提(衣强等,2006)。水源地安全评价也使得相关管理部门能够了解水源地安全现状及变化趋势,识别水源地的主要污染物,找出所在流域内的主要污染源,有利于水源地保护的深入开展。国际上越来越重视对水源地的保护,饮用水质量标准也越来越严格。国外水源地研究除了对水源地水质进行描述,还对水源地开发与水源地水质关系的内在机理进行研究,并对水源地规划管理技术与方法进行研究(Tanawa et al.,2002)。美国国家环境保护局(US Environ mental Protection Agency, USEPA)利用指标体系对流域内饮用水水源的风险进行总体评价,共选取 15 个指标,其中 7 个指标同饮用水水源状况相关,8 个指标与生态系统脆弱性相关;水质安全状况利用定性指标进行说明,分为好、问题很少、问题较多等级别,水源脆弱性分为低和高级别。新西兰环境部和卫生部联合制定水源地监测和分级框架草案,通过确定水体水质等级和风险等级,最终将水体作为饮用水水源的适宜性进行定性分级,并说明每种等级对应水体所需的处理水平。Zandbergen 等(1998)在对流域生态风险进行评价时,选取随时空变化而变化的评价指标,从而结合地理信息系统方法对流域生态风险进行评价。韩宇平和阮本清(2003)认为水安全包括的内容涵盖了水供需矛盾、生态环境、饮用水安全等多个方面,而且各方面的评价指标又具有层次结构。因此利用多层次多目标决策和模糊优选理论建立了区域水安全评价的模糊优选模型。史正涛和刘新有(2008)通过对城市水安全内涵的分析,建立了以支持子系统、协调子系统和防洪子系统为基础的评价指标体系,使用层次分析法对各层次指标赋予权重,建立了基于边际效益递减原理的城市水安全评价模型。曹小欢等(2009)通过与国内外水质指标比较,对水源地水质的潜在威胁因素进行深入分析,并结合水源地环境安全指标的最新发展趋势,引入饮用水水源地安全风险指标,提出构建饮用水水源地安全评价指标体系的新思路。朱党生等(2010)针对城市饮用水水源地的特点,提出包含水质、水量、风险及应急能力等方面因素的评价指标体系,并利用层次分析法对各级评价指标赋予权重,针对城市饮用水水质安全、水量安全、风险及应急能力状况和城市饮用水水源总体状况,给出定性和定量相结合的评价方法,为城市饮用水水源地安全评价工作提供重要依据。姚延娟等(2012)将地面调查数据与遥感数据相结合,通过遥感影像获取土地利用、植被覆盖等信息,从水质、水量、水安全、环境安全监管四个方面对密云水库水源地的安全进行综合评价。

　　针对高分一号等卫星的高分辨率、宽覆盖等数据特点,建立以非点源、固定源、流动源三类风险源为一级指标的饮用水水源地环境安全评价指标体系,然后利用高分影像进行土地利用分类、风险源提取,获得了各级保护区内耕地占用比例、城乡工矿居民用地占用比例、林地占用比例、草地占用比例、道路长度、航道长度等信息。利用地面调查资料获取各级保护区内码头、泵站数量和排污工厂的排污系数等信息,并根据夹江地区实际情况制定了风险指标评分方法。最后,利用层次分析法获得各类评价指标权重,建立饮用水水源地环境安全评价模型,使用饮用水水源地环境安全指数对饮用水水源地环境安全状况进行综合评价。

　　1. 技术原理

　　1) 环境安全评价指标体系的构建

　　影响夹江饮用水水源地环境安全的风险有很多,经过分析与筛选,最终确定以固定源、流动源、非点源为一级评价指标,以码头、排涝泵站、排污工厂、陆运交通、航运交通、耕地、城乡工矿居民用地、草地、林地为二级评价指标,建立夹江饮用水水源地环境安全评价指标体系,如图 4.4.14 所示。

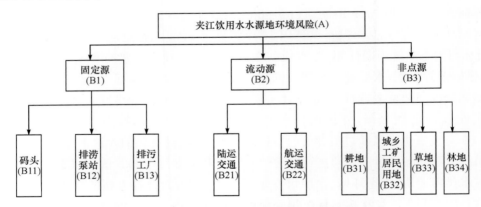

图 4.4.14　夹江饮用水水源地环境安全评价指标体系

　　2) 风险源评分值的确定

　　为了使各评价指标在一个统一的评价标准下真实反映风险源对水质造成的影响程度。本节参考《集中式饮用水水源环境保护指南》中的评分方法,并结合夹江地区风险源的特点,建立了固定源风险、流动源风险、非点源风险三类指标评分方法。该评分方法中,最大评分值为 10,最小评分值为 0。风险源的风险值程度越大对应的评分值越高,见表 4.4.6～表 4.4.8。同时,由于一级保护区、二级保护区、准保护区和环境影响区域内的风险源对取水口水质安全造成的影响逐渐减弱,因此不同级别保护区内的风险源评分值也不同。

表 4.4.6　非点源评价指标及评分值

风险源		一级保护区		二级保护区		准保护区		环境影响区域	
		指标值	评分值	指标值	评分值	指标值	评分值	指标值	评分值
非点源面积占陆地总面积比例	不存在耕地或城乡工矿居民用地	0	无	0	无	0	无	0
	存在耕地或城乡工矿居民用地	10	<5%	2	<20%	1	<40%	1
	—	—	5%～10%	3	20%～30%	2	40%～50%	2
	—	—	10%～20%	4	30%～40%	3	50%～60%	3
	—	—	20%～30%	5	40%～50%	4	60%～80%	4
	—	—	30%～40%	6	50%～60%	5	>80%	5
	—	—	40%～50%	7	60%～80%	6	—	—
	—	—	50%～60%	8	>80%	7	—	—
	—	—	60%～80%	9	—	—	—	—
	—	—	>80%	10	—	—	—	—

表 4.4.7　固定源评价指标及评分值

风险源	一级保护区		二级保护区		准保护区		环境影响区域	
	指标值	评分值	指标值	评分值	指标值	评分值	指标值	评分值
排涝泵站或码头数量	无	0	无	0	无	0	无	0
	存在	10	1～2	2	1～3	2	1～4	2
	—	—	3～5	4	4～6	4	5～8	4
	—	—	6～8	8	7～10	8	9～12	8
	—	—	>8	10	>10	10	>12	10

表 4.4.8　流动源评价指标及评分值

风险源	一级保护区		二级保护区		准保护区		环境影响区域	
	指标值	评分值	指标值	评分值	指标值	评分值	指标值	评分值
航运或陆运交通量	无	0	无	0	无	0	无	0
	存在	10	$L<rd$	6	$L<rd$	3	$L<rd$	1
	—	—	$rd<L<2rd$	8	$rd<L<2rd$	5	$rd<L<2rd$	3
	—	—	$L>2rd$	10	$L>2rd$	7	$L>2rd$	5

注：L 为道路或航线的路线长度；rd 为风险源所在保护区范围的当量半径。

　　计算评分值时,对某一类风险源指标在一级保护区、二级保护区、准保护区、环境影响区域内的得分值求和,得到这一风险指标的总评分值。

$$R_i = P_{i1} + P_{i2} + P_{i3} + P_{i4} \qquad (4.4.6)$$

式中,R_i 为第 i 个风险指标的总评分值;P_{i1}、P_{i2}、P_{i3}、P_{i4} 分别为该风险指标在一级保护区、二级保护区、准保护区、环境影响区域内的评分值。

3）评价指标权重的确定

对水源地环境安全造成威胁的风险由各类因素组成，20 世纪 70 年代初，美国运筹学家 Saaty 提出了层次分析法。层次分析法将定量与定性相结合，比较适合多目标、结构复杂、必要数据缺乏的情况。虽然该方法在使用过程中需要借助专家决策，会有一定的主观性，但是它能够将复杂问题分解为多个组成因素，构建层次结构，通过两两对比来确定各因素的相对重要性。因此相对于一般的决策方法，层次分析法更加灵活，对于解决复杂问题有良好的效果（Beynon，2002）。

本书使用层次分析法确定各指标的权重值，各指标权重见表 4.4.9。计算层次总排序检验一致性 CR＝0.0549＜0.1，通过一致性检验。

表 4.4.9　风险指标层次总排序权重

风险指标	B1	B2	B3	总排序权重
	0.5396	0.1634	0.297	
B11	0.1007	0	0	0.0543
B12	0.2255	0	0	0.1217
B13	0.6738	0	0	0.3636
B21	0	0.2	0	0.0327
B22	0	0.8	0	0.1307
B31	0	0	0.5693	0.1691
B32	0	0	0.2643	0.0785
B33	0	0	0.1055	0.0313
B34	0	0	0.0609	0.0181

注：固定源风险（B1）、流动源风险（B2）和非点源风险（B3）；码头（B11）、排涝泵站（B12）、排污工厂（B13）、陆运交通（B21）、航运交通（B22）、耕地（B31）、城乡工矿居民用地（B32）、草地（B33）、林地（B34）。

4）饮用水水源地环境安全指数的计算

对饮用水水源地环境安全造成影响的风险源包括固定源、流动源和非点源。为了定量表示夹江饮用水水源地的环境安全状况，使用饮用水水源地环境安全指数（environmental safety index，ESI）来表示各类风险源对饮用水水源地环境安全的影响。环境安全指数采用加权求和模型，计算公式如下：

$$ESI = \sum_{i=1}^{n} f_i w_i \tag{4.4.7}$$

式中，ESI 为环境安全指数；f_i 为各类评价指标所得的打分值；w_i 为各类评价指标相对于饮用水水源地环境安全的权重。由于风险指标得分越高代表饮用水水源地环境越不安全，因此，ESI 值越大，表示饮用水水源地环境安全程度越低；ESI 值越小，表示饮用水水源地环境安全程度越高。环境安全指数的数值为 1～100。根据饮用水水源地环境安全评价的经验，见表 4.4.10，将安全等级划分为高、较高、中、偏低、低 5 个级别（刘琰等，2009）。

表 4.4.10　饮用水水源地环境安全等级划分

环境安全指数	[0,5]	(5,11]	(11,22]	(22,33]	(33,100]
环境安全等级	高	较高	中	偏低	低

　　饮用水水源地保护区水环境质量综合评价技术流程为建立以固定源、流动源、非点源三类风险源为一级指标的安全评价指标体系,并结合对高分一号卫星影像进行土地利用分类、风险源提取获得的数据以及地面调查资料建立基于土地利用的饮用水水源地环境安全评价模型,对饮用水水源地环境安全进行综合评价,如图 4.4.15 所示。

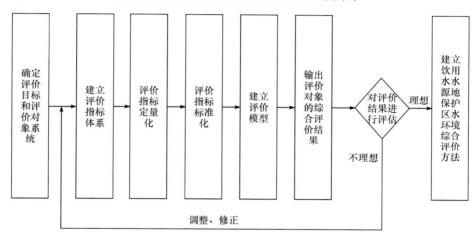

图 4.4.15　饮用水水源地保护区水环境质量综合评价技术流程

2. 应用实例

　　南京夹江饮用水水源地的环境安全状况直接影响夹江的水质状况。2014 年 8 月 16 日,第二届青年奥林匹克运动会在南京开幕。为了迎接青奥会,南京市人民政府决定从 2013 年 3 月 21 日起到青奥会前夕,在位于夹江南岸的河西地区建成南京滨江风光带。另外,南京市人民政府与新加坡合作建设新加坡·南京生态科技岛,目前已经有众多开发项目开始实施。这些建设开发活动都位于夹江两岸,必将使保护区内的土地利用结构发生改变。因此,使用 2014 年 1 月 10 日和 2014 年 12 月 24 日两期高分一号卫星多光谱 8m 分辨率遥感数据,分别对夹江饮用水水源地的环境安全状况进行评价。

　　1)非点源信息提取结果

　　针对夹江地区的实际情况,为了充分利用高分影像的空间信息和光谱信息,采用面向对象的分类方法,并利用上述土地利用分类体系对夹江饮用水水源地保护区进行土地利用分类,分类结果如图 4.4.16 所示。具体分类过程利用 ENVI 5.1 的面向对象分类工具进行,分类过后,建立混淆矩阵对分类精度进行评价,结果显示,2014 年 1 月 10 日影像分类总体精度为 88.39%,Kappa 系数为 0.84 。2014 年 12 月 24 日影像分类总体精度为 95.06%,Kappa 系数为 0.93。

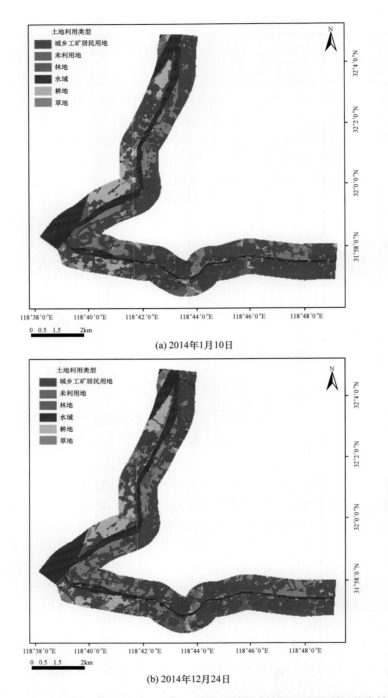

图 4.4.16　2014 年 1 月 10 日和 12 月 24 日夹江饮用水水源地土地利用分类结果

　　通过叠加分析得到各级保护区内的城乡工矿居民用地、耕地、草地和林地四类非点源风险源所占的面积比例（表 4.4.11 和表 4.4.12）。

表 4.4.11　2014 年 1 月 10 日各级保护区内非点源风险源所占比例

土地利用类型	所占面积比例/%			
	一级保护区	二级保护区	准保护区	环境影响区域
城乡工矿居民用地	55.62	17.05	25.05	51.26
耕地	9.39	3.34	1.01	5.58
草地	10.23	13.38	8.42	20.36
林地	0	4.28	4.80	5.58

表 4.4.12　2014 年 12 月 24 日各级保护区内非点源风险源所占比例

土地利用类型	所占面积比例/%			
	一级保护区	二级保护区	准保护区	环境影响区域
城乡工矿居民用地	16.22	15.58	18.17	46.53
耕地	3.08	1.97	1.88	10.39
草地	12.65	13.36	15.55	22.83
林地	2.15	4.01	3.26	6.07

2) 固定源信息提取结果

保护区内的排涝泵站和码头的数量、位置信息主要通过实地调查的手段获取。根据 2014 年 10 月 15 日的实地调查结果,夹江两岸共分布有 11 个排涝泵站,均位于二级保护区范围内。小型码头共有 14 个,其中 13 个位于二级保护区范围内,1 个位于准保护区范围内。

沿岸重点排污工厂分布通过影像识别结合实地调查确定。从高分一号影像上获取工厂的纹理和光谱特征,从而迅速识别工厂并确定工厂的位置分布情况,然后,通过实地调查进一步确定工厂的准确位置、数量等详细信息。图 4.4.17 所示为两类典型工厂的纹理。

图 4.4.17　两类典型工厂纹理

影像识别和实地调查结果显示,南京夹江饮用水水源地保护区内共有重点排污工厂 14 个,全部分布在秦淮新河两岸,其中 1 个位于准保护区内,其余 13 个位于环境影响区域内。

南京夹江饮用水水源地保护区内的点源风险在各级保护区内的分布情况见表4.4.13。

表 4.4.13 2014 年 10 月 15 日各级保护区内点源风险源数量

土地利用类型	所占面积比例/%			
	一级保护区	二级保护区	准保护区	环境影响区域
码头	0	13	1	0
排涝泵站	2	11	0	0
工厂	0	0	1	13

3）流动源信息提取结果

夹江饮用水水源地内的流动源主要包括陆运风险源和航运风险源。对于陆运风险源，主要是由于主干道路上车辆通行，运载有危险化学品等污染物质的车辆发生泄漏可能流入保护区河流内。利用高分影像空间分辨率高的优势，使用 8m 分辨率的高分一号影像进行目视解译，提取保护区内的主干道路信息。结合地图对结果修正得到保护区内的主干道路网信息。对于航运风险源，根据长江航道局官方网站上的航道在线服务，可以得到南京长江地区的航道范围信息。保护区范围内的航线主要分布在长江三桥到上游夹江口的长江主河道内，从高分影像上也可以看出这一范围内有大量船舶航行。道路长度和航道长度在一年时间内基本没有变化，结果见表4.4.14。根据环境安全指数计算公式得到 2014 年 1 月 10 日夹江饮用水水源地环境安全指数为 11.17，2014 年 12 月 24 日夹江饮用水水源地环境安全指数为 10.89。根据表 4.4.10 的环境安全等级划分标准，2014 年 1 月 10 日夹江饮用水水源地环境处于中等级安全水平，2014 年 12 月 24 日夹江饮用水水源地环境处于较高等级安全水平。研究表明，夹江饮用水水源地整体环境安全状况较好，青奥会举办并没有对该地区环境造成负面影响，而为了迎接青奥会，南京市人民政府及各相关部门开展的环境整治行动取得较好的效果，使得夹江饮用水水源地环境安全状况得到改善。

表 4.4.14 2014 年 1 月 10 日各级保护区内道路和航道长度

风险源	长度/m			
	一级保护区	二级保护区	准保护区	环境影响区域
道路	0	590	1199	209708
航道	0	0	0	1900

根据获取的风险源数据和评分标准，对各类风险源进行评分，评分结果见表 4.4.15 和表 4.4.16。南京夹江饮用水水源地环境安全评价结果见表 4.4.17。

表 4.4.15 2014 年 1 月 10 日各级保护区内风险源评分值

风险源	评分值				
	一级保护区	二级保护区	准保护区	环境影响区域	总分值
B11	0	10	2		12
B12	0	10	0		10
B13	0	0	2	10	12

续表

风险源	评分值				
	一级保护区	二级保护区	准保护区	环境影响区域	总分值
B21	0	6	3	5	14
B22	0	0	0	1	1
B31	10	2	1	1	14
B32	10	4	2	3	19
B33	0	4	1	1	6
B34	0	2	1	1	4

表 4.4.16　2014 年 12 月 24 日各级保护区内风险源评分值

风险源	评分值				
	一级保护区	二级保护区	准保护区	环境影响区域	总分值
B11	0	10	2	0	12
B12	0	10	0	0	10
B13	0	0	2	10	12
B21	0	6	3	5	14
B22	0	0	0	1	1
B31	10	2	1	1	14
B32	10	4	2	2	18
B33	0	4	2	1	7
B34	0	2	1	1	4

表 4.4.17　南京夹江饮用水水源地环境安全评价结果

时间	ESI	安全等级
2014 年 1 月 10 日	11.17	中
2014 年 12 月 24 日	10.89	较高

第 5 章　高分辨率生态环境遥感监测关键技术及应用

高分辨率卫星在生态环境中可以用于土地精细分类、植被覆盖、保护区人类活动、生物多样性、矿山资源开发环境破坏、生态功能区、农村生态环境、城市热岛等监测,与中低分辨率卫星相比,高空间分辨率卫星可以获取精细空间尺度上的生态环境质量状况,高光谱分辨率卫星可以高精度探测土地生态分类、植被类型、生物多样性等时空分布情况,高辐射分辨率卫星可以高精度监测地表温度、城市热岛、干旱、蒸散等时空分布,高时间分辨率卫星可以快速监测宏观生态环境状况等,为国家生态红线监管、生态安全维护、环境应急等工作提供重要技术支撑。

高空间分辨率卫星在生态环境中主要应用于自然保护区人类活动干扰、矿山环境开发破坏、排污口、城市固体废弃物、农村面源污染等高精度监测。生态环境部卫星环境应用中心利用高分一号卫星 2m 全色/8m 分辨率多光谱数据对自然保护区人类活动干扰等信息的遥感信息进行提取,同时基于地面实验、调查等手段,对卫星数据质量和生态环境应用能力进行对比验证和综合评价,表明保护区人类活动干扰遥感监测精度为 86.7%,结果符合国家级自然保护区遥感监测精度要求(赵少华等,2014a)。郭舟等(2013)以北京市部分区域的 QuickBird 影像为实验数据,运用面向对象的影像分析手段,研究城市建设区的自动识别和提取方法,经过与目视判读结果对比,城市建设区的识别率达到 89.7%。生态环境部卫星环境应用中心基于高分一号卫星 2m 全色/8m 多光谱数据,以北京城区为例,通过对临时建筑、拆迁引起的垃圾等城市固体废弃物堆放点的位置和类型等统计数据,建立城市固体废弃物堆放点的光谱、纹理和空间形状等解译特征和遥感信息提取模型,提取疑似城市固体废弃物的堆放点信息(赵少华等,2015a)。

高辐射分辨率红外卫星在生态环境中主要用于土壤含水量、干旱等生态环境要素的关键参数监测,也可用来开展地表温度、城市热岛效应监测。在地表温度监测方面,周义等(2013)针对地表温度云覆盖下的像元,提出空间差值修正法、植被关系修正法和改进型地表热量平衡等三种方案,并提出云覆盖下地表温度空间分布的洼地效益现象和洼地效应强度计算方法,初步解决了热红外遥感图像中云覆盖像元地表温度估算的理论方法。王敏等(2013)采用 Artis 和 Carnahan 算法,利用 2011 年 5 月 20 日 TM 影像反演上海市地表温度,并以土地利用类型数据计算各种土地覆盖类型景观格局指数,分析地表温度与景观格局指数之间的相互关系。杨佩国等(2013)、赵少华等(2011)、周纪等(2011)等分别基于 HJ-1B IRS 卫星数据,采用单通道算法反演河北、宁夏等地区的地表温度,并和 TM、MODIS 数据的反演结果进行对比。结果表明,该卫星数据可以较高精度地监测地表温度。在城市热岛效应卫星热红外遥感监测中,国内学者开展了大量研究。薛丹等(2013)基于 2000～2010 年三期 MODIS 数据,采用分裂窗算法,反演上海市地表温度,分析研究区城市热岛的空间特征与年际变化、季节性特征等。刘文渊等(2012)采用上海市 2000～2009 年三期的 ETM＋数据,通过求取归一化不透水面指数、基于指数的植被指数、归一化差异水体指数,分别从遥感影像中提取不透水面、植被和水体,从时空角度分析上海市 2000～2009 年城市热岛强度的变化,并通过线性回归分析,指出水体对上海市热环境影响不大,而不透水面和植被是主要影响因素。林江和陈松林(2013)、陈婉等(2013)、郭冠华等(2012)基于 ETM＋、TM 等影像数据,分别利用辐射传输方程等方法反演了厦门市、深圳蛇口半岛、北京市及珠江三角洲地区地表温度,监测了城市热岛时空分布、变化及粒度效应特征。生态环境部卫星环境应用中心在城市热岛效应监测方面形成业务化应用,不定期地向国家及生态环境部报送遥感监测专报。

高分辨率雷达卫星遥感在生态环境中主要用于土壤湿度、生物量、植被长势、土地利用等方面的监测。在土壤湿度的监测上,从 Ku 到 L 波段、全极化、小到中等入射角均可行,但应用较多的是 C 波段、同极化和中小入射角。魏小兰等(2008)基于简单散射模型,分析了单极化 SAR 数据在 Ku、C、S 和 L 波段反演土壤水分的效果。结果表明,S 波段应用效果比 C 波段好。Oh 等(1992)和鲍艳松等(2006)认为 VV 极化比 HH 极化对土壤水分更敏感。陈晶等(2013)采用 2008 年 7 月 11 日的甘肃黑河流域的双极化 ENVISAT-ASAR 数据,基于高级积分方程模型(advanced integral equation model,AIEM),提出一种仅需双极化的雷达数据就能实现土壤水分的反演方法,该方法无须测量地面粗糙度,尤其适用于大面积干旱区域的地表土壤水分反演。徐怡波等(2010)基于 ASAR 数据对东洞庭湖的湿地植被进行监测。结果表明,多时相同极化、交叉极化波段合成的影像对湿地植被的区分能力最强,可将水体、芦苇滩地、草滩地、森林滩地等植被区分开。王安琪等(2012)结合 SAR 的极化特性,分析了多时相 ASAR 不同极化下洪河湿地保护区不同地物植被类型的散射特性,利用 L 波段 PALSAR 数据对植被的可穿透性及水分的敏感性,结合与光学影像 TM 融合后进行神经元网络分类的方法,应用决策树方法进行了多波段、多时相 SAR 合成湿地植被识别实验。

万华伟等(2010)利用环境一号卫星高光谱数据对江苏省宜兴市的入侵物种——加拿大一枝黄花的空间分布进行了遥感监测。结合地面调查数据,选取发生面积最大的样区所对应的像元为纯像元,采用光谱角度分类的方法进行物种分布提取。研究得到本市的加拿大一枝黄花发生面积为 212hm²,略高于实际发生面积。结果显示,利用高光谱数据实现物种定位具有可行性。然而,对于同一地物类型的细分,则需要更多或更窄的谱段信息和更高的空间分辨率。李丹等(2010)利用高光谱分辨率遥感卫星影像 Hyperion 提取植被分布信息时,需要考虑混合像元和训练样本大小的影响,可提高植被信息提取精度。韦玮等(2011)利用 2010 年 8 月 27 日获取的青海玉树隆宝滩湿地区域的多角度高光谱 CHRIS 遥感影像数据,通过植被指数计算及影像融合,提取湿地植被类型信息。

本章主要针对高分一号、高分二号、高分四号、高分五号、高分六号等高分辨率卫星的特点,结合环境保护工作的实际需求,分别从原理方法、技术流程和应用实例方面详细介绍基于多光谱、雷达、高光谱、红外等遥感手段的高分卫星生态系统自动分类和生态参数反演、自然保护区人类活动干扰、矿山开发环境破坏、农村生态环境、城市生态环境、生物多样性等高分遥感监测技术。

5.1　基于高分卫星的生态系统自动分类和生态参数反演技术

5.1.1　土地利用与覆盖和土地生态分类技术

近年来,随着我国各项建设快速发展,土地利用方式也发生了快速变化。例如,农业用地转变为建设用地(包括房屋、道路、荒地),村镇与城市的盲目建设,以及农业用地的大量减少,造成物力、财力、人力的巨大浪费,以至出现了农业耕地缩减的失控现象。因此,快速获取这方面的变化信息,及时对农业用地进行严格、精确监测和再规划是一项重要工作。卫星遥感数据可快速获取农业用地转变为建设用地的信息,还可应用于土地利用和土地覆盖变化的动态监测、森林、植被、湿地变化、环境变化、干旱、洪水、海洋环境监测等领域,动态监测方面的研究所使用的方法主要包括代数法、图像变换法、遥感(remote sensing,RS)分类法、地理信息系统(geographic information system,GIS)方法,其中代数法、图像变换法简单快速。

利用高分一号卫星等数据,建立农村土地利用与土地覆盖及土地生态分类的自动分类模型,结合人工操作,对农村土地利用与土地覆盖及土地生态类型进行自动分类,实现农村土地利用与土地覆盖及土地生态类型的动态监测。

1. 基于规则的土地利用自动分类方法

基于规则的土地利用自动分类方法主要包括以下三点假设:①历史土地利用精度较高,为标准的数据,与相应时期的遥感影像匹配性较好;②借鉴生态学的观点,各种不同土地利用类型的交界处为相应的脆弱区,也是土地利用变化的主要区域,而类型内部为相对稳定区,同时大斑块的土地利用数据的稳定性更强;③国家政策以及相应措施的实施执行力很好,从而为制定土地利用变化分类制定规则提供依据。该算法主要分为以下几个步骤进行。

1) 样本提取

与监督分类类似,算法的基础是提取相应地类的纯净遥感影像,因此首先进行样本的提取。根据假设①,在 GIS 的支持下将历史土地利用矢量数据按不同地类计算所有斑块的面积。将斑块面积按不同土地利用类型从高到低进行排序,按照假设②选取累加面积为 Pa 的斑块作为样本数据。Pa 的计算公式为

$$Pa_i = \frac{\sum_{j=0}^{x} Ac_{ij}}{As_i} \tag{5.1.1}$$

式中,i 为第 i 种土地利用类型;Pa_i 为第 i 类土地利用类型选取样本的阈值;$\sum_{j=0}^{x} Ac_{ij}$ 为第 i 类土地利用类型按面积从高到低排序要进行累加的面积;As_i 为研究区第 i 类土地利用类型的所有斑块面积的和。通过确定 Pa 选取不同土地利用类型的样本矢量数据,通过实验分析 Pa 的范围在 55%～65%效果较佳。

2) 分区训练区的确定

随后根据选取的样本进行训练区的自动选取。依据假设②,认为对于选取的大斑块样本,其变化区域主要发生在不同地类的交界处,也就是斑块的边界,内部地类较稳定。因此,对选取的样本在 GIS 的支持下向内进行空间缓冲区分析,由于不同斑块的面积不同,因此不能统一按照一个距离进行缓冲区分析,本算法对缓冲区距离的确定如式(5.1.2)所示:

$$P_{buffer} = \frac{Ab_d}{A}, \quad d < 0 \tag{5.1.2}$$

式中,P_{buffer} 为斑块缓冲区分析的阈值;Ab_d 为以距离 d 进行缓冲区分析的面积,其中 d 为负值;A 为斑块面积。对样本的每一个斑块都需要进行式(5.1.2)的缓冲区分析,从而确定距

离 d，获得训练区。式(5.1.2)可以在 GIS 的支持下应用二分法实现。

3）三维特征空间的建立

在确定训练区后，与监督分类类似，将其近期的遥感影像进行叠加分析，提取相应的光谱数据。不同的土地利用类型其响应的敏感波段是不同的，敏感程度也各有差别，因此对不同地类进行统计分析，确定相应的统计模型，以确定其光谱响应分布特征。前人研究发现，相同的土地利用类型光谱数据具有三维特征空间的集聚分布特征，因此对每一类土地利用类型的四波段光谱数据进行主成分分析，选取前三个主成分，从而实现三维的正交分解构建三维特征空间。训练区统计分析构建的三维特征空间模型如式(5.1.3)所示：

$$\sum_{j=1}^{3} \frac{(P_{ji} - MP_{ji})^2}{\sigma_{ji}} < c^2 \tag{5.1.3}$$

式中，i 为第 i 类土地利用类型；P_{ji} 为第 i 类土地利用类型第 j 类主成分；MP_{ji} 为第 i 类土地利用类型第 j 类主成分的均值；σ_{ji} 为第 i 类土地利用类型第 j 类主成分的标准差。

4）变化像元检测与自动分类

在建立各类土地利用数据特征空间后，将原始的历史土地利用数据与高分卫星遥感影像进行叠加，对于每类土地利用的光谱数据代入相应的特征空间模型进行计算，落入特征空间范围内的认为是不变像元，结果在空间外的被认为是变化像元。需要说明的是，特征空间只是建立了空间形状，而空间的大小需要根据不同地类进行确定。通过专家知识以及先验知识确定变化的阈值，保证变化的像元数占相应地类像元总数在一定的合理范围之内。

在确定了变化区域后，对每一个变化像元进行分类定向。首先将变化像元的光谱数据三个主成分作为基础数据代入特征空间中进行最短距离运算。距离的计算公式为

$$d_{mi} = \left[\sum_{j=1}^{3} \frac{(P_{jm} - MP_{ji})^2}{\sigma_{ji}} \right] \Big/ c_i^2 \tag{5.1.4}$$

式中，d_{mi} 为第 m 个变化像元距离对于第 i 类土地利用类型特征空间的三维欧式距离；P_{jm} 为第 m 个变化像元的第 j 类主成分；MP_{ji} 为第 i 类土地利用类型第 j 类主成分的均值；c_i 为第 i 类土地利用类型特征空间的参数值，其通过变化区域判定获得。通过选取最小 d_{mi}，从而确定该变化像元的初次分类。

初次分类结束，需要进行基于规则的变化像元分类的修正，依据假设③制定土地利用变化规则，不同区域在不同时期的土地利用变化规则是不同的，以上海市现阶段发展状况为例，耕地的变化有一定限制，城镇居民用地向耕地转化的可能性较小，这样在最短距离的判定过程中，如分类结果中城镇用地向耕地进行转换的阻力较大，同时需要考虑到急变的可能，因此对所有土地利用类型之间的转移建立阻力矩阵，最后确定土地利用变化像元的基于规则的最短距离，从而实现变化像元的二次分类。基于规则的最短距离公式为

$$dL_{mi} = \rho_{ij} d_{mi} \tag{5.1.5}$$

式中，dL_{mi} 为第 m 个像元距离第 i 类土地利用特征空间的基于规则的最短距离；ρ_{ij} 为制定的规则中第 i 类土地利用类型向第 j 类土地利用类型转换的阻力系数；d_{mi} 为最初一次变化定向距离，如式(5.1.4)所示；i 为第 m 个像元在历史土地利用数据中的土地利用类型，需要说明的是，i 与 j 可能是一致的，即最终的结果是根据该算法计算的像元所属土地利用类型没有发生变化。

5）分类结果修正

在进行基于规则的土地利用自动分类之后，就获得了基于高分卫星遥感影像的土地利用自动分类的基本结果，然而在基于影像光谱数据的土地利用自动分类中，一个不可避免的问题就是离散的土地利用类型问题，即结果中有少数个别的像元与周围的土地利用类型不一致的现象，考虑到土地利用类型的社会属性，需要对最终结果进行分类后处理以保证地类的连续性，从而达到最终的结果，对于不同土地利用类型中面积较小的斑块，依据溶蚀算法进行修正，也可以在图像处理软件 ENVI 中采用 Clumping Classes 功能来实现，农村土地利用与土地覆盖及土地生态分类技术流程如图 5.1.1 所示。

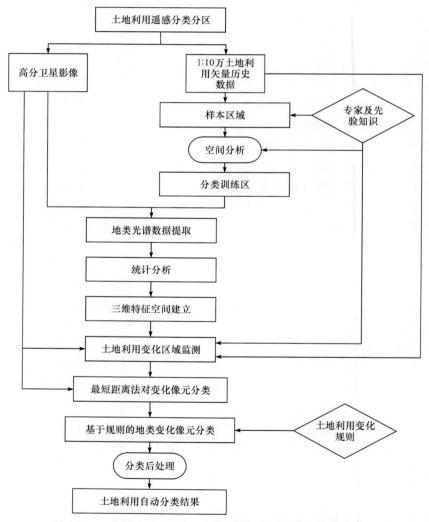

图 5.1.1　农村土地利用与土地覆盖及土地生态分类技术流程

2. 应用实例

利用 2014 年 1～12 月北京地区的高分一号卫星数据对基于规则的土地利用自动分类方法进行了应用及精度验证，分类结果和精度验证分别如图 5.1.2 和表 5.1.1 所示。通过比较可以发现,该方法能够很好地体现遥感影像的光谱特征,与现实及人工解译的结果也比较接近。为了比较分类结果的空间总体精度,对耕地、林地、草地、水域和居民地五类土地利用类型进行统计。

在北京地区进行了实地采样,同时结合目视解译的方法提取了相应年份准确的土地利用数据,对分类结果进行了空间精度验证,精度为 90.8%。计算的 Kappa 系数为 0.85,体现了土地利用自动分类的结果与人工解译的结果具有较好的一致性。

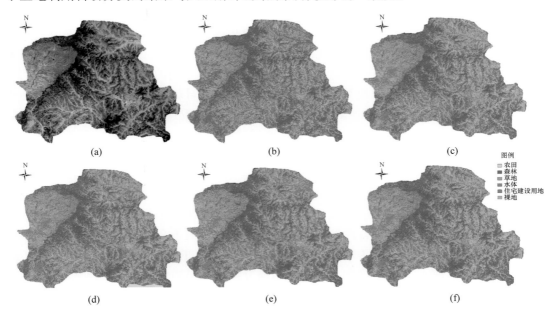

图 5.1.2　研究实验区分类结果比较

表 5.1.1　自动分类与人工解译结果混淆矩阵　　　　　　　　（单位:km²）

类别		自动分类结果					合计
		耕地面积	林地面积	草地面积	水域面积	居民地面积	
人工解译结果	耕地面积	383111	1648	1047	11685	14942	412433
	林地面积	2696	25121	14	2592	2024	32447
	草地面积	328	116	1951	73	77	2545
	水域面积	6912	1947	308	109505	7182	125854
	居民地面积	7883	4367	17	2484	151340	166091
合计		400930	33199	3337	126339	175565	739370

5.1.2　生态系统多样性与生境类型分类技术

生物多样性保护优先区的人类干扰具有随机性和突发性、规模较小的特点,中低分辨率遥感影像不容易发现其变化。随着高空间分辨率传感器技术的发展,获取生物多样性保护优先区细节特征成为现实。高分辨率影像包含的信息越来越多,对空间小物件表征识别的准确性高,且提供了比中低分辨率遥感影像更多的信息(如纹理、形状、拓扑等)。高精度、高效率地提取高分辨率遥感影像的地物信息成为目前研究的热点及难点。近年来,针对高空间分辨率遥感影像的分类方法越来越多,人工目视解译法采用人机交互方式,但是人工解译的精度完全依靠个人经验,对于同一影像,不同人的解译结果也有所差异,且工作量大、效率低、不够客观。传统的基于像元的分类方法主要包括监督分类和非监督分类,比较常用的监督分类有最小距离法、最大似然分类法、马氏距离法等;非监督分类有分类集群法、波谱特征曲线图形识别法等。但是基于像元的分类方法是依靠像元的光谱信息来提取地物信息的方法,没有利用到纹理、形状等丰富的空间信息,更适用于中低分辨率影像,且分类精度非常低。针对高分影像的特点,Baatz 和 Schape(2000)提出的面向对象分类方法,能充分利用高分辨率的光谱、形状、纹理等空间特征,得到精度较高的分类结果。该方法是通过利用对象的空间及光谱特征对影像进行分割,使得同质像元组成大小不同的对象,分割对象内部的一致性及分割对象与相邻分割斑块对象的异质性均达到最大,以克服传统基于单个像元纯光谱分割方法的不足,在分割的影像对象基础上进行分类,高效地提取出目标对象的矢量信息,得到高精度的分类结果。因此选用高分辨率遥感影像并使用面向对象的分类方法对生物多样性保护优先区进行监测。

目前,国外学者在应用遥感与生态学相结合开展生物多样性研究方面取得明显进展,其中将遥感数据作为初始输入数据,结合物种分布与生境特征数据监测生物多样性的方法在国际研究中较为常用。Gillespie 等(2008)基于高空间分辨率图像找准植物物种;Turner 等(2003)指出利用高空间分辨率影像确定物种的规模和物种的组合方式是可行的,他们将遥感在生态研究上的应用方式分为两种,即直接和间接。直接的方法是指运用高空卫星传感器对生物个体或物种进行直接观察,例如,利用高分辨率光谱影像对生态群落的研究;间接的方法是指运用遥感数据对环境进行观测而间接派生出来的参数对生态进行研究,例如,通过遥感求解栖息地的参数来判别土地覆盖面积或物种、生产力或光谱异质性等,结合一定的野外采样,进而构建模型对物种活动范围和物种丰富度的精确估计。在国内,徐文婷(2004)对三峡库区森林植被生物多样性进行了遥感定量监测研究;李燕军(2006)研究了植被指数筛选与物种多样性遥感监测模型。李文杰和张时煌(2010)将 GIS 和遥感技术应用到生态安全评价与生物多样性保护中;何诚等(2012)研究了高光谱遥感技术在生物多样性保护中的应用。

基于高分一号卫星等数据特点,结合野外调查数据和相应的地形图、地貌图、DEM 数据,通过对各种地物光谱的特征分析,建立区域生境信息自动分类方法模型,对区域内的生境信息进行自动目标识别和自动分类提取,根据统计分析方法得到区域内的生境分布、面积、质量与空间格局以及生境保护现状等信息,为生物多样性和生境保护决策提供技术支持。

1. 原理方法

生态系统多样性与生境类型分类技术包括影像多尺度分割和典型地物分类特征分析。

1) 影像多尺度分割

多尺度分割采用异质性最小的区域合并算法,是自下而上基于区域生长合并的分割方法,在分割过程中相邻的相似像元被合并成一个不规则多边形对象,因此对象的异质性 f 是不断增长的,要确保合并后对象的异质性小于设定好的阈值。因为分割时相邻对象是成对的生长合并的,所以要合并的对象应该是相互对应并且是异质性最小的。

多尺度分割中分割参数的设置直接决定分割结果的好坏。如果选择大的分割参数,会使中小地物有可能被分割到大的地物中,如果选择小的分割尺度,则大的地物有可能被分成几部分,形状特征会受到影响。在能区分不同影像地物的基础上尽可能以最大的分割尺度来分割,而在实际中应该根据地区特征和分类的目的来设定。多尺度分割算法中需要设置的参数包括波段的权重因子、异质性因子和分割尺度。

异质性 f 是通过合并后对象的光谱异质性和形状异质性的加权值来计算的,其中光谱异质性和形状异质性的权重和为 1。

$$f = w_1 h_{color} + (1 - w_1) h_{shape} \qquad (5.1.6)$$

式中,h_{color} 为光谱异质性;h_{shape} 为形状异质性;w_1 为光谱异质性权重。

光谱异质性是通过对象像元的光谱值计算的:

$$h_{color} = \sum_{c=1}^{c} w_c [n_m \sigma_m - (n_1 \sigma_1 + n_2 \sigma_2)] \qquad (5.1.7)$$

式中,c 为影像的波段数;w_c 为影像中各波段的权重;n_m 为合并后对象的像元个数;σ_m 为合并后对象的标准方差;n_1、n_2 为合并前两个相邻对象的像元个数;σ_1、σ_2 为合并前两个相邻对象的标准方差。

形状异质性是根据对象的形状计算的:

$$h_{shape} = w_2 + h_{com} + (1 - w_2) h_{smooth} \qquad (5.1.8)$$

式中,w_2 为紧致度的权重;h_{com} 为紧致度异质性;h_{smooth} 为光滑度异质性。

紧致度异质性:

$$h_{com} = \sqrt{n_m} E_m - (\sqrt{n_1} E_1 + \sqrt{n_2} E_2) \qquad (5.1.9)$$

式中,n_m 为合并后对象的像元个数;n_1、n_2 为合并前两个相邻对象的像元个数;E_m 为合并后对象区域的实际边界长度;E_1、E_2 为合并前两个相邻对象区域的实际边界长度。

光滑度异质性:

$$h_{smooth} = n_m E_m / L_m - (n_1 E_1 / L_1 + n_2 E_2 / L_2) \qquad (5.1.10)$$

式中,n_m 为合并后对象的像元个数;n_1、n_2 为合并前两个相邻对象的像元个数;E_m 为合并后对象区域的实际边界长度;E_1、E_2 为合并前两个相邻对象区域的实际边界长度;L_m 为包含合并后影像区域范围的矩形边界长度;L_1、L_2 为包含合并前影像区域范围的两个矩形边界长度。

2) 典型地物分类特征分析

在遥感影像分割后,影像的单元变成了同质像元组成的不规则多边形对象。根据地物类型,影像分割对象的分类方法一般采用最邻近分类和成员函数法分类。最邻近分类方法是利用训练样本对象来选择对象特征,与传统的监督分类相似,选择训练区作为样本对象,统计样本对象的各地类训练样本的特征,以这个特征为中心,计算各未分类的对象用于分类的特征与特征中心的距离,如果距离样本类的特征中心最近,则被分到那个类别。当地物特征不明显,无法描述其特征空间时,适合使用最邻近距离法。成员函数法分类方法是通过影像对象本身以及对象间的特征属性,计算隶属函数,获得相应区域特征的模糊化值,建立规则模型来进行影像分类,选择特征时应当选择待分类类别最显著的特征加入规则库,而且不能加入太多,过多的规则会影响分类精度。研究采用基于规则的分类方法,综合分析影像各类地物信息,并且对各种信息进行组合,建立规则集,实现对影像的分类。

遥感影像的对象特征是面向对象分类的必要因素,对象的特征包括三种:光谱特征、形状特征、纹理特征。光谱特征包括均值、灰度比值、标准差等;形状特征包括面积、长宽比等;纹理特征包括灰度共生矩阵方差等,生态系统多样性与生境类型分类技术流程如图5.1.3所示。

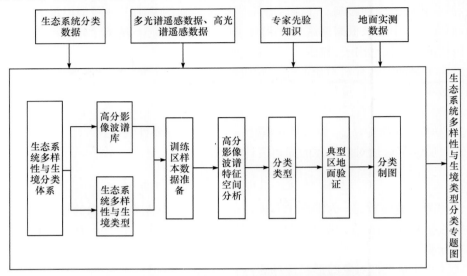

图 5.1.3 生态系统多样性与生境类型分类技术流程

2. 应用实例

利用 2014 年 2 月 17 日高分一号卫星 16m 分辨率影像,在海南中南部生物多样性保护优先区进行应用研究,提取影像对象的光谱信息、形状信息和纹理信息对影像对象进行分类,结果如图 5.1.4 所示。从分类结果和原始影像的对比图来看,大部分较为明显的道路被很好地提取出来了,只有极细的、极不明显的少量道路没有提取出来;居民点整体提取效果较好,只有少量居民点和工矿用地混淆;工矿用地呈大面积分布,得到较好的提取结果。

为验证本算法进行生态系统多样性与生境类型提取结果的空间精度,在海南中南部生物多样性保护优先区进行了实地采样,如图 5.1.5 所示,同时结合目视解译的方法提取了相应年份准确的生态系统多样性与生境类型数据,对分类结果进行了空间精度验证。验证结果见表 5.1.2,其中总体精度为 93%。同时采用混淆矩阵法对信息提取的结果进行精度评价,根据混淆矩阵,得到的 Kappa 系数为 0.89,说明生态系统多样性与生境类型分类技术的信息提取具有较高精度。

表 5.1.2 生态系统多样性与生境类型分类技术自动分类与人工解译混淆矩阵 （单位:km²）

类别		自动分类结果					合计
		森林面积	湿地面积	城镇面积	农田面积	其他面积	
人工解译结果	森林面积	7806	128	59	49	38	8080
	湿地面积	19	394	18	27	23	481
	城镇面积	23	39	793	24	38	917
	农田面积	93	76	85	3033	90	3377
	其他面积	26	21	29	17	792	885
合计		7967	658	984	3150	981	13740

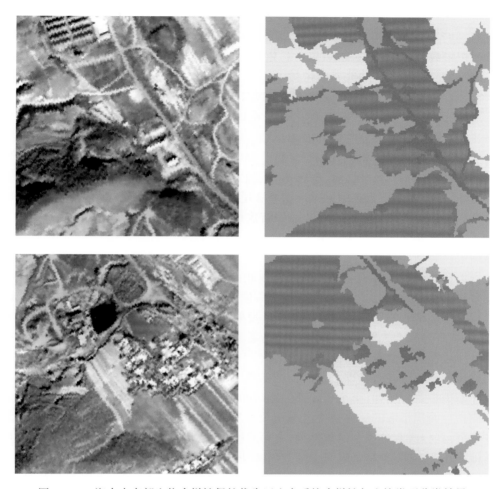

图 5.1.4　海南中南部生物多样性保护优先区生态系统多样性与生境类型分类结果

图 5.1.5　海南中南部生物多样性保护优先区实地采样

5.1.3　基于高分卫星的叶面积指数反演技术

叶面积指数(leaf area index,LAI)定义为单位土地面积上植物绿色叶片的总面积与土地面积的比值。它决定了陆地表面植被的生产力,影响着地表和大气之间的相互作用。叶面积指数是森林生态系统的一个重要结构参数,叶片影响植被冠层内的许多生物化学过程,在生态过程、大气生态系统的交互作用以及全球变化等研究中都需要叶面积指数的资料。在以前几乎不可能获取大范围的叶面积指数。遥感技术提供了条件,现在已经可以通过遥感手段反演大范围的叶面积指数。当前基于 MODIS 的全球叶面积指数图也已进入产品阶段,但是由于地表的不均一性,低、中分辨率遥感图像反演得到的叶面积指数有很大的不确定性。另外,一些叶面积指数的遥感反演算法还只是在理论研究阶段,因此利用长时间序列高分辨率遥感数据准确估算区域内叶面积指数具有重要意义。

叶面积指数遥感估算方法从本质上主要分为两类:统计模型法和物理模型反演法。统计模型法中最典型的是植被指数法。例如,Darvishzadeh 等(2009)、陈鹏飞等(2013)通过建立植被指数和叶面积指数的统计关系来反演叶面积指数。该方法相对比较简单,是根据研究对象多年累积的数据及其对应时刻,结合气温、降水等气象因素,进行相关性分析,实现预测和估算。但是植被的生理生化参数与光谱反射率之间的关系较复杂,由于受叶冠结构、植被密度、土壤背景和大气等影响,利用植被指数建立的模型常缺乏普适性,反演误差较大,因此统计模型法在适用性和灵活性上有所欠缺。

相比建立于统计关系基础之上的植被指数法,许多学者开始探讨基于物理模型反演得到植被叶面积指数。例如,李小文和王锦地(1995)、李鑫川等(2012)致力于辐射传输模型的构建来提高叶面积指数的反演精度。冠层反射率模型通常分为两种,即几何光学模型与辐射传输模型,其分成两种模型的依据是,地面的植被(在生态学上就是森林、草地、农作物)主要有两种外在形态:一种是具有明显的几何特征(如树木、成垄分布的农作物、灌丛等),另一种则不具有明显的几何特征(如已封垄的农作物、大面积的草地等)。两种模型逐渐相互融合,现在已经没有明显区分,即以几何光学为基础的模型加入对多次散射的考虑,而以辐射传输为基础的模型加入对热点现象的考虑。这两种模型已经被许多学者相互结合来共同反演叶面积指数。近年来还发展了神经网络法、小波变换法、主成分分析法和支持向量机等方法。

1. 基于广义回归神经网络反演叶面积指数的技术原理

Donald(1991)提出广义回归神经网络(generalized regression neural network,GRNN),其包括输入层、隐层、总和层、输出层。GRNN 对于光滑函数具有通用的近似特性,只要给出足够的数据就可以实现比较精确的近似,即使在取样数目很少且为多维的情况下这种算法也是非常有效的。GRNN 不需要迭代训练,因此训练速度很快,简单、稳定且能很好地描述动态系统特性。

Tang 等利用机载激光雷达(laser vegetation imaging sensor,LVIS)数据生成了多个区域不同时间的高分辨率 LAI 数据,与地面测量数据的比较分析表明,从 LVIS 数据中反演得到的 LAI 能够准确地描述 LAI 的空间变化。考虑到 LVIS LAI 覆盖的多个区域没有高分卫星数据,项目组收集了这些区域 Landsat TM 或 ETM＋的地表反射率数据,然后通过波段转换,计算得到相应的高分卫星地表反射率数据。基于转换得到的高分卫星地表反射率和 LVIS LAI,按地表类型分别构造神经网络的训练数据。为取得比较好的预测效果,在训练网络之前,利用式(5.1.11)对训练数据进行归一化处理。

$$X_{norm} = 2.0(X - X_{min})/(X - X_{max}) - 1 \qquad (5.1.11)$$

式中,X_{max} 和 X_{min} 分别为变量 X 的最大值和最小值。Landsat TM/ETM+ 与 GF 地表反射率数据波段之间的转换公式如下:

$$\rho_i^{GF} = \sum \rho_j^{TM/ETM+} c_{i,j} + c_{i,0} \qquad (5.1.12)$$

式中,$\rho_j^{TM/ETM+}$ 为 Landsat TM/ETM+ 的地表反射率;ρ_i^{GF} 为 GF 地表反射率,$c_{i,j}$ 为波段之间的转换系数。Landsat TM 与 GF 地表反射率数据波段之间的转换系数见表 5.1.3。表 5.1.4 为 Landsat ETM+ 与 GF 地表反射率数据波段之间的转换系数。利用 TM 和 ETM+ 的转换结果与模拟数据的拟合表明,各波段地表反射率数据都具有很好的转换结果。

表 5.1.3　Landsat TM 与 GF 地表反射率数据波段之间的转换系数

GF 波段	c_1	c_2	c_3	c_4	c_5	c_7	c_0
$i=1$	0.8153	0.2765	−0.0814	−0.0128	−0.0100	−0.0013	−0.0007
$i=2$	0.3835	0.5300	0.0659	0.0316	0.0147	−0.0057	−0.0004
$i=3$	−0.1372	0.2985	0.8325	0.0015	−0.0226	0.0284	−0.0002
$i=4$	−0.0665	0.1346	−0.0473	0.9858	0.0016	−0.0146	0.0008

表 5.1.4　Landsat ETM+ 与 GF 地表反射率数据波段之间的转换系数

GF 波段	c_1	c_2	c_3	c_4	c_5	c_7	c_0
$i=1$	0.7582	0.3103	−0.0558	−0.0147	−0.0085	−0.0029	−0.0002
$i=2$	0.2949	0.5966	0.0931	0.0258	0.0137	−0.0068	−0.0001
$i=3$	−0.1226	0.2598	0.8511	0.0090	−0.0276	0.0293	0.0002
$i=4$	−0.0601	0.1147	−0.0328	0.9797	0.0178	−0.0245	0.0006

和传统的 BP 网络不同,给定 GRNN 的输入数据,GRNN 的结构和权重也就确定了。因此,GRNN 的训练主要是优化平滑参数 σ,通过修改隐层中神经元的转换函数,从而得到最优的 LAI 回归估计。采用保留方法构造如下平滑参数的代价函数,利用 SCE-UA 全局优化算法求取各地类 GRNN 的最优平滑参数。利用转换后的地表反射率数据与高分辨率 LAI 数据,按地表类型分别训练相应的神经网络,利用 GF 地表反射率数据反演 LAI,广义回归神经网络反演 LAI 技术流程如图 5.1.6 所示。

$$f(\sigma) = \frac{1}{n} \sum_{i=1}^{n} [\hat{Y}_i(X_i) - Y_i]^2 \qquad (5.1.13)$$

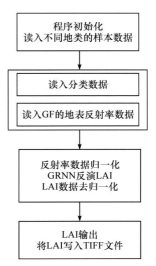

图 5.1.6　广义回归神经网络反演 LAI 技术流程

2. 应用实例

选择青海三江源地区玛多县和称多县为示范区,利用上述 LAI 反演算法生产了三期(2013 年夏季平均 LAI、2013 年秋季平均 LAI 和 2014 年春季平均 LAI),如图 5.1.7 所示。当地夏季云量较大,冬季积雪覆盖面积广,因此 LAI 数据在这些地方不能代表植被的生长状况,反演过程中采用无值处理。高分卫星数据分辨率较高,反演结果在空间细节的表达上更加清楚。

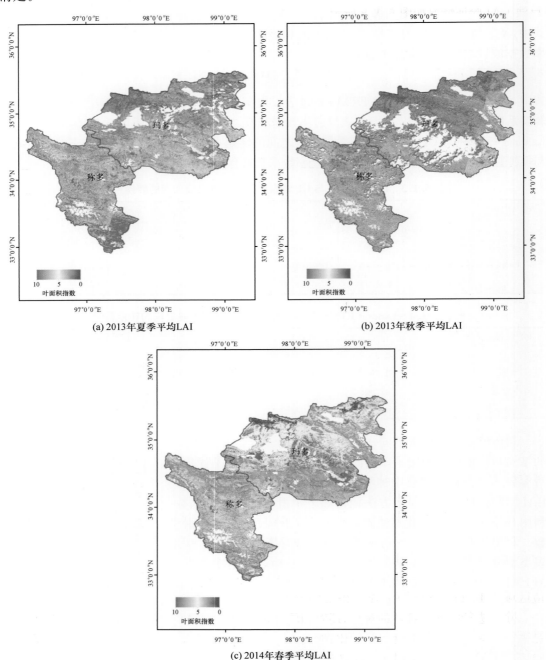

(a) 2013年夏季平均LAI

(b) 2013年秋季平均LAI

(c) 2014年春季平均LAI

图 5.1.7　2013～2014 年玛多县和称多县高分一号卫星叶面积指数反演图

由于地面验证数据的缺失,采用由高分卫星 LAI 与实测数据验证及高分卫星 LAI 与 MODIS LAI 产品进行对比验证相结合的方式对 LAI 反演结果进行验证。MODIS LAI 产品空间分辨率为 1000m,时间分辨率为 8d。由于青海三江源地区没有 LAI 的实测站点,通过收集到的怀来和根河 LAI 实测数据(表 5.1.5)与高分卫星 LAI 的对比发现,尽管实测 LAI 数据较少,但从对比结果来看,高分卫星 LAI 与实测数据存在较好的一致性,高分影像反演 LAI 验证情况如图 5.1.8 所示。

表 5.1.5　根河、怀来、黑河站点数据收集情况

类型	地区	时间(年-月)	时间分辨率/d	站点数据数目/个
LAI	根河	2013-08～2013-10	8	8
	怀来	2013-07～2013-09	8	74
ET	黑河	2013-07～2013-09	8	20

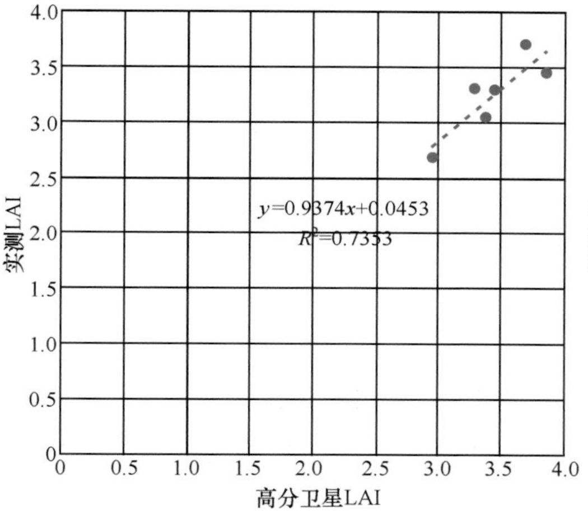

图 5.1.8　高分影像反演 LAI 验证情况

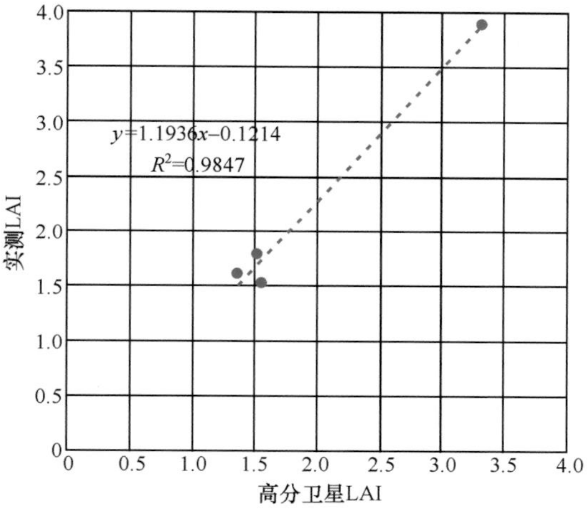

通过与 MODIS LAI 产品的对比,在青海三江源地区,基于 GF 数据进行 LAI 的反演具有较好的效果。图 5.1.9 所示为同一区域(图像中心经纬度为 96.4°E,33.9°N)的 GF 和 MODIS 的 LAI 产品,这一区域植被覆盖状况较好。图 5.1.9(a)是 2013 年 8 月 13 日 16m 分辨率的 GF 数据反演得到的 LAI;图 5.1.9(b)是 16m 分辨率的 GF LAI 插值得到的 1000m 分辨率的 LAI;图 5.1.9(c)是相应区域的 1000m 分辨率的 MODIS LAI 产品。

图 5.1.10 所示为同一区域(图像中心经纬度为 100.8°E,38.5°N)的 GF 和 MODIS 的 LAI 产品,这一区域植被覆盖状况较好,同时也存在裸土、裸岩等非植被区域,空缺的部分即为非植被区域。图 5.1.10(a)是 2013 年 8 月 9 日 16m 分辨率的 GF 数据反演得到的 LAI;图 5.1.10(b)是 16m 分辨率的 GF LAI 插值得到的 1000m 分辨率的 LAI;图 5.1.10(c)是相应区域的 1000m 分辨率的 MODIS LAI 产品。

除了进行空间一致性的对比,还对相同分辨率的 GF LAI 的插值产品与 MODIS LAI 产品进行了具体取值的线性回归对比,如图 5.1.11 所示。图 5.1.11(a)为区域一两幅图像植被区域 LAI 所有像元的散点图,图 5.1.11(b)为区域二两幅图像植被区域 LAI 所有像元的散点图。由图可知,GF LAI 插值到 1000m 后,不仅在空间分布上与 MODIS LAI 保持较好的一致性,在具体取值范围上,也与 MODIS LAI 具有较好的线性相关性和较高的拟合度。由此可以验证基于 GF 的 LAI 算法在青海三江源地区具有较好的反演效果。

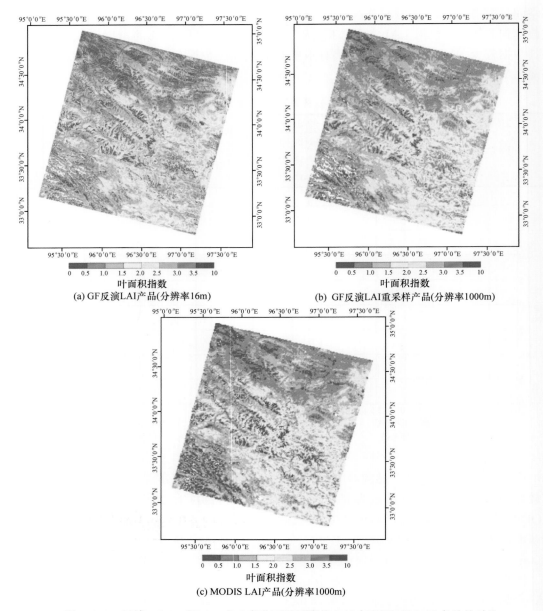

(a) GF反演LAI产品(分辨率16m)　　　　(b) GF反演LAI重采样产品(分辨率1000m)

(c) MODIS LAI产品(分辨率1000m)

图 5.1.9　区域一(96.4°E,33.9°N)高分卫星反演的 LAI 与 MODIS LAI 产品的对比

5.1.4　基于高分卫星的蒸散反演技术

　　利用大尺度生态系统模型模拟对气候变化的陆面响应时,陆面模式、生态系统生产力模型、水文模型、作物生长模型等都需要陆面参数集。在区域尺度,尤其是全球尺度估计上述陆面参数,遥感是唯一可行的方法。蒸散(evapotranspiration,ET)是指土壤表面水分蒸发和植被水分蒸腾这两个同时发生的独立过程中传输到大气中的水分(单位:mm),对于地球科学极为重要,它连接了地表水分循环、二氧化碳循环和能量交换,是水陆表面热量平衡和

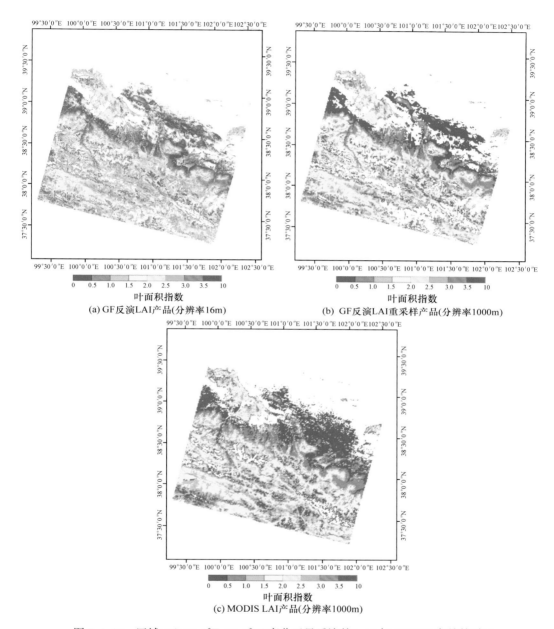

(a) GF反演LAI产品(分辨率16m)

(b) GF反演LAI重采样产品(分辨率1000m)

(c) MODIS LAI产品(分辨率1000m)

图 5.1.10　区域二(100.8°E,38.5°N)高分卫星反演的 LAI 与 MODIS 产品的对比

水量平衡的重要因素,是陆地表层能量循环、水循环和碳循环中最难估算的分量,是农业、水文预报、天气预报以及气候过程模拟中必不可少的关键变量。作为水圈、大气圈和生物圈水分及能量交换的主要过程参量,从卫星遥感数据中准确估计区域高质量的长时间序列 ET 产品,对于分析区域气候变化以及探索区域能量循环、碳循环机制具有重要意义。

尽管国际上已成功把 MODIS 数据作为主推卫星数据,MODIS ET 产品应用也较广泛,然而由于 MODIS 卫星分辨率还比较粗,环境监测还存在很大的不确定性,尤其在三江源地区类似的小区域内,由于分辨率较粗,不能满足使用的精度要求。高分辨率卫星的出现,显

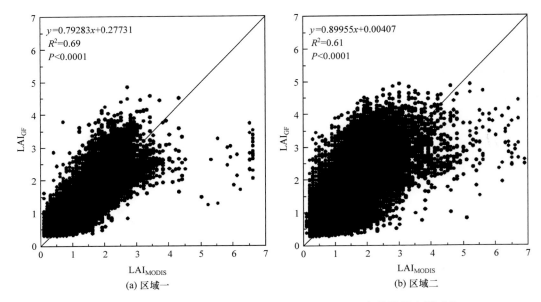

图 5.1.11　高分卫星反演的 GF LAI 与 MODIS LAI 产品的散点图对比

著提高了环境监测能力,但与传统中低分辨率卫星相比,高分辨率卫星数据应用相对滞后。本节将传统 ET 算法用于高分一号卫星数据的 ET 反演,并针对三江源地区的算法系数进行修正,得到了基于高分一号数据适用于三江源地区的 ET 估算算法,经过地面站点观测数据的验证以及与 MODIS ET 产品的对比验证,证明所选用的 ET 算法精度较高,具有较好的反演效果。通过本研究形成基于高分一号的植被关键参量——蒸散的综合反演技术,利用遥感估算高精度高时空分辨率的蒸散,为我国乃至全球的高分辨率卫星植被参数反演以及环境监测应用提供遥感技术支撑。

1. 原理方法

(1) Monin-Obukhov 相似理论。

Monin-Obukhov 相似理论是 1954 年 Monin 和 Obukhov 提出现代微气象学计算大气通量的一个理论。该理论认为,近地表层内湍流通量不随高度变化,通过稳定度普适函数将湍流通量与温度、湿度梯度联系起来,与物理上的欧姆定律类似。其基本表达式如下:

$$\text{ET} = \lambda E = \frac{\rho C_p (e_1 - e_2)}{\gamma^* r_h} \tag{5.1.14}$$

$$H = \frac{\rho C_p (T_1 - T_2)}{r_h} \tag{5.1.15}$$

式中,H 为表面的显热通量;λE 为伴随陆表蒸散过程中的潜热通量(在蒸散过程中,水分从液体变为气体,吸收能量 λE 来冷却地表,蒸发主要考虑水分,潜热主要考虑能量);ρ 为空气密度;C_p 为空气定压比热;γ^* 为订正的干湿球常数;T_1 和 e_1 分别为地表大气温度和水汽压;T_2 和 e_2 分别为参考高度的大气温度和水汽压;r_h 为空气动力学阻抗。尽管 Monin-Obukhov 相似理论比较简单,但是计算潜热通量需要知道空气动力学阻抗,而空气动力学阻抗很难确定,即使空气动力学阻抗小的误差也会引起计算潜热通量较大的误差。此外,Monin-Obukhov

相似理论在植被冠层内部通量变化复杂的情况下并不适用,需要重新改进 Monin-Obukhov 公式以提高地表潜热通量估算的精度。

(2) Penman-Monteith 理论。

1948 年,Penman 基于能量平衡理论提出计算水面蒸发的 Penman 公式。后来 Monteith 基于 Monin-Obukhov 相似理论和地表能量平衡方程将冠层阻抗的概念引入 Penman公式中,考虑了地表植被生长以及土壤供水的影响,推导出著名的 Penman-Monteith 公式(Penman,1948),其基本公式为

$$ET = \lambda E = \frac{\Delta \cdot R_n + \rho C_p \cdot VPD/r_a}{\Delta + \gamma(r_a + r_s)/r_a} \tag{5.1.16}$$

式中,Δ 为饱和水汽压与温度曲线的斜率;γ 为干湿球常数;VPD 为空气饱和水汽压与实际水汽压的差;r_a 为空气动力学阻抗;r_s 为地表阻抗。该公式适用于植被覆盖茂密的区域,对植被稀疏的区域模拟效果并不理想。

针对 Penman-Monteith 模型阻抗的复杂性和参数确定的困难性,1972 年,Priestley 和 Taylor 忽略了空气动力项,引入经验系数,提出经典的 Priestley-Taylor 潜热通量估算算法,该算法是 Penman-Monteith 公式的简化版,其表达式如下:

$$ET = \lambda E = \alpha \frac{\Delta}{\Delta + \gamma}(R_n - G) \tag{5.1.17}$$

式中,α 为 Priestley-Taylor 系数,在湿润条件下取 1.26。尽管 Priestley-Taylor 方法参数少,简单易用,但是受大气状况以及地表环境状况的影响,系数扩展比较困难,增加了地表潜热通量的估算难度,几种典型的蒸散遥感估算算法见表 5.1.6。

表 5.1.6　几种典型的蒸散遥感估算算法

算法	算法描述	参考文献
MODIS 算法	$\lambda E = \lambda E_{wet\_c} + \lambda E_{trans} + \lambda E_{soil}$ $\lambda E_{wet\_c} = \dfrac{[\Delta \times R_{nc} + \rho C_p(e_{sat} - e)F_c/rhrc]F_{wet}}{\Delta + \dfrac{P_a \times C_p \times rvc}{\lambda \times \varepsilon \times rhrc}}$ $\lambda E_{trans} = \dfrac{[\Delta \times R_{nc} + \rho C_p(e_{sat} - e)F_c/r_a](1 - F_{wet})}{\Delta + \gamma(1 + r_s/r_a)}$ $\lambda E_{wet\_soil} = \dfrac{[\Delta \times R_{nc} + \rho C_p(e_{sat} - e)(1 - F_c)/r_{as}]F_{wet}}{\Delta + \gamma r_{tot}/r_{as}}$ $\lambda E_{soil\_pot} = \dfrac{[\Delta \times R_{ns} + \rho C_p(e_{sat} - e)(1 - F_c)/r_{as}](1 - F_{wet})}{\Delta + \gamma r_{tot}/r_{as}}$ $\lambda E_{soil} = \lambda E_{wet\_soil} + \lambda E_{soil\_pot}\left(\dfrac{RH}{100}\right)^{VPD/\beta}$	Mu 等(2011)
PT-JPL 算法	$\lambda E = \lambda E_s + \lambda E_c + \lambda E_i$ $\lambda E_c = (1 - f_{wet})f_g f_T f_M \alpha \dfrac{\Delta}{\Delta + \gamma} R_{nc}$ $\lambda E_s = [f_{wet} + f_{SM}(1 - f_{wet})]\alpha \dfrac{\Delta}{\Delta + \gamma}(R_{nc} - G)$ $\lambda E_i = f_{wet} \alpha \dfrac{\Delta}{\Delta + \gamma} R_{nc}$	Fisher 等(2008)

续表

算法	算法描述	参考文献
MS-PT 算法	在 PT-JPL 算法的基础上,采用表观热惯量(温度昼夜温差)参数化了土壤水分蒸发因子,采用 N95 算法计算植被蒸腾时的潜热通量,水分限制因子的计算公式:$f_{sm}=\left(\dfrac{1}{DT}\right)^{DT/DT_{max}}$	Yao 等(2013)
UMD-SEMI 算法	$ET_E=\dfrac{\Delta}{\Delta+\gamma}R_s\left[a_1+a_2\times VI+RHD(a_3+a_4\times VI)\right]$ $ET_A=\dfrac{\gamma}{\Delta+\gamma}WS\times VPD\left[a_5+RHD(a_6+a_7\times VI)\right]$ $ET=a_8(ET_E+ET_A)+a_9(ET_E+ET_A)^2$ 当 VI 取 NDVI 时,系数依次为 $a_1=0.476,a_2=0.284,a_3=-0.654,$ $a_4=0.264,a_5=3.06,a_6=-3.86,a_7=3.64,a_8=0.819,a_9=0.0017$	Wang 和 Dickinson (2012)

通过选取样例数据,运用表 5.1.6 中 PT-JPL 算法、MS-PT 算法及 UMD-SEMI 算法进行实验对比。结果表明,UMD-SEMI 算法整体上具有较高的精度,并且稳定性较好,优于其他两种算法。因此本节选取 UMD-SEMI 算法,该算法具有较好的实用性和较强的可操作性,算法如下:

$$ET_E=\frac{\Delta}{\Delta+\gamma}R_s\left[a_1+a_2\times NDVI+RHD(a_3+a_4\times NDVI)\right] \tag{5.1.18}$$

$$ET_A=\frac{\gamma}{\Delta+\gamma}WS\times VPD\left[a_5+RHD(a_6+a_7\times NDVI)\right] \tag{5.1.19}$$

$$ET=a_8(ET_E+ET_A)+a_9(ET_E+ET_A)^2 \tag{5.1.20}$$

式中,ET_E 为对 ET 的能量控制;ET_A 为对 ET 的大气控制;Δ 为饱和水汽压变化率,γ 为湿度计算常数;R_s 为入射太阳辐射;RHD 为相对湿度逆差;VPD 为水汽压逆差;WS 为风速。结合三江源地区的实际情况,对算法中的系数进行重新标定,使其更加适合三江源地区的实际情况。通过拟合 GF NDVI 与 MODIS NDVI 的线性关系,可得其线性关系为

$$NDVI_{GF}=\frac{NDVI_{MODIS}}{1.18378}+0.0098 \tag{5.1.21}$$

根据该线性关系,利用 MODIS NDVI 值对 GF NDVI 值进行线性校正,通过将线性系数融合进蒸散算法来对其系数进行调整,得到适用于三江源地区基于高分数据的蒸散算法系数。三江源地区高分卫星 ET 估算算法系数见表 5.1.7,高分影像反演 ET 技术流程如图 5.1.12 所示。

表 5.1.7　三江源地区高分卫星 ET 估算算法系数

系数	取值	系数	取值	系数	取值
a_1	0.474	a_4	0.223	a_7	3.080
a_2	0.240	a_5	3.060	a_8	0.819
a_3	−0.553	a_6	−3.260	a_9	0.0017

2. 应用实例

图 5.1.13 是基于高分数据反演得到的玛多县和称多县 GF ET 产品,均为多景 GF 影像

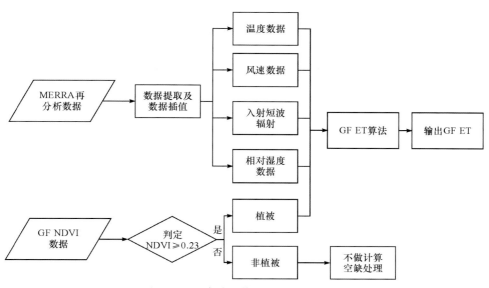

图 5.1.12　高分影像反演 ET 技术流程

反演 ET 结果拼接、裁剪而成的,该研究区域主要的植被覆盖类型为草地。8 月植被覆盖状况最好,1 月到处积雪覆盖。图 5.1.13(c)为春季(2014 年 6 月)GF ET 产品。6 月草地开始复苏,从产品示范图中可以看出,2014 年 6 月 GF ET 变化范围为 $46.03 \sim 122.24 \mathrm{W/m^2}$,从称多县南部向玛多县北部依次降低,估算出的扎陵湖、鄂陵湖蒸散结果较低。图 5.1.13(a)为夏季 GF ET 产品。8 月是研究区植被(主要是草地)生长最为茂盛的月份。从产品示范图中可以看出,2013 年 8 月 GF ET 变化范围为 $35.59 \sim 136.57 \mathrm{W/m^2}$,该月份蒸散整体较高,从称多县南部向玛多县北部依次降低,估算出的扎陵湖、鄂陵湖蒸散结果较低。图 5.1.13(b)为秋季 GF ET 产品。10 月研究区植被覆盖(主要是草地)逐渐退化,从产品示范图中可以看出,2013 年 10 月 GF ET 变化范围为 $14.87 \sim 59.27 \mathrm{W/m^2}$,从称多县南部向玛多县北部依次降低,估算出的扎陵湖、鄂陵湖蒸散结果较低。

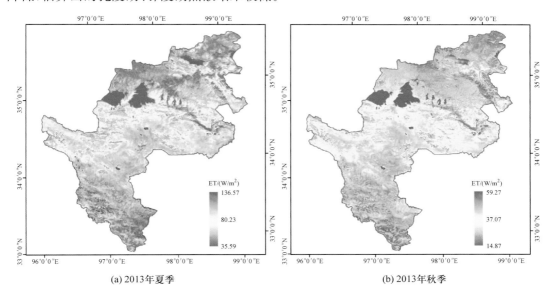

(a) 2013年夏季　　　　　　　　　　　　　　　　(b) 2013年秋季

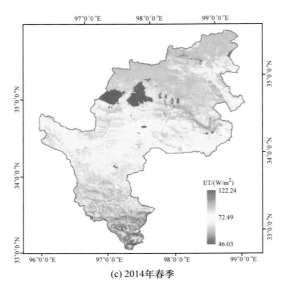

(c) 2014年春季

图 5.1.13　2013～2014 年玛多县和称多县高分一号卫星 ET 反演图

采用地面观测站点和卫星同类产品对比进行验证。

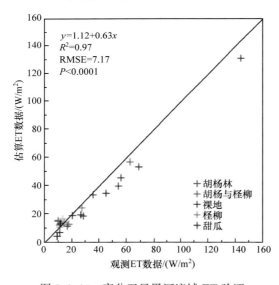

图 5.1.14　高分卫星黑河流域 ET 验证

1) 地面站点观测值验证

由于三江源地区地面观测数据的缺失，采用 2013 年黑河流域通量站点观测数据进行验证，验证站点的用地类型主要有甜瓜、胡杨林、柽柳、胡杨与柽柳以及裸地，验证结果如图 5.1.14 所示。横轴的观测 ET 数据为天尺度的地面观测数据，纵轴的估算 ET 数据为对应天的高分卫星估算 ET 数据。经过黑河流域通量观测站点的验证可知，GF ET 算法估算结果精度较高，可以达到规定要求。

在使用地面站点数据验证时，将 UMD-SEMI 算法估算的 ET 和 MODIS ET 分别与地面站点数据进行对比。部分站点对比表明，UMD-SEMI 算法效果较好，其估算的 ET 值与地面观测数据值取值范围相同，并具有较高的线性相关性，预测 ET 优于 MODIS ET。对于 ET 产品而言，在空间分布上，高分卫星数据反演的 ET 产品与 MODIS ET 产品（MOD16A2）具有较好的空间一致性。在取值范围上，GF ET 的插值产品与 MODIS ET 产品具有较好的线性相关性，取值范围相比 MODIS ET 偏高，针对这一现象，查阅文献，并进行验证。2012 年，Kim 等验证结果显示，在草地和农田地物类型上，MODIS ET 产品存在严重低估现象。由于三江源地区用地类型多为草地，在草地上进行了 MODIS ET 的站点验证。与地面实测值对比结果表明，在草地上 MODIS ET 产品值偏低。

图 5.1.15 为高分一号卫星估算的 ET 重采样产品和 MODIS 的 ET 产品对比图。图 5.1.15(a)是图像中心经纬度为 96.4°E,33.9°N 的区域对比结果,图 5.1.15(b)为图像中心经纬度为 100.8°E,38.5°N 的区域对比结果。由图可以看出,GF ET 插值到 1000m 后,在具体取值上与 MODIS ET 具有线性相关性,取值较 MODIS ET 值偏高。

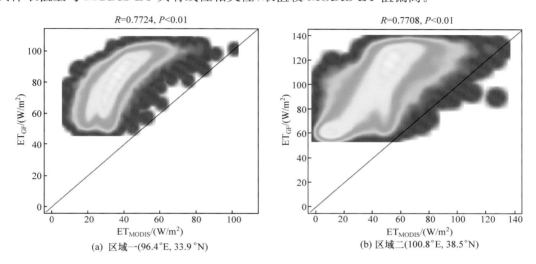

图 5.1.15　高分一号卫星估算的 ET 重采样产品和 MODIS 的 ET 产品对比图

图 5.1.16 中青海阿柔站点、内蒙古东苏站点、甘肃榆中站点和内蒙古奈曼站点 4 个站点的用地类型均为草地。横轴的观测 ET 数据为地面观测数据,用每天的观测数据进行 8 天合成,8 天中有一天无数据则 8 天无数据,单位为 W/(m² · 8d),纵轴的 MODIS ET 数据为 MODIS16A2 数据,8 天产品,单位为 mm/8d,经过单位转化为 W/(m² · 8d)。经过草地类型的站点验证可知,在草地上 MODIS ET 产品估算值偏低。三江源地区多为草地,因此在该地区 GF 估算 ET 值高于 MODIS ET 值是合理的。由于高分卫星数据具有较高的空间分辨率,所以相比 MODIS ET 产品而言,高分卫星反演得到的 ET 产品更精细、精度更高。

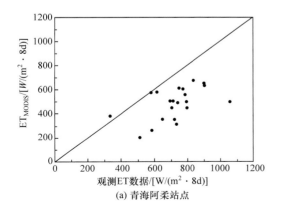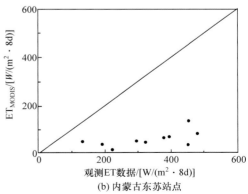

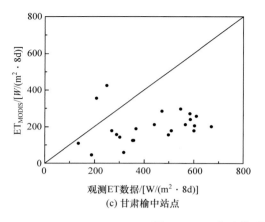

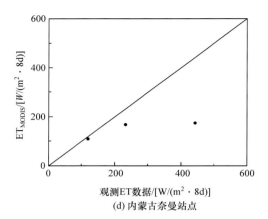

(c) 甘肃榆中站点

(d) 内蒙古奈曼站点

图 5.1.16　草地类型上的 MODIS 地面验证

2) MODIS 产品对比验证

通过与 MODIS ET 产品的对比,在三江源地区,基于 GF 数据进行 ET 的反演具有较好的效果。图 5.1.17 所示为区域一(图像中心经纬度为 96.4°E,33.9°N)的高分一号卫星和 MODIS 得到的 ET,该区域植被覆盖状况较好。图 5.1.17(a)为 2013 年 8 月 9 日 16m 分辨率 GF 数据反演的 ET;图 5.1.17(b)为 16m 分辨率的 GF ET 插值得到的 1000m 分辨率的 ET;图 5.1.17(c)为相应区域的 1000m 分辨率的 MODIS ET 产品。图 5.1.18 所示为区域二(图像中心经纬度为 100.8°E,38.5°N)的高分一号卫星和 MODIS 得到的 ET,该区域植被覆盖状况较好,同时也存在裸土、裸岩等非植被区域,空缺的部分即为非植被区域。图 5.1.18(a)为 2013 年 8 月 9 日 16m 分辨率 GF 数据反演的 ET;图 5.1.18(b)为 16m 分辨率的 GF ET 插值得到的 1000m 分辨率的 ET;图 5.1.18(c)为相应区域 1000m 分辨率的 MODIS ET 产品。

ET/(W/m²)

(a) GF反演ET产品(分辨率16m)

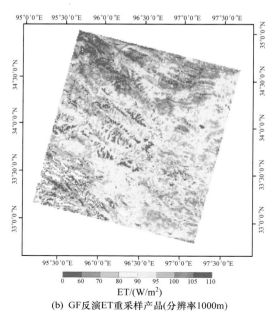

ET/(W/m²)

(b) GF反演ET重采样产品(分辨率1000m)

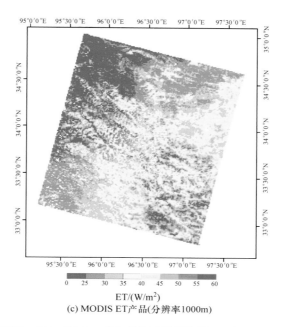

(c) MODIS ET产品(分辨率1000m)

图 5.1.17　区域一(96.4°E,33.9°N)高分卫星反演的 ET 与 MODIS 产品的对比

　　图 5.1.17(a)左下部空白是由于原始图像有云干扰,红绿蓝波段存在负值,所以做了空缺处理。图 5.1.17(b)是由于插值时当有效值像元数不足 2/3 时做空缺处理,所以空白面积增加。图 5.1.18(a)右下部的空白是由于原始图像存在问题,红绿蓝波段存在负值,所以做了空缺处理。图 5.1.18(b)是由于插值时当有效值像元数不足 2/3 时做空缺处理,所以出现大片空白。

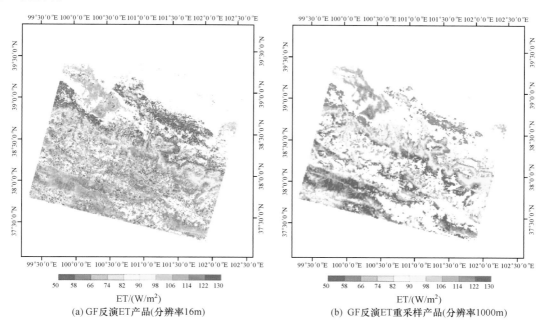

(a) GF反演ET产品(分辨率16m)　　　　　　　(b) GF反演ET重采样产品(分辨率1000m)

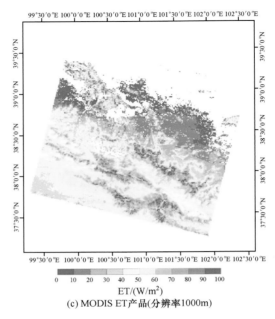

(c) MODIS ET产品(分辨率1000m)

图 5.1.18　区域二(100.8°E,38.5°N)高分卫星反演的 ET 与 MODIS 产品的对比

5.2　自然保护区高分遥感监测技术

5.2.1　自然保护区人类干扰动态监测技术

　　自然保护区内人类活动干扰主要分为农业用地、居民点、工矿用地、采石场、能源设施、旅游设施、交通设施、养殖场、道路和其他人工设施。国家级自然保护区人类干扰监测的重点在于人类活动的识别。目前,多种时空、光谱分辨率的遥感数据已成为地表覆被信息快速监测和提取的主要数据源。自然保护区的人类干扰监测存在两方面的难点:时间上的随机性、突发性和空间上的规模较小,中低分辨率的遥感影像不容易对自然保护区进行监测。使用光谱、形状、纹理等空间特征信息突出的高分辨率遥感影像能够实现对自然保护区人类活动干扰的高精度、高效率监测。

　　近年来,地物提取多采用面向对象分类方法,该方法是针对高分辨率遥感影像的特点,由 Baatz 和 Schape(2000)提出来的,面向对象分类方法是通过利用对象的空间及光谱特征对影像进行分割,使得同质像元组成大小不同的对象,分割对象内部的一致性及分割对象与相邻分割斑块对象的异质性均达到最大,以克服传统基于单个像元纯光谱分割方法的不足。众多实际应用表明,面向对象的分类方法能充分发挥高分影像的优势,提高分类精度。2001年,Hofmann 使用面向对象分类方法识别 IKONOS 影像中的非正式居民地,得到较好的效果并具有较高精度。李敏等(2008)采用对象紧致度、纹理、亮度、长宽比四个特征从 IKONOS 影像中提取的耕地信息比传统的信息提取方法更为准确。侯伟等(2010)采用纹理信息、亮度值、面积等特征值实现了居民点信息较为准确的提取。面向对象分类方法充分利用高分辨率遥感影像丰富的空间信息,弥补传统的基于像素统计特征分类方法的不足,极大地提高了高分辨率遥感影像自动识别的精度。

针对高分一号、高分二号等卫星遥感数据，采取面向对象与人工干预相结合的方法，结合历史土地利用分类数据和地面调查数据，利用人类活动类型的光谱特征、形状特征和纹理特征等建立基于高分数据的国家级自然保护区人类干扰信息提取模型，重点提取保护区内工矿企业、城镇、居民点、农田的分布与面积信息，同时按照核心区、缓冲区和实验区分别进行统计，形成一套面向业务化应用的国家级自然保护区人类干扰监测的技术方法。

1. 基于面向对象分类的人类干扰动态监测技术原理

1）自然保护区人类干扰分类

（1）光谱特征。

光谱特征反映的是对象的光谱信息，主要是指每个对象在各图层内的像素特征。以下为常用的光谱特征指标。

① 均值。是指每个对象的各图层对象的均值，由构成一个影像对象的所有 n 个像素图层值 C_L 计算得到图层平均值，用式(5.2.1)表示：

$$b = \frac{1}{n_L}\sum_{i=1}^{n_L}\overline{C_i} \tag{5.2.1}$$

② 亮度。是指对象各图层均值的平均值，影像对象图层数量均值的总和除以总的图层数而得到的平均值，用式(5.2.2)表示：

$$\overline{C_L} = \frac{1}{n}\sum_{i=1}^{n}C_{Li} \tag{5.2.2}$$

③ 标准差。用来表示图层像素的集散程度。由构成一个影像对象所有 n 个像素图层值计算得到，用式(5.2.3)表示：

$$\sigma_L = \sqrt{\frac{1}{n-1}\sum_{i=1}^{n}(C_{Li}-\overline{C_L})^2} \tag{5.2.3}$$

④ 比率。用来表示图层像素的集散程度。第 L 层的贡献率是一个影像对象的第 L 层的平均值除以所有光谱层的平均值的总和。另外，只有包含光谱信息的图层可以使用以获取合理的结果，用式(5.2.4)表示：

$$r_L = \frac{\overline{C_L}}{\sum_{i=1}^{n_L}\overline{C_i}} \tag{5.2.4}$$

（2）形状特征。

形状特征反映了对象形状方面的信息，它是形状信息的集合，这些形状信息对影像中的所有对象进行了描述。影像对象的形状特征是对象区域对象的几何特性的反映，它以提取的对象区域的边界点为基础，形成对象的形状特征。计算这些特征需要用到区域边界像素坐标的协方差矩阵：

$$S = \begin{bmatrix} \mathrm{Var}(X) & \mathrm{Cov}(XY) \\ \mathrm{Cov}(XY) & \mathrm{Var}(Y) \end{bmatrix} \tag{5.2.5}$$

式中，X 和 Y 分别为该对象的所有像元坐标(x,y)组成的矢量；$\mathrm{Var}(X)$ 和 $\mathrm{Var}(Y)$ 分别为 X

和 Y 的方差；$\text{Cov}(XY)$ 为 X 和 Y 之间的协方差；设 eig_1 和 eig_2 为该矩阵的两个特征值，其中 $\text{eig}_1 > \text{eig}_2$，则常见的形状特征如下。

① 面积。指的是构成该对象的像素总数。如果某个数据没有地理参考，则像素的面积是 1，用式（5.2.6）表示为

$$A = \sum_{i=1}^{n} a_i \tag{5.2.6}$$

② 长宽比。协方差矩阵中较大的特征值与较小的特征值的比值，用式（5.2.7）表示为

$$\gamma = \frac{1}{w} = \frac{\text{eig}_1(s)}{\text{eig}_2(s)} \tag{5.2.7}$$

③ 周长。指的是影像对象的周长，用式（5.2.8）表示：

$$\text{bl} = \sum_{i=1}^{n} e_i \tag{5.2.8}$$

④ 形状指数。描述影像对象区域边界的光滑程度，其值越小越光滑；边界越破碎，形状因子越大，用式（5.2.9）表示为

$$\text{si} = \frac{\text{bl}}{4\sqrt{A}} \tag{5.2.9}$$

⑤ 密度。描述对象区域的紧凑程度，密度值越大，则此对象越接近正方形，用式（5.2.10）表示为

$$d = \frac{\sqrt{n}}{1 + \sqrt{\text{Var}(X) + \text{Var}(Y)}} \tag{5.2.10}$$

⑥ 对称性。可用公式 $\beta = 1 - \dfrac{b}{a}$ 表示，其中，a 和 b 分别为此对象区域外接圆的长轴长度和短轴长度。

（3）纹理特征。

纹理信息对于遥感图像的分类有着非常重要的意义。纹理可以理解为图像中反复出现的局部模式和它们的规则排列。描述纹理的方法有许多，其中最常用的方法是灰度共生矩阵（gray level concurrence matrix，GLCM）。常用的纹理特征如下。

① GLCM 同质度。表示 GLCM 中较大元素值集中于对角线的程度，它是对遥感影像均调性的描述。其值越大越集中，均调性越高。用式（5.2.11）表示为

$$\text{同质度} = \sum_{i,j=0}^{n-1} \frac{P_{i,j}}{1 + (i-j)^2} \tag{5.2.11}$$

② GLCM 对比度。是对影像清晰度的描述，反映影像局部变化的程度，对比度值越大，影像局部范围内的变化越大，用式（5.2.12）表示为

$$\text{对比度} = \sum_{i,j=0}^{n-1} P_{i,j}(i-j)^2 \tag{5.2.12}$$

③ GLCM 非相似度。用来衡量影像的相似性，反映的也是影像局部变化的程度。局部的对比度越高，非相似度越高，用式（5.2.13）表示为

$$\text{非相似度} = \sum_{i,j=0}^{n-1} P_{i,j} \mid i-j \mid \tag{5.2.13}$$

④ GLCM 均值。用来表示局部窗口像素值的均值,用式(5.2.14)表示为

$$\mu_{ij} = \frac{1}{n^2} \sum_{i,j=0}^{n-1} P_{i,j} \tag{5.2.14}$$

⑤ GLCM 标准差。衡量像元值与均值的偏差,用式(5.2.15)表示为

$$标准差 = \sqrt{\sum_{i,j=0}^{n-1}(P_{i,j}-\mu_{ij})} \tag{5.2.15}$$

⑥ GLCM 角二阶矩。用来衡量局部平稳性的量,描述影像灰度分布的均质性与一致性。当影像为均质区域且有一致性纹理时,能量较大,用式(5.2.16)表示为

$$d = \sum_{i,j=0}^{n-1} P_{i,j}^2 \tag{5.2.16}$$

⑦ GLCM 相关性。用来衡量邻域灰度线性的依赖性,能反映影像中线性地物的方向性。当线性地物呈某一方向排列时,该方向的相关性较其他方向要高,用式(5.2.17)表示为

$$R = \sum_{i,j=0}^{n-1} \frac{P_{i,j}(i-\mu_i)(j-\mu_j)}{\sqrt{\sigma_i^2 \sigma_j^2}} \tag{5.2.17}$$

除以上特征指标之外,还可借鉴辅助数据对自然保护区的人类活动类型进行分类,如 NDVI、DEM、波段均值等。

不同的人类活动类型可根据不同指标来判定,对不同指标设置不同的阈值,即可进行人类活动类型的分类,具体指标见表5.2.1。

表 5.2.1　人类活动类型的分类指标

人类活动类型	分类指标
农业用地	NDVI、亮度、波段均值、GLCM 同质度
居民点	亮度、面积、长宽比、密度、GLCM 相关性
工矿用地	亮度、GLCM 对比度、面积、密度
采石场	DEM、亮度、形状指数、面积
能源设施	密度、形状指数、GLCM 角二阶矩、GLCM 标准差
旅游设施	NDVI、亮度、密度、GLCM 标准差
交通设施	面积、长宽比、GLCM 均值、形状指数
养殖场	近红外比率、波段均值、形状指数、GLCM 对比度
道路	亮度、长宽比、形状指数、GLCM 角二阶矩
其他人工设施	无法准确划分到以上 9 种人类活动类型中的设施

2) 自然保护区动态变化分析模型

自然保护区人类活动变化转移矩阵来源于系统分析中对系统状态与状态转移的定量描述。通常自然保护区人类活动转移矩阵中行表示 T_1 时自然保护区人类活动类型,列表示 T_2 时自然保护区人类活动类型。P_{ij} 表示 $T_1 \sim T_2$ 期间自然保护区人类活动类型 i 转换为自然保护区人类活动类型 j 的面积占土地总面积的百分比;P_{ii} 表示 $T_1 \sim T_2$ 期间第 i 种土地利用类型保持不变的面积百分比。P_{i+} 表示 T_1 时人类活动类型 i 的总面积百分比。P_{+j} 表示 T_2 时第 j 种人类活动类型的总面积百分比。$P_{i+} - P_{ii}$ 为 $T_1 \sim T_2$ 期间人类活动类型 i 面积

减少的百分比；$P_{+j}-P_{jj}$为$T_1\sim T_2$期间人类活动类型j面积增加的百分比（表5.2.2）。

表 5.2.2 人类活动类型变化转移矩阵

项目		T_2				P_{i+}	减少
		A_1	A_2	⋯	A_n		
T_1	A_1	P_{11}	P_{12}	⋯	P_{1n}	P_{1+}	$P_{1+}-P_{11}$
	A_2	P_{21}	P_{22}	⋯	P_{2n}	P_{2+}	$P_{2+}-P_{22}$
	⋮	⋮	⋮		⋮	⋮	⋮
	A_n	P_{n1}	P_{n2}	⋯	P_{nn}	P_{n+}	$P_{n+}-P_{nn}$
P_{+j}		P_{+1}	P_{+2}	⋯	P_{+n}	1	—
新增		$P_{+1}-P_{11}$	$P_{+2}-P_{22}$	⋯	$P_{+n}-P_{nn}$	—	—

表 5.2.2 中的 P_{+j} 行给出了 T_2 时期各人类活动类型的数量，P_{i+} 列给出了 T_1 时期各人类活动类型的数量，两者之差即是各人类活动类型的净变化量 D_j：

$$D_j = \max(P_{j+}-P_{jj}, P_{+j}-P_{jj}) - \min(P_{j+}-P_{jj}, P_{+j}-P_{jj})$$
$$= |P_{+j}-P_{j+}| \qquad (5.2.18)$$

各人类活动类型的净变化量是人类活动类型数量的绝对变化量，是人类活动变化分析中最常用到的信息，但是由于人类活动分类具有空间区位的固定性与独特性，需要交换变化来反映人类活动变化的动态演变过程，其交换变化的公式为

$$S_j = 2\min(P_{j+}-P_{jj}, P_{+j}-P_{jj}) \qquad (5.2.19)$$

S_j 表示第 j 种人类活动类型的交换量。各土地利用类型的净变化和交换变化共同构成土地利用的总变化量 C_j，其计算公式为

$$C_j = D_j + S_j = \max(P_{j+}-P_{jj}, P_{+j}-P_{jj}) - \min(P_{j+}-P_{jj}, P_{+j}-P_{jj}) \qquad (5.2.20)$$

通过人类活动类型变化的转移矩阵相关的运算，可以有效地提取自然保护区的人类活动动态信息，面向对象的人类干扰动态监测技术路线如图5.2.1所示。

2. 应用实例

自然保护区面积较大，因此以 2013 年 8 月 9 日和 2013 年 8 月 21 日拼接成的 2013 年 8 月的高分一号卫星宽覆盖数据与 2014 年 8 月 27 日的高分一号卫星影像，提取该保护区内人类活动信息，在此基础上，通过空间分析进行该区人类活动干扰空间变化信息监测，如图 5.2.2 所示。2014 年 8 月可鲁克湖和托素湖省级自然保护区人类活动信息见表 5.2.3。研究表明，2013 年 8 月～2014 年 8 月可鲁克湖和托素湖省级自然保护区人类活动干扰变化主要为保护区植物变为农业用地，新增面积为 2473572m²；保护区植物变为其他，新增面积为 20068712m²；工矿用地变为保护区植物，新增面积为 92416m²；工矿用地变为农业用地，新增面积 10108m²；工矿用地变为其他，新增面积 20153908m²；居民点变为保护区植物，新增面积为 51984m²；居民点变为农业用地，新增面积为 1444m²；居民点变为其他，新增面积 4570260m²；农业用地变为保护区植物，新增面积为 1884420m²；农业用地变为其他，新增面积 1230288m²；其他变为保护区植物，新增面积 33226440m²；其他变为工矿用地，新增面积 163172m²；其他变为居民点，新增面积 60648m²；其他变为农业用地，新增

面积为2511116m²;水体变为保护区植物,新增面积为2034596m²;水体变为其他,新增面积为1685148m²,见表5.2.4。

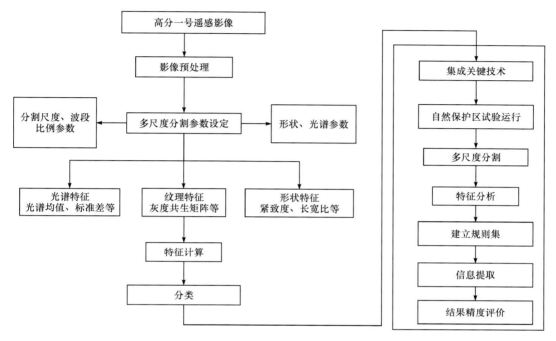

图5.2.1　面向对象分类的人类干扰动态监测技术路线

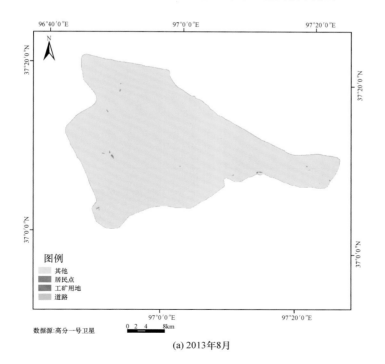

(a) 2013年8月

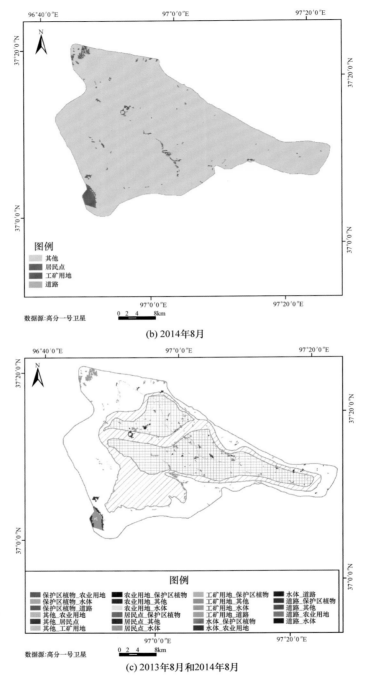

(b) 2014年8月

(c) 2013年8月和2014年8月

图 5.2.2 2013 年和 2014 年可鲁克湖和托素湖省级自然保护区人类活动干扰空间分布

根据 2013 年 8 月和 2014 年 8 月可鲁克湖和托素湖省级自然保护区人类活动干扰及变化监测结果,提取人类活动干扰及变化的斑块面积及数量,见表 5.2.3 和表 5.2.4。在可鲁克湖和托素湖省级自然保护区进行实地采样,同时结合目视解译的方法提取了相应年份的准确的人类活动干扰数据,对分类结果进行空间精度验证。结果表明,可鲁克湖和托素湖省级自然保护区人类活动信息提取总体精度达 90%。根据混淆矩阵(表 5.2.5),得到 Kappa

系数为 0.85。

表 5.2.3　2014 年 8 月可鲁克湖和托素湖省级自然保护区人类活动信息统计　（单位：m²）

功能分区	其他面积	工矿用地面积	居民点面积
可鲁克湖核心区	355284648	1962396	86640
可鲁克湖缓冲区	298689956	1517644	775428
可鲁克湖实验区	537816356	18439880	3761620
合计	1191790960	21919920	4623688

表 5.2.4　2013 年和 2014 年可鲁克湖和托素湖省级自然保护区人类活动变化信息统计　（单位：m²）

分类标志	保护区植物面积	工矿用地面积	居民点面积	农业用地面积	其他面积	水体面积
保护区植物	177006964	0	0	2473572	20068712	1625944
工矿用地	92416	1172528	0	10108	20153908	490960
居民点	51984	0	0	1444	4570260	0
农业用地	1884420	0	0	8664	1230288	17328
其他	33226440	163172	60648	2511116	722605036	18610272
水体	2034596	0	0	0	1685148	206578640
合计	214296820	1335700	60648	5004904	770313352	227323144

表 5.2.5　2014 年 8 月可鲁克湖和托素湖省级自然保护区人类活动信息混淆矩阵

（单位：m²）

类别		自动分类结果					
		工矿用地面积	居民点面积	农业用地面积	保护区植物面积	其他面积	合计
人工解译结果	保护区植物面积	1408765	138271	1196578	153276045	14846485	170866144
	工矿用地面积	18727877	209865	11976544	4839635	7345473	43099394
	居民点面积	1189364	3889172	20198754	3654876	15040876	43973042
	农业用地面积	346382	187645	320423182	8253647	12837364	342048220
	其他面积	247532	198735	1209846	6982761	583165286	591804160
	合计	21919920	4623688	355004904	177006964	633235484	1191790960

5.2.2　自然保护区生境信息提取

生境是指生物生存环境空间，即生物个体、种群或群落在其中完成生命过程的空间。生境是生物多样性的重要组成部分，是生命进化和适应的平台。2003 年，Fahrig 提出生境的退化和破碎化是生物多样性降低和物种灭绝的关键因素。在自然保护区生物学与行为生态学研究成果的基础上，通过广泛的野外调查，系统地研究生境分布、面积、质量与空间格局以及生境保护现状，为生境保护决策提供技术支持。

1994 年，Voss 等在北非苏丹红海沿岸一带的研究中，首先利用最大似然法完成了 TM 图像的沙漠蝗生境的监督分类。在此基础上，应用 GIS 技术将沙漠蝗生境的有关参数数据进行建库并与遥感生境分类图像进行复合，从而获得沙漠蝗潜在繁殖区分布图和沙漠蝗的发生、繁殖和群聚的潜在可能性评价结果。在我国，倪绍祥等（2000）结合国家自然科学基金面上项目"环青海湖地区草地蝗虫生境综合定量评估的遥感研究"，自 1996 年以来在青海湖对草地蝗虫的发生、动态变化规律、预测模型、预测系统等进行了较深入、系统的研究，其中包括在 GIS 辅助下的草地蝗虫生境的遥感分类研究。利用 TM 图像及 EnnPaper 计算机图像处理软件，完成了研究区草地蝗虫生境的最大似然分类，共划分出九种主要生境类型，并对青海湖地区草地生境的蝗虫潜在发生可能性进行评价，得到以下结论：受草地蝗虫严重危害或较严重危害的生境类型是岌岌草草原、克氏针茅草原及紫花针茅草原，高寒草甸属一般危害，高寒灌丛草甸不发生危害。

地物光谱特征是该地物所表现出来的电磁波辐射特征。多光谱、高光谱遥感数据大量的光谱波段为了解地物提供了极其丰富的遥感信息，这有助于对遥感地物进行更加细致的分类和目标识别。地物光谱特征分析是以建立光谱库为前提的。随着成像光谱仪的发展，多光谱、高光谱遥感数据剧增，地物种类越来越多，为方便对不同地物光谱曲线的管理和应用，需要建立不同类型地物的标准光谱库。因此，要对地物光谱特征进行分析就必须建立光谱库。基于多光谱、高光谱卫星遥感影像，结合特征波段知识库，可分析生态系统植被的主要光谱特征，将指标换成更细的波段范围，实现不同地物光谱特征的阈值设定，进一步实现生境信息的监测。基于高分一号等卫星数据特点，结合野外调查数据和相应的地形图、地貌图、DEM 数据，通过对各种地物光谱的特征分析，建立国家级自然保护区生境信息自动分类方法模型，对自然保护区内的生境信息进行自动目标识别和自动分类提取，根据统计分析方法得到自然保护区内生境分布、面积、质量与空间格局以及生境保护现状等信息，为分析自然保护区内的生境情况提供基础数据。

1. 基于知识库的生境信息提取技术原理

基于知识的处理过程就是将光谱数据为基础的统计模式识别方法给出的结果作为初始数据，使用辅助数据和知识库中的规则，进行不精确推理，最后确定像元点所属类别。基于高分系统多载荷数据的高分辨率、高光谱等特点，结合野外调查数据，选取训练区及合适的波段或波段组合，结合土地利用现状图和 DEM 数据，建立合适的生境分类模型并对生境进行初步分类，然后利用基于知识库的推理过程进行生境的精确分类，生成生境的分类图和空间分布图并对分类精度进行评价，生境分类和空间分布技术路线如图 5.2.3 所示。

（1）生态系统结构。自然保护区内的生态系统结构较多，如水体、裸岩、沙地和草地等，不同物种的生活习性对生态系统结构的需求不同。

（2）地形特征。坡度也是影响物种生存的一个重要因素，研究表明，一般在坡度大于 30°时不适宜物种生存，小于 30°时则相对适宜物种生存，因此，将地形特征一般分为适宜物种生存和不适宜物种生存。

（3）居民点分布。人类活动干扰是物种选择生境的一个重要因素，一般物种均会选择远离人类活动干扰的区域，根据不同物种对远离居民点的距离的适宜情况进行阈值设定，可以根据设定的不同距离将居民点对物种的影响分为强烈、中度、轻度和无影响。

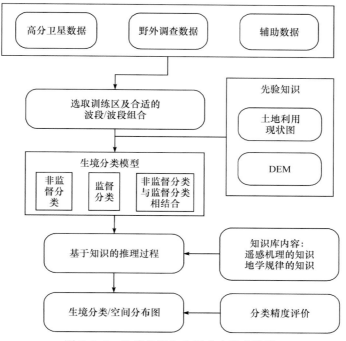

图 5.2.3　生境分类和空间分布技术路线

（4）道路分布。道路虽然是人类活动干扰的一部分，但是不同物种的迁徙习性影响物种对道路的适应能力，有些物种的迁徙习性导致其生活在道路两旁，所以可以根据设定的不同距离将道路对物种的影响分为强烈、中度、轻度和无影响。

（5）水源分布。水源虽然是大部分物种选择生境的一个重要因素，但是由于水源处具有较高的捕食风险，一些物种仍然会选择远离水源的地方活动，所以根据不同物种的习性设定不同的阈值，可以根据设定的不同距离将水源对物种的影响分为非常适宜、适宜、较差和不适宜。

以可可西里地区藏羚羊为例，综合以上指标，将生境类型分为：适宜、较适宜以及不适宜三个等级。可可西里地区藏羚羊适宜生活在高草地，地形坡度较小，远离居民点、道路和水源的生境地区，最不适宜生活在裸岩、砾石等，近居民点等人类活动干扰地区。可可西里国家级自然保护区藏羚羊生境质量适宜性评价指标见表 5.2.6。

表 5.2.6　可可西里国家级自然保护区藏羚羊生境质量适宜性评价指标

指标	适宜	较适宜	不适宜
生态系统结构	草地	沼泽	冰川、积雪、裸岩、砾石
坡度/(°)	<15	15~30	≥30
与居民点的距离/m	>6000	3000~6000	0~3000
与道路的距离/m	>3000	1000~3000	<1000
与水源的距离/m	500~2000	2000~4000	<500 或 >4000
海拔/m	4100~5200	5200~6000	>6000

2. 应用实例

对高分辨率遥感影像采用自然保护区信息提取技术，提取生境信息，根据各指标阈值对不同信息数据做缓冲区分析，分级统计，对分级后的不同图层数据做叠加分析，获取可可西里地区藏羚羊不同适宜性的生境类型区域分布。由于可可西里国家级自然保护区面积较大，主要采用 2013 年 11 月、12 月以及 2014 年 1 月的数据为主拼接前期数据，时间以 2013 年 12 月表示。后期影像数据主要采用 2014 年 10～12 月的数据拼接，缺少的数据使用 2014 年上半年的数据作为补充，采用 12 月的数据较多，以 2014 年 12 月表示。利用两期的数据提取该保护区内藏羚羊生境要素空间分布信息，主要有生态系统结构（草地、沼泽、冰川积雪）、居民点、道路、水源四类，分布情况如图 5.2.4 和图 5.2.5 所示。

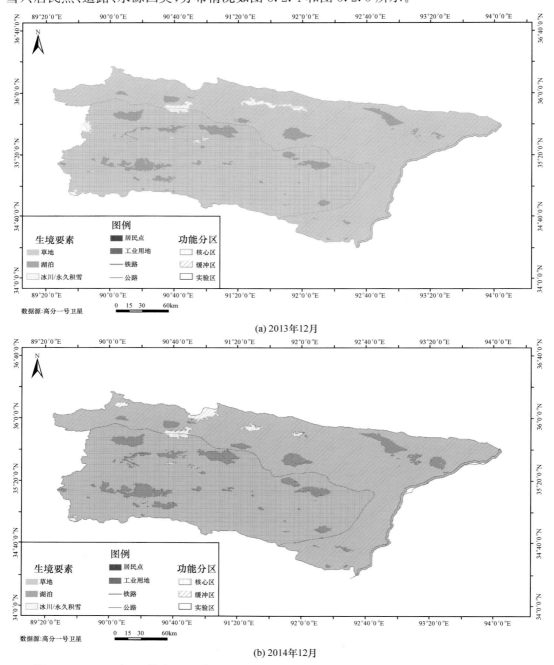

图 5.2.4　2013 年 12 月和 2014 年 12 月可可西里国家级自然保护区藏羚羊生境要素空间分布

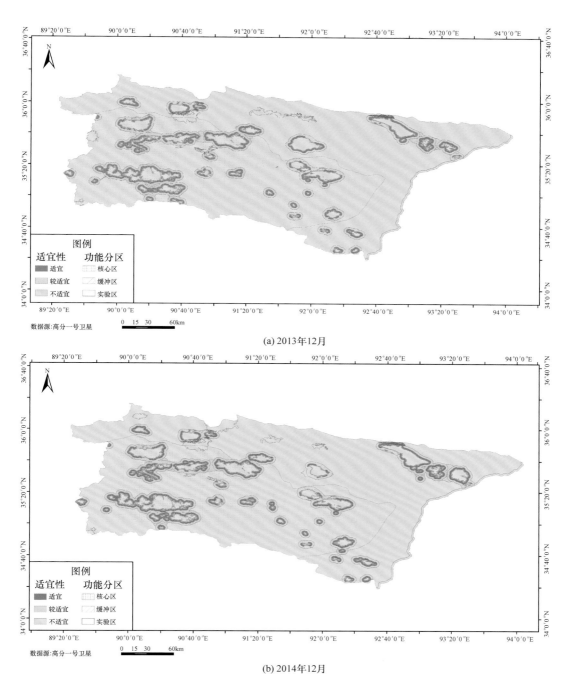

(a) 2013年12月

(b) 2014年12月

图 5.2.5　2013 年 12 月和 2014 年 12 月可可西里国家级自然保护区藏羚羊生境信息空间分布

以 2013 年 12 月和 2014 年 12 月可可西里国家级自然保护区藏羚羊生境质量监测结果为基础,利用高分一号卫星宽覆盖相机数据,通过空间分析监测该区藏羚羊生境质量变化信息,监测结果如图 5.2.6、表 5.2.7、表 5.2.8 所示。统计分析表明,2013 年 12 月和 2014 年 12 月可可西里国家级自然保护区藏羚羊生境质量由适宜变成不适宜的面积为 435.99km²,

由较适宜变为适宜的面积为 635.79km²,由不适宜变为适宜的面积为 164.31km²,由不适宜变为较适宜的面积为 997.50km²,总体生境质量得到改善。在可可西里保护区进行了实地采样,同时结合目视解译的方法提取了相应年份准确的生境数据,对分类和信息提取结果进行验证,验证表明人类活动信息提取总体精度达 88%。

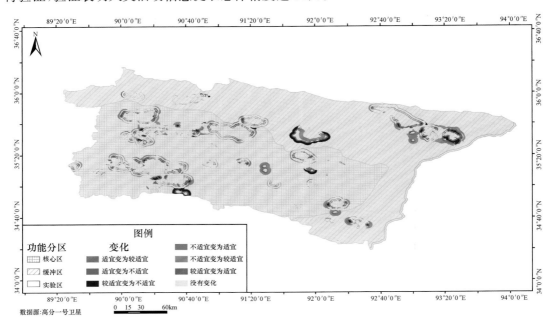

图 5.2.6　2013 年 12 月和 2014 年 12 月可可西里国家级自然保护区藏羚羊生境质量变化空间分布

表 5.2.7　可可西里国家级自然保护区生境分类与空间分布混淆矩阵　(单位:km²)

类别		自动分类结果					
		居民点面积	草地面积	沼泽面积	冰川、积雪面积	其他面积	合计
人工解译结果	居民点面积	8344	387	309	74	284	9398
	草地面积	364	9269	236	172	174	10215
	沼泽面积	235	182	9156	63	94	9730
	冰川、积雪面积	427	272	93	4547	174	5513
	其他面积	193	373	429	213	4436	5644
	合计	9562	10483	10223	5069	5162	40500

表5.2.8　2013年12月和2014年12月可可西里国家级自然保护区藏羚羊生境质量变化信息统计

（单位：km²）

类别		2014 年 12 月			
		适宜	较适宜	不适宜	合计
2013 年 12 月	适宜	1803.52	110.19	435.99	2349.70
	较适宜	635.79	3578.51	308.02	4522.32
	不适宜	164.31	997.50	32468.15	33629.96
	合计	2603.62	4686.20	33212.16	40501.98

5.3　矿山开发环境破坏高分遥感监测技术

5.3.1　未批先建工程和尾矿库自动识别模型

传统的实地监测法监测矿山用地情况费时费力，并且无法达到实时监测的目的。随着遥感技术的发展，多时间分辨率、多空间分辨率、多光谱分辨率的遥感数据已成为地表覆被信息快速检测及提取的主要数据源，遥感技术成为及时获取矿山环境数据、动态监测矿区变化的有效手段。

在国外，利用传统分类方法对矿区遥感图像提取信息的方式较早应用于矿区变化监测。Mansor 等（1994）采用 Landsat TM 数据和 NOAA-9 AVHRR 数据对印度 Jharia 煤炭主产区的地下煤火进行监测，通过实验得到 Landsat TM 波段 3、波段 5 和 NOAA-9 AVHRR 数据的波段 3 可以用来推测火区的位置。Ferrier（1999）对西班牙 Rodaquilar 铜矿区采用成像光谱技术监测矿区地面塌陷的情况，并对其形成原因进行分析。我国学者运用遥感技术进行监测的应用也很多，王晓红等（2004）采用 Landsat TM、SPOT-5、QuickBird 三种影像对江西省崇义县钨矿区环境变化情况进行分析。结果表明，TM 数据能很好地显示露天开采矿区的范围，SPOT 数据较好地反映中等规模的矿区建筑、废石堆等信息，QuickBird 高分辨率影像可以对小煤窑的开采状况进行监测，并结合采矿登记能对乱采滥挖的小煤窑进行管理。卢中正等（2006）对 SPOT-5、QuickBird、IKONOS 影像特征进行分析，结合采矿具体信息，对山西、河北各类矿山开采情况进行解译，研究得知该地区煤矿、铁矿等几个开采场为无证开采。尚红英等（2008）对新疆阿尔泰山矿区的 Landsat ETM＋、SPOT-5、QuickBird、IKONOS 遥感影像数据进行处理，对图像解译，提取了研究区矿产资源的各种情况，如开采点的位置、占地范围以及周边环境变化等信息。

申彦科和张伟（2014）以辽宁省的某尾矿库为例，在地理信息系统技术下利用 TM 遥感影像数据，结合地形图，对尾矿库扩容后的生态影像进行研究，最后总结出尾矿库扩容会对周围土地利用、植被、生态景观、地形地貌等生态环境产生影响。夏既胜等（2006）以个旧锡矿某尾矿库为例，通过地理信息系统的空间叠加、缓冲区分析等空间分析功能，完成了对尾矿库选址的研究。苗艳艳等（2007）通过采用不同时相的陆地卫星遥感数据，完成了湖北重大矿区的地质环境解译，并结合先前野外调查资料，发现 1979～2000 年该区尾矿库面积增加，采矿场和废石堆面积减少，该研究为矿区生态环境的保护与采矿企业的科学管理提供了有价值的资料。钱丽萍(2008)通过对多时相的遥感图像数据进行空间域、时间域、光谱域量化的耦合特征方法,对矿区的开采状况以及采矿可能引发的生态环境等问题进行研究。陈伟涛等(2009)从矿山开发及矿山环境遥感探测目标出发,结合矿山地物遥感图像特征,根据高分辨率、高光谱、微波和热红外遥感等不同数据对多种类型矿山目标地物的可探测程度,全面总结了矿山开发及矿山环境遥感探测的现状、研究重点、存在问题及需进一步深入探究的关键技术问题,初步提出了解决思路。综上所述,尾矿库的监测主要集中在尾矿库的坝体与环境两个方面。1999 年,Moxon 等对 Los Frailes 尾矿库进行了研究,并得出尾矿库溃坝因子主要包括尾矿库坝体设计和建造技术、尾砂含量、尾矿库库区水位和下游敏感因子等。Holmström 和 Öhlander(1999)对 Laver 和 Stekenjokk 两个尾矿库的尾矿淋滤进行对比研究,发现当尾矿的 pH 为中性或接近中性时,可以有效防止尾矿中的重金属元素进入其周围的自然环境。

基于高分一号等卫星数据的特点,对在建工程进行光谱特征分析,结合土地利用现状图、地形图等先验知识,建立在建工程信息提取模型(光谱特征变异法、Karhunen-Loeve 变换法、主成分分析法、植被指数相减法等),根据工程建设变化来建立未批先建工程自动识别模型,生成未批先建工程分布图。根据矿山尾矿的土地利用变化自动监测算法,利用高分卫星的全色波段数据对矿山尾矿堆放进行初步识别,并结合历史时期的矿山尾矿影像、工程环境影响评价批准建设书、专家检查、地面核查,获取建设前期是否未批先建、尾矿堆放是否超过尾矿设计库容等结果,最后得到矿山尾矿堆放及尾矿库监测结果,实现矿山尾矿堆放监测及尾矿库监管。

1. 高分影像波谱特征自动提取技术方法

利用高分一号、高分二号等卫星数据,基于先验知识和辅助数据等,构建矿产开发工程用地利用类型自动分类知识、规则库,建立矿产开发工程建设用地自动识别模型,结合人工操作及批复建设工程辅助数据,进行未批先建工程类型、占地面积等信息的提取,实现基于高分卫星数据的未批先建工程自动识别。

1) 矿产开发工程用地和尾矿堆放用地利用类型自动分类知识、规则库

选择典型矿产开发工程区,划定分类范围,根据国内外现有矿产开发工程用地类型划分标准,结合实地调查数据,划分包括我国区域矿产开发工程所有用地土地利用类型的土地利用分类体系。在矿产开发工程用地土地利用分类体系和目视解译现状图的基础上,进行典型矿产开发工程用地不同土地利用类型高分遥感影像波谱库构建,包括应用人工及人工智能的方法对不同土地利用类型内波谱集聚性、集聚特征以及光谱集聚特征空间进行分析和确定。

在尾矿堆放用地土地利用分类体系和目视解译现状图的基础上,进行典型尾矿堆放用地不同土地利用类型高分遥感影像波谱库构建,包括应用人工及人工智能的方法对不同土地利用类型内波谱集聚性、集聚特征以及光谱集聚特征空间进行分析和确定。

2) 矿产开发未批先建工程和尾矿库自动提取模型

矿产开发未批先建工程和尾矿库自动提取模型包括基于高分遥感影像矿产开发工程用地土地利用类型自动分类的样本区域自动提取和训练区自动提取两部分。通过 GIS 空间分析和缓冲区分析结合目视解译的矿山开发用地现状图和规则库,寻求样本训练区自动提取

的最优模型,确定样本训练区自动提取方案。通过线性或非线性模型,结合典型矿区波谱库中的不同工程用地类型波谱集聚特征,对提取的训练区中不同用地类型的高分影像波谱进行人工智能分析,自动构建不同用地类型的高分影像波谱特征空间。用统计分析手段对自动特征空间进行修正,从而确定特征空间自动提取的最优算法。根据矿产开发工程用地区域不同类型用地特有的地物光谱特征,结合提取的不同用地类型特征空间和目视解译现状图,对高分影像进行空间统计分析,实现矿产开发工程用地、尾矿库监测识别算法。以生态环境部门批准的工程分布数据为基础,结合未批先建工程用地、尾矿堆放用地自动识别结果,构建时空比较模型,实现未批先建工程用地、尾矿库空间分布的自动识别与监管,矿产开发工程未批先建自动识别模型技术流程如图 5.3.1 所示。

2. 应用实例

采用 2013 年 8 月 12 日的高分一号卫星影像数据,对内蒙古乌海市矿区分布及占用的土地资源状况进行了遥感监测。结果表明,内蒙古乌海市矿区主要分布在乌海的东半部,且分布集中,属于露天的大型矿区。内蒙古乌海市矿区空间范围遥感监测统计见表 5.3.1,矿区斑块总数为 4204 个,总面积达 285.20km²,矿区面积占全区面积的比例为 17%,其中最大矿区面积为 0.49km²,最小矿区面积 37.5m²。

以 2013 年 8 月内蒙古乌海市矿区空间范围监测结果与 2010 年 8 月已建矿区工程分布数据为基础,对该区未批先建煤矿工程信息进行监测,内蒙古乌海市未批先建矿区遥感监测结果如图 5.3.2 所示。本次未批先建工程遥感监测发现,2010 年 8 月~2013 年 8 月内蒙古乌海市未批先建矿区总数为 4 个,总面积达 2.39km²,占总矿区面积的比例为 0.8%,其中最大矿区面积约为 1.01km²。4 个未批先建工程的具体信息见表 5.3.2。根据图 5.3.3 中内蒙古乌海市矿区尾矿分布遥感结果,内蒙古乌海市尾矿库总共有 2 个,总面积为 2.05km²。

在乌海市矿区进行实地采样,同时结合目视解译的方法提取了相应年份准确的地物分类数据,对分类结果进行了空间面积精度验证,结果表明,总体精度达 95%,尾矿库提取精度为 93%。

5.3.2　矿产资源开发植被破坏与恢复监测评价

近年来,国内外学术界对矿区植被保护与生态恢复的研究日趋活跃。早在 20 世纪 20 年代国外就开始对露天开采褐煤区进行绿化。1996 年,Mularz 对华沙西南的 Belchatow 露天煤矿区域的 Landsat TM 和 SPOT-5 卫星遥感图像进行信息提取,对多年来矿区周围环境状况、土地变化情况以及植被变化情况进行监测研究。Ferrier(1999)利用成像光谱技术对西班牙最大的铜矿区 Rodaquilar 进行长期跟踪,分析了由于铜矿的过度开采所造成的地面沉降严重影响其他资源和设施的原因和发展趋势。我国利用遥感技术进行矿山环境调查和灾害监测有较多成功的经验。王晓红等(2004)首次对江西崇义钨矿等矿产资源进行了动态监测,对比分析并研究了 TM+、SPOT 和 QuickBird 数据对矿山进行监测的优劣,采用计算机自动信息提取。雷利卿等(2002)应用遥感技术对山东肥城矿区的污染植被和水体信息进行了遥感信息提取,探讨了适合矿区环境研究的遥感图像处理方法。陈旭(2004)利用美国陆地资源卫星提供的 TM 遥感信息,采用计算机分类、人机交互式分类和影像目视解译三种方法分析了鞍山市矿产开发对土地、植被等生态环境的影响。

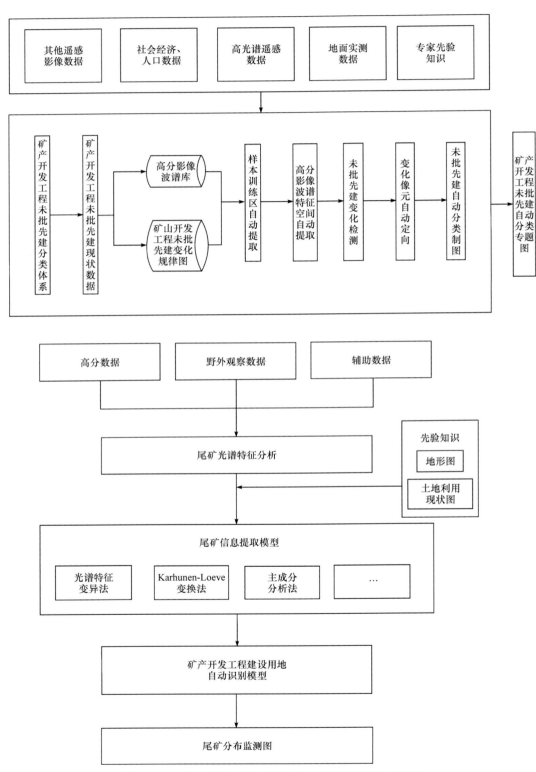

图 5.3.1 矿产开发工程未批先建自动识别模型技术流程

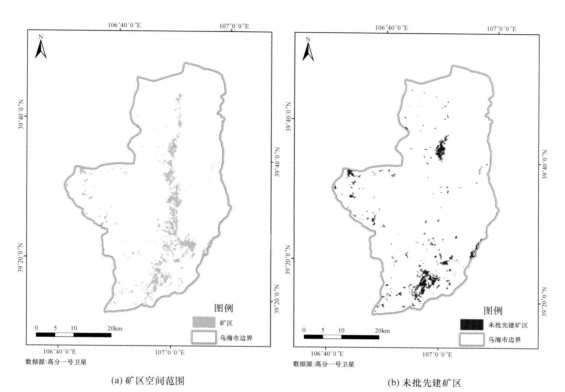

(a) 矿区空间范围　　　　　　　　　　　　　(b) 未批先建矿区

图 5.3.2　内蒙古乌海市矿区空间范围和未批先建矿区遥感监测图

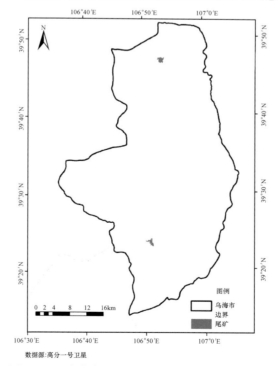

图 5.3.3　内蒙古乌海市矿区尾矿分布遥感监测图

表 5.3.1　内蒙古乌海市矿区空间范围遥感监测统计

矿区面积/km²	矿区面积占全区面积的比例/%	矿区个数	最大矿区面积/km²
285.20	17	4204	0.49

表 5.3.2　内蒙古乌海市未批先建矿区遥感监测统计

编号	矿区面积/km²	矿区面积占总矿区面积的比例/%	经纬度
1	1.01	0.34	39°50′5″N,106°50′20″E
2	0.25	0.08	39°30′50″N,107°52′0″E
3	0.80	0.27	39°20′12″N,106°40′57″E
4	0.33	0.11	39°18′13″N,106°50′4″E
合计	2.39	0.80	—

基于高分一号等卫星数据的特点,分析提炼适合工程区植被影响监测因子与指标,建立植被破坏与恢复信息提取模型,利用宽覆盖光学成像卫星、高光谱观测卫星等数据,对施工期矿山开发的植被破坏及恢复情况进行监测。

1. 原理方法

通过线性或非线性模型,结合典型矿区波谱库中的不同土地利用类型波谱集聚特征,对提取的训练区中植被参数的高分影像波谱进行人工智能分析,自动构建不同用地类型的高分影像波谱特征空间。用统计分析手段对自动特征空间进行修正,从而确定特征空间自动提取的最优算法。根据矿区植被参数区域不同类型用地特有的地物光谱特征,结合提取的不同用地类型特征空间和目视解译现状图,对高分影像进行空间统计分析,实现矿区植被参数监测识别算法。以矿区遥感数据为基础,结合矿区植被参数自动识别结果,构建时空比较模型,支撑环保部门对矿山开发区域的植被破坏与恢复监测管理,矿山开发植被破坏与恢复监测技术路线如图 5.3.4 所示。

2. 应用实例

以 2013 年 8 月内蒙古乌海市矿区空间范围监测结果与 2010 年 8 月土地利用类型数据为基础,进行该区土地利用类型破坏、植被覆盖度(2013 年高分一号卫星数据)、植被覆盖度变化等监测,在此基础上监测植被胁迫程度,其结果如图 5.3.5 所示。结果表明,矿区对土地利用类型的破坏主要集中在乌海中部,呈南北带状分布。从对各土地利用类型的破坏来看,矿产资源开发对草地的破坏最严重,达到 117.43km²,占总面积的 41.28%,其次是未利用地 41.48km²,占总面积的 14.58%,对林地破坏最少,仅为 0.64km²,占总面积的 0.22%(表 5.3.3)。较高植被覆盖(>0.15)区域为 42.93km²,占全区总面积的 2.56%,中植被覆盖度(0~0.15)区域为 54.62km²,占全区总面积的 3.26%,低覆盖度或无覆盖(<0)区域面积为 1577.01km²,占全区总面积的 94.18%。监测表明,植被覆盖度总体呈下降趋势,矿区附近下降趋势最明显。根据统计结果,植被覆盖度明显增加区域面积为 20.49km²,占全区总面积的 1.22%,植被覆盖度轻微增加区域面积为 37.35km²,占全区总面积的 2.23%,轻微下降区域面积为 1170.81km²,占全区总面积的 69.93%,严重下降区域面积为 24.52km²,占

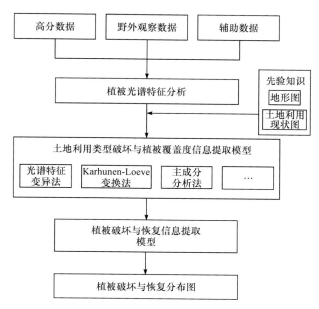

图 5.3.4　矿山开发植被破坏与恢复监测技术路线

全区总面积的 1.46%。植被胁迫等级(程度)较高的地区主要集中在中西部。统计分析表明,植被胁迫等级高于 5 的区域面积为 240.67km², 占总面积的 14.37%,胁迫等级小于 3 的区域有 1246.28km², 占总面积的 74.43%。在乌海市矿区进行实地采样,同时结合目视解译方法提取相应年份准确的地物分类数据,对分类结果进行空间精度验证,结果表明其总体精度为 96%。

表 5.3.3　内蒙古乌海市矿区土地利用类型破坏遥感监测统计

类别	类型/取值	面积/km²	占矿区面积比例/%
土地利用类型	耕地	14.58	5.13
	林地	0.64	0.22
	草地	117.43	41.28
	水域	5.80	2.04
	建设用地	104.53	36.75
	未利用地	41.48	14.58
植被覆盖度 NDVI 值	<−0.15	723.89	43.23
	−0.15~−0.1	644.46	38.49
	−0.1~0	208.66	12.46
	0~0.15	54.62	3.26
	>0.15	42.93	2.56
植被覆盖度变化值	<−0.3	24.52	1.46
	−0.3~−0.15	421.14	25.15
	−0.15~0	1170.81	69.93
	0~0.1	37.35	2.23
	>0.1	20.49	1.22

类别	类型/取值	面积/km²	占矿区面积比例/%
植被胁迫等级	<1	446.69	26.68
	1～2	745.62	44.53
	2～3	53.97	3.22
	3～4	54.79	3.27
	4～5	105.52	6.30
	5～6	240.67	14.37

表 5.3.4　矿区土地利用类型自动分类与人工解译结果混淆矩阵　（单位：m²）

类别		自动分类结果						合计
		耕地面积	林地面积	草地面积	水域面积	建设用地面积	未利用地面积	
人工解译结果	耕地面积	14053562	1672	289039	97949	1268169	139521	15849912
	林地面积	31410	629310	33508	21920	14121	881	731150
	草地面积	279258	3831	115757863	272119	2196958	954471	119464500
	水域面积	116788	2751	220675	5201372	40360	32554	5614500
	建设用地面积	39523	1767	1074380	199982	96527813	85991	97929456
	未利用地面积	63312	959	58999	7657	4479331	40267022	44877280
	合计	14583853	640290	117434464	5800999	104526752	41480440	284466798

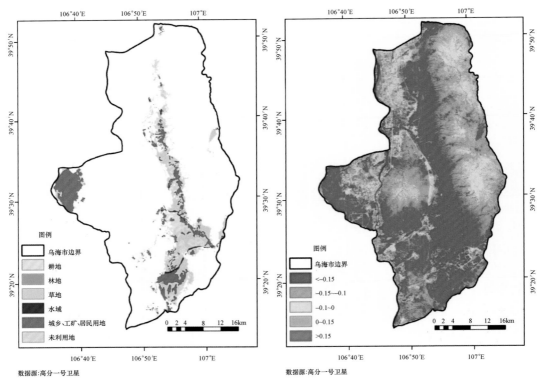

(a) 矿区土地利用类型破坏遥感监测图　　　(b) 矿区植被覆盖度监测图

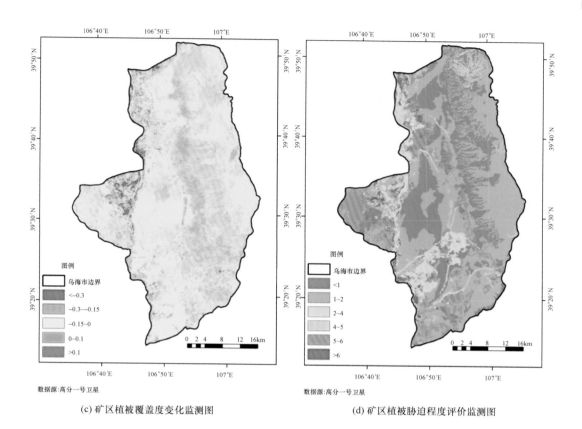

(c) 矿区植被覆盖度变化监测图　　　　　　　(d) 矿区植被胁迫程度评价监测图

图 5.3.5　内蒙古乌海市矿产开发植被破坏与恢复监测图

5.3.3　矿山资源开发对周边生态环境影响监测

　　矿山资源开发是一个复杂的系统工程,任何环节处理不当都可能对矿区周围的环境造成破坏,对国家财产造成损失,危及人类生命安全。早在 1996 年,德国 Ruhrgebirt 地区的主要采煤公司就使用干涉雷达遥感技术和 GPS 定位测量技术对其煤矿开采的周围环境影响进行了评估,有效地监测了该地区地面环境变化的位置和速率。1996 年,Mularz 基于 Landsat 数据和 SPOT-5 数据以及航空遥感数据等多源遥感信息综合监测华沙西南地区的 Belchatow 褐煤矿露天开采所引发的系列环境效应、土地利用动态变化情况及露采对当地植被覆盖的影响,通过对不同时相的 SPOT-5 全色影像和 TM 多光谱影像融合,最终提取采坑附近的环境变化数据;Cloutis(1996)基于高光谱遥感数据、干涉雷达数据和 GPS 定位测量技术对德国 Ruhrgebirt 地区煤矿地下开采引发的环境效应(以地面塌陷为主)进行了动态监测,初步研究了该区地面塌陷发生的位置及其下沉速度。

　　我国利用遥感技术对矿山环境进行调查、监测和评价也有较多比较成功的经验和实例。郭达志和郝庆旺(1995)基于遥感技术和地理信息系统技术探讨了典型煤矿城市的大气污染状况、地面塌陷等环境问题的动态监测技术。陈华丽等(2004)利用 TM 数据对湖北大冶矿区进行了生态环境监测;吴虹等(2004)基于 QuickBird 和 SPOT-1 影像对广西的大厂锡矿山和高龙金矿山的环境信息及环境污染信息进行了实验性提取,取得较好的效果。李成尊等(2005)利用 QuickBird 影像研究了山西晋城的煤矿开采所引发的矿山地质灾害——地面塌陷和地裂缝,归纳出塌陷和地裂缝的遥感图像解译特征,并且分析了矿区地面形变的现状、成因及分布规律。2009年,周春兰以攀枝花宝鼎煤矿为例,基于3S技术[遥感技术、地理信息系统和全球定位系统(global positioning systems,GPS)]研究矿区生态环境在监测植被变化时,采用不同时相的全色和多光谱数据进行融合,监测植被变化的部分,如前一年的全色与后一年的多光谱融合后,若植被破坏,则破坏区无颗粒感的植被纹理,色调平滑。

因此,基于高分一号等卫星数据分析以尾矿为主要污染源的矿区周边植被、水体的光谱特征;利用多时相高分辨率遥感影像分析矿山开发区域植被破坏、居民地变迁等情况,识别和提取矿山资源开发对周边生态环境影响信息。

1. 原理方法

利用高分一号卫星数据,通过分析矿区周边植被、水体分类高分遥感影像波谱库,自动提取矿区周边植被、水体信息,并构建时空比较模型,为环保部门对矿山开发区域的环境破坏监测与监管提供支撑,矿山资源开发对周边生态环境影响监测技术路线如图5.3.6所示。

(1)矿区周边植被、水体分类高分遥感影像波谱库。

在矿区周边植被、水体土地利用分类体系和目视解译现状图的基础上,进行典型矿区周边植被、水体不同土地利用类型高分遥感影像波谱库构建,包括应用人工及人工智能的方法对不同植被类型和水体参数内波谱集聚性、集聚特征以及光谱集聚特征空间的分析和确定。

(2)矿区周边植被、水体动态监测样本训练区自动提取。

矿区周边植被、水体动态监测样本训练区自动提取包括基于高分遥感影像矿区周边植被、水体土地利用类型自动分类的样本区域自动提取和训练区自动提取两部分。通过GIS空间分析和缓冲分析结合目视解译的矿山周边植被、水体现状图和规则库,寻求样本训练区自动提取的最优模型,确定样本训练区自动提取方案。

(3)矿区周边植被、水体自动分类高分影像波谱特征空间自动提取。

通过线性或非线性模型,结合典型矿区波谱库中不同土地利用类型的波谱集聚特征,对提取的训练区中周边植被、水体的高分影像波谱进行人工智能分析,自动构建不同用地类型的高分影像波谱特征空间。用统计分析手段对自动特征空间进行修正,从而确定特征空间自动提取的最优算法。

(4)矿区周边植被、水体监测算法。

根据矿区周边植被、水体区域不同类型用地特有的地物光谱特征,结合提取的不同用地类型特征空间和目视解译现状图,对高分影像进行空间统计分析,实现矿区周边植被和水体监测识别算法。

(5)矿区周边植被、水体识别与尾矿库管理。

以矿区周边遥感数据为基础,结合矿区周边植被、水体自动识别结果,构建时空比较模型,为环保部门对矿山开发区域的环境破坏监测与监管提供支撑。

2. 应用实例

以2013年8月13日高分一号卫星影像数据作为数据源,对乌海市矿产资源开发对周边生态环境和植被覆盖的影响进行监测评价。监测的空间范围为矿区周边10km缓冲区,根据两期生态系统类型数据结合不同生态系统类型的高分遥感影像光谱特征,提取矿区周边生态系统类型变化,进而确定矿区对周边生态系统影响程度。从矿区对周边生态系统和

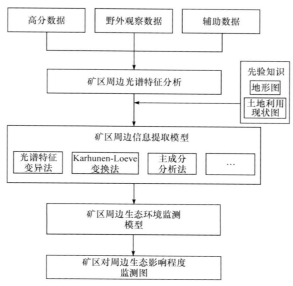

图 5.3.6　矿山资源开发对周边生态环境影响监测技术路线

植被覆盖影响程度空间分布(图 5.3.7)以及统计(表 5.3.5)可以看出,影响程度为极低以及较低的地区主要分布在离矿区较远的地区,约占全区面积的 80%,影响程度为极高的区域面积为 278.36km² ,占全区比例的 8%。

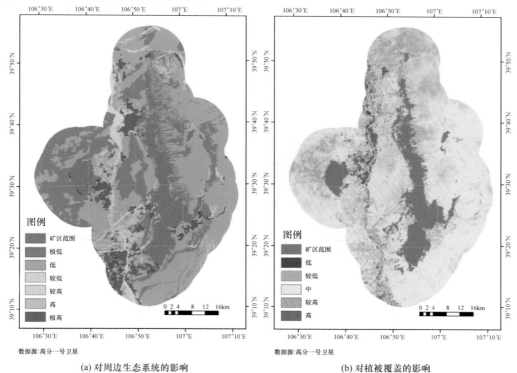

(a) 对周边生态系统的影响　　　　　(b) 对植被覆盖的影响

图 5.3.7　矿区对周边生态系统和植被覆盖影响程度空间分布

表 5.3.5　矿区对周边生态系统和植被覆盖影响程度统计

类别	取值	分级	单位/km²	所占比例/%
生态系统	<1	极低	926.59	29.40
	1~2	低	1613.91	51.21
	2~3	较低	43.53	1.38
	3~4	较高	120.81	3.83
	4~5	高	168.31	5.34
	5~6	极高	278.36	8.84
植被覆盖	<-0.15	低	52.18	1.65
	-0.15~-0.1	较低	259.96	8.25
	-0.1~0	中	2018.36	64.03
	0~0.15	较高	776.72	24.64
	>0.15	高	45.17	1.43

表 5.3.6　矿区对周边生态系统和植被覆盖影响程度总体精度验证

分级	实际面积/km²	自动监测面积/km²	重叠面积/km²	精度/%
极低	890.45	926.59	890.45	
低	1668.40	1613.91	1613.91	
较低	60.23	43.53	43.53	
较高	162.92	120.81	120.81	96.4
高	128.38	168.31	128.38	
极高	241.13	278.36	241.13	
合计	3151.51	3151.51	3038.21	

从矿区对周边植被覆盖影响程度统计可知,影响的区域面积为 3152.39km²,影响等级为中的面积最多,占全区面积的 64.03%,主要分布在矿区的东南部地区;其次为风险等级较高的地区,面积为 776.72km²,占全区面积的 24.64%,主要分布在矿区的西北部地区;风险等级高的地区有 45.17km²,占全区面积的 1.43%,主要分布在矿区周边。

在乌海市进行了实地采样,同时结合目视解译的方法提取相应年份对周边生态环境影响的数据,对分类结果进行空间精度验证,总体监测精度为 96.4%,见表 5.3.6。

5.3.4　矿山开发生态破坏风险评估

随着矿业的发展,矿山开发引起的生态破坏,如水土流失、土壤盐渍化等问题,越来越严重。在国际上矿业发达的国家,如美国、加拿大、澳大利亚等,20 世纪 70 年代就十分重视矿产开采对矿区环境造成的破坏,并实行严格的矿山评估制度,并且为矿山环境的保护制定了一定的措施。20 世纪中叶,随着遥感技术的发展,许多国家开始利用卫星遥感图像监测矿山生态破坏状况。1969 年美国开始关注矿山环境及矿山灾害,并启动相关项目实施矿山环境和矿山灾害的监测,此外,他们还基于遥感技术来监测煤矸石堆的动态变化情况,预防矸石堆的自燃爆炸;同时,基于遥感影像对采煤区土地复垦情况进行了成功的动态监测,为土地复垦的管理提供大量客观翔实的资料,提高了相关部门的执法力度。Ferrier 等(2009)利用光谱成像技术监测西班牙 Rodaquilar 铜矿区,分析过度开采铜矿对周边资源环境造成一系列影响的原因并预测其发展趋势。Huggel 等(2002)将遥感技术、地理信息系统和地下水模拟相结合研究地下采矿引起的地下水变化、地表变形和地表植被变化三者的关系。

20 世纪 50 年代以来,矿产资源的大量开采在促进我国社会经济快速发展的同时也给生态环境造成巨大的破坏,引发了一系列的地质灾害,造成生命财产的巨大损失。雷利卿等(2002)利用遥感技术提取山东肥城矿区植被污染和水体污染的光谱信息,对遥感影像处理方法在矿区环境监测与评价方面的应用研究进行探讨。赵汀(2007)以江西省德兴铜矿为研究区,采用遥感和 GIS 相结合的方法,从水质污染监测、土地利用动态变化、植被破坏及污染动态监测、矿山地质灾害监测等方面提出矿山环境遥感监测的具体技术方法。在其研究中,以 TM、SPOT 光学遥感数据为主要信息源,结合航天飞机雷达地形测绘任务(shuttle radar topography mission,SRTM)地形数据,通过计算机图像处理技术,在不同分辨率信息源融合的基础上,提高了遥感信息应用的有效性。陆庆珩等(2007)利用遥感技术研究分析矿山开采对生态环境影响的范围以及对景观、动植物及水土流失的影响。

基于高分一号卫星等数据,结合矿山土地利用/生态系统分类、植被参数提取等结果,构建矿山开发利用生态破坏风险评估模型,对矿山开发生态破坏风险进行评估。

1. 原理方法

利用高分一号卫星等数据,结合矿山土地利用/生态系统分类、植被参数提取、水环境信息等结果,通过对以上生态环境参数动态变化监测结果的分析,构建矿山开发利用生态破坏风险评估模型,从而实现对矿山开发有可能引起的生态破坏,如水土流失、土壤盐渍化等进行预先风险评估,提前进行生态破坏预测分析与报告,为生态环境部相关部门对矿山开发利用程度的监管提供依据,矿山开发生态破坏风险评估技术路线如图 5.3.8 所示。

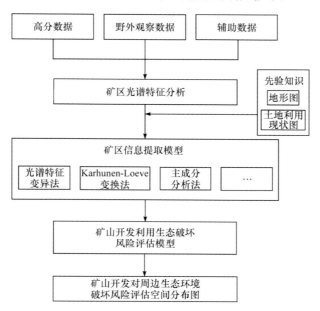

图 5.3.8　矿山开发生态破坏风险评估技术路线

2. 应用实例

以 2013 年 8 月 13 日高分一号卫星影像数据作为数据源,对内蒙古乌海市矿产资源开发对周边生态环境破坏风险进行了监测评估,如图 5.3.9 所示。由表 5.3.7 和表 5.3.8 可知,内蒙古乌海市矿产资源开发对水体污染风险程度总体较低,风险程度处于中风险及中风险以下的区域面积为 0.21km²,占总面积的 81.67%,水体风险程度处于较高风险和高风险水平的区域面积为 0.047km²,占总面积的 18.33%。内蒙古乌海市矿产资源开发对周边敏感目标影响风险程度总体较高,风险程度处于中风险及中风险以上的区域面积为 21.76km²,占总面积的 82.73%,风险程度处于较低风险和低风险水平的区域面积为 4.5km²,占总面积的 17.27%。内蒙古乌海市矿产资源开发对周边居民点影响风险程度总体较高,风险程度处于中风险及中风险以上的居民点有 37 个,其中县级市 1 个,乡镇驻地 4 个,村庄 19 个,单位驻地 13 个,风险程度处于较低风险和低风险水平的居民点有 13 个,其中村庄 10 个,单位驻地 3 个。内蒙古乌海市矿产资源开发对周边生态环境破坏风险程度总体较低,风险程度处于较低风险及较低风险以下的区域面积为 2773.53km²,占总面积的 88.10%,水体风险程度处于较低风险和低风险水平的区域面积为 374.50km²,占总面积的 11.90%。

在乌海市进行实地采样,同时结合目视解译的方法提取了相应年份的评估数据,对分类结果进行空间精度验证,总体监测精度为 92.3%,见表 5.3.9。

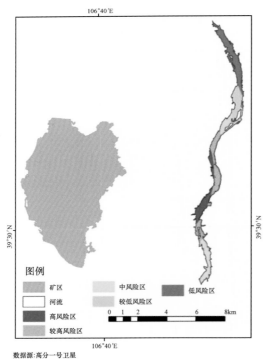

(a) 矿产资源开发对水体污染风险评估

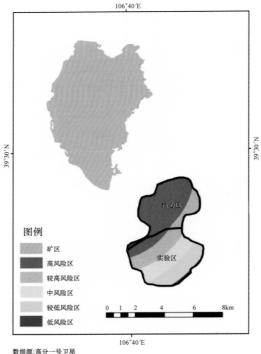

(b) 矿产资源开发对周边敏感目标风险评估

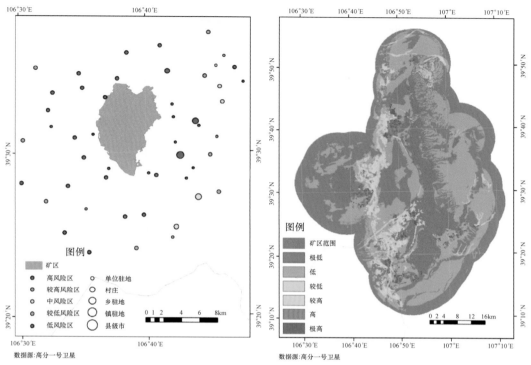

(c) 矿产资源开发对周边居民点风险评估空间分布　(d) 矿产资源开发对生态环境破坏风险评估空间分布

图 5.3.9　内蒙古乌海市矿产资源开发对生态破坏风险评估空间分布

表 5.3.7　矿产资源开发对水体污染、周边敏感目标和居民点风险评估统计

类别	项目	高风险区	较高风险区	中风险区	较低风险区	低风险区
水体污染	取值	5	4	3	2	1
	面积/m²	12777	34175	52691	67129	89425
敏感目标	取值	5	4	3	2	1
	面积/m²	11474773	6127694	4156372	4157769	384479
居民点	取值	5	4	3	2	1
	个数	28	4	5	8	5

表 5.3.8　矿产资源开发对周边生态环境破坏风险评估统计

项目	极低	低	较低	较高	高	极高
取值	0	1	2	3	4	5
面积/km²	1381.15	1247.33	145.05	145.88	200.74	27.88

表 5.3.9　矿山资源开发对生态破坏风险评估结果总体精度评定

分级	实际面积/km²	自动监测面积/km²	重叠面积/km²	精度/%
极低	1420.77	1381.15	1381.15	
低	1132.95	1247.33	1132.95	
较低	99.56	145.05	99.56	
较高	292.87	145.88	145.88	92.3
高	118.56	200.74	118.56	
极高	83.32	27.88	27.88	
合计	3148.03	3148.03	2905.98	

5.4　农村生态环境高分遥感监测技术

5.4.1　农村基本农田保护遥感监测技术

随着新形势的发展,保护农村基本农田不再是单纯的农民经济问题,而是涉及生态环境、以人为本、社会和谐等重大问题。合理地保护农村基本农田,保护生态环境,科学地生产和开发优质、绿色、有机农产品,是发展农村经济,实现农业持续发展的必由之路。

遥感数据是获得植被覆盖度的重要来源,越来越多的研究人员开始借用遥感手段进行基本农田保护遥感监测研究。从 20 世纪 80 年代开始,研究人员就利用遥感技术在基本农田监测方面进行应用研究,利用遥感技术对 TM、SPOT、IKONOS、QuickBird 等遥感图像数据进行分析处理,并在基本农田保护遥感监测应用中取得了一定的成果。1991 年,欧共体启动了环境信息协调计划(Coordination of Information on the Environment,CORINE),此计划的目的是减少各国资源与生态环境部门的重复投资建设,建立了一个土地与环境信息系统,向欧共体国家的资源与生态环境部门提供基本农田公共基础性信息服务。1992 年,欧共体开展了农业遥感监测(Monitoring Agriculture with Remote Sensing,MARS)计划,MARS 计划旨在利用遥感技术监测这些国家耕地和农作物的变化,将遥感可覆盖大范围监测的优势应用在农业上并已经开始运行,带来了巨大的经济效益、社会效益及环境效益。2008 年,我国缪宏钢等建立了基于差值法的农田信息变化检测模型;王小燕等(2008)利用光谱特征基于图像像元自动提取农田信息;李敏等(2008)探索了面向对象的图像分析软件 eCognition 在农田信息提取方面的最优参数选择,并从 IKONOS 图像中提取了较为精确的基本农田信息。乔家君和毛磊(2009)采用目视解译方法提取了河南省巩义市吴沟村不同图层上的田块信息,并建立了相应的农田空间数据库;胡潭高等(2009)提出了一种基于小波变换和分水岭分割的高分辨率遥感图像农田地块提取方法,通过对北京地区 QuickBird 数据的应用,准确快速地提取了农田地块数据;张艳玲等(2010)应用数学形态学的开运算对高分辨率遥感图像进行分割,在此基础上通过人工选择并提取需要分析的农田区域,计算其边界,最终提取农田边界信息。

高分一号等高分辨率卫星的发展为农村基本农田的高精度监测提供了重要技术支持,因此对于农村基本农田保护的遥感监测,可基于高分一号卫星高分辨率遥感图像的多光谱波段和全色波段融合数据提取基本农田信息,通过对高分辨率遥感图像进行面向对象的分割、分类来提取基本农田对象,能够快速地实现高分辨率遥感的基本农田保护遥感监测,为后期基本农田保护遥感监测与提取提供技术思路和应用规范。

1. 原理方法

针对高分卫星数据的特点,分析农村各种不同生态环境,如农田、植被、土壤、农村居民点聚落等在光学波段的光谱特征以及纹理特征,结合不同种植结构农田生态系统植被指数等指标的时序变化规律,建立基于高分卫星影像的基本农田识别模型,获取农村基本农田空间分布图,与基本农田规划进行比较,获得基本农田动态变化状况。

1) 农作物种植结构调查与分析

农作物种植结构调查的目的是了解研究区域农作物的一般种植规律,为以后的数据处理和模型构建提供基础信息,以保证遥感获取作物面积的精度。通过对 10 个监测地块及 5 区县农作物种植结构的调查,得出表 5.4.1 所示的北京市耕地播种规律。

表 5.4.1　北京市耕地播种规律

种植模式	说明
冬小麦—夏玉米	传统模式:9 月底播种冬小麦,10 月初出苗,次年 3 月中旬开始返青进入快速生长期,6 月 15 日左右收获;6 月 18~20 日播种夏玉米,7~10 天后出苗,8 月中旬达到生长鼎盛期,9 月底收获后又播种冬小麦,以此循环往复
冬小麦—夏大豆	与冬小麦—夏玉米模式相似,只是大豆生长鼎盛期在 8 月上旬,9 月底收获后又播种冬小麦
冬小麦—牧草	牧草种植比例近年增加,8 月中旬至 9 月中旬播种牧草,次年 5 月生长最盛时收割第一茬,同年 7 月和 8 月再收割第二茬
春玉米—冬小麦	4 月底播种春玉米后,8 月初长势最盛,9 月初收获。一般在春玉米播种以前,耕地为空
蔬菜	菜地一般常年种植,冬季以大棚为主

2) 不同农作物种植模式的作物光谱曲线时序变化分析

(1) 冬小麦—夏玉米模式。

冬小麦—夏玉米模式是一种传统的种植模式。北京市冬小麦 3 月中旬刚进入返青期,4 月中旬开始拔节,5 月 10 日左右开始抽穗,6 月 15 日左右成熟,6 月 20 日左右播种夏玉米,7 月 1 日左右出苗,8 月 10 日左右抽雄,9 月 25 日左右成熟,然后又开始进行冬小麦的播种。随着冬小麦的生长、成熟到夏玉米的播种、出苗、抽雄、成熟,反映植被生长状况的 NDVI 值也出现明显的波动规律,如图 5.4.1 所示。

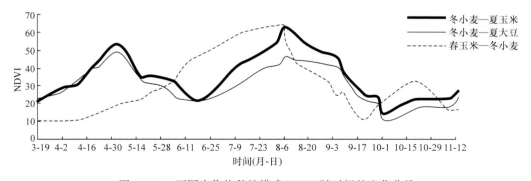

图 5.4.1　不同农作物种植模式 NDVI 随时间的变化曲线

（2）冬小麦—夏大豆模式。

冬小麦—夏大豆与冬小麦—夏玉米模式相比，两者的相似之处在于都有两个峰值和两个谷底，因夏大豆与夏玉米的生长期基本一致，都是 6 月 20 日左右播种，9 月底收获，仅从物候期很难将两者区分开来。但同一日期的大豆和玉米在近红外波段的反射率差异明显，玉米的反射率要高，如图 5.4.2 所示。从图中可以看出，大豆 NDVI 的峰值小于 50，而夏玉米大于 55 。因此，可以方便地区分两种作物。

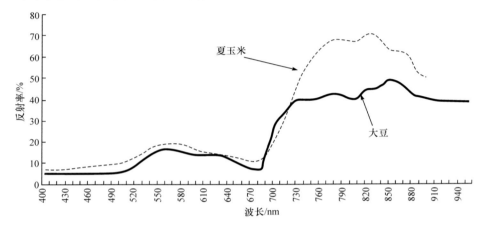

图 5.4.2　夏玉米和大豆反射光谱的比较

3）不同农作物种植模式的高分自动提取模型

根据以上分析，可以得出首先进行农作物种植结构信息提取的关键时间点是 3 月中旬、5 月上旬、6 月上旬、8 月上旬～10 月上旬。表 5.4.2 给出了不同季节农作物种植模式信息提取方法，其中 $NDVI_{xy}$ 中 x 表示月份，y 表示旬数。

表 5.4.2　不同季节农作物种植模式信息提取方法

序号	识别规则	作物类型
1	$NDVI_{33} > T_1$，$NDVI_{51} > NDVI_{43}$，$NDVI_{51} > NDVI_{52}$，$NDVI_{51} > T_2$	冬小麦
2	$NDVI_{43} < T_3$，$NDVI_{62} > T_4$，$NDVI_{81} > NDVI_{73}$，$NDVI_{81} > NDVI_{82}$，$NDVI_{81} > T_5$	春玉米
3	$NDVI_{63} < T_6$，$NDVI_{82} > NDVI_{81}$，$NDVI_{82} > NDVI_{83}$，$NDVI_{82} > T_7$	夏玉米
4	$NDVI_{63} < T_8$，$NDVI_{81} > NDVI_{73}$，$NDVI_{81} > NDVI_{82}$，$T_{10} < NDVI_{82} < T_9$	大豆

注：$T_1 \sim T_9$ 表示不同时期 NDVI 的阈值，通过实验区采样获取。

利用高分一号卫星数据对北京市基本农田分布和种植结构遥感监测技术流程如图 5.4.3 所示。

2. 应用实例

基于上述模型方法，利用高分一号等卫星数据对北京市基本农田分布和种植结构进行遥感监测。同时在北京市进行实地采样，结合目视解译的方法提取相应年份的基本农田数据，对分类结果进行空间精度验证。表 5.4.3 所示为基本农田空间分布及种植结构精度分析结果。结果表明，在区县层面上，该方法提取基本农田及种植面积的精度大于 90％，其中小麦、玉米、大豆的面积精度分别为 92.7％、90％和 93％，满足预定的精度要求。在以后的

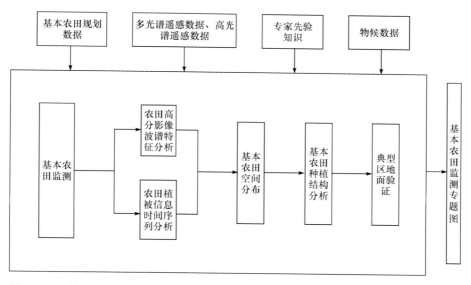

图 5.4.3　利用高分一号卫星数据对北京市基本农田分布和种植结构遥感监测技术流程

实际应用中,凝视卫星的空间分辨率大于 MODIS,且时间分辨率更高(小时),在应用本方法时可望取得更好的应用效果。

表 5.4.3　基本农田空间分布及种植结构精度分析结果

项目	房山	昌平	顺义	通州	大兴	平谷	怀柔	密云	延庆
冬小麦实际面积/m²	135331	41705	117149	144414	149280	58480	34588	14758	2299
冬小麦监测面积/m²	125453	40608	119232	148435	148781	55987.2	33436.8	14256	2160
相对误差/%	−7.3	−2.6	1.8	2.8	−0.3	−4.3	−3.3	−3.4	−6.0
冬小麦估算面积/m²	—	42217.5	117957.0	147217.0	—	57262.3	33865.6	14919.2	2233.3
相对误差/%	—	−4.0	1.1	0.82	—	−2.3	−1.3	−4.7	−3.4
玉米实际面积/m²	171839	106930	199226	154413	159772	77317	83858	56455	251480
春玉米监测面积/m²	74908.8	36460.8	69638.4	51235.2	43718.4	24796.8	48988.8	36115.2	219888.0
夏玉米监测面积/m²	100829.0	70934.4	129341.0	105322.0	109210.0	51235.2	34646.4	17884.8	6566.4
相对误差/%	2.3	0.4	−0.1	1.4	−4.3	−1.7	−0.3	−4.3	−10.0
大豆实际面积/m²	26578	11121	26043	47636	25426	13062	19431	21058	20528
大豆监测面积/m²	24710.4	11664.0	27475.2	48556.8	24537.6	13651.2	18662.4	20563.2	20995.2
相对误差/%	−7.0	4.9	5.5	1.9	−3.5	4.5	−4.0	−2.3	2.3

5.4.2　农村植被生态遥感监测技术

随着世界人口日益增多,人类的粮食供应和粮食安全问题引起人们的密切关注。农村土地的过量开发,农田中高度相似品种在世界范围内的大量栽培,田地里化学肥料、杀虫剂和除草剂的滥用等问题已经严重影响农田生态系统的生物多样性水平。因此研究人员的工作逐渐转移到农业生物多样性现状研究和保护方面上来,并将其他生态系统的成熟理论和方法进行适当调整后应用于农业生态系统的研究,尤其是农业生物多样性方面的研究。农村自然植被是构成农业生态系统的重要组成部分,也是农业生物多样性中遗传多样性的主要来源,也是农业栽培品种改良的直接和潜在的重要基因来源。因此,其保存面积大小和多样性水平的高低可以反映该地区农业生物多样性水平的潜力高低。随着遥感及计算机软件和硬件技术的发展完善,植被光谱遥感的应用范围越来越广泛和深入,植被光谱遥感数据已成为连接遥感数据、地面测量、光谱模型和应用的强有力工具,基于光谱特征的植被遥感探测具有更广阔的应用前景。

在现有成熟的农村植被生态遥感监测模型的基础上,建立基于高分一号等卫星数据的农村生态环境遥感参数定量反演模型,包括生物物理参数定量反演算法(NDVI、LAI、植被覆盖度、净第一生产力、光合有效辐射、生物量)、地表物理参数定量反演模型(地表温度、地表反照率、地表比辐射率、陆地蒸散发、土壤含水量、干旱指数、土壤退化指数)、农村生态景观指数反演模型(景观破碎度指数、景观丰度指数、景观优势度指数、生物丰度指数)。利用地表生态遥感参数定量反演结果,基于高分系统多载荷数据的高分辨率、高光谱等特点,结合野外调查数据,进行相关时序空间对比分析,构建基于高分遥感影像数据的时空序列变化分析模型,综合分析农村植被生态的动态变化,在此基础上,构建农村退耕还林及退耕还草模型,实现农村植被生态遥感监测。

1. 原理方法

1)影像预处理与高维特征影像构建

影像预处理主要包括高分辨率卫星影像融合、直方图均衡化、滤波去噪以及派生特征的构建。将3个特征波段和4个波段多光谱融合影像一起构建出7个波段的高维特征影像。

2)植被空间分布信息提取——大尺度影像分割

采用基于区域生长的多尺度分割算法进行影像分割,确保分割后对象的异质性小于给定的阈值。通过大尺度的影像分割区分植被系统及其他土地利用类型,同时结合历史时期植被数据修正获得自然保护区的植被空间分布数据。

3)植被信息提取后处理

结合历史时期植被数据进行植被信息提取结果的后处理,剔除小范围内的离散对象,通过融合,溶蚀等分类处理等方法,将散布于人工植被的天然植被以及散布于天然植被的人工植被的小尺度对象进行重新归类和制图综合,植被状况高分遥感自动获取技术流程如图5.4.4所示。

2. 应用实例

以2013年9月30日高分一号卫星影像为基础,提取了通化百泉有机人参基地风险监测区内非风险源信息分布,主要包括林地、农业用地、坑塘、居民点、道路五类,分布情况如图5.4.5所示。根据通化百泉有机人参基地非风险源空间分布高分遥感识别结果,提取不同类型非风险源的面积,见表5.4.4。统计分析表明,2013年9月通化百泉有机人参基地非风险源面积总计12233431m²,占整个风险源监测区面积的99.5%。其中林地占非风险源面积的85.3%,占整个风险源监测区面积的84.9%。

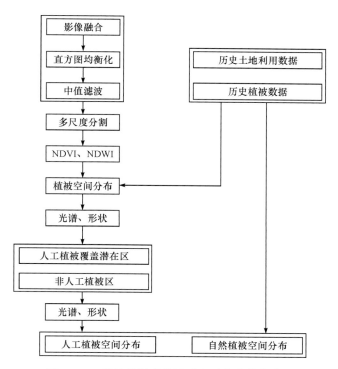

图 5.4.4　植被状况高分遥感自动获取技术流程

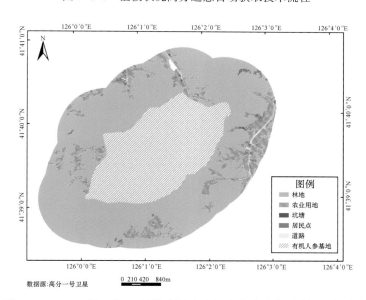

数据源:高分一号卫星

图 5.4.5　2013 年 9 月 30 日通化百泉有机人参基地非风险源空间分布

表 5.4.4　2013 年 9 月 30 日通化百泉有机人参基地非风险源面积统计　（单位:m²）

非风险源	农业用地	坑塘	林地	居民点	道路	合计
面积	1646026	8173	10439184	92249	47799	12233431

在通化百泉有机人参基地进行实地采样,同时结合目视解译的方法提取相应年份准确的林地面积数据,对分类结果进行空间精度验证。结果表明,总体精度达 96.5%。另外,根据混淆矩阵得到的 Kappa 系数为 0.86。

表 5.4.5　通化百泉有机人参基地非风险源自动分类与人工解译结果混淆矩阵

（单位:m²）

类别		自动分类结果					合计
		农业用地面积	坑塘面积	林地面积	居民点面积	道路面积	
人工解译结果	农业用地面积	1444934	2088	186622	2749	638	1637031
	坑塘面积	1163	4526	1508	1220	121	8538
	林地面积	175238	639	10234572	5874	7164	10423487
	居民点面积	3788	236	15685	78424	1290	99423
	道路面积	20903	684	797	3982	38586	64952
合计		1646026	8173	10439184	92249	47799	12233431

5.5　城市生态环境高分遥感监测技术

5.5.1　面向对象的遥感图像城市生态用地提取技术

影像分割是城市生态用地分类的首要工作,一方面它是遥感影像光谱信息、空间信息、纹理信息的集中表达;另一方面,影像分割是将原始影像的地理要素转换为基于面向对象分类更为抽象紧凑的分类对象。影像分类是将分割后的影像对象与目标地物类型一一对应的过程,首先通过分析各种地物类型的光谱信息、几何信息、纹理信息,然后建立不同地物类型相对应的规则集,利用基于最大隶属度原则的模糊分类方法对分割后的影像对象进行分类。同时,设置成员函数时,选择地物类型最显著的特征函数加入规则库,以提高分类精度。多尺度分割需要根据影像的分辨率选择最适宜的分割尺度,最佳分割尺度应使分割后的多边形与其地物类型的边界保持一致,但很难实现完全吻合。在很多情况下,一个不规则多边形可能包括多个目标地物影像对象,或者一个目标地物被分为很多个琐碎的不规则多边形的影像对象。当分割尺度选择很小时,原始影像被分割为非常琐碎的影像对象,一个目标地物类型被分割为很多个影像对象,即建筑物、植被、道路等分割成较为零散的相邻的影像对象,出现“过分割”现象。相反,如果分割尺度设置过大,原始影像则会被分割成比较大的不规则多边形影像对象,分割后的一个多边形包含两个或两个以上目标地物类型,即建筑物、植被、道路等混合在一个不规则的影像对象中,出现“欠分割”现象,减弱了影像的分割作用。在影像分割的基础上,对主要地物类型(如水体、植被、道路、建筑物、裸土)进行分类提取。按照先易后难的分类原则,而且每次分类过程中须保证此次分类的精度,尽可能将目标地物划分到对应的地物类型中,否则会影响后续分类的地物类型精度。

高分辨率遥感影像的空间信息更加丰富,纹理特征更加明显,从而为城市生态用地监测提供了理想的数据源。目前,基于像元和基于面向对象的遥感影像信息提取是遥感影像分类应用最广泛的两种方法。但基于像元的信息提取只利用了遥感影像单个像元的光谱信息,而没有充分利用其他信息,因此导致最后的分类结果不是十分理想。而基于面向对象的信息提取则充分考虑了遥感影像的光谱、几何、纹理和上下文信息等,分类精度有了明显的提高。苏伟等(2007)使用高分辨率 QuickBird 遥感影像和 LiDAR 数据,利用多尺度分割的面向对象分类技术对马来西亚吉隆坡城市中心区进行了土地覆被分类研究,其分类总精度比常规面向对象分类方法提高了 8.48%。黄慧萍等(2004)基于多尺度影像分割与面向对象影像分类技术,提取了大庆市城市绿地覆盖信息。随后,很多学者将上述两种方法结合起来以进一步提高分类精度,例如,2003 年,Shackelford 等将两种方法结合起来,利用多光谱高分辨率遥感影像对城市土地利用进行分类制图,并取得很好的效果。Aguirre-Gutiérrez 等(2012)使用上述两种方法实现了墨西哥森林区域的土地变化监测。研究表明,基于像元的分类方法获得的分类精度为 71%,而基于面向对象的影像分类精度为 81%,充分说明基于面向对象的图像分类整体精度高于基于像元方法获得的分类结果精度。鉴于国内外研究进展,本节利用面向对象的分类方法进行城市生态用地的分类。

　　针对建筑物和裸土难以区分的问题,分别添加其相应的纹理信息(纹理是地物特征在遥感影像上色调或颜色规则变化而出现的图案),以提高两者的提取精度。对于建筑物信息的提取选取灰度共生矩阵熵。裸土面积比较小,内部差异不是很明显,局部变化不大,因此裸土的对比度偏小,可以用于提取裸土信息。基于高分一号卫星遥感数据,对北京、桂林、廊坊三个大、中、小不同城市建成区生态用地进行遥感监测,利用易康软件采用面向对象的分类方法分别对植被、道路、水体、建筑用地以及裸土五种地物类型进行信息提取。

1. 面向对象的城市生态用地分类方法

　　针对城市重要的生态系统类型,建立了基于高分一号卫星的遥感信息提取模型,重点研究城市建筑物(不透水层)、道路、水体、绿地以及裸土等地物类型提取方法,形成了一套针对高分一号卫星数据面向对象的分类规则。该过程主要包括两个基本步骤:影像分割和影像分类。影像分割过程考虑的因素包括尺度、色调、形状、紧密度和平滑度等。遥感影像分割采用自底向上的区域合并算法,合并的关键是要确定一个异质性指标,它是光谱异质性和形状异质性的加权和,反映两个对象合并前后光谱信息和形状信息的变化量,即

$$f = wh_{\text{color}} + (1-w)h_{\text{shape}} \tag{5.5.1}$$

式中,f 为异质性大小;w 为光谱权值($0 < w < 1$);h_{color} 和 h_{shape} 分别为两个对象合并产生的光谱异质性和形状异质性。分割参数的设置需同时考虑遥感影像的空间分辨率和地物特征(光谱特征、几何特征),由于所用高分一号影像的空间分辨率为 8m,地物特征需要同时考虑光谱特征和结构信息。分割尺度要经过多次尝试,以达到不同地物最适宜的分割效果。经过多次尝试,本节研究将红、绿、蓝、近红外四个波段的权重均赋予 1,以同等重要性参与分割。根据不同地物类别特征和分类需求,具体分割参数选择如下:色调权重为 0.8,形状权重为 0.2,其中紧密度和紧凑度参数均为 0.5,分割尺度分别为 50、40、30。图像多尺度分割参数因子设置见表 5.5.1。易康软件是常见的图像分类软件,其主要提供了两种方法:基于训练样本的最邻近距离法和基于知识规则定义分类的成员函数法。最邻近距离法类似监督分类法,需要选取样本。隶属函数是以 0～1 来表达任一特征范围的简单方法。隶属函数可以利用对象特征和类间相关特征精确定义对象属于某一类标准,如果一个类仅通过一个特征或少数特征就能和其他类区分开来,则可使用隶属函数。根据实地调查和目视解译,主要对四种地物目标(水体、植被、不透水层以及道路)进行提取。按照从易到难的分类顺序对上述四类地物建立提取准则。首先,利用近红外波段反射率,把水体部分提取出来;然后计算归

一化植被指数 NDVI,NDVI＝(NIR－RED)/(NIR＋RED),经过实验,取 NDVI 阈值为 0.21,如果 NDVI≥0.21,则将未分类的部分分为植被覆盖区;最后,利用道路的长宽比信息将道路进行分类;最为复杂的部分(即建筑物和其他地物)分为不透水层。表 5.5.2 中显示了各个类别的分类规则。

表 5.5.1　图像多尺度分割参数因子设置

层次	尺度	色调	形状	紧密度	平滑度
1	50	0.8	0.2	0.5	0.5
2	40	0.8	0.2	0.5	0.5
3	30	0.8	0.2	0.5	0.5

表 5.5.2　多尺度影像分割特征提取的类型和规则

类别	分类规则	备注
植被	$0.2<NDVI<0.6$,$RVI>2.0$	$NDVI=\dfrac{NIR-RED}{NIR+RED}$,$RVI=\dfrac{NIR}{RED}$
道路	长度>245,长宽比>4;近红外均值>270	线状特征
水体	蓝波段均值范围[300,452]且近红外均值<180	面状特征
建筑物	绿波段与蓝波段比值范围[0.8,1.2],近红外均值>370	纹理、面状特征
裸土	500<裸土指数<650	裸土指数=GREEN+RED

注:RVI(relative vegetation index)为比值植被指数。

本次实验是按照水体、植被、道路、建筑物以及裸土的顺序进行分类的,基于高分一号卫星影像的城市生态用地分类技术流程如图 5.5.1 所示。

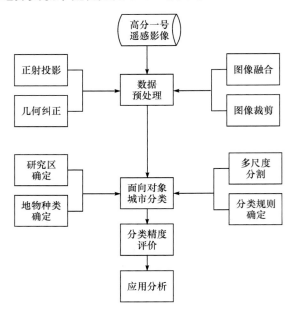

图 5.5.1　基于高分一号卫星影像的城市生态用地分类技术流程

2. 应用实例

选取 2013 年 6 月 19 日北京市和 2013 年 10 月 14 日桂林市的高分一号卫星 8m 分辨率的多光谱影像开展植被、水体、道路、不透水层等城市生态用地信息提取研究,高分影像分类和分类结果如图 5.5.2、图 5.5.3 和表 5.5.3 所示。北京市植被覆盖像元比例为 18.21％,桂林地区植被覆盖像元比例为 76％,但由于选择图像的空间范围不一样,两地区水体所占的比例比较接近,实际上桂林地区水体所占城市生态用地的比例远高于北京市。其原因如下:首先,北京市是一线城市,而桂林市是三线城市,北京城市人口密度大,发展水平高,很多地区用于商业用地或居民区,植被覆盖度不高。其次,桂林地区属于亚热带季风气候,气候温暖,降水量充沛,河流密布,植被生长茂盛;而北京则为典型北温带半湿润大陆性季风气候,降水多集中在夏季的 7 月和 8 月,故水体所占城市生态用地比例不是很高,并且植被覆盖主要集中在郊区,市区内则多在道路、河流两旁。所以,城市生态用地不仅与所处的地理位置、气候等有关,还与城市的发展水平、城市定位密切相关。

采用两种方法对分类结果进行精度验证:一为实地踩点验证;二为基于遥感影像进行目视判读,建立五种地物类型的判读样本,进而对分类结果进行精度验证。仅对北京和廊坊地区进行了实地踩点,首先在室内勾画一些不确定的地物类型,并记录该点的经纬度,然后驱车到实际位置确认,最后将这些确认点以及容易辨认的点作为精度验证的样本点。而桂林市只是在遥感影像上进行目视判读,选择容易确认的点作为精度验证的样本点。北京市总体精度为 80％,桂林市总体精度为 84％,廊坊地区的总体精度为 84.5％。植被、道路、水体以及建筑用地分类精度相对较高,达到 80％左右。但裸土的分类精度较低,可能是植被、道路、水体以及建筑用地的规则集适用性较强,而裸土的规则集适用性较差,因此造成裸土错分和漏分比较严重,需要进一步提炼裸土规则集。

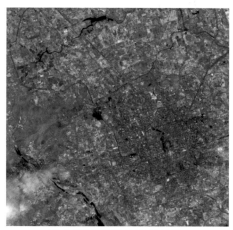 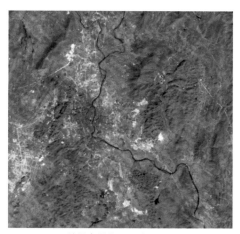

(a) 北京市影像(2013年6月19日)　　　　　　　(b) 桂林市影像(2013年10月14日)

图 5.5.2　用于分类的北京市与桂林市影像

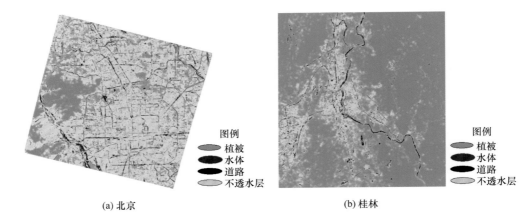

(a) 北京　　　　　　　　　　　　(b) 桂林

图 5.5.3　北京市和桂林市地区高分影像分类图

表 5.5.3　北京市和桂林市高分影像分类结果对比

分类类别	像元数(桂林)	像元百分比(桂林)/%	像元数(北京)	像元百分比(北京)/%
植被	15554160	76.00	6348846	18.21
水体	149217	0.73	226775	0.61
道路	435926	2.13	1798207	5.15
不透水层	4336532	21.14	26546377	76.03

5.5.2　城市固体废弃物遥感信息提取技术

城市固体废弃物不是一个独立的生态用地类型,在生态用地分类过程中也没有将其作为一个单独的用地类别来进行分类,这是因为固体废弃物一般是覆盖在废弃的裸地、废旧水泥地或道路旁边的荒地上,而且固体废弃物本身存在很多不确定因素,如不确定的空间分布关系、不确定的堆放形状和覆盖面积,以及由不确定的组成成分所决定的不确定光谱特征等,传统的遥感影像由于空间分辨率的限制而无法进行固体废弃物堆放点的识别和提取,而高分辨率遥感影像的高空间分辨率提供了丰富的形状和纹理特征,有利于固体废弃物堆放点的识别和提取。

由于措施不完善导致一部分固体废弃物不能得到及时转运和填埋处理,而是通过随意露天堆放在一片较为空旷的场地上,通过遥感影像上的目视分析来看,可提取的城市固体废弃物主要有以下几种形式:

(1) 垃圾填埋场。这是城市固体废弃物得到集中处理的地方,通过垃圾转运车从城市各处的垃圾中转站运至此处,然后进行焚烧填埋。

(2) 生活垃圾堆放点。紧靠城市居住区,由于转运效率低而得不到及时转运,不得不暂时堆放到附近的废弃场地上。

(3) 建筑垃圾堆放点。在建筑施工或拆迁房屋过程中未能得到及时处理的建筑垃圾。

1. 融合多分辨率对象的城市固体废弃物提取方法

不同的固体废弃物堆放点在遥感影像上应该会呈现不同的影像特征,所以要用不同的提取方法进行识别和提取。通过对高分一号卫星等高空间分辨率遥感影像的目视判读,可以找出不同类型的固体废弃物堆放点所具有的影像特征,城市固体废弃物遥感识别影像特征见表 5.5.4。

(1)垃圾填埋场。垃圾填埋场是正规的垃圾处理场所,由于垃圾转运的需要,分布在道路可通达的区域。垃圾填埋场表面以裸土覆盖,由于合理的规划,会将垃圾填埋场分区进行填埋,一般只有一个活动填埋坑,而其他部分为裸土,等到一个填埋坑填满之后,会接着去填满下一个填埋坑,过一段时间之后,填埋坑中的垃圾可以开采出来作为肥料使用。由于有裸土覆盖,一般情况下垃圾填埋场无法与普通裸地区分,所以无法提取,此外,大型的垃圾填埋场一般会有正规的记录和监测,而且在选址和运营管理方面自成体系,对城市自然环境和土地资源的影响已在规划之内,因而本节遥感信息提取所针对的主要是以下两种固体废弃物堆放点,即生活垃圾堆放点与建筑垃圾堆放点。

(2)生活垃圾堆放点。生活垃圾堆放点没有固定的形状和覆盖范围,一般都分布在密集住宅区附近的空旷废弃场地上,同时由于长期废弃而无人清理,场地表面多以沙石尘土覆盖,在光谱表现上与裸土接近。

(3)建筑垃圾堆放点。一般紧随着城市开发区而存在,成分为砖渣水泥与沙石泥土,常覆盖较大的土地面积,内部堆放着各种不同的建筑材料,形成紊乱的纹理特征。

表 5.5.4　城市固体废弃物遥感识别影像特征

特征类别	分类特征	数据范围
光谱特征	亮度值	≥330
	近红外波段亮度值	≥300
	NDVI	[0,0.04]
	RDI	≥1.45
空间特征	高分辨率 GLCM 对比度	[250,400]
	低分辨率 GLCM 对比度	[600,900]

注:RDI 为比率尘土指数。

针对高分一号等卫星数据,收集示范城市固体废弃物堆放点的位置和类型等统计数据,结合同类高分模拟数据,建立城市固体废弃物堆放点的光谱、纹理和空间形状等解译特征,建立遥感信息提取模型,获取城市固体废弃物堆放点的空间分布信息,对城市固体废弃物堆放点进行信息提取,然后基于不同时相的城市固体废弃物堆放点的分布状况进行对比分析,计算城市固体废弃物堆放点的变化情况,从而对城市固体废弃物分布状况进行遥感监测,城市固体废弃物遥感提取技术流程如图 5.5.4 所示。

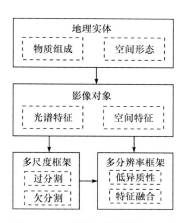

图 5.5.4　城市固体废弃物遥感
提取技术流程

2. 应用实例

采用上述多分辨率影像对象,结合高空间分辨率影像和重采样低异质性影像数据的城市固体废弃物提取方法,以 2013 年 8 月 10 日北京市高分一号卫星 2m 全色/8m 多光谱遥感影像为例,提取固体废弃物分布情况。通过对临时建筑、拆迁引起的垃圾等城市固体废弃物堆放点的位置和类型等统计数据,建立城市固体废弃物堆放点的光谱、纹理和空间形状等解译特征和遥感信息提取模型,提取疑似城市固体废弃物的堆放点信息,目视解译其精度约为 75%,北京市高分一号影像固体废弃物分布如图 5.5.5 所示。

图 5.5.5　2013 年 8 月 10 日北京市高分一号 2m/8m 影像城市固体废弃物分布

5.5.3　城市热环境监测技术

城市热环境问题受到广泛关注,已被列为影响城市可持续发展的八大环境问题之一。尤其是近几年,在全球温度明显升高和快速城市化双核驱动的背景下,城市热环境已成为主导整个城市生态环境的要素之一。利用地表温度监测城市热环境的研究主要集中在城市热岛效应、城市热环境与生态因素的关联,以及城市热环境与能量平衡等方面,其研究方法主要包括以下三种:地面观测法、遥感监测法和数值模拟法,其中遥感监测法应用更为广泛。

最早使用 NOAA 和 AVHRR 传感器的数据来研究城市热力景观和城市热岛效应(Streutker,2002;Balling and Brazel,1988;Kidder and Wu,1987)。然而,这些研究中 AVHRR 数据的空间分辨率为 1.1km,较适宜做大城市的温度制图,不适合用于建立影像数据与地面实测数据的精确关系。120m 空间分辨率的 Landsat TM 和 60m 分辨率的 ETM+热红外数据同样也用来反演地表温度并研究城市热岛效应。利用星载数据反演地表温度的研究重心转移到了基于地表温度的城市热岛效应上来(Streutker,2002)。热红外遥感数据在城市气候应用研究中的关键问题是如何利用微尺度的地表温度数据在中尺度上定量化描述城市热岛效应。Streutker(2002,2003)利用 AVHRR 数据以休斯敦郊区为背景,通过二维高斯面定量化研究休斯敦的城市热岛效应,得到描述城市热岛效应的参数,如热岛效应大小、空间幅度、方向和中心位置。Rajasekar 和 Weng(2009)利用非参数化模型结合快速傅里叶变换对 MODIS 影像进行分析,得到城市热岛效应的大小和其他相关参数。

20 世纪 70 年代开始通过遥感观测到的热红外数据来反演地表温度,该研究引起科学界的广泛关注(Mcmillin,1975)。基于热红外的辐射传输方程针对不同的热红外遥感数据已发展了多种地表温度反演方法,其大致可以分为三类:①分步法,首先从可见光-近红外数据或地表分类产品中获得发射率(Sobrino and Raissouni,2000;Snyder et al. ,1998),然后将其运用于单窗算法或劈窗算法中反演地表温度(覃志豪和 Karnieli,2001;Qin et al. ,2001;Wan and Dozier,1996);②在已知大气条件的情况下,从多时相、多光谱数据中同步反演地表温度与发射率(周孝明等,2012;Gillespie et al. ,2008;毛克彪等,2006;Wan and Li,1997);③基于一定的先验知识和对未知数的简化,从多光谱或高光谱数据中同步反演地表温度、发射率和大气参数信息(Wang et al. ,2013;Ma et al. ,2002)。在这些算法中,劈窗算法是使用范围最广的地表温度反演算法,其核心技术是利用在大气窗口里相邻两个热红外通道(一个在 $11\mu m$ 附近,另一个在 $12\mu m$ 附近)的大气吸收作用不同,通过两个通道亮度温度的线性或非线性组合来消除大气影响和反演地表温度,从而避免反演过程对大气数据的过多依赖(陈良富和徐希孺,1999;Coll and Caselles,1997)。

作为我国高分专项唯一的热红外载荷,高分五号全谱段光谱成像仪是目前国际上空间分辨率最高的民用星载多通道热红外传感器,因此针对高分五号全谱段光谱成像仪数据特点,研发地表温度反演与城市热环境监测技术,以有效监管城市生态环境。

1. 基于新型劈窗算法反演城市地表温度的技术原理

借鉴目前国内外城市热环境研究的成果和经验,在高分卫星同类载荷红外波段数据的支撑下,开展城市及周边区域温度反演模型研究,选择典型城市示范区,在直方图分割法或阈值法的支撑下,利用劈窗算法反演城市与周边地区的地表温度,提取城市热环境的空间分布格局与特征,建立城市热岛指数强度信息,并在高分可见光-近红外数据提取植被区、交通用地以及不透水层等地类分布数据的支持下,为城市环境人居适宜性评价提供前期数据保障。基于获得的高分五号载荷全谱段光谱成像仪的波段参数,发展了针对高分五号反演地表温度的算法,并利用 Landsat-8 数据模拟高分五号热红外通道的影像数据,进而反演北京城区地表温度。

首先模拟高分五号卫星全谱段光谱成像仪的各个热红外通道的具体光谱响应函数。利用高斯函数[式(5.5.2)]模拟各个通道对应的光谱响应函数 $f(\lambda_i)$,结果如图 5.5.6 所示。从图中可以看出,模拟的高分五号卫星第三和第四热红外通道(GF5-TIR3 和 GF5-TIR4)的光谱响应函数与 Landsat-8 的两个热红外通道(L8-CH1 和 L8-CH2)十分接近,相关程度较高。

$$f(\lambda_i)=\exp\left\{-\left[\frac{\lambda_c-\lambda_i}{\text{FWHM}/(2\sqrt{\ln2})}\right]^2\right\} \tag{5.5.2}$$

式中,λ_c 为中心波长;FWHM 为通道宽度;i 为波段数。

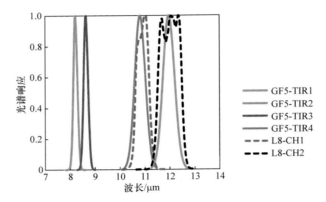

图 5.5.6　Landsat-8 卫星与模拟的高分五号卫星热红外通道光谱响应函数

　　为更直观地探索城市热环境的空间分布,首先从 Landsat-8 的 100m 空间分辨率的热红外数据反演地表温度,并将其采样到高分五号卫星 40m 空间分辨率,作为模拟数据集的真实地表温度数据,再结合大气辐射传输模型 MODTRAN、大气参数和噪声模拟高分五号 4个热红外通道在大气层顶的表观亮度温度。基于上述光谱响应函数,结合劈窗算法的理论,发展了高分五号卫星双通道反演地表温度的新型算法:

$$T_s = b_0 + \left(b_1 + b_2 \frac{1-\varepsilon}{\varepsilon} + b_3 \frac{\Delta\varepsilon}{\varepsilon^2}\right)\frac{T_i + T_j}{2} + \left(b_4 + b_5 \frac{1-\varepsilon}{\varepsilon} + b_6 \frac{\Delta\varepsilon}{\varepsilon^2}\right)\frac{T_i - T_j}{2} + b_7 (T_i - T_j)^2$$

$$(5.5.3)$$

式中,ε 和 $\Delta\varepsilon$ 分别为两个通道的发射率均值与差值;T_i 和 T_j 为两个通道的观测亮度温度;b_i 为各项系数,$i=0,1,\cdots,7$,其可通过实验室数据、大气参数数据以及大气辐射传输方程的模拟数据集获得,劈窗算法系数构建技术路线如图 5.5.7 所示。

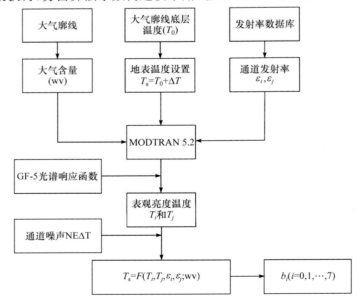

图 5.5.7　劈窗算法系数构建技术路线

　　以发展地表温度反演方法为出发点,基于直方图法或阈值法提取城市热环境空间分布格局,并进一步结合同步观测的光学、近红外遥感数据提取的植被指数、水体指数以及城市指数,构建城市地表温度与各指数的特征空间,实现对城市热环境状况的综合分析,并最后形成城市热环境监测报告,技术流程如图 5.5.8 所示。

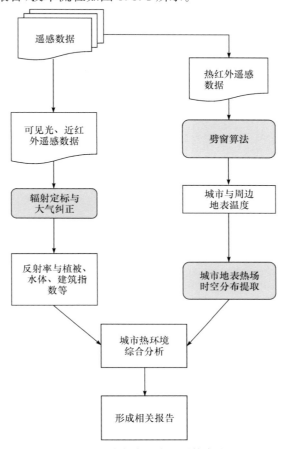

图 5.5.8　城市热环境监测技术流程

2. 应用实例

　　采用高分五号全谱段光谱成像仪同类替代数据开展地表温度反演研究。基于以上模拟流程,以 2013 年 5 月 12 日 Landsat-8 热红外影像为基础,模拟了高分五号热红外 4 个波段的影像,并统计了各个通道亮度温度的均值与直方图,如图 5.5.9 所示,从图中可以看出,第三通道的亮度温度基本高于其他通道,原因在于该通道的大气透过率高于其他通道。

　　基于模拟的北京市热红外影像,利用上述新型劈窗算法,反演得到北京城区地表温度,如图 5.5.10 所示。从图中可以看出,城区的地表温度明显高于郊区,并且在城区内地表温度也表现出明显的空间分布,即水体的温度小于植被,而植被的温度小于建筑用地与道路,这与实际情况相符合。说明本节地表温度反演算法与高分五号影像模拟方法是有效的,有助于提取城市热环境分布。该地表温度反演模型在低水汽含量(<4g/cm^2)下的算法精度优于 1K,获得的地表温度和城市热岛(urban heat island,UHI)的空间格局与示范区的地表覆盖基本吻合。

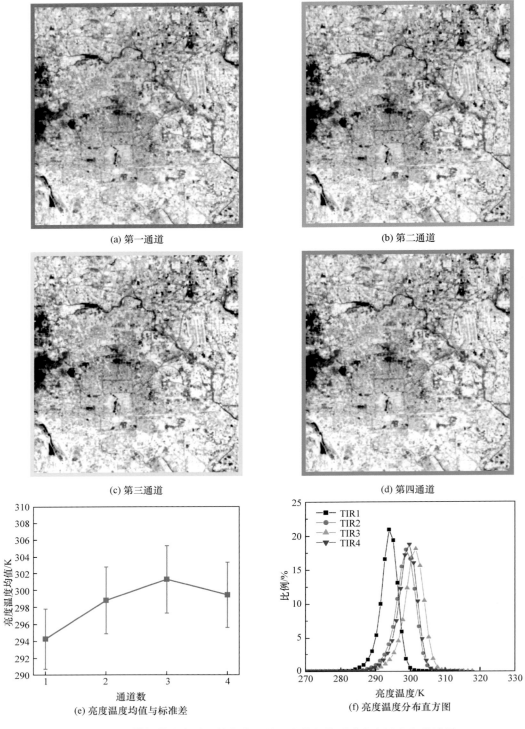

(a) 第一通道

(b) 第二通道

(c) 第三通道

(d) 第四通道

(e) 亮度温度均值与标准差

(f) 亮度温度分布直方图

图 5.5.9　模拟的北京城区的高分五号四个热红外通道亮度温度与统计图

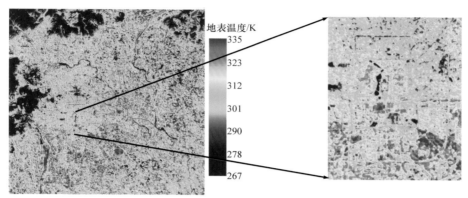

(a) 地表温度分布

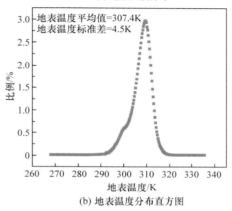

(b) 地表温度分布直方图

图 5.5.10　北京市的地表温度分布直方图

5.6　生物多样性高分遥感监测技术

5.6.1　物种识别与分类技术

　　利用多光谱卫星数据分离不同灌木种群的珍稀植物属于弱信息提取技术。珍稀植物群落的弱信息处理技术的一般步骤包括:首先利用掩模技术剔除图像范围内代表水体和部分干涸河道光谱的像元,然后在掩模的基础上,采用主成分变化进行特征变换和特征选择,最后选择合适的方法在特征空间上对植物群落进行分类。

　　基于高分一号卫星等数据特点,结合野外调查数据和相应的地形图、地貌图和 DEM 数据,通过对珍稀植物群落光谱的特征分析,建立区域珍稀植物群落信息自动提取模型,对区域内的珍稀植物群落进行自动目标识别和自动分类提取,根据统计分析方法得到区域内珍稀植物群落分布信息,为分析区域内的生境情况提供依据。

1. 原理方法

以森林为例,介绍生物多样性物种识别方法。

1）森林空间分布信息提取——大尺度影像分割

采用基于区域生长的多尺度分割算法进行影像分割。基于区域生长的多尺度分割算法是一个启发式的最优化程序，可以应用在像素级或影像对象级范围，对于一个给定的分辨率影像，将使影像对象平均的异质性在局部得到最小化。尺度参数是一个抽象术语，它决定着影像对象异质性的最大程度。多尺度影像分割（multi-resolution segment）从任一个像元开始，采用自下而上的区域合并方法形成特征基元。小的对象经过若干步骤合并为大的对象，每一对象大小的调整都必须确保合并后对象的异质性小于给定的阈值。因此，多尺度影像分割可以理解为一个局部优化过程，而异质性则是由对象的光谱和形状差异确定的，形状的异质性则由其光滑度和紧凑度来衡量。为进行森林系统内部结构的高分辨率卫星遥感影像数据的提取，首先进行大尺度分割，将森林系统与其他土地利用类型区分开来。通过设定较大的分割尺度，将较多的像元合并，进而产生较大面积的对象。影像对象的异质性由式（5.6.1）计算：

$$F = \sum_{i=1}^{n} f_i \qquad (5.6.1)$$

式中，F 为影像对象的异质性；n 为影像总波段数；f_i 为影像对象的第 i 波段异质性，计算公式如下：

$$f_i = w_i h_c + (1 - w_i) h_s \qquad (5.6.2)$$

式中，w_i 为第 i 波段权重；h_c 为光谱异质性；h_s 为形状异质性。h_c、h_s 由式（5.6.3）和式（5.6.4）计算得到，即

$$h_c = \sum_c w_c Z [n_m \sigma^m - (n_{o1} \sigma^{o1} + n_{o2} \sigma^{o2})] \qquad (5.6.3)$$

式中，n_m 为合并后影像对象的像元数；n_{o1}、n_{o2} 为合并前影像对象 1、2 的像元数；σ^m 为合并后对象像元值的标准差；σ^{o1}、σ^{o2} 分别为合并前影像对象 1、2 像元值的标准差；w_c 为光谱权重。

$$h_s = w_{cm} h_{cm} + (1 - w_{cm}) h_{sm} \qquad (5.6.4)$$

式中，w_{cm} 为形状紧凑度权重；h_{cm} 为形状紧凑度；h_{sm} 为形状光滑度；h_{cm} 和 h_{sm} 的计算公式为

$$h_{cm} = n_m \frac{l_m}{\sqrt{n_m}} - \left(n_{o1} \frac{l_{o1}}{\sqrt{n_{o1}}} + n_{o2} \frac{l_{o2}}{\sqrt{n_{o2}}} \right) \qquad (5.6.5)$$

$$h_{sm} = n_m \frac{l_m}{b_m} - \left(n_{o1} \frac{l_{o1}}{b_{o1}} + n_{o2} \frac{l_{o2}}{b_{o2}} \right) \qquad (5.6.6)$$

式中，l_m 为合并后影像对象的周长；l_{o1}、l_{o2} 分别为合并前影像对象 1、2 的周长；b_m 为合并后影像对象外接矩形的周长；b_{o1}、b_{o2} 分别为合并前影像对象 1、2 外接矩形的周长。

通过大尺度的影像分割可以区分森林系统及其他土地利用类型，同时结合历史时期土地利用数据和林相图数据对大尺度分割进行修正，获得研究区的森林空间分布数据。在此基础上进行小尺度分割，从而获取研究区森林内部人工林和天然林两种类型的空间分布。

2）森林内部结构——中小尺度分割

从大尺度到小尺度对象层，根据不同目标类别的解译特征，建立简单分层分类的决策树，从简单到复杂识别出人工林和天然林两种森林内部结构类型。通常人工林在耕种过程中有人工参与，树木之间具有较为均一的间隔和树木物种及高度，因此小尺度光谱特征比较均一。在中尺度上，人工林之间会明显间隔，因此在林带之间具有明显阴影区，而这部分也

属于人工林范围。天然林则呈现出多样性特点,构建的小尺度分割具体步骤如下。

(1) 人工林植被覆盖潜在区提取。在陆地区域,通过综合利用建筑物基元的光谱均值(mean)特征和形状指数(shape index)等特征,建立简单的知识规则即可提取人工林植被覆盖潜在区。一般而言,人工林植被覆盖潜在区基元具有较低的光谱值和较低的形状指数。可以建立如下的知识规则:如果 mean$<K_2$ 且 shape index$<K_3$,那么属于人工林植被覆盖区。

(2) 人工林阴影提取。在非人工林植被覆盖潜在区中尺度基元对象层中,利用近红外波段基元对象光谱特征,如均值或比率小于某一阈值 K_4,从而获得阴影区。

(3) 人工林提取。在面向对象分类中,对象关系特征是指相同图像对象级别中,通过其他图像对象分类来描述的特征,主要包括相距和相邻的语义关系,分别定义如下:

① 相邻关系特征。围绕人工林植被覆盖潜在区的图像对象,在一定的周长范围内,存在阴影类别的图像对象。如果在该周长内发现阴影类别的图像对象,则特征值为 1,否则为 0。通过设置特征距离,可确定该周长的半径,公式为

$$\lambda = \begin{cases} 0, & N_v(d,m) = \varphi \\ 1, & N_v(d,m) \neq \varphi \end{cases} \tag{5.6.7}$$

② 距离关系特征。是指人工林图像对象中心与已分类阴影图像对象中心的距离,定义为

$$\min_{u \in V_i(m)} d(v,u) \tag{5.6.8}$$

式中,$d(v,u)$ 为在 v 和 u 之间的距离;$V_i(m)$ 为类 m 的图像对象等级。通过在人工林植被覆盖潜在区中搜索与阴影类对象相邻的基元,便可以有效确定人工林的范围,同时将其与阴影区进行合并,就能获得比较准确的人工林空间分布信息。

(4) 天然林提取。结合多尺度分割的结果,以大尺度分割的森林空间分布数据为总集,剔除人工林空间区域,即为天然林空间分布数据,其公式为

$$S_m \cup S_n = S_f \tag{5.6.9}$$

式中,S_m 为人工林空间分布;S_n 为天然林空间分布;S_f 为森林系统空间分布。

2. 技术流程

森林的多样性物种识别技术路线如图 5.6.1 所示。

3. 应用实例

利用 2014 年 2 月 17 日的高分一号卫星 16m 分辨率影像,在通过面向对象的方法提取了人工林和天然林的空间分布数据后,结合历史土地利用数据和林相图进行森林信息提取结果的后处理,主要是利用人工林与天然林之间的空间联系,剔除小范围内的离散对象,通过融合和溶蚀等分类处理方法,将散布于人工林的天然林以及散布于天然林的人工林的小尺度对象进行重新归类和综合制图,保证森林内部结构的连续性,从而更加符合森林系统内部结构的实际空间分布。该技术在海南岛中南部生物多样性保护优先区进行了应用研究,结果如图 5.6.2 所示,在海南岛中南部生物多样性保护优先区进行了实地采样,同时结合目视解译的方法提取相应年份的物种识别提取数据,并对分类结果进行了精度验证和效率分

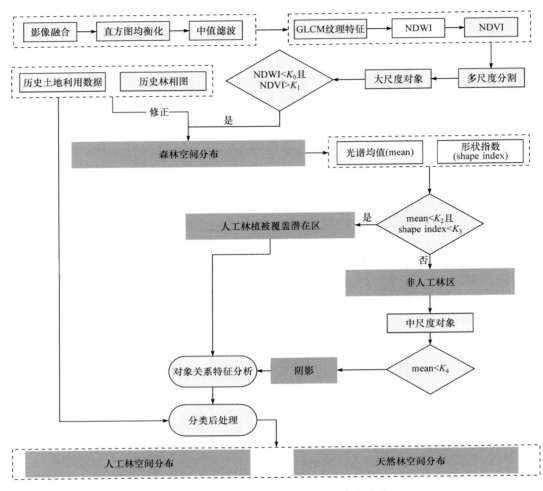

图 5.6.1　森林的多样性物种识别技术路线

析,验证总体精度为 94%。

5.6.2　河口淤泥潮沟分布变化和生态要素精细提取技术

　　土地利用/土地覆盖是当今国际全球变化研究中最为活跃的领域之一(倪绍祥,2005)。随着高空间分辨率影像的性能与应用水平不断提高,遥感影像所提供的地物光谱信息和丰富的地物空间特征,如目标地物的色调、形状、纹理等,为滨海复杂土地覆盖信息分类自动提取提供了保证。遥感影像融合技术提高了原有遥感影像的空间分辨率,增加了土地覆盖类型的识别度,提高了土地覆盖信息分类提取的精度。针对河口沿岸湿地土地覆盖类型复杂、斑块破碎难以精确分类的情况,高分一号等卫星遥感影像所提供的丰富纹理和空间信息,克服了基于像元的传统分类方法的局限性,提高了分类总精度,尤其是地物斑块较小的道路和鱼塘等。与基于像元光谱值分类相比,高分卫星影像结合面向对象法通过影像分割、属性计算、特征选取和对象分类,综合考虑对象的光谱、空间、纹理、色彩等多种属性特征,因而对于滨海陆地类型复杂多样、分布界限模糊、光谱混淆与混合像元现象具有较好的鉴别能力。

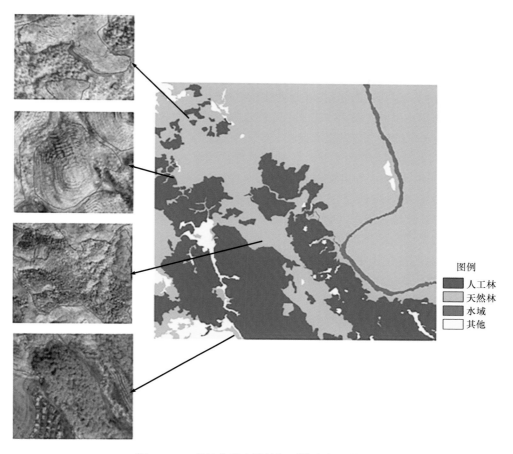

图 5.6.2　森林物种多样性识别信息提取结果

　　滩涂围垦是沿海地区为了缓解用地需求、坚守耕地红线、调和人地矛盾所采取的重要措施之一。由于滩涂围垦改造历史和开发利用方式不同,从老围垦区到新围垦区,土壤性质差异较大。受其影响,土地利用方式、农业种植结构和作物类型也存在较大差异,并进一步造成不同围垦区土地利用类型的差异。目前,学术界对滩涂围垦区土地利用结构及其变化进行了大量研究,研究方法和研究尺度大致相同,主要是对围垦区多时相的遥感影像利用传统的监督或非监督分类方法进行分类,并在研究区整体尺度上分析土地利用类型的分布规律和变化趋势(刘勇等,2012)。目前,常用的遥感影像分类方法主要有最大似然法、支持向量机等,这些基于像元的传统分类方法,易造成空间数据大量冗余、分类精度降低等现象。传统方法更适合多光谱和高光谱遥感影像(付卓等,2006)。对于只含有较少波段的高空间分辨率遥感影像,如果只考虑光谱信息的传统分类方法,就会忽视图像的空间特征和对象的拓扑关系,从而造成图形处理定性分析的困难。而面向对象的分类方法不仅可以利用地物的光谱信息,更多的是利用其形状、纹理等信息,图像的最小单元是一个对象,可以极大地提高分类精度(莫登奎等,2006)。面向对象的分类方法,通过对影像的分割使同质像元组成大小不同的对象,从光谱和形状两方面刻画,可以有效克服基于像元层次分类的不足(陈云浩等,2006)。因此,面向对象的分类方法结合高分辨率影像已广泛应用于各类地物信息的提取。

滩涂潮沟纹理复杂、斑块破碎,结合高分一号卫星等特点,采用面向对象的分类方法不仅可以利用地物的光谱信息,还能更多地利用其形状、纹理等信息,从而极大地提高滩涂淤泥潮沟分类的精度。

Harken 和 Sugumaran(2005)采用高空间分辨率、高光谱影像 CASI 发现面向对象分类方法的精度(92.3%)显著高于光谱角分类精度(63.53%)。2005 年,Walker 等采用面向对象的方法从高分辨率航片上提取植被信息,总体分类精度达 94%。苏伟等(2007)、周春艳等(2008)基于面向对象的分类信息提取技术对城市用地进行了分类。曹宝等(2008)利用 SPOT-5 数据,采用面向对象分类方法对北京颐和园湿地周边区域的草地、林地等 7 类地物进行了信息提取。1999 年,Coops 等以 Landsat TM 为数据源,采用主成分分析法对多瑙河三角洲湖泊湿地的湿生植物进行研究,较为成功地提取了 10 种湿生植物类型;James 和 Roulet(2006)以 ETM 影像为数据源,结合基于像元和面向对象的分类方法,对美国东北部长岛海峡沿岸地区的水生植物信息提取进行研究。我国湿地分类方法研究较多(曹宇等,2009),通过大量野外实地调查,基于湿生植物光谱特征分析,采用面向对象分类方法提取湿地典型植被信息(龙娟等,2010);李娜等(2011)以黑龙江洪河国家级自然保护区为研究对象,应用飞艇搭载的空间高分辨率摄像系统获取影像地面分辨率为 0.13m 的影像数据,主要结合面向对象的分类方法,开展了基于湿地植物群落尺度的分类制图研究。刘雪华等(2012)主要采用马氏距离法和主成分分析法对光谱降维,并对光谱特征进行分析和提取,利用光谱信息构建的模型对湿地植物进行判别,并对模型精度比较评价,最后得到最佳判别模型。

由于河口高悬浮泥沙引起的河口滨海生物多样性变化的研究受到广泛关注(李娜等,2011)。自 1943 年 Williams 提出生物多样性以来(马克平等,1995),国外对湿地生物多样性有了较为深入的研究,而我国对湿地生物多样性的研究起步较晚,且缺少对植被多样性的定量研究(汪殿蓓等,2001)。对湿地植被生物多样性进行快速有效的监测与评价,有利于植被多样性研究,在植被保护中具有重要意义。近年来,随着遥感技术的不断发展,利用遥感监测方法进行生物多样性研究已被广泛使用(John,2008)。目前,基于遥感数据的物种丰富度及生物多样性信息提取的主流方法是利用土地覆盖分类、生产力或光谱异质性,结合一定的野外采样结果,通过构建数学模型预测物种的分布以及多样性格局(Nagendra,2001)。高分辨率航天技术的迅猛发展,为生物多样性的遥感监测提供了良好的数据源,利用高分辨率遥感数据研究生物多样性也将成为未来的发展方向(胡海德等,2012)。

目前,基于国产高分辨率卫星数据的生物多样性研究鲜有报道。杭州湾河口滨海是东南亚最大的咸淡水海滩湿地,蕴藏着丰富的自然资源(慎佳泓等,2006)。以杭州湾河口湿地为研究对象,通过抽样实地观测,运用物种丰富度指数、Simpson 指数,结合高分一号卫星影像特点,利用半变异函数对该区域的生态环境生物多样性进行了空间异质性分析,构建了评价该区域的生物多样性数学模型并制作了生物多样性等级分布图。因此,针对河口湿地复杂的地物类型,通过面向对象分类和经验模型等方法,基于高分一号卫星进行杭州湾河口沿岸生态环境状况评价。

1. 面向对象分类的淤泥潮沟变化和植被生态要素精细提取技术原理

1)淤泥潮沟变化提取技术

面向对象的分类方法充分利用高分辨率的全色和多光谱数据的空间、纹理和光谱信息来分割及分类的特点,以高精度的分类结果或者矢量输出,其主要分成两部分:对象构建和对象分类,对象构建主要采用影像分割技术,常用分割方法包括基于多尺度的、灰度的、纹理的、知识的及分水岭等,其中最常用的是多尺度分割方法,该方法可以综合遥感图像的光谱特征和形状特征,计算图像中每个波段的光谱异质性与形状异质性的综合特征值,然后根据各个波段所占的权重,计算图像所有波段的加权值,当分割出对象或基元的光谱和形状综合加权值小于某个指定的阈值时,进行重复迭代运算,直到所有分割对象的综合加权值大于指定阈值,即完成图像的多尺度分割操作。各期高分一号遥感影像滩涂土地利用分类样本数量及分布见表 5.6.1。

表 5.6.1　各期高分一号遥感影像滩涂土地利用分类样本数量及分布

滩涂土地类型及代码	样本数量(2013-08-05)/个	样本数量(2013-08-09)/个	颜色
120 道路或围垦堤(255,0,0)	66	81	
210 耕地(0,153,0)	83	49	
420 沟渠或池塘(29,29,255)	67	45	
440 潮沟(116,116,255)	96	93	
511 光滩(153,99,0)	31	126	
512 草滩(204,255,204)	43	61	

在属性选择中选择全选,算法选择中选择 K 最近邻法,值设为 1,阈值默认为 5.0,然后进行土地分类处理。分类需要反复进行,查看分类结果后,发现分类错误的区块,再重新选择分类样本,进行重新分类计算,以不断提高分类结果的精度。

杭州湾湿地是一个复合型滨海湿地,内部地形复杂,多沼泽、泥滩等。湿地研究如果采用传统的地面实地调查方法不仅工作量大、时间长,而且视角有限,调查结果并不可靠。因此,以高分一号卫星的杭州湾湿地遥感图像为依托,以 RS 和 GIS 技术为手段,对杭州湾湿地的滩涂进行研究与分析。基于样本面向对象工作流程,在掩模选项栏输入先前制作的掩模,在自定义波段应用归一化植被指数(NDVI),选择 3 波段和 4 波段,颜色选择 3、2、1 波段。在分割设置选项中,算法为边缘,影像分割尺度设置为 50;在合并尺度设置选项中,算法为Full lambda Schedule,合并尺度设置为 70。在进行滩涂土地利用分类时,研究区土地用途分类方法依照前面所述的分类系统,详见滩涂区域土地利用分类系统表。

面向对象分类技术流程如图 5.6.3 所示。

2)植被生态要素提取技术

基于高分一号卫星的光谱、空间和纹理等多种属性特征,以及利用高分影像所提供的丰富纹理和空间信息,通过对影像的分割,使同质像元组成大小不同的对象,从光谱和形状两方面的面向对象的方法开展滨海陆地土地覆盖信息提取。以杭州湾河口沿岸湿地为研究区,通过实地采集的典型植被光谱数据与高分一号卫星影像数据建立相关关系,并结合面向对象方法的分割尺度及波段比等参数设置,利用面向对象分类方法提取杭州湾湿地典型植被信息。

(1)高分一号杭州湾南岸滨海陆地土地覆盖信息提取技术。

采用面向对象分类方法,对研究区陆地土地覆盖信息分类进行提取的主要流程为影像

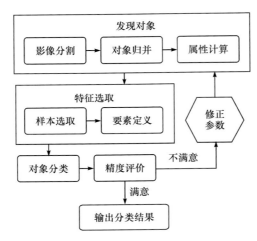

图 5.6.3　面向对象分类技术流程

分割、属性计算、特征选取和对象分类,影像分割尺度的选取非常重要,直接影响所生成对象多边形的大小、数量、形状和分类信息提取的精度。影像分割首先确定分割尺度(范围 0%~100%,分割尺度越大,分割越细,分割后影像破碎化程度越高),对影像进行初始分割;再确定归并尺度(范围 0%~100%,分割尺度越大,归并后得到的对象数量越少,内部同质性越低)。尺度参数的设定需要根据分割效果反复调试,以确定最优的参数组合,使得对象平均异质性最小。选择 2013 年 8 月 9 日高分一号卫星 2m/8m 分辨率遥感数据进行实验,并与资源 3 号遥感数据进行比较,经反复比较,确定 8m 分辨率影像的分割尺度为 65%,归并尺度为 86%,65% 说明分割尺度介于 0%~100% 的中间位置。该参数设定下影像分割较合理,分割后的对象内部同质性较高,边界轮廓较清晰,具有较好的可分离性与代表性;融合后的 2m 多波段遥感影像的最优分割尺度为 63%,归并尺度均为 90%,表 5.6.2 给出了 2m/8m 分辨率遥感数据的参数设置。

(2) 高分一号杭州湾南岸滨海研究区典型植被信息提取技术。

首先是植被覆盖的高分提取,依据杭州湾的地形资料和土地利用现状等资料,结合高分一号高空间分辨率影像图上的丰富地物信息以及相关文献,将杭州湾南岸陆地覆盖分为植被、水体、鱼塘、沼泽、农业用地、裸地和城镇建设用地七大主类十亚类(植被、河道、水库、鱼塘、沼泽、休耕地、耕地、裸地、居住用地及工矿用地等),表 5.6.3 给出了这七大主类十亚类的类型含义。然后,按照面向对象分类的方法对研究区 2013 年 8 月 9 日的高分一号 8m 多波段和融合后的 2m 多波段遥感影像进行土地覆盖信息分类提取,参数设置及评价精度见表 5.6.4。由表可知,利用面向对象的 2m 融合多波段高分一号遥感影像的分类精度较高,经实地考察其分类结果与地面实际吻合程度比较高。因此,在高分一号遥感影像土地覆盖信息分类自动提取结果的基础上,提取植被信息矢量,利用植被矢量对 8m 分辨率高分影像上研究区进行掩模,提取植被信息,在该植被覆盖区域基础上提取典型植被物种信息,基于面向对象的图像提取方法技术流程如图 5.6.4 所示。

表 5.6.2　基于面向对象分类方法的多种遥感影像参数设置

影像类型	分割尺度/%	归并尺度/%	K 值
2m 多波段	63	90	17
8m 多波段	65	86	11
资源 3 号	66	90	5

表 5.6.3　杭州湾滨海陆地土地覆盖分类系统的构建

主类	亚类	类型含义
植被	植被	包括绿化用地、灌丛草地和林地等
水体	河道、水库	较为清洁的水体,在遥感影像上呈淡蓝色;部分污染水体在遥感影像上颜色偏暗
鱼塘	鱼塘	形状较为规则的水产养殖地,水色呈独特的暗色
沼泽	沼泽	水深较浅,里面长满水草的水域
农业用地	休耕地	植被覆盖率相对较低的耕地、塑料薄膜覆盖和大棚种植地等
	耕地	植被覆盖率较高的田地
裸地	裸地	主要包括裸露的地面、滩涂等,地表土质多为沙石,植物覆盖率较低
城镇建设用地	居住用地	楼房和房屋较密集的集聚地,卫星影像上呈黑色
	工矿用地	主要指厂房、库房、加油站、矿区用地以及反射率较高、周围石灰地较多的地块等
	道路	主要指柏油水泥路面,在遥感影像上呈灰黑色,有的呈灰白色

表 5.6.4　基于面向对象分类的两种遥感影像参数设置及精度评价

影像类型	分割尺度/%	归并尺度/%	K 值	总精度/%	Kappa 系数
2m 多波段	63	90	17	90.4	0.8767
8m 多波段	65	86	11	85.3	0.8333

3) 基于空间变异理论的生物多样性遥感监测技术

采用应用较为广泛的物种丰富度指数和 Simpson 指数,具体计算方法如下:

$$D_{mag} = F_{arbor} D_{arbor} + F_{shrub} D_{shrub} + F_{grass} D_{grass} \qquad (5.6.10)$$

式中,$D_{mag} = S/A$,S 为物种数目,A 为样方面积;F 为权重;arbor 为乔木,shrub 为灌木,grass 为草木。

利用地学统计中的半变异函数来描述高分数据的空间尺度对群落异质性的影响。

$$\gamma(h) = \frac{1}{2N(h)} \sum_{i=1}^{N(h)} \left[z(x_i) - z(x_{i+h}) \right]^2 \qquad (5.6.11)$$

式中,$\gamma(h)$ 为半变异函数;h 为像元间距;$N(h)$ 为相隔 h 个像元的像元对数;$z(x)$ 为样本在像元 x 处的值。变程、基值和基台值是半变异函数的三个重要参数。当像元间距 $h=0$ 时,$\gamma(h)=C_0$,称为块金值。当像元间距 h 增大到 A_0 时,函数值达到一个相对稳定的常数,称为基台值 C_0+C,A_0 为变程。块金值 C_0 表示像元内部不可忽略的空间异质性;基台值 C_0+C 则表示样本中最大变异程度,基台值越高则表示总体的空间差异性越大。

基于高分一号卫星和地面实测数据,对各样点的野外调查多样性指数和植被指数的标准差进行分析,进而寻找两者间的关系。在 SPSS 软件支持下,利用 Pearson 相关公式计算

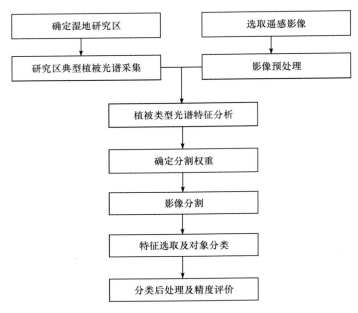

图 5.6.4 基于面向对象的图像提取方法技术流程

各变量间的相关系数。结果表明,归一化植被指数的标准差 SD_{NDVI} 与生物多样性指数(Simpson 指数)的相关性最好,R^2 为 0.7931。归一化植被指数的标准差与生物多样性指数之间具有较好的相关性。

选择归一化植被指数 NDVI 的标准差与 Simpson 指数进行回归分析,生态评价模型为

$$Y_{Simpson} = 0.2962 + 0.9901SD_{NDVI} \tag{5.6.12}$$

生物多样性评价总体技术路线如图 5.6.5 所示。

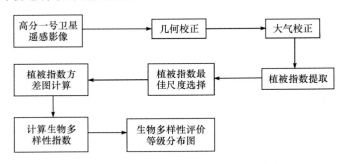

图 5.6.5 生物多样性评价总体技术路线

2. 应用实例

选择杭州湾河口慈溪南岸陆地地区作为研究区,杭州湾位于中国浙江省东北部,西起浙江海盐县澉浦镇和慈溪之间的西三丰收闸断面,东至扬子角到宁波镇海角连线。与舟山、北仑港海域为邻;南连宁波市,北接嘉兴市、上海市。有钱塘江注入,是一个喇叭形海湾。研究区经纬度是:30°14′N~30°35′N,120°56′E~121°17′E。跨海大桥位于研究区中央,大桥南端是慈溪市,北端是海盐县(乍浦镇)。该地区土地类型复杂、斑块较小,主要是植被、河道水

库、鱼塘、沼泽、耕地、工矿用地和居民区等,其中最典型的是杭州湾国家湿地公园,位于杭州湾跨海大桥南岸桥址西侧,属于典型的海岸湿地生态系统,是东南亚最大的咸淡水海滩湿地之一。利用 2013 年 8 月 5 日、8 月 9 日和 2014 年 10 月 15 日高分一号卫星影像等对研究区进行滩涂分类、植被要素提取等。

1) 淤泥潮沟分布变化精细提取结果

基于面向对象的分类方法,利用上述高分影像进行分类,结果如图 5.6.6 所示。分类总精度为 78.3%。分析发现,对于道路或围垦堤的分类错误较多,部分草滩被分入道路或围垦堤中,道路或围垦堤面积基本相似;耕地的分类较清晰,光滩面积本身不大,处于边缘,图中差异不明显;草滩的分类中将部分草滩分成道路和池塘。

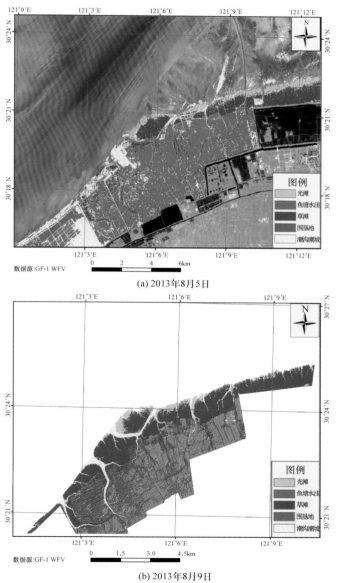

(a) 2013年8月5日

(b) 2013年8月9日

图 5.6.6　2013 年 8 月 5 日、8 月 9 日杭州湾南岸研究区滩涂分类分布

利用 2014 年 10 月 15 日 GF-1 WFV 数据、2009 年 7 月 17 日和 1995 年 9 月 13 日 TM 数据以及 1981 年 7 月 15 日 MSS 数据监测融合开展杭州湾滩涂冲淤变化研究,杭州湾河口南岸滩涂分类面积见表 5.6.5。分析各年份滩涂总面积可以看出,滩涂面积时减时增,最近几年滩涂面积有所增加,但增加来源主要是南岸跨海大桥下游沿海一侧,而跨海大桥上游靠陆一侧明显呈减少趋势。

表 5.6.5　杭州湾河口南岸滩涂分类面积

项目	1981 年	1995 年	2009 年	2014 年
面积/m²	208427237.12	226349692.31	278067125.25	410155266.21

利用 2014 年 10 月 15 日 GF-1 WFV 数据监测的杭州湾水边线如图 5.6.7 所示。由图可以看出,所获影像正处于落潮期,南岸滩涂水边线提取轮廓清晰,精度高。遥感提取的水边线虽与潮滩实测地形存在一定差距,但在相似潮情下得到的水边线分布变化大致相同,表明遥感影像在空间分辨率较高的情况下,在能引起潮滩地形变化的足够长时间内,利用遥感水边线方法可以分析潮滩在某个位置,10 月 15 日落潮时提取水边线要比涨潮时精度高。高分一号卫星 WFV 数据结合近 30 年的 TM 数据,示范应用得到的南岸滩涂分类、水边线和冲淤分析等,经过数据检验,其精度均达到 78% 以上,高分一号卫星 WFV 数据可有效地进行河口滩涂监测。滩涂由于受涨落潮影响较大,单纯依靠卫星影像提取精度有限,通过结合 DEM 数据及部分实测数据,可有效进行滩涂和冲淤及水边线信息提取。

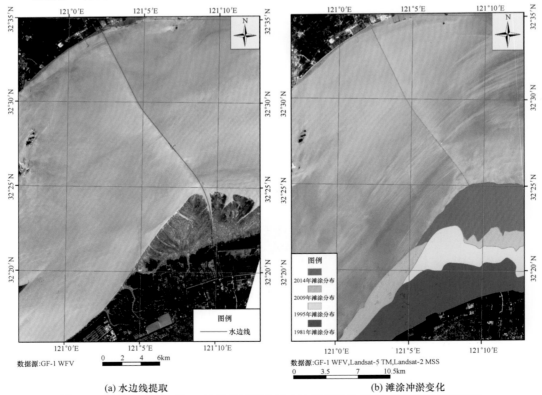

(a) 水边线提取　　　　　　　　　　　　　　(b) 滩涂冲淤变化

图 5.6.7　2014 年 10 月 15 日杭州湾研究区水边线提取和近 30 多年滩涂冲淤变化

2）植被生态要素提取结果

基于 2014 年 10 月 15 日 GF-1 WFV 数据，辅以 2009 年、1995 年的 TM 数据以及 1981 年 MSS 数据融合监测的杭州湾河口沿岸陆地扩展如图 5.6.8 所示。从 2014 年 10 月 15 日 GF-1 WFV 数据示范得到杭州湾河口陆地边界逐步向水域推进，结合 1981 年、1995 年和 2009 年数据分析可以看出，2009～2014 年陆地边界推进速度最大。2013 年 8 月 9 日、2014 年 10 月 15 日利用高分一号卫星提取杭州湾沿岸陆地覆盖遥感分类如图 5.6.9 和图 5.6.10 所示，分类结果中，道路和耕地、休耕地以及沼泽之间的相互混淆较为严重，除道路之外，能较好地识别其他地物类型。利用高分 16m 影像土地覆盖信息分类提取的总精度为 80.5%，比 8m 的分类精度（85.3%）低 5.6%。说明高空间分辨率影像有助于提高土地覆盖信息分类精度。

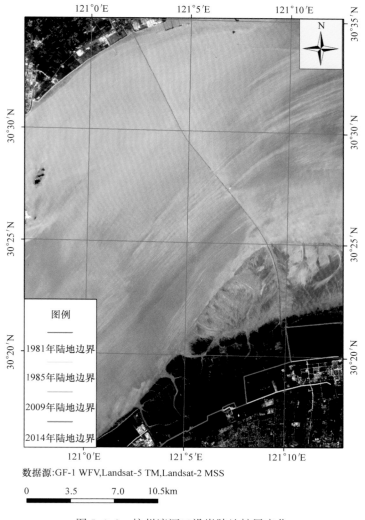

图 5.6.8　杭州湾河口沿岸陆地扩展变化

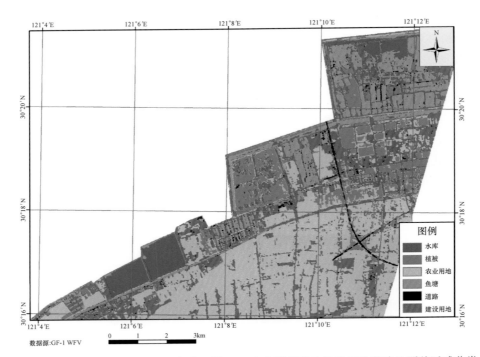

图 5.6.9　2013 年 8 月 9 日基于高分一号 16m 多光谱相机的杭州湾沿岸陆地覆盖遥感分类

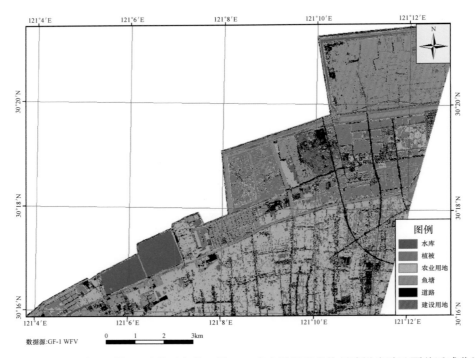

图 5.6.10　2014 年 10 月 15 日基于高分一号 16m 多光谱相机的杭州湾沿岸陆地覆盖遥感分类

　　2013 年 8 月 9 日、2014 年 10 月 15 日高分一号卫星的杭州湾影像提取典型植被信息和典型物种如图 5.6.11 和图 5.6.12 所示。以 2014 年 10 月 15 日高分一号卫星 WFV 数据为例,经过地面实测数据检验,其陆地覆盖度分类(80.5%)和典型物种(78.4%)达到预定要求,可有效地进行河口沿岸生态等环境监测。杭州湾湿地环境植被多样性丰富、斑块破碎,遥感反演难度较大,高分一号卫星可有效监测复杂斑块下植被生境要素反演。夹竹桃的斑块面积较大,分布较为集中,主要分布在杭州湾湿地公园和道路两旁;芦苇的斑块面积较小,且主要分布在水域沿岸周围;旱柳的斑块面积较小,分布较零散,主要分布在道路两旁。在典型植被信息提取分布图上,随机选取 20 个点,然后通过到杭州湾相应的点进行实测,平均精度在 78% 以上。

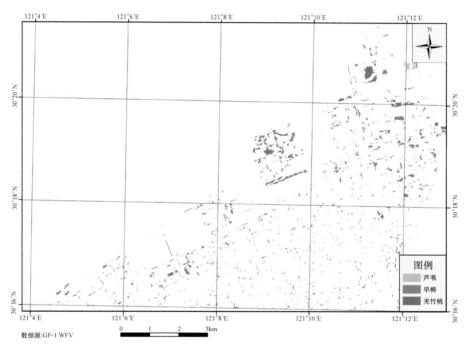

图 5.6.11　2013 年 8 月 9 日基于高分一号卫星 16m 多光谱相机的杭州湾沿岸陆地典型植被信息提取

　　3)生物多样性评价分级结果

　　利用 2013 年 8 月 9 日和 2014 年 10 月 15 日高分一号卫星宽覆盖数据监测的杭州湾河口沿岸生物多样性评价如图 5.6.13 和图 5.6.14 所示。由图可见,杭州湾慈溪段河口区沿岸的植被覆盖率较低,生物多样性水平一般;东北部为杭州湾湿地公园,人为保护较好,植被覆盖率高,生物多样性水平较高,监测结果与实地调查情况相吻合。

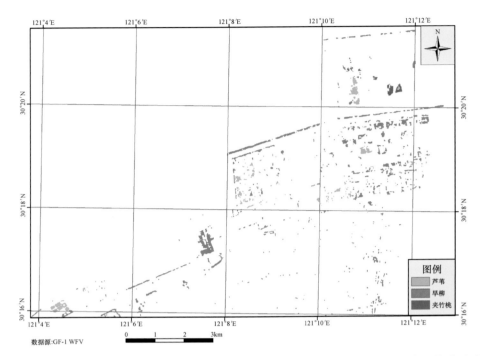

图 5.6.12　2014 年 10 月 15 日基于高分一号卫星 16m 多光谱相机的河口沿岸湿地典型物种遥感提取

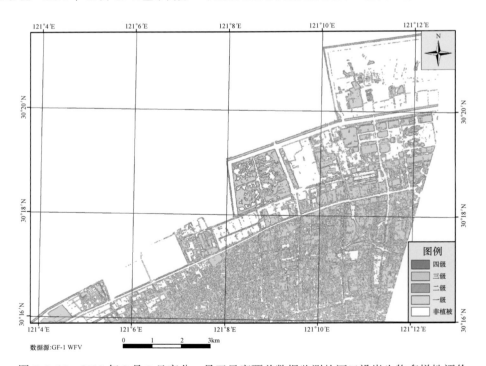

图 5.6.13　2013 年 8 月 9 日高分一号卫星宽覆盖数据监测的河口沿岸生物多样性评价

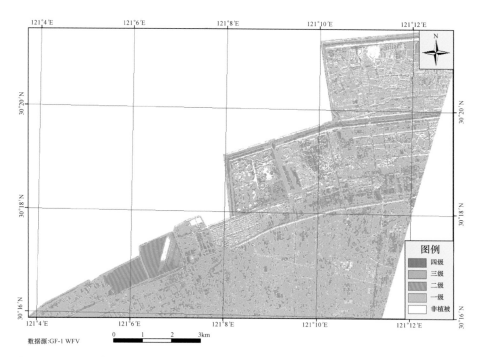

图 5.6.14 2014 年 10 月 15 日高分一号卫星宽覆盖数据监测的河口沿岸生物多样性评价

第 6 章　高分环境应用示范平台研发

高分环境应用示范平台是面向国家环境遥感监测与评价的重要需求,针对环境遥感监测的业务化应用目标,基于工作流、业务流的思想进行设计开发的高分环境应用示范系统,以实现环境遥感监测的业务化运行,充分发挥高分有效载荷的高空间分辨率、高光谱分辨率在环境遥感监测中的优势和作用。该平台是基于地表水、大气和生态环境遥感参数定量反演关键技术及环境遥感监测与评价方法的研究成果,集成高分卫星环境遥感应用技术体系和数据应用技术流程、系统构架,基于高分卫星的环境遥感动态监测系统和支撑数据库而建设的综合平台,更好地服务于业务人员、行业领域、政府决策、社会公众、科研机构等。高分环境应用示范平台以面向服务的体系架构和集群计算的基本思想进行技术体系的梳理和构建,形成开放的、可伸缩、可定制的体系。面向服务体系架构的组件化、互操作、模块化、可伸缩的特点,使其能更好地满足系统灵活性及扩展性要求。具备支持多类型、多专题、多空间分辨率、多光谱分辨率、多时相环境遥感数据的综合处理和应用能力,以及环境遥感监测与评价指标反演和遥感数据专题产品制作能力。高分环境应用示范平台主要包括高分环境图像处理应用示范分系统、高分大气环境遥感监测应用示范分系统、高分水环境遥感监测应用示范分系统、高分生态环境遥感监测应用示范分系统四个业务分系统,以及卫星轨道预测分系统、任务规划分系统、数据和数据库管理分系统、产品分发与用户服务分系统、3-6 级产品生产分系统和产品展示与可视化分系统六个运行管理分系统。

本章是高分环境遥感监测业务化运行的关键,其主要针对上述图像数据处理、大气环境、水环境和生态环境高分遥感监测的关键技术模型和方法,面向环境遥感监测的业务化需求,分别介绍高分环境应用示范平台的总体设计,以及卫星轨道预测、任务规划、3-6 级产品生产、数据与数据库管理、专题制图与可视化、产品分发与用户服务、高分环境图像处理应用示范、高分大气环境遥感监测应用示范、高分水环境遥感监测应用示范和高分生态环境遥感监测应用示范等十个分系统的组成结构和运行实例,详细阐述整个系统的结构、功能及其在环境遥感监测业务中的运行流程。

6.1　高分环境应用示范平台总体设计

6.1.1　总体设计思路

高分环境应用示范平台主要采用工作流、业务流的思想进行设计开发。根据高分环境遥感监测工作任务的需求,设计足够小粒度的共性或专用功能模块,通过不同模块的组合来实现不同环境要素遥感监测,形成高分环境应用示范监测应用简报等高级产品。该平台的特点是动态可定制扩展的业务系统,即对于监测相对稳定的业务可把模块进行固化,如秸秆焚烧监测、水华监测等,并尽量实现自动化;对其他需求不稳定的业务,可根据需求随时对模块进行组合定制。同时,集成的该系统要具备可扩展功能,即对于环境保护新增加的业务需求,能够快速通过模块组合,实现新业务运行的遥感监测功能。图 6.1.1 是已经开发试运行的高分环境应用示范平台界面。

图 6.1.1 高分环境应用示范平台组成界面

1. 工作流定制环境和流程设计

工作流结构示意图如图 6.1.2 所示。

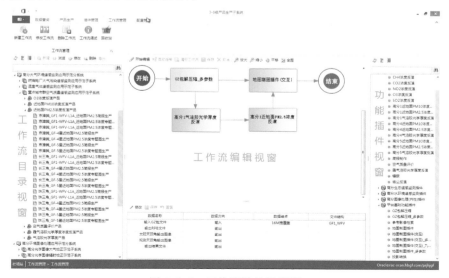

图 6.1.2 工作流结构示意图

（1）左边为"工作流目录视窗"，目录树中保存各流程列表，点击各流程，即可显示流程的整体情况和插件的调用关系。

（2）右边为"功能插件视窗"，该窗口保存各个可加载的功能插件。

（3）中间为"工作流编辑视窗"。可从右边"功能插件视窗"拖拽到"工作流编辑视窗"，编辑制定各插件的调用顺序，以及输入、输出接口对应关系。

（4）下端显示参加运行状态和进度等状态。

图 6.1.3 展示了三个插件的工作流流程图，流程如下：

（1）启动功能算子 1，输入参数，由算子计算后输出结果。

（2）启动功能组件，通过其中的人机交互功能得到相关运行数据（如配准的点），再经过组件的计算后输出结果。

（3）功能算子 2 把前面两个输出的结果作为输入，由算子计算后输出最终结果。

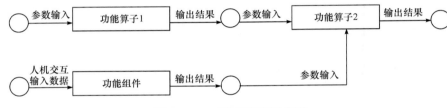

图 6.1.3　工作流流程示意图

2. 插件调用流程设计

高分环境应用示范平台设计上支持对数据资源和计算资源的统一管理和调度，支持基于 Linux 和 Windows 的跨平台系统结构，提供协同计算服务平台，支持多机多任务并行处理。高分环境应用示范平台通过集成多家承担单位提供的大气、水、生态环境遥感监测相关处理算法插件，实现环境遥感监测产品生产。为保证产品生产效率，对于存在较多数据处理运算的插件，需要将前端界面展现和后端处理运算分开，插件的实现形式为功能算子＋运行接口。对有较多交互环节的插件，界面和组件均在客户端运行，可以不分解。具体实现策略可根据不同的需求灵活制定。插件调用流程设计示意图如图 6.1.4 所示。

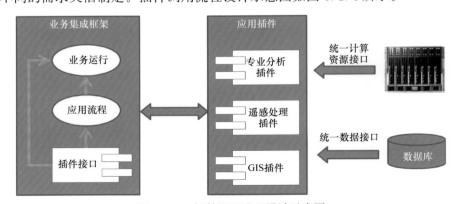

图 6.1.4　插件调用流程设计示意图

6.1.2　系统组成结构设计

1. 系统逻辑结构设计

高分环境保护遥感动态监测信息服务系统平台采用多层结构进行设计。该系统在逻辑上主要划分为软硬件支撑层、数据层、插件层、平台层、应用系统层和用户层，其总体逻辑结构如图 6.1.5 所示。

（1）软硬件支撑层主要是指支撑系统运行的软件和硬件设备，主要包括服务器设备、存储设备、网络设施等必需的硬件环境和操作系统、Oracle 等支撑系统运行必备的软件。

（2）数据层主要是指系统管理的数据资源，主要包括高分遥感影像数据库、其他遥感影像数据等影像数据库，生态、大气、水等专题产品数据库，元数据库、管理信息库等支撑数据库，以及专题检验数据等支撑数据库。

（3）插件层主要提供了以插件的方式集成的图像与数据处理分系统、大气环境遥感监测应用示范分系统、水环境遥感监测应用示范分系统及生态环境遥感监测应用示范分系统。

（4）平台层主要是业务集成及运行管理平台，包括运行管理平台、卫星轨道预测系统、任务规划系统、数据与数据库管理系统、产品展示系统、产品分发与用户服务系统几个部分。运行管理平台实现了业务运行调度和生产管理，平台集成了四个分系统的功能插件，形成了从原始数据获取到产品的归档入库一整套的集成化生产模式；卫星轨道预测、任务规划、卫星轨道仿真系统实现了卫星轨道预测与模拟仿真，根据预测结果编制生产计划；产品分发与用户服务系统向中心内部和外部提供产品分发、产品和数据的查询下载、数据共享等服务。产品展示系统主要实现支持影像、矢量、地形、三维模型数据的无缝浏览等；支持属性信息、多媒体数据的展示；数据管理主要实现数据集管理、数据自动入库、数据预处理、数据手动入库、数据查询浏览、数据统计、配置管理等。

（5）应用系统层通过对组件层各功能组件的集成应用，从而实现环保业务的具体应用。

（6）示范系统的用户层包括数据库管理员、生态、大气、水等示范系统用户等。

2. 系统功能组成设计

高分环境保护遥感动态监测信息服务系统平台由数据与数据库管理分系统、3-6 级产品生产分系统、任务规划分系统、卫星轨道预测分系统、产品分发与用户服务分系统、专题制图和可视化分系统、高分环境图像处理应用示范分系统、高分大气环境遥感监测应用示范分系统、高分水环境遥感监测应用示范分系统、高分生态环境遥感监测应用示范分系统组成，通过相关分系统的运行实现环境遥感产品的生产和分发服务。该系统平台的功能组成结构如图 6.1.6 所示。

6.1.3　数据库总体设计

1. 数据库组成设计

高分环境保护遥感动态监测信息服务系统平台数据库主要完成高分环境保护遥感动态监测信息服务系统平台数据的统一存储和管理，共分为 7 个逻辑数据库。7 个逻辑数据库分别为元数据库、业务运行数据库、卫星遥感影像数据库、影像控制点数据库、环境遥感产品数据库、地基监测数据库、基础支撑数据库。

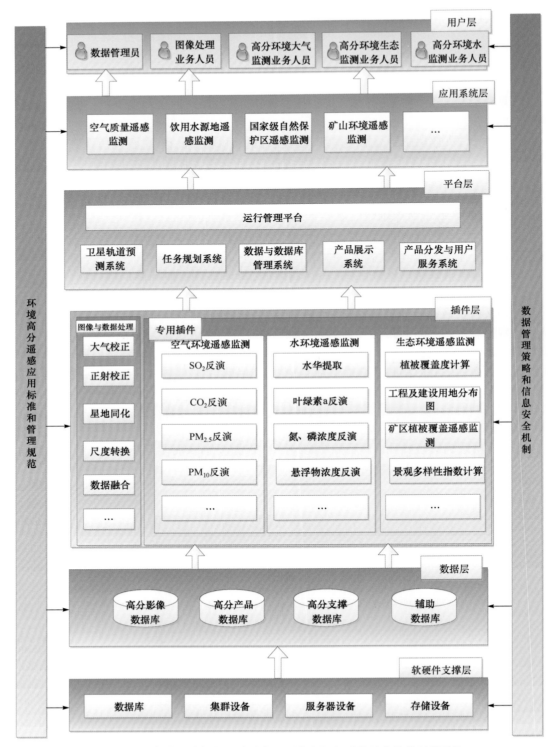

图 6.1.5 高分环境保护遥感动态监测信息服务系统平台总体逻辑结构

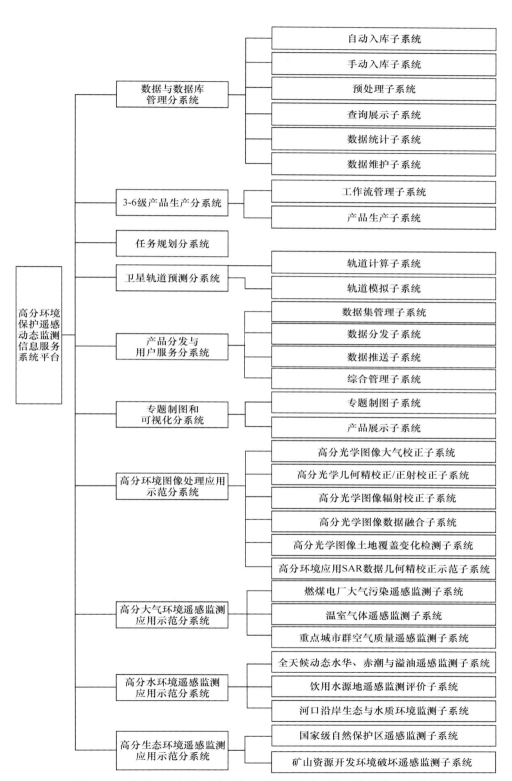

图 6.1.6　高分环境保护遥感动态监测信息服务系统平台功能组成结构

1）元数据库

元数据是对整个高分环境遥感监测应用示范综合数据库数据的描述，它记录了数据库内部存储数据的数据源、数据分层、产品归属、空间参考系、数据质量（数据精度、数据评价）、数据更新以及图幅接边等信息。元数据采用数据库表的方式进行管理。支持记录各类数据库中数据的元数据信息，进行分类存储，构建元数据库与各类数据库的关联关系，通过元数据库获取其他数据库中数据的元数据信息。

2）业务运行数据库

业务运行数据库主要包括高分 1-7 卫星数据的采集、卫星轨道预测和任务规划等业务运行内容存储，包含卫星基本元数据、采集任务单、采集任务执行调度数据等，采用关系数据库表形式进行统一存储管理。

3）卫星遥感影像数据库

卫星遥感影像数据库的主要数据内容为各类多源、多时相的中、高分辨率多源卫星影像数据，包括新获取的高分卫星影像数据和历史卫星影像数据。卫星遥感影像数据库主要包括高分卫星数据、环境卫星数据、资源卫星数据、气象卫星数据、商业卫星数据和全覆盖影像数据等。主要存储形态为文件存储，以数据库表形式管理。

4）影像控制点数据库

影像控制点数据库主要建设内容包括：支持 1980 西安坐标系和 CGCS2000 坐标系的影像控制点；完成覆盖全国的 16m 分辨率多光谱、8m 分辨率多光谱以及 2m 分辨率全色影像控制点数据库建设；东中部地区控制精度优于 1∶2.5 万地形图定位精度，西部地区优于 1∶5 万地形图定位精度；影像控制点地物类型包括城市农田道路交叉口、广场、桥梁、山脊等标准控制点地物类型；影像控制点采集密度满足目前主流卫星影像正射校正需求；遥感影像控制点为不小于 512×512 的控制点片，格式要求 GeoTIFF 格式；采用 Oracle 数据存储，支持管理的影像控制点数据大于 5TB。

5）环境遥感产品数据库

环境遥感产品数据库主要包括基本数据产品库、高级数据产品子库、环境专题产品子库和环境应用产品子库，其中环境专题产品子库和环境应用产品子库又分别包括生态、水、大气三个方向的专题产品子库和应用产品子库。环境遥感产品数据库主要以文件形式存储，以数据库表形式管理。

6）地基监测数据库

地基监测数据库主要是集成"高分环境地基监测数据库研发和京津冀示范区应用示范"课题相关成果，形成高分环境地基监测数据库，包括空气监测站点数据、土壤监测站点数据、地表水监测站点数据、气象监测站点数据和草地监测站点数据等。

7）基础支撑数据库

基础支撑数据库主要包括基础地理数据子库、环境背景数据子库和环境空间专题数据子库。其中环境空间专题数据子库是指针对环境常规应用业务的需要存储的辅助专题数据，主要包括全国自然保护区、重点流域等环境空间专题数据，含多时相的保护区边界、野外照片等。环境背景数据子库主要是指高分环境遥感监测的各类背景数据，主要包括气象背景数据、气候数据、水文数据、土壤调查数据、地质调查数据、植被数据、土地利用数据、土地退化数据等。基础地理数据子库主要包括数字线划地图（digital line graphic，DLG）数据及数字高程模型(digital elevation model, DEM)数据,覆盖范围为全国。空间数据采用空间库进行管理,统计数据等采用关系数据库表管理。

高分环境保护遥感动态监测信息服务系统平台数据库逻辑结构如图 6.1.7 所示。

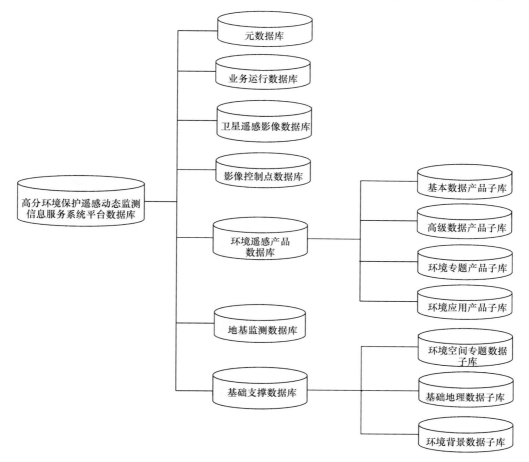

图 6.1.7　高分环境保护遥感动态监测信息服务系统平台数据库逻辑结构

2. 数据库存储设计

1) 总体存储策略

高分环境保护遥感动态监测信息服务系统平台数据库根据数据量、生命周期、存储成本等特征,将数据存储分为在线、近线和备份存储三级存储,灵活实现各类数据的全生命周期管理。高分卫星影像等影像数据数据量非常大,采用文件库与 Oracle 关系库相结合的方式进行存储,其中影像数据的实体存储在文件库中,影像数据的元数据信息和编目信息存储在 Oracle 关系数据库中,以便于对数据的检索。对于高分卫星系统管理的二维结构化数据、元数据直接存储于 Oracle 数据库中;矢量空间数据采用空间数据库引擎(ArcSDE)存储在 Oracle 数据库中;栅格空间数据采用空间数据库引擎存储于 Oracle 数据库中或采用文件编目方式存储于磁盘阵列。对于高分卫星影像数据,随着数据的不断更新,早期的在线影像数据从在线磁盘阵列逐步迁移到近线磁盘阵列中,以保证数据存储效率。

为提高数据库工作效率,存储设计按照一定的原则对数据进行在线存储和离线存储。

(1) 在线存储数据。

数据库管理系统需要对核心产品数据、标准产品数据、专题产品数据、外部输入数据和辅助数据等入库后的数据首先进行在线存储,在线存储时间依据数据的用户使用频度、数据量等进行设计;对日常频繁访问的、数据量较小的数据,如基础地理信息等数据产品可以进行长期在线存储。

(2) 近线存储数据。

数据在线满一定时间或在线存储数据量达一定程度时,将部分在线数据迁移至近线存储,以释放出在线高速盘阵的空间。

(3) 离线存储数据。

对于不需要使用或者使用可能性很低的数据,如高分卫星原始数据、历史数据等可以迁移到离线的磁带库里存储。

(4) 异地备份存储。

高分环境保护遥感动态监测信息服务系统平台数据库的数据处理量大、数据类型多。从高分卫星数据的特点、处理的耗时量、工作的复杂度、易恢复程度等方面考虑,需要对所有常规和应急的数据或产品、数据库进行异地备份存储。

2) 存储模式设计

整个数据库采用大型空间数据库引擎、Oracle 关系表和文件编目库相结合的方式实现高分环境保护遥感动态监测信息服务系统平台数据的存储,针对不同的数据类型和应用特点采用不同的存储模式。

(1) 矢量数据存储设计。

矢量数据采用空间数据引擎 ArcSDE 进行存储管理,在空间数据库内部通过矢量数据集对矢量数据进行组织以提高数据的存储和管理效率。矢量图层按照使用规范进行命名。

(2) 遥感影像、栅格数据存储设计。

遥感影像数据主要是指高分卫星影像、航空影像、雷达影像、其他卫星遥感影像等数据;栅格数据主要是指数字栅格地图(digital raster graphic,DRG)数据、DEM 数据、数字正射影像图(digital orthophoto map,DOM)数据、数字地表模型(digital surface model,DSM)数据、栅格化的统计数据、栅格格式中间成果数据等。根据数据特点的不同采用编目的方式或者空间数据库进行存储管理。

对于更新频率较快、数据量大、使用频率低的数据,采用编目的方式进行存储管理,系统定义编目编制规则和编目编码规则。

对于变化频度较低、数据量相对较小、使用频率较高的数据,采用空间数据库的方式进行存储。

(3) 非结构化数据存储设计。

非结构化数据主要是指文件数据和多媒体,主要包括生态、大气、水环境评估报告文档、生态调查的图片、音频、视频等。

对于非结构数据采用文件编目管理的方式进行存储和管理。文件目录组织、文件命名必须符合相应的标准规范。

高分环境保护遥感动态监测信息服务系统平台数据存储模式设计如图 6.1.8 所示。

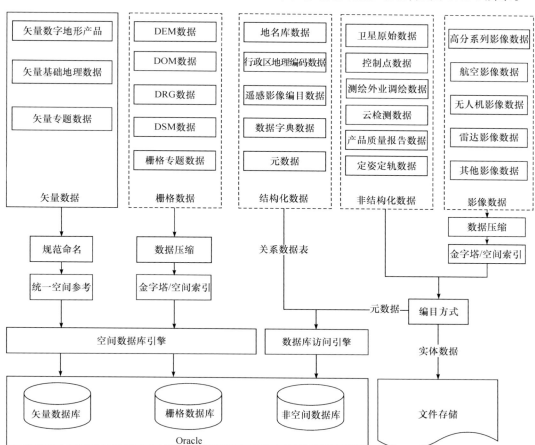

图 6.1.8　高分环境保护遥感动态监测信息服务系统平台数据存储模式设计

6.1.4　系统平台接口总体设计

高分环境保护遥感动态监测信息服务系统平台的接口主要包括系统内部接口和系统外部接口。其中,外部接口主要是系统平台同高分数据中心之间的数据传输接口,同共性应用技术中心之间的数据产品获取接口,以及同中心内部已有的环境卫星数据、生态十年数据库和其他数据库系统之间的数据交换接口。内部接口主要是系统平台内部数据与数据库管理分系统、3-6 级产品生产分系统、任务规划分系统、卫星轨道预测分系统、专题制图与可视化分系统、产品分发与用户服务分系统之间的数据交换和信息交换的接口。

外部接口主要是指系统平台同高分数据中心之间的数据传输接口同共性应用技术中心之间的数据产品获取接口,以及同中心内部已有的环境数据库、十年生态数据库和其他数据库系统之间的数据交换接口。该系统平台的外部接口如图 6.1.9 所示,外部接口描述见表 6.1.1。

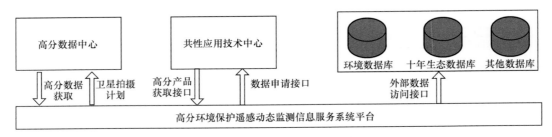

图 6.1.9　高分环境保护遥感动态监测信息服务系统平台外部接口

表 6.1.1　外部接口描述

序号	接口名称	发送方	接收方	接口形式
1	高分数据获取接口	高分数据中心	高分环境保护遥感动态监测信息服务系统平台	高分标准数据
2	卫星拍摄计划接口	高分环境应用示范系统平台	高分数据中心	xml
3	数据申请接口	高分环境应用示范系统平台	共性应用技术中心	xml
4	高分产品获取接口	共性应用技术中心	高分环境保护遥感动态监测信息服务系统平台	高分产品数据
5	外部数据访问接口	高分环境保护遥感动态监测信息服务系统平台	环境数据库 十年生态数据库 其他数据库	数据库访问接口

　　内部接口主要是指系统平台内部数据与数据库管理分系统、3-6 级产品生产分系统、任务规划分系统、卫星轨道预测分系统、专题制图与可视化分系统、产品分发与用户服务分系统之间数据交换和信息交换的接口。高分环境保护遥感动态监测信息服务系统平台内部接口关系如图 6.1.10 所示。

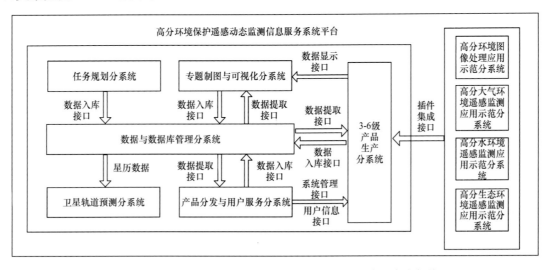

图 6.1.10　高分环境保护遥感动态监测信息服务系统平台内部接口

内部接口描述见表 6.1.2。

表 6.1.2　内部接口描述

序号	接口名称	发送方	接收方	接口形式
1	数据入库接口	任务规划分系统 专题制图与可视化分系统 卫星轨道预测分系统 产品分发与用户服务分系统 3-6 级产品生产分系统	数据与数据库管理分系统	xml
2	数据提取接口	数据与数据库管理分系统	专题制图与可视化分系统 产品分发与用户服务分系统 3-6 级产品生产分系统	xml
3	数据显示接口	3-6 级产品生产分系统	专题制图与可视化分系统	高分数据 产品数据
4	插件集成接口	高分环境图像处理应用示范分系统 高分大气环境遥感监测应用示范分系统 高分水环境遥感监测应用示范分系统 高分生态环境遥感监测应用示范分系统	3-6 级产品生产分系统	插件
5	用户信息接口	产品分发与用户服务分系统	任务规划分系统 专题制图与可视化分系统 卫星轨道预测分系统 数据与数据库管理分系统 3-6 级产品生产分系统	数据库表

6.1.5　系统软硬件设计

高分环境应用示范平台的软硬件环境主要包括数据库服务器、业务应用服务器、笔记本电脑、图形工作站、光纤交换机、以太网交换机、路由器、磁盘阵列存储、SAN 存储共享消息中间件和磁带库、操作系统、数据备份迁移归档软件、数据库软件等。通过对该平台的总体业务需求分析,计算机硬件支撑平台总体网络结构拓扑设计如图 6.1.11 所示。

高分环境应用示范平台具有存储数据量大、数据吞吐量大等特点,根据数据归档存储的需要,该系统的数据归档体系设计采用在线与离线相结合的存储结构。系统在线存储采用磁盘存储,离线存储采用磁带库存储。存储结构可以根据各种存储设备的性能特点进行存储体系的有效组合,使用户既能存储海量数据,又能降低存储成本,以充分满足用户的需求。该系统平台采购磁盘裸容量 2000TB,进行 RAID 5 划分后,可用磁盘容量约1500TB;磁盘主要用来存储卫星原始影像、影像产品、卫星影像数据接收以及数据库存储等。该系统平台采购的磁带库容量 575TB,其用来对离线数据采用双备份,最大可存储 287.5TB。

在多级存储体系中,网络硬件设备的具体配置情况直接影响数据库管理分系统的运行效能。基于上述设计思路,主数据中心存储采用 SAN 配合以太网的存储结构,光纤交换网络使用万兆网,桌面带宽不小于千兆,将各类业务服务器、工作站与核心存储设备通过网络融合为一体。图像生产、图像处理等业务服务器通过 SAN 光纤接入核心存储设备,实现高速共享访问资源;工作站、PC 等通过以太网连接存储区,实现数据的访问共享。

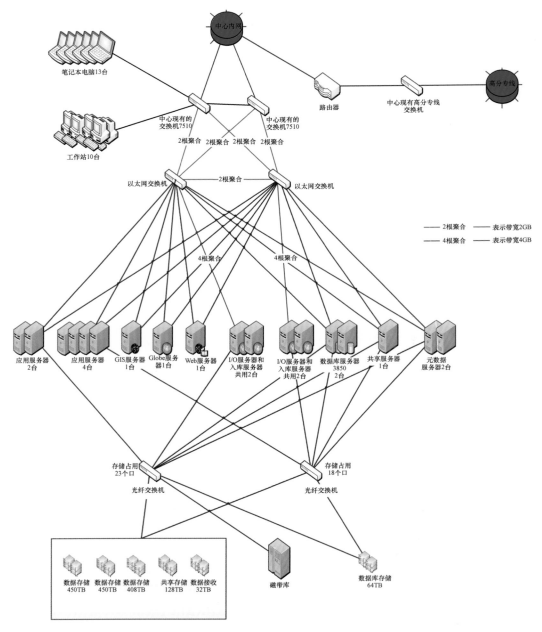

图 6.1.11　计算机硬件支撑平台总体网络结构拓扑设计图

6.2　卫星轨道预测分系统组成与运行实例

6.2.1　卫星轨道预测分系统组成

卫星轨道预测分系统(图 6.2.1)包含轨道计算子系统和轨道模拟子系统。轨道计算子系统包括运行轨迹计算、星下点轨迹计算、卫星进出接收站时间计算、过境时间计算。轨道模拟子系统包括轨道显示模块、卫星轨道计划管理模块,其中轨道显示模块包括背景地图支持、卫星运行轨迹显示、卫星星下点显示、卫星接收站显示、观测计划区域显示功能,卫星轨道计划管理模块包括卫星工作计划管理功能。

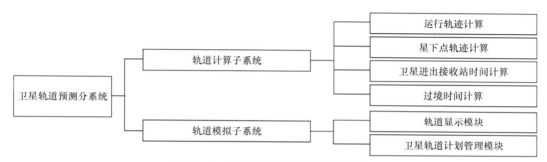

图 6.2.1　卫星轨道预测分系统功能结构

6.2.2　卫星轨道预测分系统运行实例

卫星轨道预测分系统主要实现卫星轨道预报计算和卫星运行轨迹仿真显示,提供卫星轨道预报和接收站覆盖范围计算功能,对卫星的运行轨迹进行二维或三维仿真显示,为环境应用的卫星观测需求计划制定和任务规划提供预测支持;根据高分系列卫星、环境系列卫星以及国内外其他常用系列卫星运行的轨道参数以及每个卫星的载荷参数,采用三维球 Globe 技术,能够在三维地图上直观给出每颗卫星每个载荷的覆盖区域;通过叠加国家级自然保护区边界、生物多样性保护优先区、国家级重要生态功能区边界、大型水体边界等生态空间专题数据,能够直观地查看卫星覆盖这些专题区域的情况;配置管理主要是在后台对卫星系列、卫星、传感器、地面站、瞬根数据等前端需要展示的信息进行新建、修改等管理操作。卫星轨道预测分系统运行举例如图 6.2.2 所示。

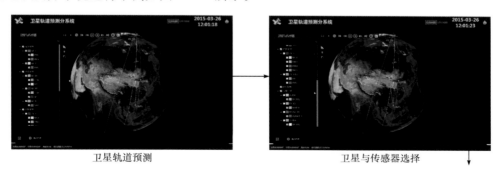

卫星轨道预测　　　　　　　　　　　　卫星与传感器选择

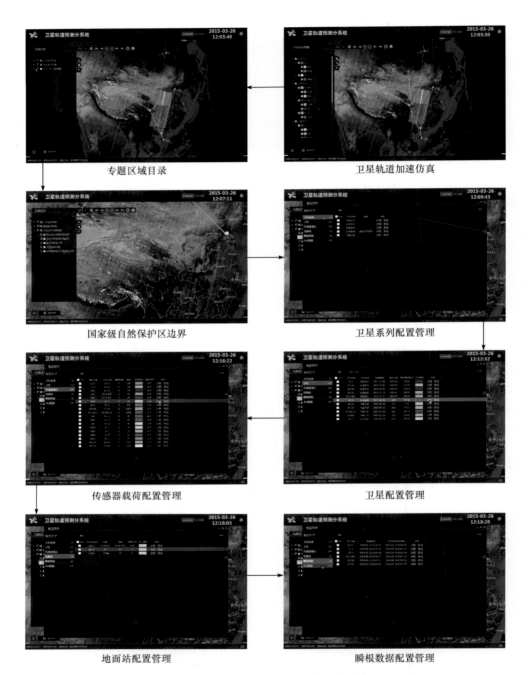

图 6.2.2　卫星轨道预测分系统运行举例

6.3　任务规划分系统组成与运行实例

6.3.1　任务规划分系统组成

任务规划分系统主要包括卫星载荷管理模块和观测计划申请模块。卫星载荷管理模块针对高分系列卫星、环境系列卫星以及国内外其他常用系列卫星的每个载荷,对每个载荷的模型和运行参数进行管理,为任务的规划提供支撑,包含载荷模型库和载荷模型参数注册功能。观测计划申请模块为满足环境应急监测业务需要,对某关键地区的环境要素或环境事件进行特定时间的监测需要申请调整卫星观测计划,该功能实现观测参数调整申请信息的处理。任务规划分系统功能结构如图 6.3.1 所示。

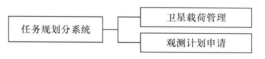

图 6.3.1　任务规划分系统功能结构

6.3.2　任务规划分系统运行实例

根据高分系列卫星、环境系列卫星以及国内外其他常用系列卫星运行的轨道参数以及每个卫星的载荷参数,采用三维球 Globe 技术,能够在三维地图上直观给出每颗卫星每个载荷的覆盖区域,通过设置卫星运行有效起止时间、观测目标区域、卫星与传感器类别参数,进行卫星覆盖计算,得到卫星与传感器在有效时间范围内经过观测目标区域的情况;模拟仿真卫星过境覆盖情况,按照需求生成观测计划并对观测计划进行统一管理。任务规划分系统运行举例如图 6.3.2 所示。

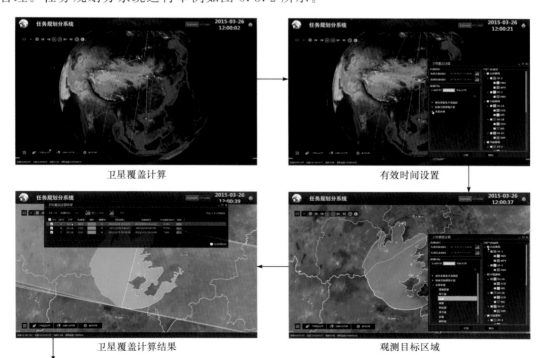

卫星覆盖计算

有效时间设置

卫星覆盖计算结果

观测目标区域

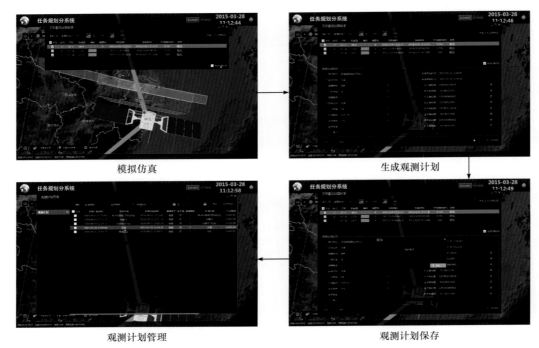

模拟仿真　　　　　　　　　　　　　生成观测计划

观测计划管理　　　　　　　　　　　观测计划保存

图 6.3.2　任务规划分系统运行举例

6.4　3-6 级产品生产分系统组成与运行实例

6.4.1　3-6 级产品生产分系统组成

　　3-6 级产品生产分系统包括模型管理子系统和任务生产子系统,其中模型管理子系统包括产品管理模块和插件管理模块,任务生产子系统包括生产监视模块和任务创建模块。产品管理模块包含产品管理、工作流管理、插件系统参数设置、工作流验证、版本管理等功能。插件管理模块实现插件注册、插件删除和插件更新等功能。生产监视模块实现任务监视、任务查询、任务控制和任务详情等功能。任务创建模块包含常规任务创建、周期任务创建等功能。3-6 级产品生产分系统通过集成高分卫星图像处理、大气环境遥感监测、水环境遥感监测、生态环境遥感监测等功能采用 C/S 架构搭建。业务人员通过该系统完成大气、水、生态业务产品的生产,实现全业务流程的管理和调度。各业务生产功能以插件的方式被该系统自动调度运行,实时跟踪监视各业务流程的执行过程,并完成产品的归档入库。3-6 级产品生产分系统功能结构如图 6.4.1 所示。

6.4.2　3-6 级产品生产分系统运行实例

　　3-6 级产品生产分系统提供了一个集成环境,集成了图像、大气、水、生态的环境遥感监测成果。根据产品生产流程的不同、数据间的相互关系进行产品的分级,并经过对水、大气、生态业务以及产品体系的分析,系统集成了 4 个业务方向上 65 类产品;用户可以根据自己的生产习惯,定制常用产品,方便快捷地进行产品生产;通过注册插件,应用插件组成工作

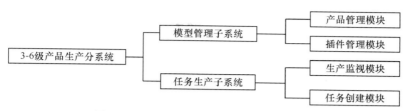

图 6.4.1　3-6 级产品生产分系统功能结构

流,实现全业务流程的管理和调度,进行各业务方向 3-6 级产品的生产,当插件算法有更新时,可进行插件的替换更新;根据产品生产流程,定制工作流,完成工作流的编辑;工作流编辑完成后,便可以进行产品的生产,首选通过数据查询模块查询待生产的数据源,然后创建生产任务,任务创建成功后,可以查看任务详情,跟踪任务执行进度;对于要进行人机交互的插件则可以在待办事项中进行统一处理,产品生产完成后,可以查看任务的数据详情。调度、执行工具,通过合理地调度、考虑负载均衡,实现插件在执行服务器之间的合理分配,完成各类复杂业务应用服务端高效处理。3-6 级产品生产分系统运行举例如图 6.4.2 所示。

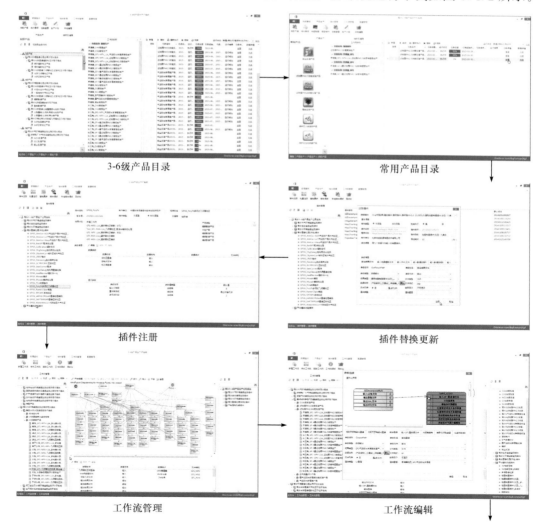

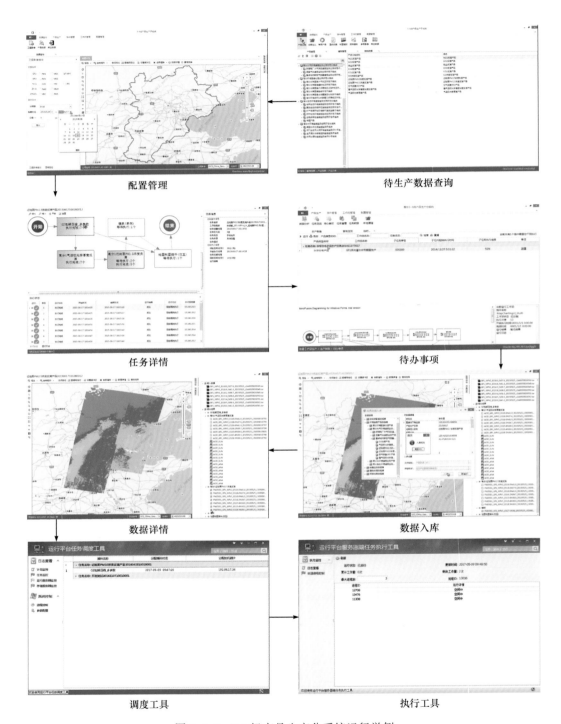

图 6.4.2　3-6 级产品生产分系统运行举例

6.5　数据与数据库管理分系统组成与运行实例

6.5.1　数据与数据库管理分系统组成

数据与数据库管理分系统为 3-6 级产品生产分系统等提供数据支撑,包括自动入库子系统、手动入库子系统、预处理子系统、查询展示子系统、数据统计子系统和数据维护子系统,六个子系统均为 C/S 架构。自动入库子系统实现数据入库任务管理、数据自动入库和拷贝程序监控功能;手动入库子系统采用人机交互的方式实现各类数据的入库管理;预处理子系统包括坐标、格式和投影转换,镶嵌、裁切、重采样和元数据采集等功能;查询展示子系统包括数据查询下载和数据浏览展示功能;数据统计子系统包含数据统计、统计图表生成和统计图表打印等功能;数据维护子系统则实现元数据和数据库的维护管理功能。数据与数据库管理分系统功能结构如图 6.5.1 所示。

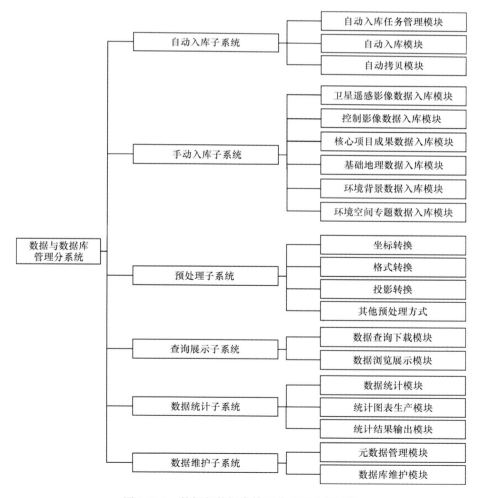

图 6.5.1　数据与数据库管理分系统功能结构

6.5.2 数据与数据库管理分系统运行实例

数据与数据库管理分系统用于实现包括高分一号卫星、环境卫星、环境空间专题数据、基础地理数据、土地利用数据、成果影像数据、生态系统分类数据等数据管理对象的基本管理操作,面向业务人员对数据的使用需求,实现数据的入库、查询、管理等功能。利用配置管理功能,进行数据资源管理、数据字典管理、元数据管理、文件结构建模、数据类型建模、数据目录配置等,完成项目数据配置后,可以通过数据目录看到高分环境综合数据库中的数据组织情况;系统提供自动入库和手动入库两种模式来完成数据的入库功能;数据入库后,可利用系统进行数据的查询、浏览、下载等。数据与数据库管理分系统运行举例如图 6.5.2 所示。

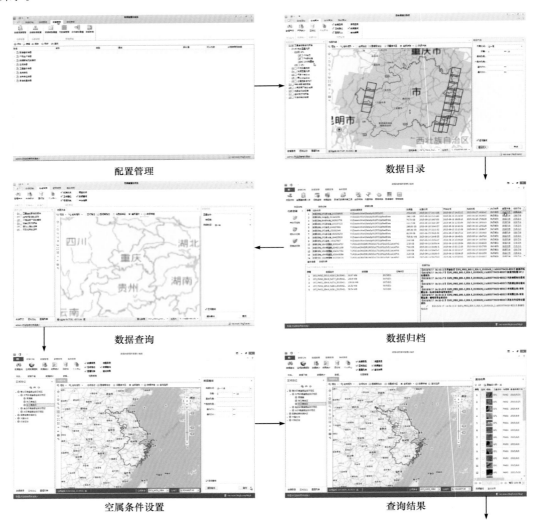

配置管理　　　　　　　　　　　数据目录

数据查询　　　　　　　　　　　数据归档

空属条件设置　　　　　　　　　　查询结果

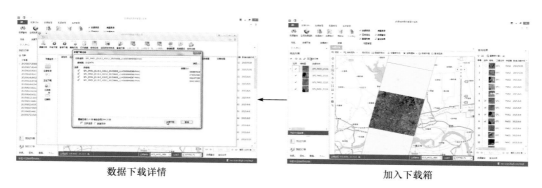

数据下载详情　　　　　　　　　　　　　加入下载箱

图 6.5.2　数据与数据库管理分系统运行举例

6.6　专题制图与可视化分系统组成与运行实例

6.6.1　专题制图与可视化分系统组成

专题制图与可视化分系统包括专题制图子系统和产品展示子系统(图 6.6.1)。其中专题制图子系统包括符号库管理模块、制图模板管理模块、制图模块、制图输出模块;产品展示子系统包括地图浏览模块、图层管理模块、数据查询模块、数据展示模块。

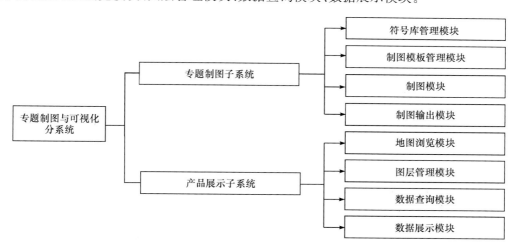

图 6.6.1　专题制图与可视化分系统功能结构

6.6.2　专题制图与可视化分系统运行实例

专题制图与可视化分系统主要是以三维球为载体对大气、生态及地表水的遥感监测成果进行展示,包括数据目录、多时相展示、专题图展示及统计报表展示等。例如,对高分大气环境遥感应用示范分系统所生产的京津冀地区气溶胶光学厚度产品、高分一号卫星近地面 $PM_{2.5}$ 产品进行多时相对比展示,以及高分一号卫星近地面 PM_{10} 产品的专题图展示;对高分水环境遥感应用示范分系统所生产的太湖地区水华反演产品、滇池地区透明度反演产品、滇池地区悬浮物浓度反演产品进行多时相对比展示;对高分生态环境遥感应用示范分系统所生产的可鲁克湖和托素湖人类活动干扰变化空间分布、人类活动干扰、人类活动程度评价进行专题图展示;对 NO_2 浓度、矿区植被盖度进行统计表展示。专题制图与可视化分系统运行举例如图 6.6.2 所示。

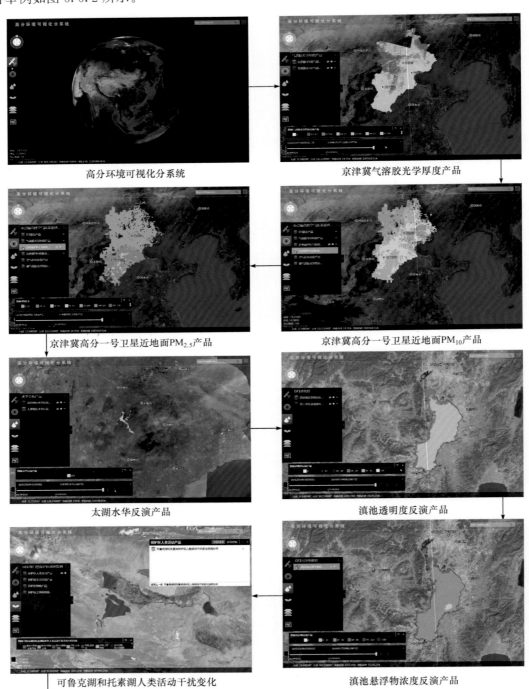

高分环境可视化分系统

京津冀气溶胶光学厚度产品

京津冀高分一号卫星近地面 $PM_{2.5}$ 产品

京津冀高分一号卫星近地面 PM_{10} 产品

太湖水华反演产品

滇池透明度反演产品

可鲁克湖和托素湖人类活动干扰变化

滇池悬浮物浓度反演产品

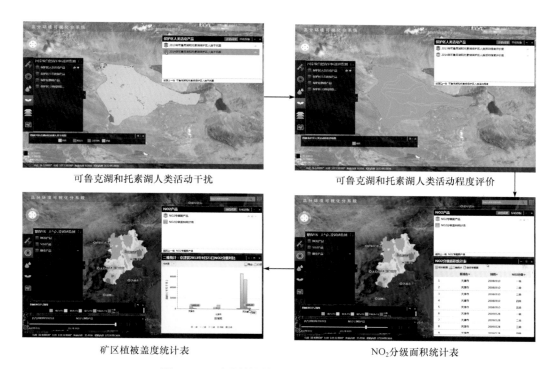

图 6.6.2　专题制图与可视化分系统运行举例

6.7　产品分发与用户服务分系统组成及运行实例

6.7.1　产品分发与用户服务分系统组成

产品分发与用户服务分系统(图 6.7.1)包括数据集管理子系统、数据分发子系统、数据推送子系统和综合管理子系统。该分系统采用 B/S 构架搭建,按数据集的方式组织管理产品数据,通过产品分发功能,使内部和外部机构、社会公众用户能够及时获取最新的产品信息,支持用户进行产品定制和检索,为内部和外部机构、社会公众用户呈现多样化的信息提供方式;通过服务管理和用户管理功能,满足不同用户对不同产品和信息的使用需求。

6.7.2　产品分发与用户服务分系统运行实例

通过产品分发与用户服务分系统,用户能及时获取最新的卫星影像和业务产品信息,支持用户进行产品检索、浏览、下载,为用户呈现多样化的信息提供方式;用户可通过资源目录、地图查询的形式进行数据检索、浏览,在地图查询中,可通过空属结合方式,查询数据库中满足查询条件的数据,通过快速定位、快视图叠加、浏览数据详情等操作选择满足需求的数据,并将需求数据添加到预选列表中,生成订单后下载数据;业务人员生成的成果报告可入库后在产品分发与用户服务分系统中进行检索、浏览与下载。产品分发与用户服务分系统运行举例如图 6.7.2 所示。

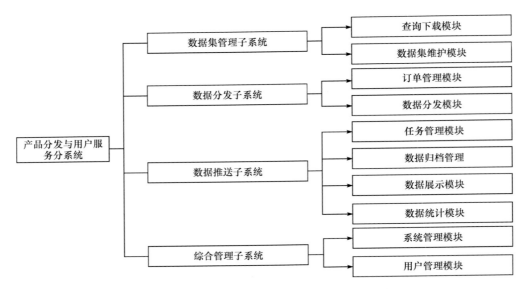

图 6.7.1 产品分发与用户服务分系统功能结构

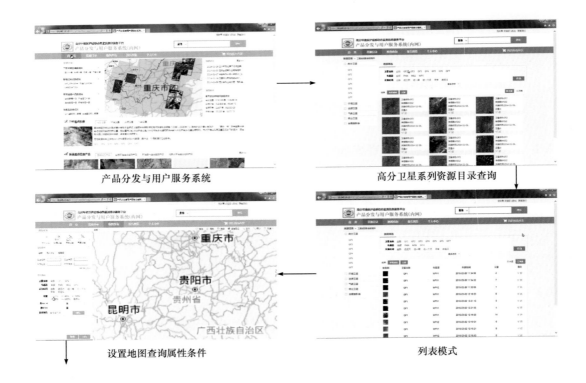

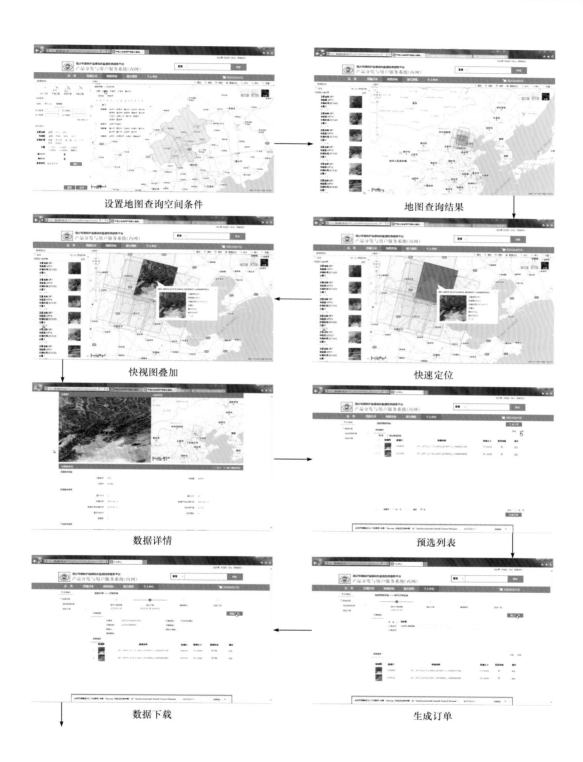

设置地图查询空间条件　　　　　　　　　地图查询结果

快视图叠加　　　　　　　　　　　　快速定位

数据详情　　　　　　　　　　　　预选列表

数据下载　　　　　　　　　　　　生成订单

报告图集   报告详情

图 6.7.2　产品分发与用户服务分系统运行举例

6.8　高分环境图像处理应用示范分系统组成与运行实例

6.8.1　高分环境图像处理应用示范分系统组成

高分环境图像处理应用示范分系统(图 6.8.1)包括高分光学图像大气校正子系统、高分光学几何精校正/正射校正子系统、高分光学图像辐射校正子系统、高分光学图像数据融合子系统、高分光学图像土地覆盖变化检测子系统、高分环境应用 SAR 数据几何精校正示范子系统。

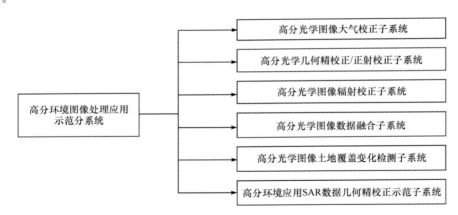

图 6.8.1　高分环境图像处理应用示范分系统功能结构

6.8.2　高分环境图像处理应用示范分系统运行实例

应用示范平台需要对高分环境图像处理应用示范分系统进行集成。根据高分环境重点应用对高分数据类型、数据量的需求,针对高分卫星影像环境应用中业务化、规模化处理所面临的大数据量、精度和速度、自动化作业方式、综合处理要求,集成高分共性关键技术已有研究成果,突破面向环境应用的共性数据处理关键技术,为高分环境应用示范各分系统建设所需要的 3-4 级标准信息产品提供经验证的模型算法和软件产品。

基于高分环境图像处理应用示范分系统进行产品生产时,首先需要查询待生产的原数据,通过设置空间、属性条件,进行数据查询,通过数据范围预览、快视图叠加等筛选操作,筛选出符合需求的影像作为待生产数据,这里选择的是 2014 年 10 月 31 日 2 景高分一号 2m 和 8m 宽覆盖通化市的数据作为待生产数据,加入预选列表中;然后基于预选列表中选出的数据创建生产任务,选择待生产的产品种类融合产品及相应的工作流,进行融合业务产品的生产;在任务执行过程中,通过任务监控,查看任务的执行进度、执行日志,任务执行完成后可查看输入数据、输出成果的详情,并可将最终的通化市融合成果叠加到地图上进行展示浏览。高分环境图像处理应用示范分系统运行举例如图 6.8.2 所示。

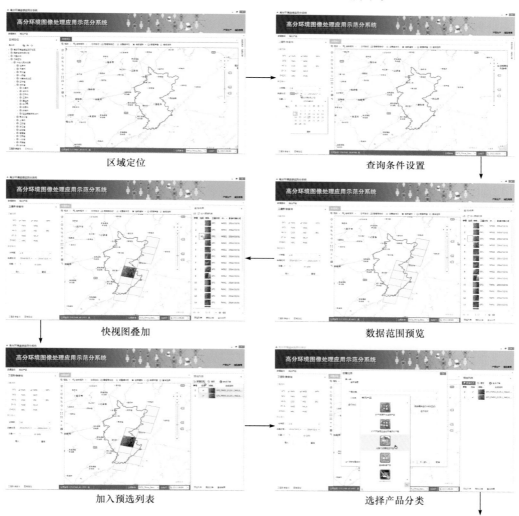

区域定位　　　　　　　　　　　　　　　　查询条件设置

快视图叠加　　　　　　　　　　　　　　　数据范围预览

加入预选列表　　　　　　　　　　　　　　选择产品分类

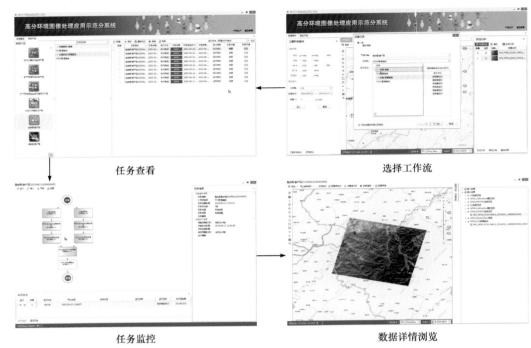

图 6.8.2　高分环境图像处理应用示范分系统运行举例

6.9　高分大气环境遥感监测应用示范分系统组成与运行实例

6.9.1　高分大气环境遥感监测应用示范分系统组成

高分大气环境遥感监测应用示范分系统包括燃煤电厂大气污染遥感监测子系统、温室气体遥感监测子系统、重点城市群空气质量遥感监测子系统等(图 6.9.1)。

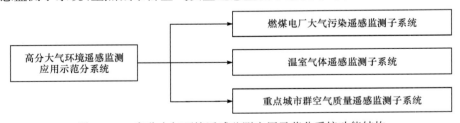

图 6.9.1　高分大气环境遥感监测应用示范分系统功能结构

6.9.2　高分大气环境遥感监测应用示范分系统运行实例

高分大气环境遥感监测应用示范分系统生产产品时,首先需要查询待生产的源数据,通过设置空间、属性条件,进行数据查询,通过数据范围预览、快视图叠加等筛选操作,筛选出符合需求的影像作为待生产数据,这里选择 2015 年 3 月 9 日 13 景高分一号 16m 宽覆盖京津冀地区的数据作为待生产数据,加入预选列表中;然后基于预选列表中选出的数据创建生产任务,选择待生产的产品种类高分一号近地面 PM_{10} 浓度产品及相应的工作流,进行高分

一号近地面 PM_{10} 浓度产品业务产品的生产；在任务执行过程中，通过任务监控，查看任务的执行进度、执行日志，当执行地图制图插件时，需要进行人机交互，进行制图二次编辑，以便保障任务的顺利执行，任务执行完成后可查看输入数据、输出成果的详情，并可将最终的京津冀地区高分一号近地面 PM_{10} 浓度产品成果叠加到地图上进行展示浏览。高分大气环境遥感监测应用示范分系统运行举例如图 6.9.2 所示。

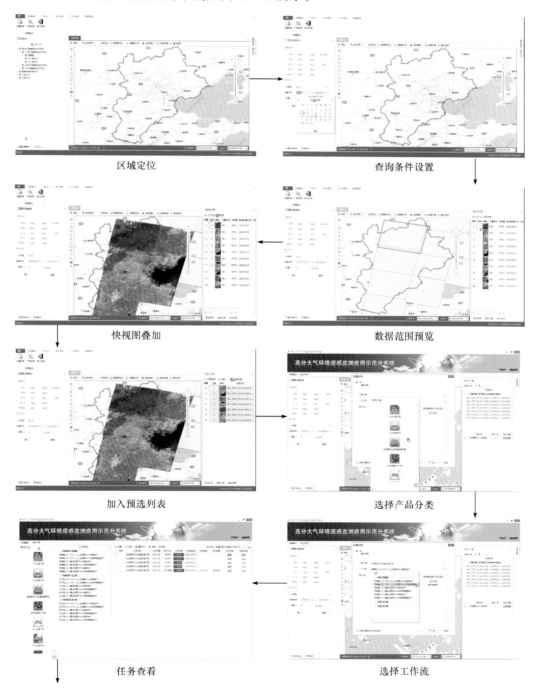

区域定位　　　　　　　　　　　　　　　查询条件设置

快视图叠加　　　　　　　　　　　　　　数据范围预览

加入预选列表　　　　　　　　　　　　　选择产品分类

任务查看　　　　　　　　　　　　　　　选择工作流

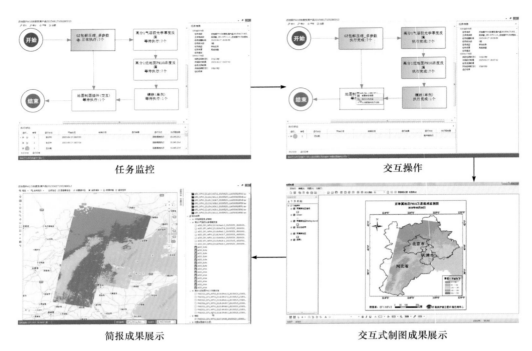

图 6.9.2　高分大气环境遥感监测应用示范分系统运行举例

6.10　高分水环境遥感监测应用示范分系统组成与运行实例

6.10.1　高分水环境遥感监测应用示范分系统组成

高分水环境遥感监测应用示范分系统包括全天候水华、赤潮与溢油遥感监测子系统、典型水体水质参数子系统、饮用水源地遥感监测评价子系统、河口沿岸生态及水质环境监测子系统等(图 6.10.1)。

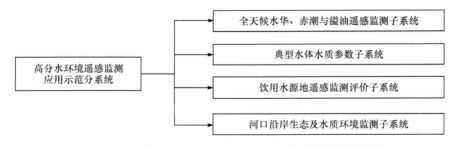

图 6.10.1　高分水环境遥感监测应用示范分系统功能结构

6.10.2　高分水环境遥感监测应用示范分系统运行实例

基于高分水环境遥感监测应用示范分系统进行产品生产时,首先需要查询待生产的源数据,通过设置空间、属性条件进行数据查询,通过数据范围预览、快视图叠加等操作,筛选出符合需求的影像作为待生产数据,这里选择 2014 年 10 月 23 日 1 景高分一号卫星 16m 宽覆盖太湖地区的数据加入预选列表中,然后基于预选列表中选出的数据创建生产任务,选择待生产的水华监测周报产品及相应的工作流,进行水华监测周报业务产品的生产;任务执行过程中,通过任务监控,查看任务的执行进度、执行日志,当执行地图制图插件时,需要进行人机交互,进行制图二次编辑,以保障任务的顺利执行,任务执行完成后可查看输入数据、输出成果详情,并可将最终的太湖水华分布成果叠加到地图上进行展示浏览,也可以打开太湖水华监测周报进行浏览。高分水环境遥感监测应用示范分系统运行举例如图 6.10.2 所示。

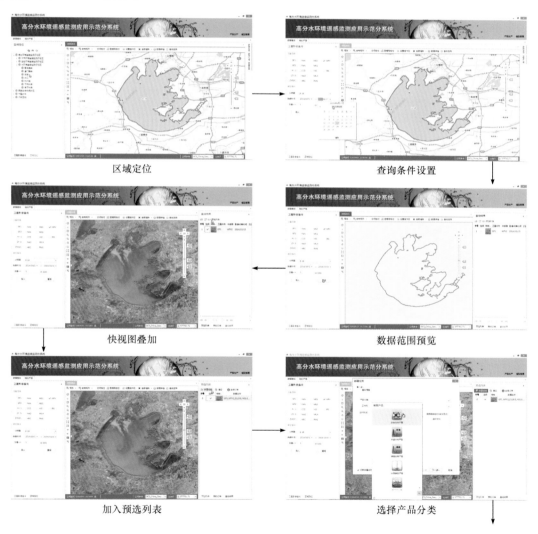

区域定位　　　　　　　　　　　　查询条件设置

快视图叠加　　　　　　　　　　　数据范围预览

加入预选列表　　　　　　　　　　选择产品分类

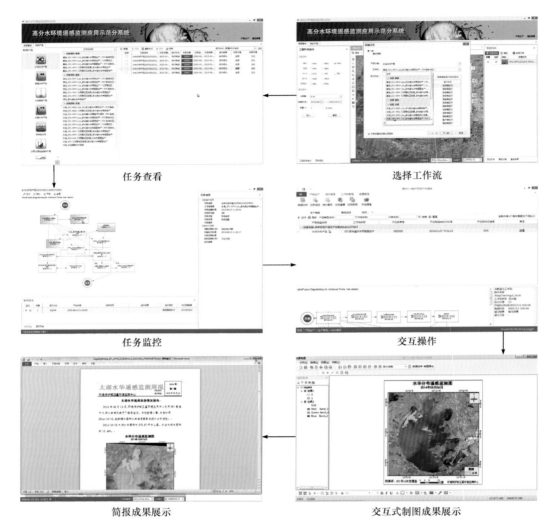

任务查看　　　　　　选择工作流

任务监控　　　　　　交互操作

简报成果展示　　　　交互式制图成果展示

图 6.10.2　高分水环境遥感监测应用示范分系统运行举例

6.11　高分生态环境遥感监测应用示范分系统组成与运行实例

6.11.1　高分生态环境遥感监测应用示范分系统组成

高分生态环境遥感监测应用示范分系统包括国家级自然保护区遥感监测子系统、城市生态环境遥感监测子系统、矿产资源开发环境破坏遥感监测子系统、农村生态环境遥感监测子系统和生物多样性生态服务功能区遥感监测子系统(图 6.11.1)。

6.11.2　高分生态环境遥感监测应用示范分系统运行实例

基于高分生态环境遥感监测应用示范分系统进行产品生产时,首先需要查询待生产的源数据,通过设置空间、属性条件进行数据查询,通过数据范围预览、快视图叠加等筛选操

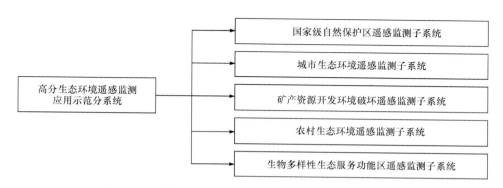

图 6.11.1　高分生态环境遥感监测应用示范分系统功能结构

作,筛选出符合需求的影像作为待生产数据,这里选择 2014 年 7 月 17 日 2 景高分一号 8m 多光谱可鲁克湖-托素湖自然保护区的数据作为待生产数据,加入预选列表中;然后基于预选列表中选出的数据创建生产任务,选择待生产的产品种类人类活动干扰监测产品及相应的工作流,进行人类活动干扰监测业务产品的生产;在任务执行过程中,通过任务监控,查看任务的执行进度、执行日志,当执行地图制图插件时,需要进行人机交互,进行制图二次编辑,以便保障任务的顺利执行,任务执行完成后可查看输入数据、输出成果的详情,并可将最终的可鲁克湖-托素湖自然保护区人类活动干扰监测产品叠加到地图上进行展示浏览。高分生态环境遥感监测应用示范分系统运行举例如图 6.11.2 所示。

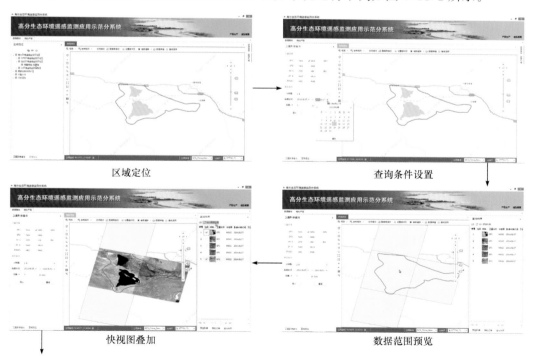

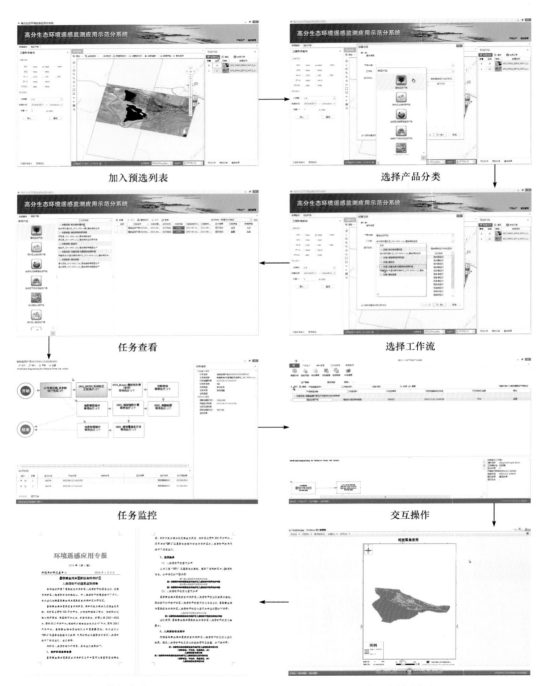

图 6.11.2　高分生态环境遥感监测应用示范分系统运行举例

第7章 高分环境遥感监测应用示范

自高分一号、高分二号卫星发射以来,生态环境部卫星环境应用中心积极组织开展了高分卫星在大气环境、水环境和生态环境的在轨测试及系列示范应用,取得了显著的应用成效。在大气环境方面对京津冀、长三角、珠三角等地区大气污染源、气溶胶光学厚度等进行了遥感监测应用示范,在水环境方面对太湖流域水华、叶绿素 a、悬浮物、透明度等进行了遥感监测应用示范,在生态环境方面对三江源等自然保护区人类活动干扰、矿产开发生态破坏、生境信息等进行了遥感监测应用示范,在环境监察执法方面对涉及饮用水水源保护区和自然保护区的全国 28 家取缔退出的高尔夫球场进行遥感监测应用示范,为环境管理提供了重要技术支撑。例如,2014 年 11 月 APEC 会议期间,对京津冀地区大气污染源进行动态遥感监测与排查,编报监测专报 13 期,为保障区域空气质量提供了有力支撑。2015 年 2~4 月,对腾格里沙漠企业排污情况进行了遥感动态监测,编报监测快报 7 期、图集 1 份,有力支撑了环保重要工作。2016 年 8~9 月杭州 G20 峰会空气质量保障期间,利用高分二号等多颗卫星资料,对杭州市及其周边省市重点工业企业停产及限产情况开展遥感监测,共获取卫星数据 65 景,数据量达 111GB,制作专题图 18 幅,向生态环境部相关司局上报环境遥感应急监测快报 5 期,为会议期间的空气质量保障提供了重要技术支撑。此外,采用发射的高分五号等卫星对污染气体、温室气体、水环境、生态环境等进行遥感监测应用示范,在重污染天气应对等环境管理工作中发挥了积极作用。同时,积极开展遥感数据分发和技术培训,累计向全国环保系统 40 多家单位免费分发高分一号卫星 16m 遥感数据 41.6TB,培训地方环保部门相关技术人员 110 人次,有力推动了地方高分环境遥感监测与应用。

本章基于研发的高分环境应用示范平台,针对攻克的高分大气环境、水环境和生态环境遥感监测关键技术,持续利用高分一号、高分二号、高分三号、高分四号、高分五号卫星数据等,在京津冀、长三角、珠三角等地区开展空气质量、污染气体和温室气体时空分布的高分大气环境遥感监测应用示范;在北京官厅水库、江苏太湖、南京夹江、渤海等地区开展水体水质、饮用水水源地安全、水华、水草、溢油等时空分布的高分水环境遥感监测应用示范;在河北、宁夏、江苏、黑龙江、内蒙古、吉林、北京、广西、海南等地开展自然保护区、矿山开发环境破坏、农村生态环境、城市生态环境、生物多样性等时空分布的高分生态环境遥感监测应用示范,为环境管理提供了重要技术支撑。

7.1 高分大气环境遥感监测应用示范

7.1.1 重点城市群空气质量高分遥感监测应用示范

1. 示范区数据

选择 2014 年高分一号卫星 16m 宽覆盖相机(WFV)数据,对京津冀地区、长三角地区和珠三角地区全年的气溶胶光学厚度（AOD）、烟尘气溶胶光学厚度（SAOD）进行估算及时空分析与统计,并在每日监测数据的基础上给出各示范区域年平均与月平均的监测结果,为提高运算效率,对卫星数据重采样空间分辨率为 160m。

针对高分五号卫星多角度偏振载荷的特点,进行京津冀地区、长三角地区 2018 年 11 月~2019 年 5 月的 PM_{10}、$PM_{2.5}$ 估算。PM_{10}、$PM_{2.5}$ 反演结果的空间分辨率为 3.5km。

在综合利用高分一号卫星反演的 AOD 和 OMI 反演的 NO_2 和 SO_2 产品的基础上,估算京津冀地区、长三角地区和珠三角地区 2014 年全年空气质量指数（AQI）,并进行时空分析与统计。

2. 示范结果与分析

1）京津冀地区空气质量高分遥感监测应用示范

（1）气溶胶监测结果与分析。

基于 2014 年高分一号卫星宽覆盖相机（WFV）数据对京津冀地区气溶胶光学厚度（AOD）进行监测,由监测结果可知,京津冀地区 AOD 呈现东南高、西北低的格局,高值区集中在城市和工业地区,河北省北部、天津市普遍出现高值;由于本地汽车尾气积聚,北京市六环以内也存在较高值。在西部和北部地区,由于地形阻挡和较少的人为排放,具有较低的AOD。图 7.1.1 所示为 2014 年京津冀各地市全年平均的气溶胶光学厚度比较结果。由图可以看出,张家口市和承德市 AOD 较低,北京市县次之。AOD>0.8 的有天津市市辖区,以及河北的邯郸市、邢台市、沧州市、廊坊市、衡水市。

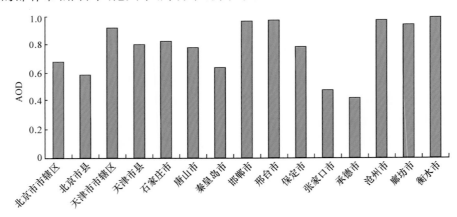

图 7.1.1   2014 年京津冀地区 AOD 年均值对比

图 7.1.2 所示为京津冀地区整体 AOD 月均值对比,图 7.1.3 所示为京津冀各地市2014 年各月 AOD 均值的比较结果。由图可以看出,邯郸、沧州、邢台、衡水等地市在全年各月中都具有较高的 AOD。整体而言,京津冀多数地市的 AOD 最高值均出现在 2~3 月和 9~10 月,最低值出现在 6~7 月。

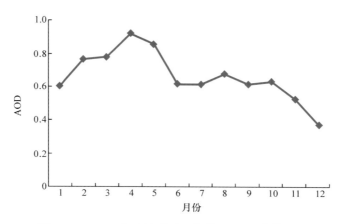

图 7.1.2　2014 年京津冀地区整体 AOD 月均值对比

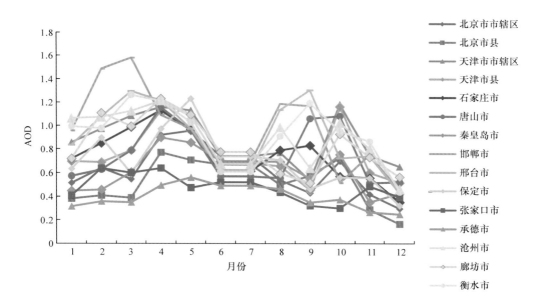

图 7.1.3　2014 年京津冀各地市气溶胶光学厚度月均值变化曲线

　　2014 年京津冀地区逐月的 AOD 监测结果如图 7.1.4 所示，从图中可以看出，3 月和 7 月 AOD 月均值较高，7 月最高，说明污染相对严重；4 月、5 月和 9 月次之，6 月、11 月、12 月较低，12 月最低。其中 3 月整个区域东南整体污染比较严重，尤其是邯郸市、邢台市。7 月东南和西北呈现出 AOD 分布高低分明的格局且东南普遍偏高。从 AOD 月均值变化来看，其变化趋势和年变化趋势基本一致，即从西北到东南逐渐增高，这与实际情况较为相符。

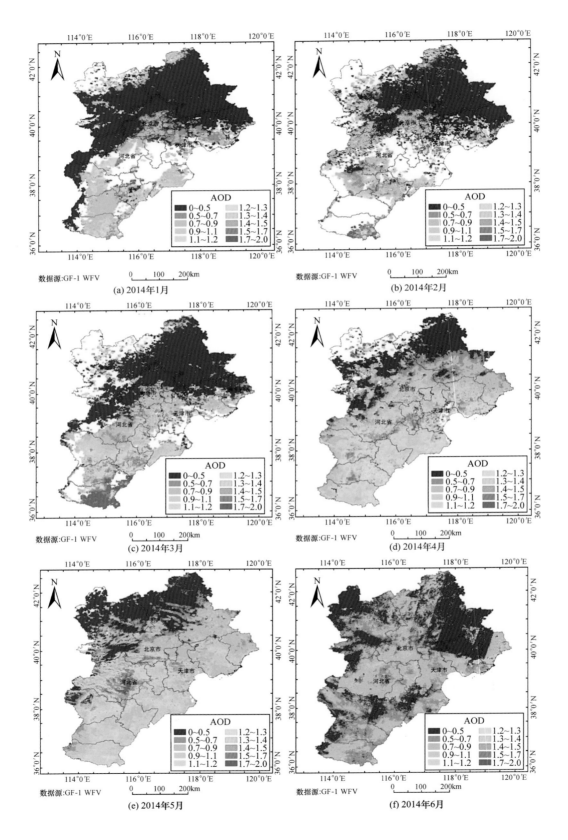

(a) 2014年1月

(b) 2014年2月

(c) 2014年3月

(d) 2014年4月

(e) 2014年5月

(f) 2014年6月

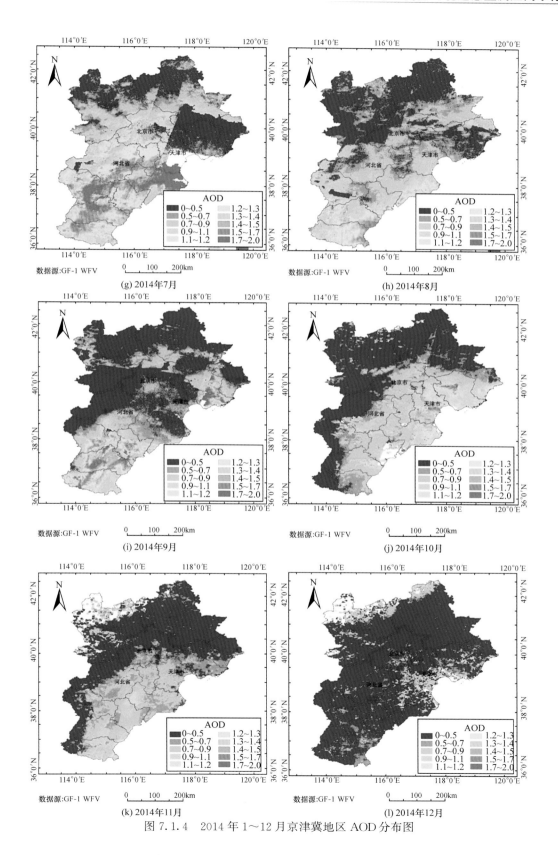

图 7.1.4 2014 年 1~12 月京津冀地区 AOD 分布图

高分四号卫星是地球静止轨道卫星,具有时间分辨率高的特点,可有效监测大气气溶胶光学厚度的时空变化,进而初步反映灰霾情况。图 7.1.5 所示为利用高分四号卫星对 2016 年两会期间京津冀地区的一次灰霾过程进行的气溶胶光学厚度监测情况,图中颜色越红,说明气溶胶光学厚度越大、灰霾越重。由图可知,2 月 29 日~3 月 5 日期间,京津冀地区发生了一次灰霾过程,其中 2 月 29 日和 3 月 3 日灰霾较重,这与实际情况相符合,表明高分四号卫星可以高效地监测区域空气质量状况,由于该监测期间,高分四号卫星尚处于在轨测试阶段,目前已投入使用,下一步工作中,除了利用高分四号卫星进行气溶胶光学厚度的监测,还将考虑进行灰霾等级分布的监测。

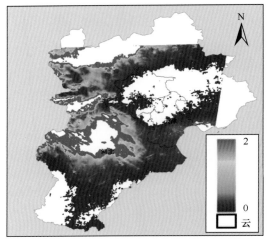

数据源:GF-4

(a) 2016年2月29日

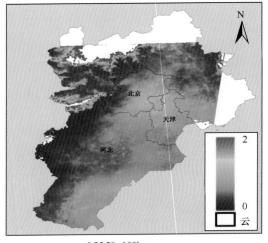

数据源:GF-4

(b) 2016年3月1日

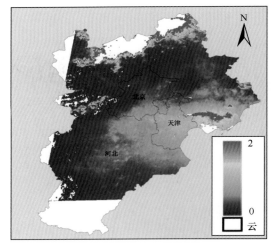

数据源:GF-4

(c) 2016年3月2日

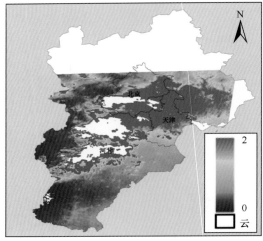

数据源:GF-4

(d) 2016年3月3日

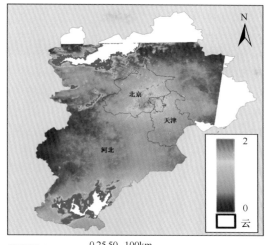

数据源:GF-4

0 25 50　100km

(e) 2016年3月5日

图 7.1.5　2016 年两会期间京津冀地区 AOD 的 GF-4 卫星监测图

（2）烟尘监测结果与分析。

基于 2014 年高分一号卫星 WFV 数据,对京津冀地区烟尘气溶胶光学厚度（SAOD）进行监测,并在每日监测数据的基础上给出各示范区域年平均与月平均的监测结果,SAOD 反演结果的空间分辨率为 160m。其年平均 SAOD 的空间分布如图 7.1.6 所示。由图可知,京津冀地区 SAOD 高值区集中于中部、东南部和西南部地区,包括北京、天津、石家庄、保定、廊坊、沧州、衡水、邢台、邯郸等地区,呈片状分布;其余地区呈零星点状分布。SAOD 主要集中

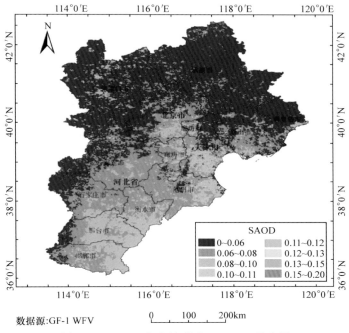

数据源:GF-1 WFV

0　100　200km

图 7.1.6　2014 年京津冀地区 SAOD 分布图

于工业发达和交通集中的地区,其中包括北京、天津、石家庄等城镇密集、制造业及工业排放集中的地区。另外,秦皇岛、张家口和承德部分地区也具有较高的 SAOD 分布,主要在工业集中的城区。京津冀地区北部多山林,因此具有较低的 SAOD。图 7.1.7 所示为 2014 年京津冀地区 SAOD 年均值对比结果。由图可以看出,张家口和承德 SAOD 值最低,北京市县次之,年均值相对较高的有沧州市、衡水市、邢台市、邯郸市、廊坊市和天津市市辖区,这些地区工业废气较多,SAOD 相对较高。图 7.1.8 所示为 2014 年京津冀地区整体 SAOD 月均值比较图,图 7.1.9 是 2014 年京津冀地区 SAOD 逐月的空间分布图。从整个地区来看,最小值出现在冬季 1 月,最大值在夏季 7 月。

图 7.1.7 2014 年京津冀地区烟尘气溶胶光学厚度年均值对比

图 7.1.8 2014 年京津冀地区整体 SAOD 月均值变化曲线

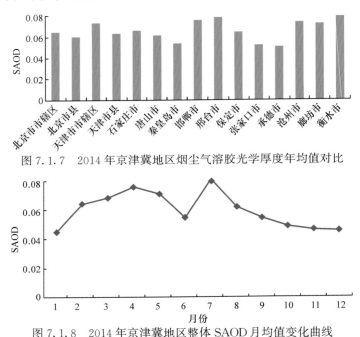

(a) 2014年1月

(b) 2014年2月

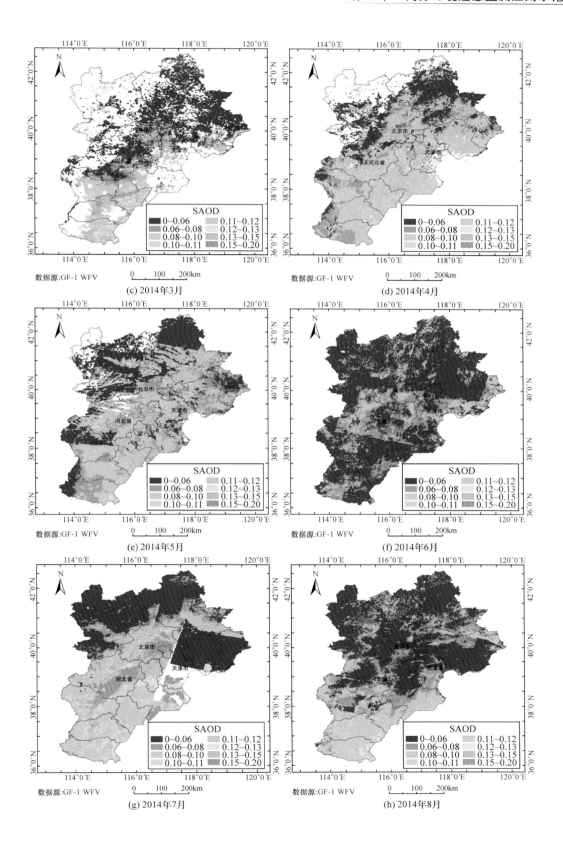

(c) 2014年3月

(d) 2014年4月

(e) 2014年5月

(f) 2014年6月

(g) 2014年7月

(h) 2014年8月

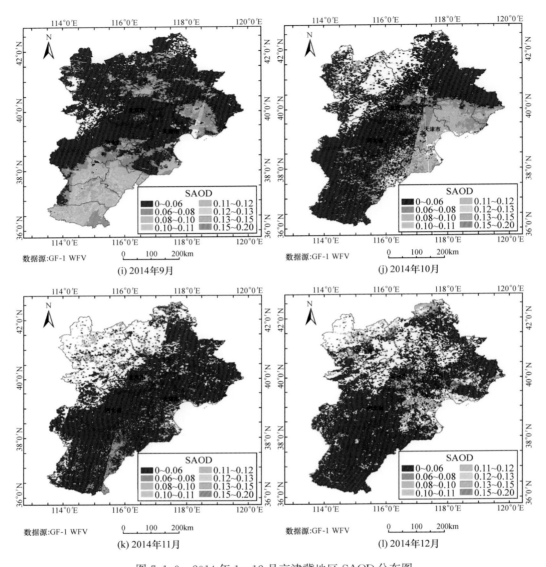

图 7.1.9　2014 年 1～12 月京津冀地区 SAOD 分布图

（3）PM$_{10}$ 监测结果与分析。

基于高分五号卫星的 DPC 数据对京津冀地区 PM$_{10}$ 浓度进行监测。图 7.1.10 给出了 2018 年 11 月～2019 年 5 月京津冀地区 PM$_{10}$ 浓度的空间分布。2019 年 2～4 月的遥感影像数据有云覆盖以及数据质量不高，因此没有反演结果。从图中可以看出，河北南部具有较高的 PM$_{10}$ 浓度，表明上述区域常年都有较高的人为排放。整体而言，冬季京津冀地区的 PM$_{10}$ 浓度要高于春季，这与京津冀地区能源消耗、人为排放以及气候条件的季节变化一致。

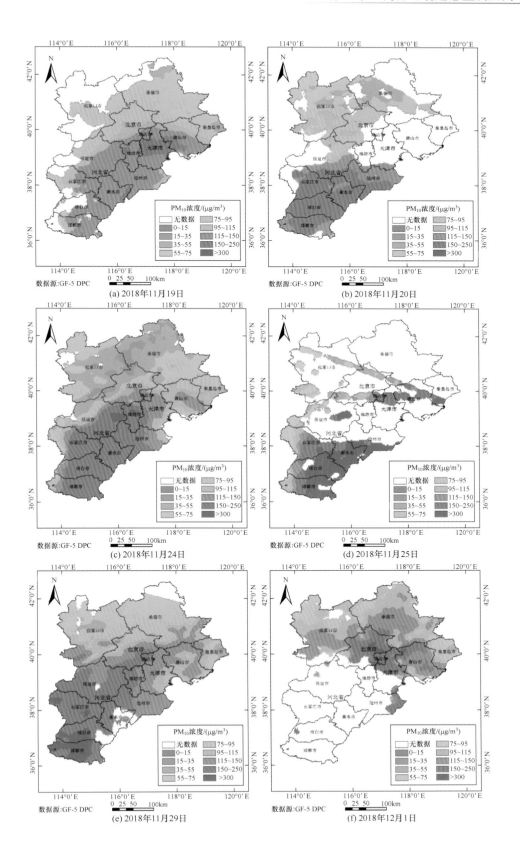

(a) 2018年11月19日
数据源:GF-5 DPC

(b) 2018年11月20日
数据源:GF-5 DPC

(c) 2018年11月24日
数据源:GF-5 DPC

(d) 2018年11月25日
数据源:GF-5 DPC

(e) 2018年11月29日
数据源:GF-5 DPC

(f) 2018年12月1日
数据源:GF-5 DPC

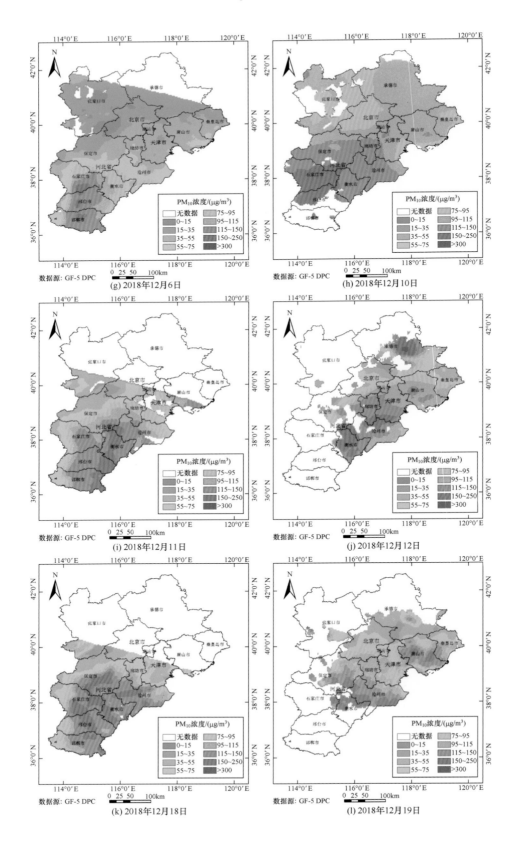

(g) 2018年12月6日

(h) 2018年12月10日

(i) 2018年12月11日

(j) 2018年12月12日

(k) 2018年12月18日

(l) 2018年12月19日

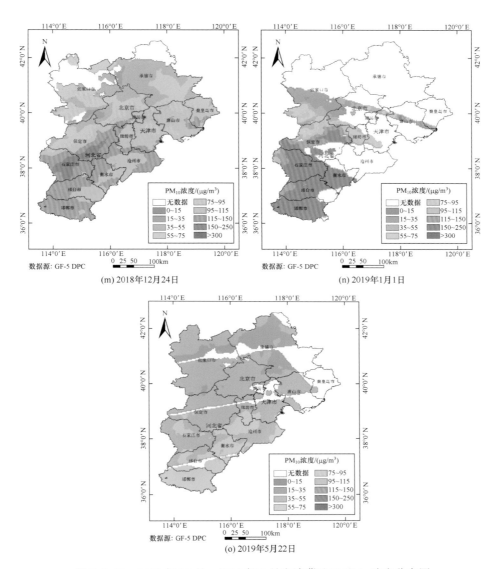

图 7.1.10 2018 年 11 月～2019 年 5 月京津冀地区 PM_10 浓度分布图

（4）PM_{2.5} 监测结果与分析。

基于高分五号卫星 DPC 的 2018 年 11 月～2019 年 5 月数据对京津冀地区 PM_{2.5} 浓度进行监测，如图 7.1.11 所示，该地区 PM_{2.5} 浓度分布呈东南高、西北低，高值区集中在城市的核心区域，原因是当地工业的大量排放以及生活废气排放；西部、北部为燕山山脉，较少的人类活动与较高的植被覆盖率使其具有较低的 PM_{2.5} 浓度。

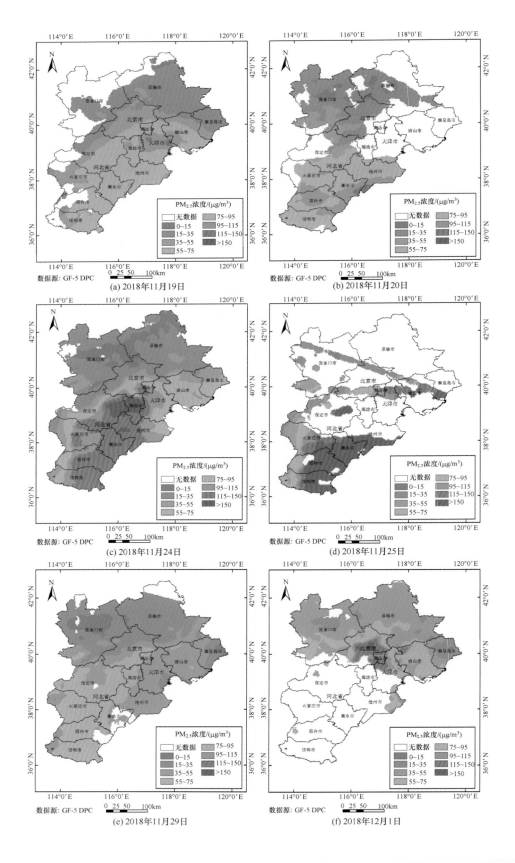

(a) 2018年11月19日

(b) 2018年11月20日

(c) 2018年11月24日

(d) 2018年11月25日

(e) 2018年11月29日

(f) 2018年12月1日

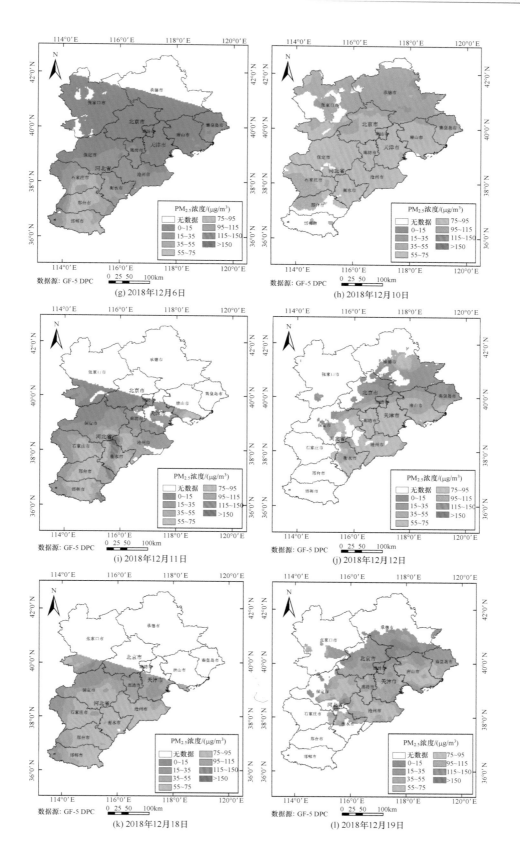

(g) 2018年12月6日

(h) 2018年12月10日

(i) 2018年12月11日

(j) 2018年12月12日

(k) 2018年12月18日

(l) 2018年12月19日

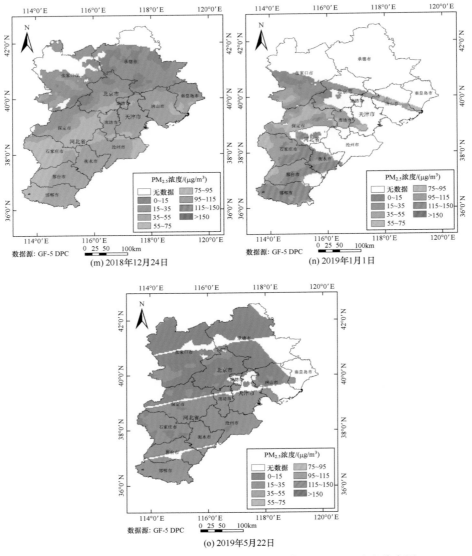

图 7.1.11 2018 年 11 月～2019 年 5 月京津冀地区 PM$_{2.5}$浓度分布图

（5）空气质量评价监测结果与分析。

基于高分一号卫星 16m 宽覆盖相机数据，对京津冀地区空气质量（AQI）进行评价。
2014 年京津冀地区空气质量评价分布如图 7.1.12 所示。从图中可知，京津冀地区空气质量
评价结果为差的地区位于保定、邢台、邯郸等区域。空气质量表现为良的地区集中在北京、
天津、唐山、石家庄、衡水、沧州等京津冀城市群的核心区域，这里城镇密集，人口密度高。而
承德、张家口、秦皇岛部分地区，植被覆盖率高，农林业和旅游业占主导产业的比重较大，空
气质量综合评价的结果为优。图 7.1.13 给出了京津冀各地市 2014 年 AQI 年均值比较结
果。由图可以看到，空气质量差的区域大多位于邯郸、邢台，北京、天津、保定等城市空气质
量表现为良；在农林业和旅游业为主的张家口、承德空气质量表现为优。图 7.1.14 给出了
京津冀各地市 2014 年 AQI 的频次比较结果。由图可以看出，秦皇岛、张家口和承德在全年

各月中空气质量为优的月数较多,并且全年没有出现空气质量差的状况,其中承德有 9 个月空气质量处于优水平。表明上述区域排放污染物相对较少。衡水和邢台分别有三四个月的空气质量处于差等行列。整体而言,京津冀地区空气质量处于良以上。

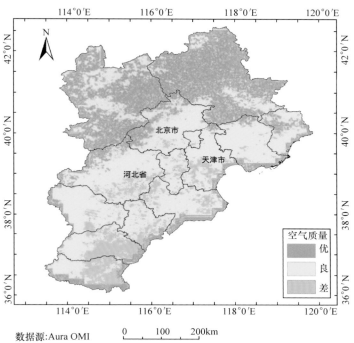

数据源:Aura OMI

图 7.1.12　2014 年京津冀地区空气质量评价分布图

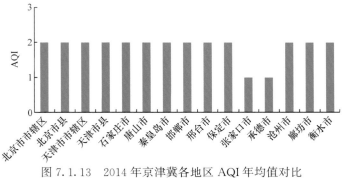

图 7.1.13　2014 年京津冀各地区 AQI 年均值对比

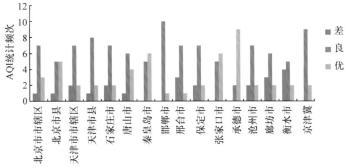

图 7.1.14　2014 年京津冀地区整体及各地区 AQI 统计频次图

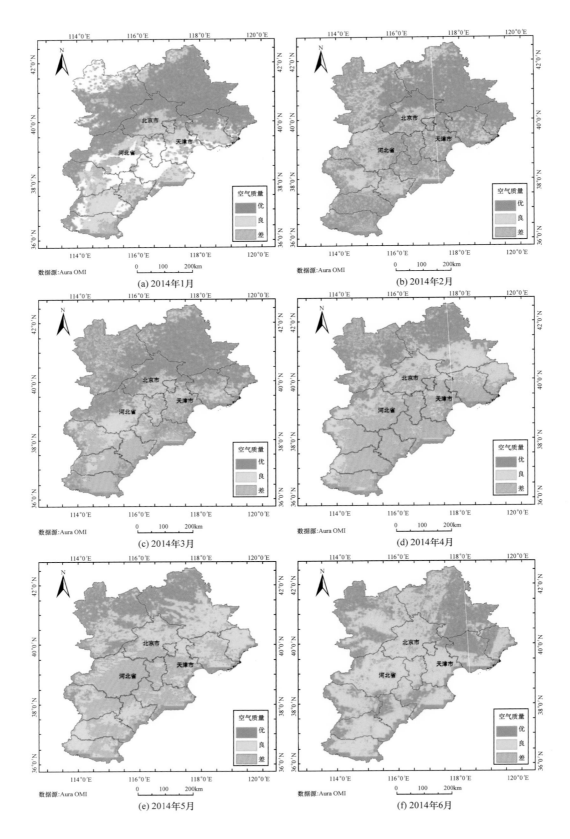

(a) 2014年1月

(b) 2014年2月

(c) 2014年3月

(d) 2014年4月

(e) 2014年5月

(f) 2014年6月

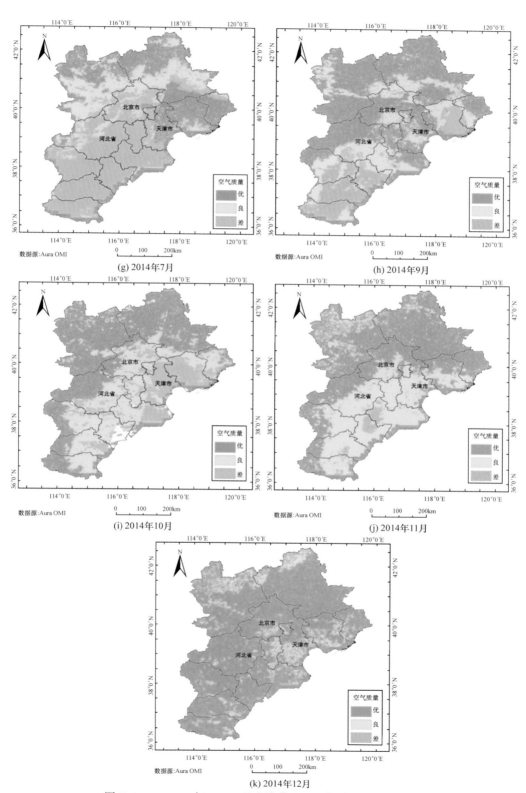

图 7.1.15　2014 年 1~12 月京津冀地区空气质量评价分布图

图 7.1.15 所示为 2014 年京津冀地区每月的空气质量遥感监测结果。由图可知,京津冀地区 4 月、5 月、7 月空气质量较差,并且主要表现为承德、张家口等京津冀北部地区空气质量较好,天津、河北等京津冀中南部地区空气质量较差,12 月空气质量较好,该地区总体空气质量时空分布情况与上述分析一致。

2) 长三角地区空气质量高分遥感监测应用示范

(1) 气溶胶监测结果与分析。

基于 2014 年高分一号卫星宽覆盖相机(WFV)数据,对长三角地区气溶胶进行监测,其 AOD 年均值的空间分布如图 7.1.16 所示。由图可知,长三角地区 AOD 高值区集中在上海、南京、杭州三座核心城市之间,其中包括镇江、常州、无锡、苏州等城镇密集、制造业及工业排放集中的地区。另外,江苏的南通、浙江的宁波、台州和温州也具有较高的 AOD 分布。江苏北部为大片农田,浙江西南部被山林覆盖,因此具有较低的 AOD 分布结果。

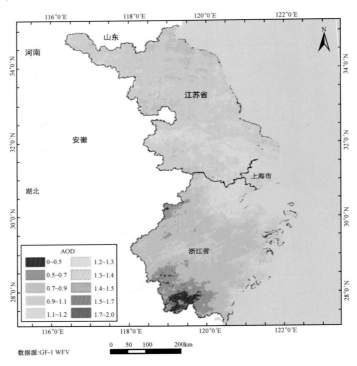

图 7.1.16　2014 年长三角地区 AOD 年均值分布

图 7.1.17 和 7.1.18 分别为 2014 年长三角整体和各地区 AOD 月均值对比结果,图 7.1.19 给出了长三角各地区 2014 年各月 AOD 均值的空间分布情况。全年中 AOD 的高值主要出现在 6 月和 11 月,夏季和冬季雾霾污染在我国较为常见,与高分一号卫星监测结果相吻合;长三角地区 5 月和 10 月在全年中具有较低的 AOD 水平。从长三角不同地区的各月 AOD 分布情况来看,由于长三角地区工业和制造业发达,导致其有较高的污染排放;该地区作为世界六大城市群之一,其城市化水平高和人口密度大,也伴随着高能源消耗和人为排放,因此多数城市的 AOD 具有较高水平。需要说明的是,图 7.1.18 中宿迁和扬州两地各缺少一个月的统计结果。

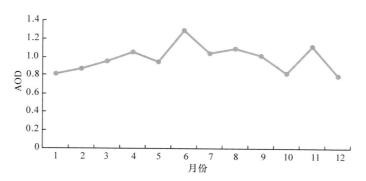

图 7.1.17 2014 年长三角地区整体 AOD 月均值对比

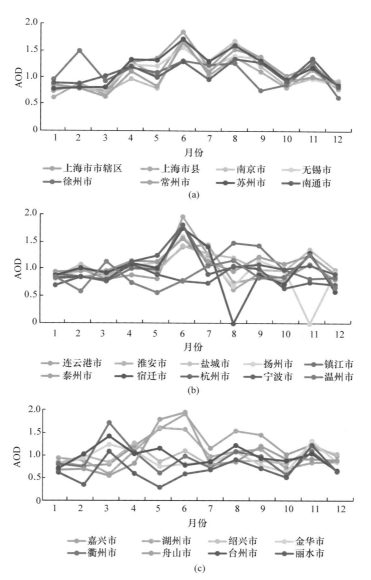

图 7.1.18 2014 年长三角各地区 AOD 月均值对比

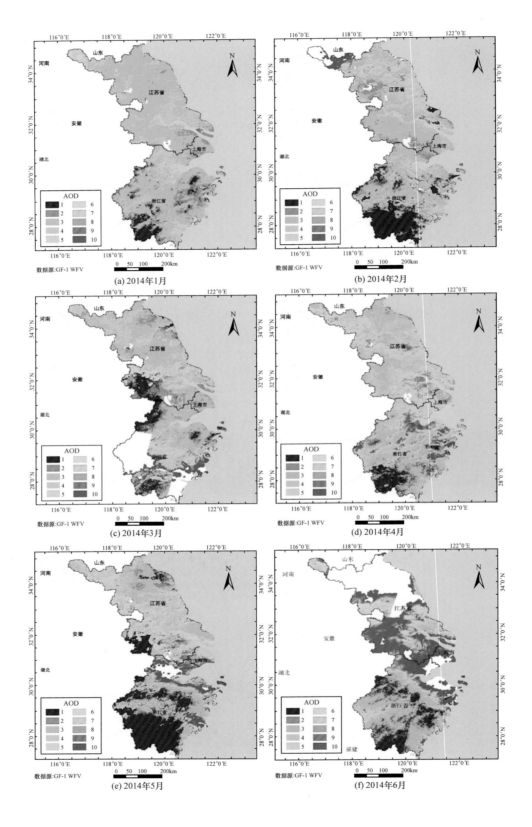

(a) 2014年1月

(b) 2014年2月

(c) 2014年3月

(d) 2014年4月

(e) 2014年5月

(f) 2014年6月

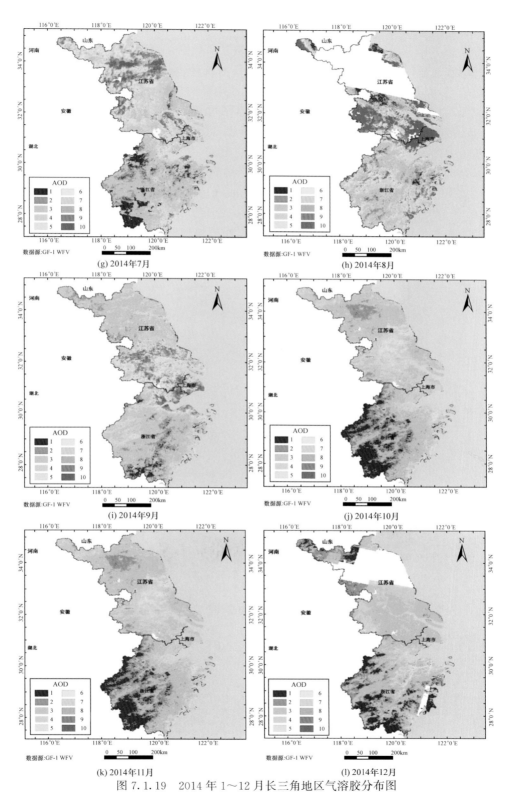

图 7.1.19　2014 年 1～12 月长三角地区气溶胶分布图

1. 0～0.5；2. 0.5～0.7；3. 0.7～0.9；4. 0.9～1.1；5. 1.1～1.2；6. 1.2～1.3；7. 1.3～1.4；8. 1.4～1.5；
9. 1.5～1.7；10. 1.7～2.0

（2）烟尘监测结果与分析。

基于高分一号卫星 16m 宽覆盖 CCD 相机（WFV）数据，估算了长三角地区 2014 年全年的烟尘气溶胶光学厚度（SAOD），并进行时空分析与统计，在每日监测数据的基础上给出各示范区域年平均与月平均的监测结果，SAOD 反演结果的空间分辨率为 160m。长三角地区 2014 年 SAOD 的空间分布如图 7.1.20 所示。由图可知，长三角地区 SAOD 高值区集中在上海、南京、杭州三座核心城市之间，其中包括镇江、常州、无锡、苏州等城镇密集、制造业及工业排放集中的地区。另外，江苏的南通、浙江的宁波、台州和温州也具有较高的 SAOD 分布。江苏北部为大片农田，浙江西南部被山林覆盖，因此具有较低的 SAOD 分布。图 7.1.21 是长三角地区整体 SAOD 月均值变化曲线。由图可以看出，夏季 6~8 月 SAOD 值最高，冬季 11~1 月 SAOD 值最低。图 7.1.22 是长三角各地区 SAOD 月均值变化曲线，其变化趋势和整个地区基本一致。图 7.1.23 是长三角地区 SAOD 每月的空间分布情况，其时空分布情况与上述分析一致。

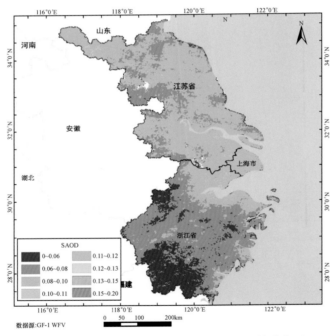

图 7.1.20 2014 年长三角地区 SAOD 年均值分布图

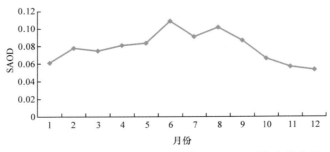

图 7.1.21 2014 年长三角地区整体 SAOD 月平均变化曲线

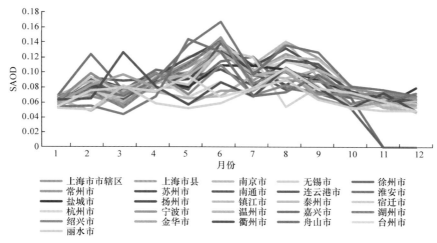

图 7.1.22　2014 年长三角各地区 SAOD 月均值变化曲线

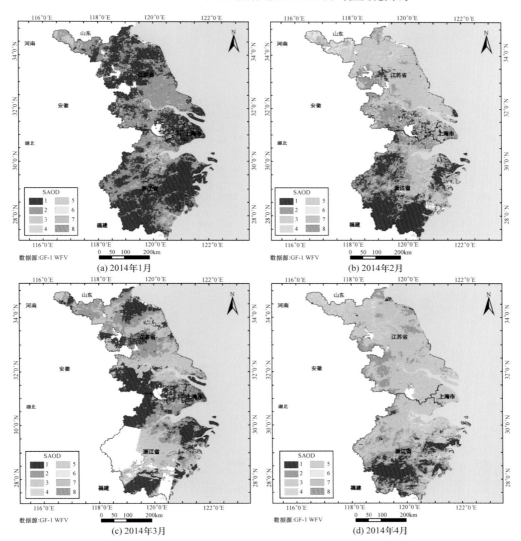

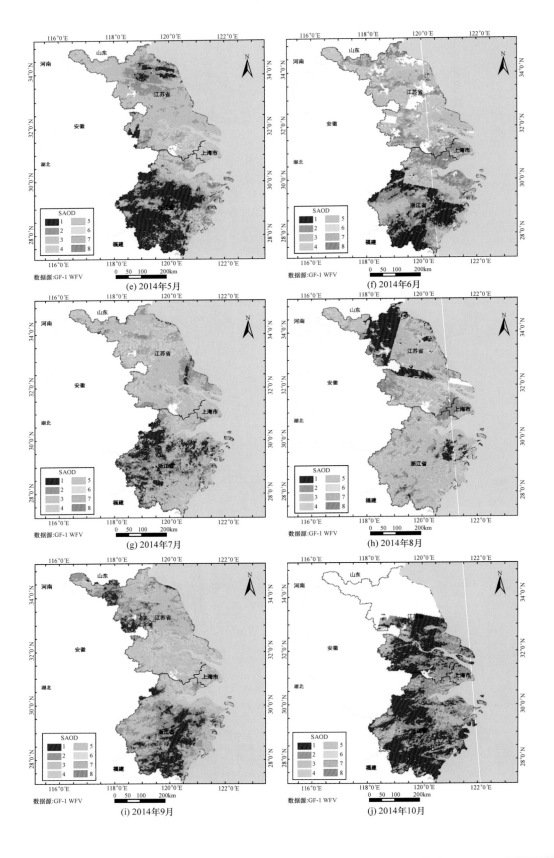

(e) 2014年5月

(f) 2014年6月

(g) 2014年7月

(h) 2014年8月

(i) 2014年9月

(j) 2014年10月

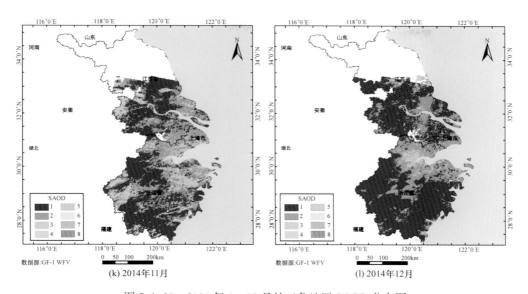

图 7.1.23　2014 年 1～12 月长三角地区 SAOD 分布图

1. 0～0.06；2. 0.06～0.08；3. 0.08～0.10；4. 0.10～0.11；5. 0.11～0.12；6. 0.12～0.13；

7. 0.13～0.15；8. 0.15～0.20

（3）空气质量评价结果与分析。

基于高分一号卫星 16m 宽覆盖 CCD 相机（WFV）数据，估算了长三角地区 2014 年全年的空气质量指数（AQI），并进行时空分析与统计。AQI 是综合利用高分一号卫星反演的 AOD 等产品，在每日监测数据的基础上，给出各示范区域年和月评价结果。2014 年长三角地区空气质量评价分布如图 7.1.24 所示。从图中可以看出，长三角地区 AQI 高值区集中在以上海为中心的长三角城市群的核心区域，这里城镇密集，制造业及工业排放集中，也是长三角地区污染程度较高的区域，环境质量评价结果为差。随着远离上述核心区域，长三角内人口密度较低的农村及山区，植被覆盖率高，环境质量综合评价结果为良。

图 7.1.25 给出了长三角各地区 2014 年全年平均的 AQI 比较结果。图 7.1.26 给出了长三角各地区 2014 年 AQI 统计频次结果。由图可以看出，舟山市全年空气质量一直为优，这跟当地的产业和气候特点有关。南京市、徐州市、南通市、杭州市和宁波市五个城区空气质量也一直很稳定，全年为良。上海市辖区、上海市县、无锡市、常州市、苏州市、镇江市、嘉兴市、湖州市、绍兴市和金华市未出现优的空气质量，苏州市、镇江市和泰州市三个城市空气质量差的月数多于良的月数。连云港市、淮安市等五个地区空气质量三个等级都有分布。整体而言，长三角地区空气质量全年处于良的水平。图 7.1.27 所示为长三角地区 2014 年每月的空气质量评价分布情况，其时空变化趋势与上述分析一致。

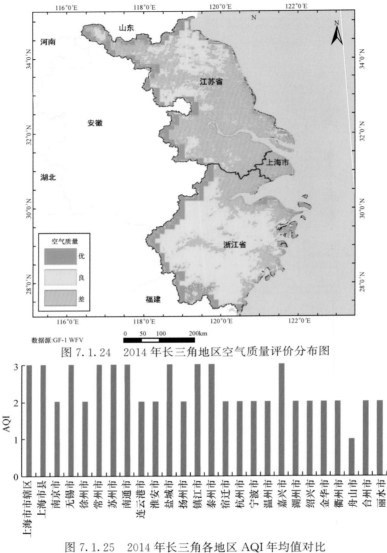

数据源:GF-1 WFV

图 7.1.24　2014 年长三角地区空气质量评价分布图

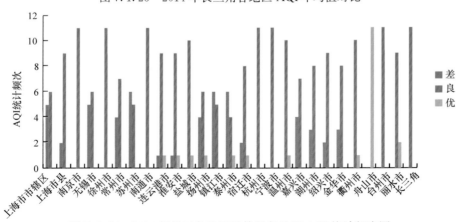

图 7.1.25　2014 年长三角各地区 AQI 年均值对比

图 7.1.26　2014 年长三角地区整体及各地区 AQI 统计频次图

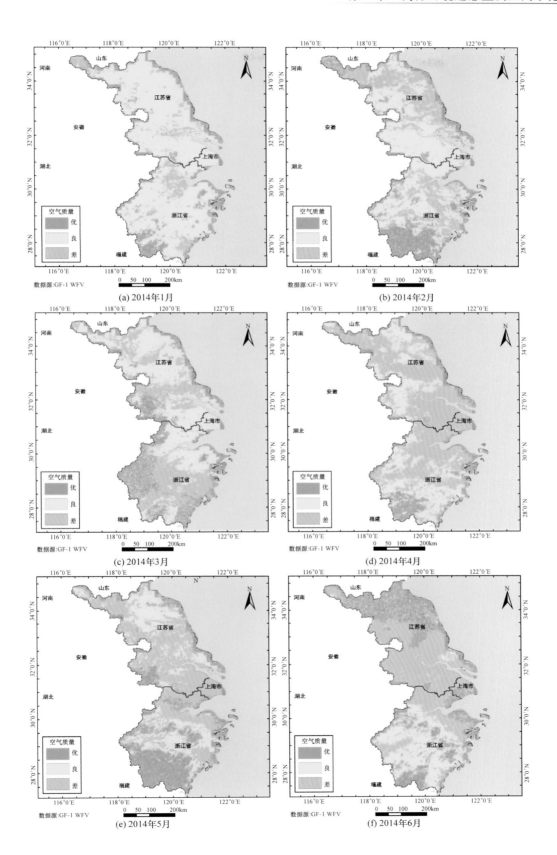

(a) 2014年1月

(b) 2014年2月

(c) 2014年3月

(d) 2014年4月

(e) 2014年5月

(f) 2014年6月

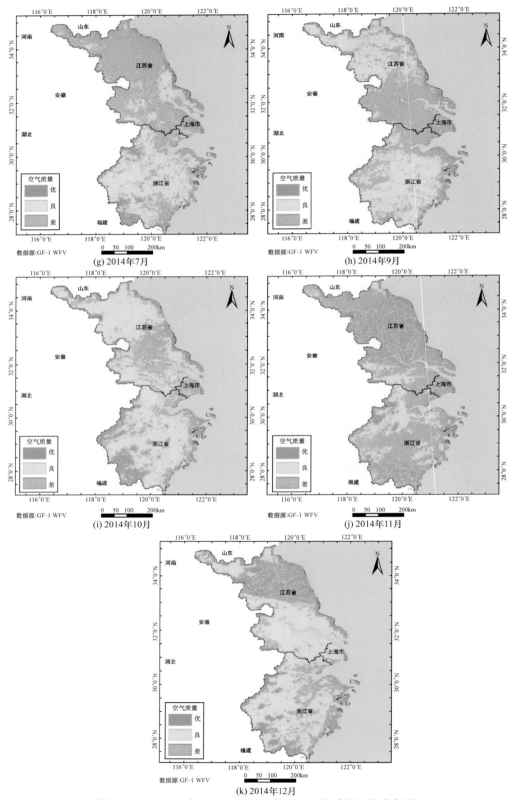

图 7.1.27 2014 年 1~12 月长三角地区空气质量评价分布图

3）珠三角地区空气质量高分遥感监测应用示范

（1）气溶胶监测结果与分析。

基于高分一号卫星 16m 宽覆盖 CCD 相机（WFV）数据，估算了珠三角地区 2014 年全年的气溶胶光学厚度（AOD），并进行了时空分析与统计，在每日监测数据的基础上给出各示范区域年平均与月平均的监测结果，AOD 反演结果的空间分辨率为 160m。2014 年珠三角地区年平均 AOD 的空间分布如图 7.1.28 所示，从图中可以看出，珠三角地区 AOD 高值区集中在佛山、广州、东莞、中山等珠三角城市群的核心区域，这里城镇密集，制造业及工业排放集中，也是珠三角地区污染程度较高的地区。随着远离上述核心区域，珠三角地区内人口密度较低的农村及山区具有较低的 AOD，与较低的人为排放和较高的植被覆盖率相匹配。图 7.1.29 给出了珠三角各地区 2014 年 AOD 年均值比较结果，从图中可以看出，佛山 AOD 最高，中山、东莞、广州等城市化水平较高的地区也具有很高的 AOD 水平；而森林覆盖率最高的惠州市则具有最低的 AOD。图 7.1.30 和图 7.1.31 分别给出了珠三角整体及各地区 2014 年 AOD 月均值的比较结果。2～4 月三个月的 GF-1 WFV 传感器遥感影像云覆盖过大，因此没有反演结果。由图可知，佛山、中山、东莞等市在全年各月中都具有较高的 AOD，表明上述区域常年都有着较高的人为排放。整体而言，珠三角多数地区的 AOD 最高值均出

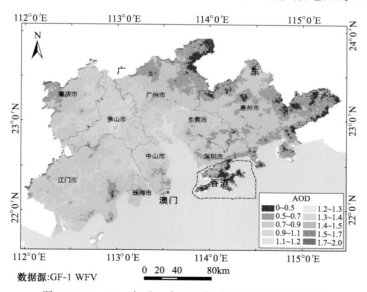

图 7.1.28　2014 年珠三角地区气溶胶光学厚度分布图

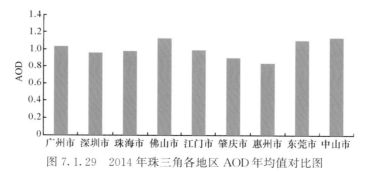

图 7.1.29　2014 年珠三角各地区 AOD 年均值对比图

现在夏季,最低值出现在冬季;秋季居中。这与珠三角地区能源消耗、人为排放以及气候条件的季节变化相一致。图 7.1.32 所示为珠三角地区 2014 年每月的 AOD 分布情况,其时空变化趋势与上述分析一致。

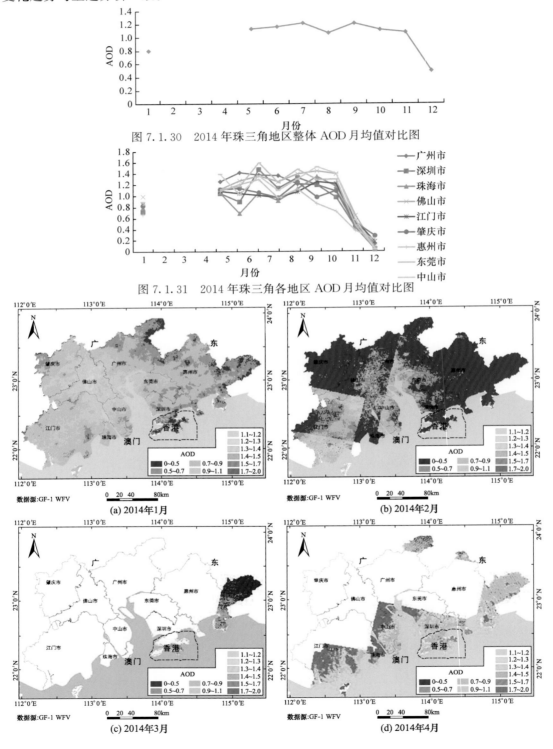

图 7.1.30 2014 年珠三角地区整体 AOD 月均值对比图

图 7.1.31 2014 年珠三角各地区 AOD 月均值对比图

(a) 2014年1月

(b) 2014年2月

(c) 2014年3月

(d) 2014年4月

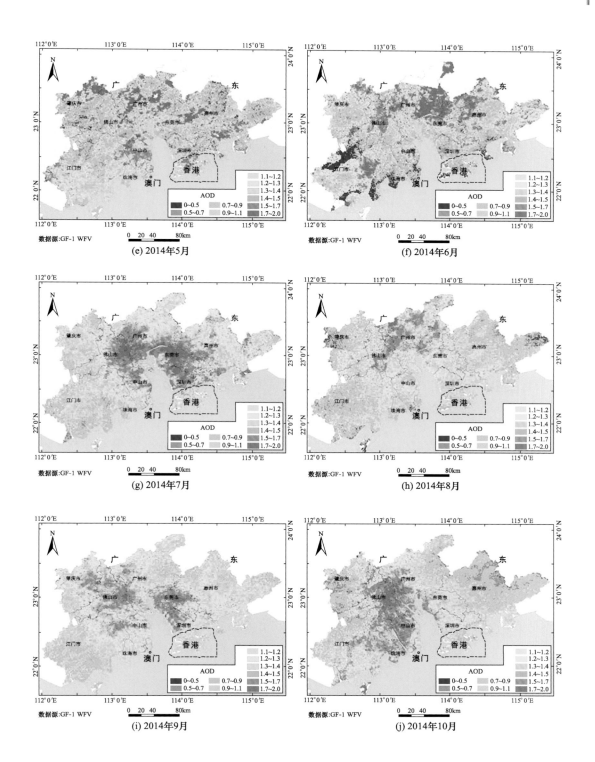

(e) 2014年5月

(f) 2014年6月

(g) 2014年7月

(h) 2014年8月

(i) 2014年9月

(j) 2014年10月

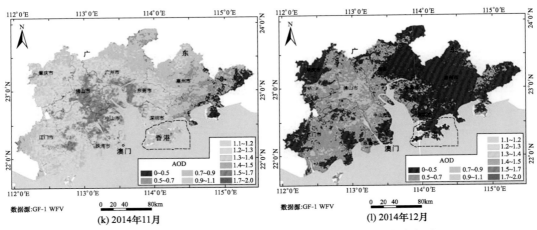

图 7.1.32   2014 年 1～12 月珠三角地区气溶胶光学厚度分布图

（2）烟尘监测结果与分析。

基于高分一号卫星 16m 宽覆盖相机（WFV）数据,估算了珠三角地区 2014 年全年的烟尘气溶胶光学厚度（SAOD）,并进行时空分析与统计,在每日监测数据的基础上给出各示范区域年平均与月平均的监测结果,SAOD 反演结果的空间分辨率为160m。2014 年珠三角地区年平均 SAOD 的空间分布如图 7.1.33 所示。由图可知,SAOD 高值区集中在佛山、广州、东莞、中山等珠三角城市群的核心区域,这里城镇密集,制造业及工业排放集中,也是珠三角地区污染程度较高的地区。人口密度较低的农村及山区 SAOD 较低,与较低人为排放和较高植被覆盖率相匹配。图 7.1.34 是 2014 年珠三角地区整体 SAOD 月均值变化,三四月数据覆盖较少,所以仅有少部分区域结果,夏秋 5～10 月 SAOD 较高,冬季 12～次年 2 月 SAOD 较低。图 7.1.35 是珠三角各地区 SAOD 月均值变化,4 月佛山和江门 SAOD 最高,其他变化趋势和整个地区的基本一致。图 7.1.36 是 2014 年珠三角各地区 SAOD 每月的空间分布情况,其时空分布情况与上述分析一致。

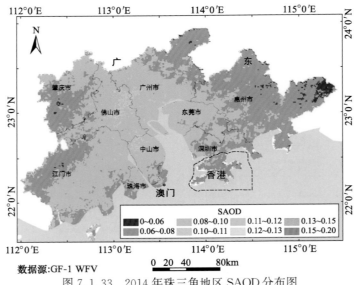

图 7.1.33   2014 年珠三角地区 SAOD 分布图

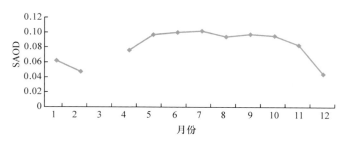

图 7.1.34 2014 年珠三角地区整体 SAOD 月均值变化曲线

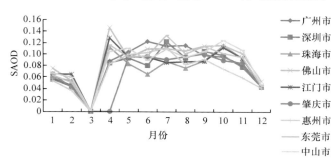

图 7.1.35 2014 年珠三角地区各地区月均 SAOD 变化曲线

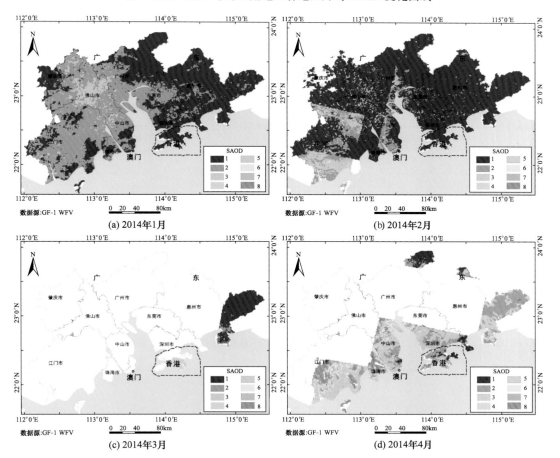

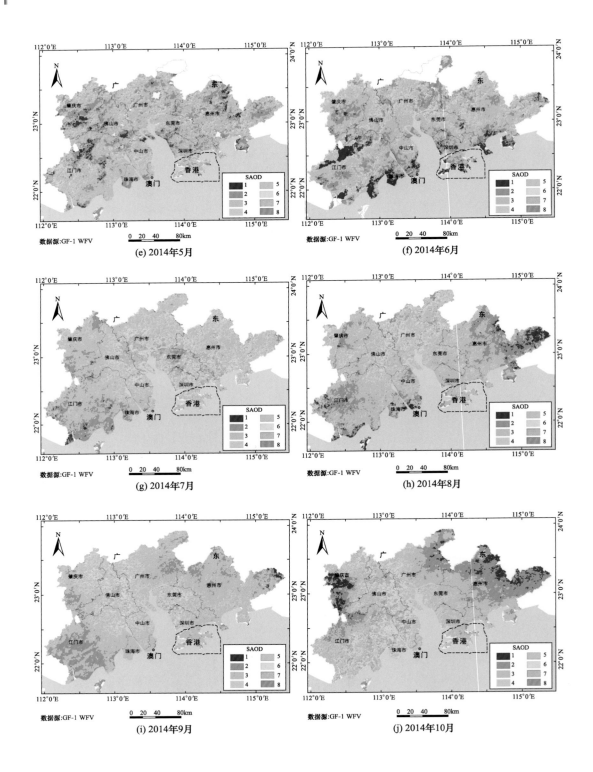

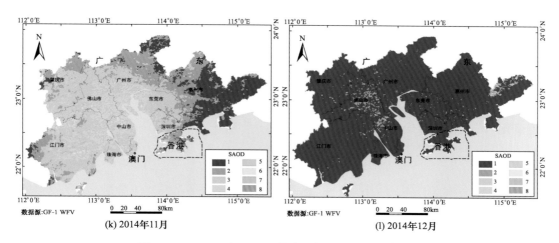

(k) 2014年11月　　　　　　　　(l) 2014年12月

图 7.1.36　2014 年 1~12 月珠三角地区 SAOD 分布图

1. 0~0.06；2. 0.06~0.08；3. 0.08~0.10；4. 0.10~0.11；5. 0.11~0.12；6. 0.12~0.13；7. 0.13~0.15；8. 0.15~0.20

（3）空气质量评价结果与分析。

基于高分一号卫星 16m 宽覆盖 CCD 相机（WFV）数据，估算了珠三角地区 2014 年全年的空气质量指数（AQI），并进行了时空分析与统计。AQI 综合利用高分一号卫星反演的 AOD 等产品，在每日监测数据的基础上，给出各示范区域年和月指数评价结果。珠三角地区空气质量评价空间分布如图 7.1.37 所示。从图中可知，珠三角地区 AQI 高值区集中在佛山、广州、东莞、中山、珠海等珠三角城市群的核心区域，这里城镇密集，制造业及工业排放集中，是珠三角地区污染程度较高地区，空气质量评价结果为差。随着远离上述核心区域，珠三角地区内人口密度较低的农村及山区植被覆盖率高，环境质量综合评价结果为良。图 7.1.38 给出了珠三角各地区 2014 年全年平均的 AQI 比较结果。由图可以看到，佛山、中山、东莞全年 AQI 为 3，空气质量差。广州、深圳等城市化水平较高的地区也具有很高的

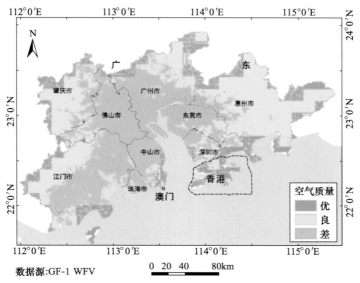

图 7.1.37　2014 年珠三角地区空气质量评价图

AQI 水平;肇庆等地区年均 AQI 为 1,空气质量好。图 7.1.39 给出了珠三角各地区 2014 年 AQI 统计频次结果。由图可以看出,佛山、中山、东莞三地区全年中有 6 个月空气质量较差,表明上述区域常年都有较高的人为排放,广州、深圳、珠海等 7 个地区空气质量为良。整体而言,珠三角多数地区的空气质量较好,平均在良以上。这与珠三角地区能源消耗、人为排放以及气候条件的季节变化相一致。图 7.1.40 是珠三角地区 2014 年每月的空气质量分布情况,其时空变化趋势与上述分析一致。

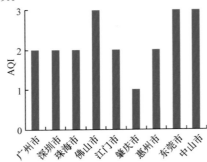

图 7.1.38　2014 年珠三角各地区 AQI 统计图

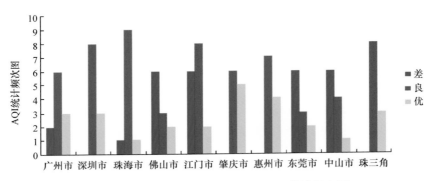

图 7.1.39　2014 年珠三角各地区 AQI 统计频次图

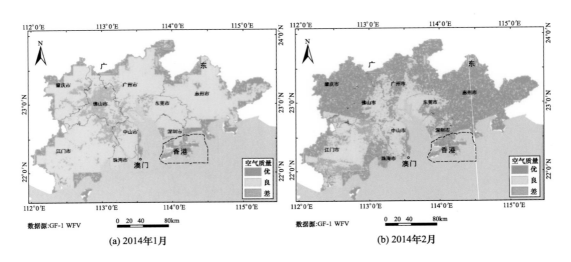

(a) 2014年1月　　　　　(b) 2014年2月

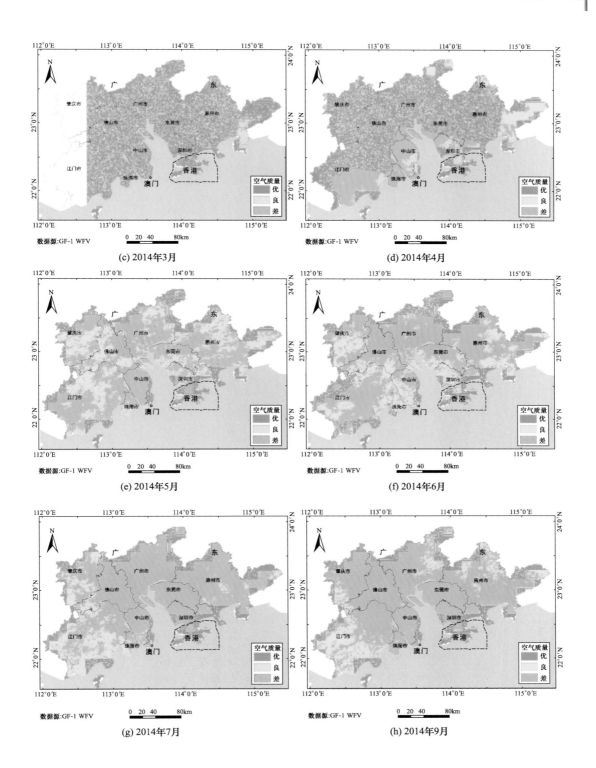

数据源:GF-1 WFV
(c) 2014年3月

数据源:GF-1 WFV
(d) 2014年4月

数据源:GF-1 WFV
(e) 2014年5月

数据源:GF-1 WFV
(f) 2014年6月

数据源:GF-1 WFV
(g) 2014年7月

数据源:GF-1 WFV
(h) 2014年9月

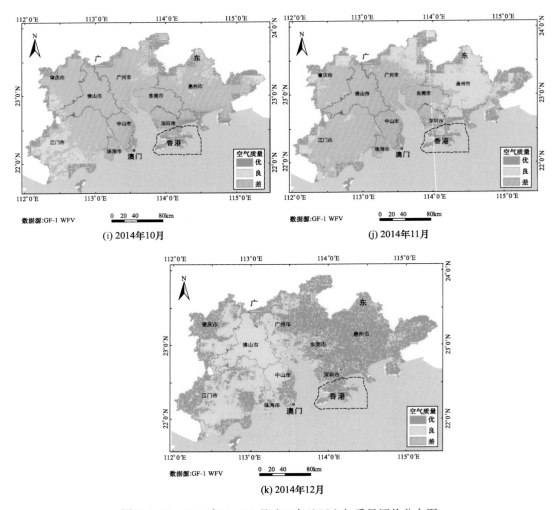

图 7.1.40 2014 年 1~12 月珠三角地区空气质量评价分布图

7.1.2 污染气体高分遥感监测应用示范

1. 示范数据

基于高分五号卫星大气痕量气体探测仪 2018~2019 年数据,估算了京津冀地区 2018 年 7 月~2019 年 6 月的二氧化氮(NO_2)浓度分布情况,并在每日监测数据的基础上给出各示范区域年平均与月平均的监测结果,NO_2 浓度反演的空间分辨率为 12.5km。我国综合脱硫减排成效显著,使得国内总体的 SO_2 含量不高,原来华北平原、汾渭平原等高值地区已接近背景地区水平。国际上比较成熟的 OMI、OMPS 等载荷的单日 SO_2 产品在我国也难以反映真实的 SO_2 分布,因此,我们没有针对高分五号卫星大气痕量气体探测仪开展 SO_2 产品的示范区测试。

2. 示范结果与分析

1）京津冀地区污染气体遥感监测应用示范

基于高分五号卫星大气痕量气体探测仪 2018～2019 年的数据，对京津冀地区 NO_2 进行监测。京津冀地区 2018 年 7 月～2019 年 6 月平均 NO_2 柱浓度的空间分布如图 7.1.41 所示，从图中可知，京津冀地区 NO_2 高值区集中在天津、唐山、石家庄、邢台、邯郸等地，这里城镇密集，工业排放集中，也是京津冀地区污染程度较高的地区。图 7.1.42 是 2018 年 7 月～2019 年 6 月京津冀各地区 NO_2 柱浓度年均值柱状图，从图中可以看出，北京、张家口、承德、

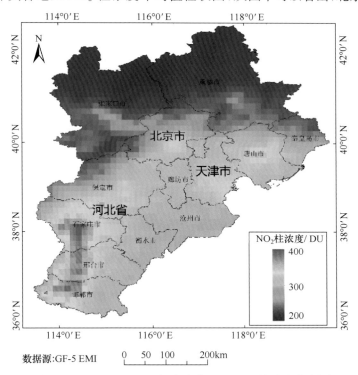

图 7.1.41　2018～2019 年京津冀地区 NO_2 柱浓度分布图

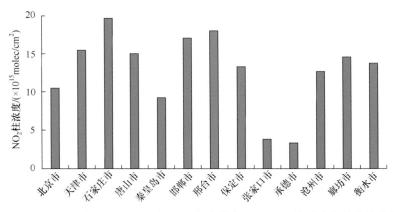

图 7.1.42　2018 年 7 月～2019 年 6 月京津冀各地区 NO_2 柱浓度年均值柱状图

秦皇岛地区 NO$_2$ 柱浓度年均值较低,其他地区 NO$_2$ 柱浓度年均值相当。图 7.1.43 是 2018
年 7 月~2019 年 6 月京津冀地区整体 NO$_2$ 柱浓度月均值对比图,其中 1 月最高,11 月和 12
月次之,其他月份相当,8 月最低。图 7.1.44 为 2018 年 7 月~2019 年 6 月京津冀地区 NO$_2$
柱浓度的逐月分布图,其时空变化特征与上述分析一致。

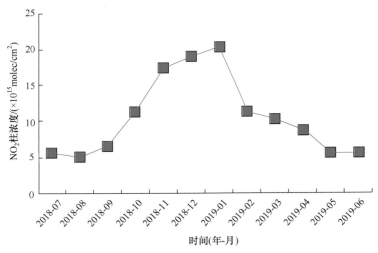

图 7.1.43 2018 年 7 月~2019 年 6 月京津冀地区整体 NO$_2$ 柱浓度月均值对比图

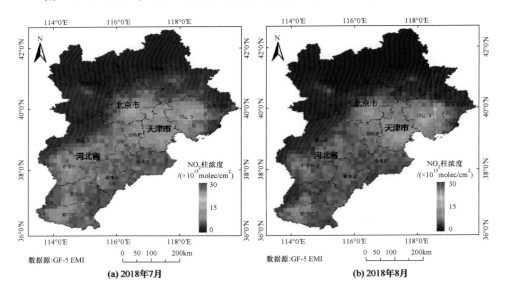

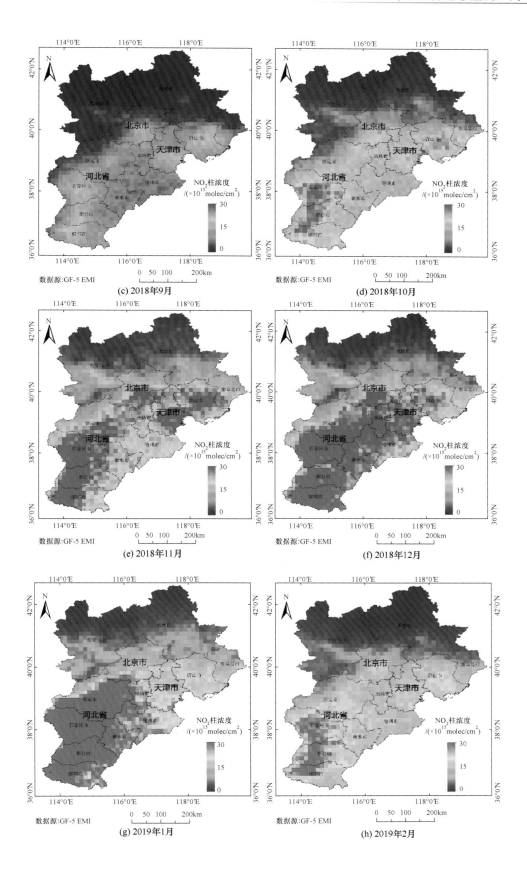

(c) 2018年9月

(d) 2018年10月

(e) 2018年11月

(f) 2018年12月

(g) 2019年1月

(h) 2019年2月

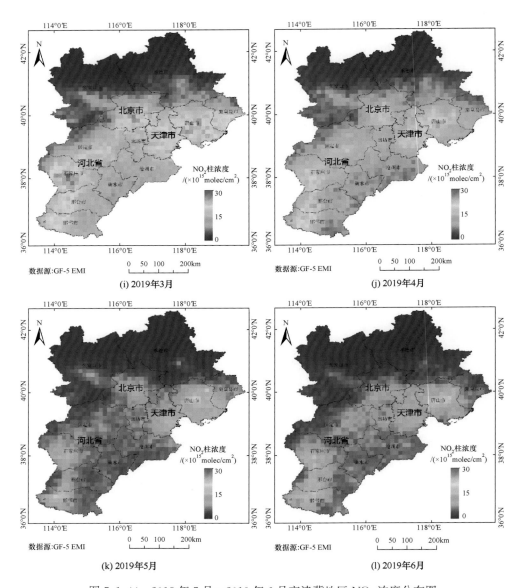

图 7.1.44　2018 年 7 月～2019 年 6 月京津冀地区 NO$_2$ 浓度分布图

2）长三角地区污染气体监测应用示范

基于高分五号卫星大气痕量气体探测仪 2018～2019 年的数据,对长三角地区 NO$_2$ 进行监测,长三角地区 NO$_2$ 高值区集中在上海市、江苏省南部、浙江省北部和安徽省东部等地,这里人为排放较为集中。图 7.1.45 所示为 2018 年 7 月～2019 年 6 月长三角各地区 NO$_2$ 柱浓度年均值对比,可以看出,无锡、苏州、常州、镇江、嘉兴等地区 NO$_2$ 柱浓度年均值较高,温州、丽水、黄山等地区 NO$_2$ 柱浓度年均值较低。图 7.1.46 所示为 2018 年 7 月～2019 年 6 月长三角地区 NO$_2$ 柱浓度月均值对比图,NO$_2$ 柱浓度最高值均出现在冬季 1 月,最低值出现在夏季。图 7.1.47 所示为 2018 年 7 月～2019 年 6 月长三角地区 NO$_2$ 柱浓度逐月分布图,其时空变化特征与上述分析一致。

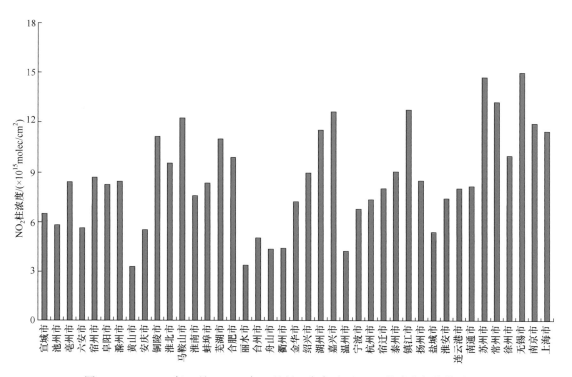

图 7.1.45　2018 年 7 月～2019 年 6 月长三角各地区 NO_2 柱浓度年均值对比

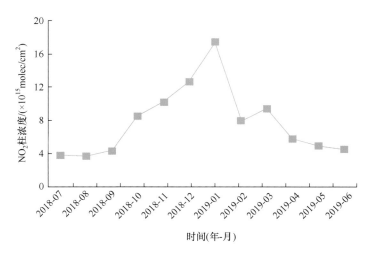

图 7.1.46　2018 年 7 月～2019 年 6 月长三角地区 NO_2 柱浓度月均值对比图

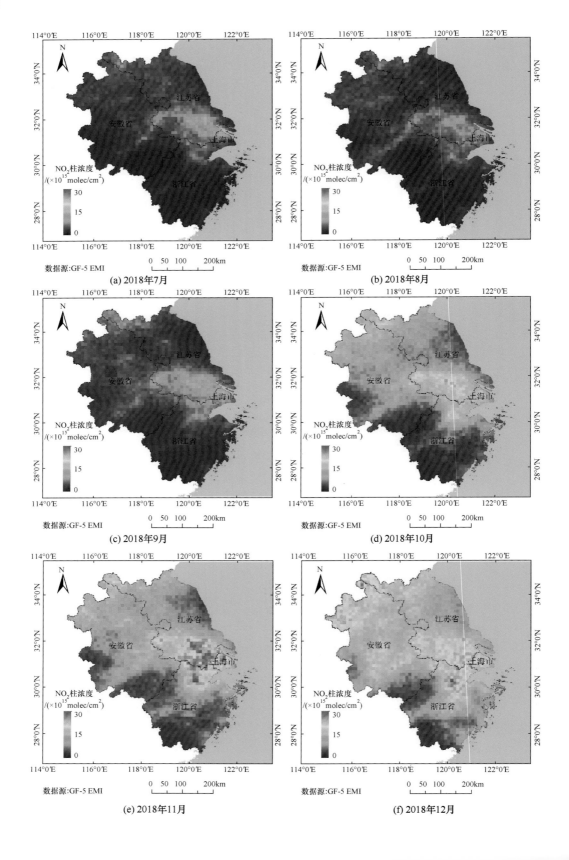

(a) 2018年7月

(b) 2018年8月

(c) 2018年9月

(d) 2018年10月

(e) 2018年11月

(f) 2018年12月

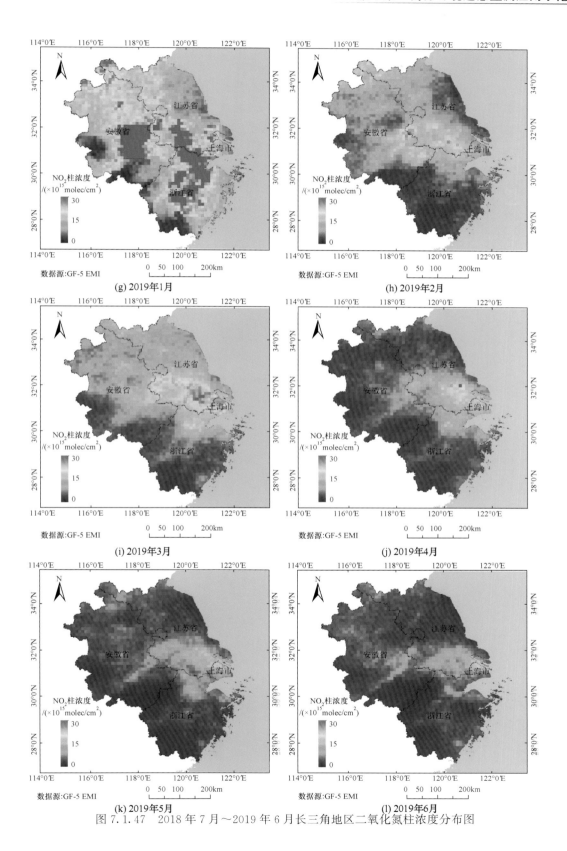

图 7.1.47　2018 年 7 月～2019 年 6 月长三角地区二氧化氮柱浓度分布图

3）珠三角地区污染气体监测应用示范

　　基于高分五号卫星大气痕量气体探测仪 2018～2019 年的数据,对珠三角地区 NO_2 进行监测,并进行时空统计与分析,在每日监测数据的基础上给出各示范区域年平均与月平均的监测结果,NO_2 反演结果的空间分辨率为 12.5km。珠三角地区 2018 年 7 月～2019 年 6 月 NO_2 柱浓度的空间分布如图 7.1.48 所示,从图中可知,珠三角地区 NO_2 柱浓度高值区集中在人为、工业、交通排放较为集中的珠三角中部地区。图 7.1.49 是 2018 年 7 月～2019 年 6 月珠三角各地区 NO_2 柱浓度年均值对比,可以看出,东莞、中山、佛山、深圳等地区 NO_2 柱浓度年均值较高,肇庆、江门、惠州等地区 NO_2 柱浓度年均值较低。图 7.1.50 为 2018 年 7 月～2019 年 6 月珠三角地区 NO_2 柱浓度月均值对比图,珠三角地区 NO_2 柱浓度最高值出现在 12 月～次年 1 月,最低值出现在 9 月。图 7.1.51 为 2018 年 7 月～2019 年 6 月珠三角地区 NO_2 柱浓度的逐月分布图,2019 年 1 月中山、东莞与广州的部分区域 NO_2 柱浓度较高,其他时空变化特征与上述分析一致。

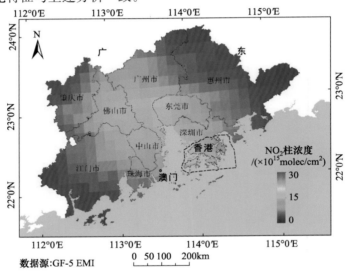

图 7.1.48　2018 年 7 月～2019 年 6 月珠三角地区二氧化氮柱浓度分布图

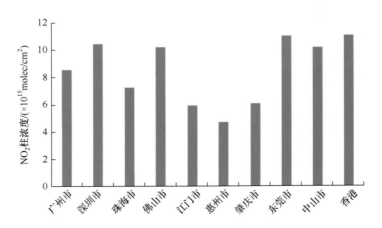

图 7.1.49　2018 年 7 月～2019 年 6 月珠三角各地区二氧化氮柱浓度年均值对比

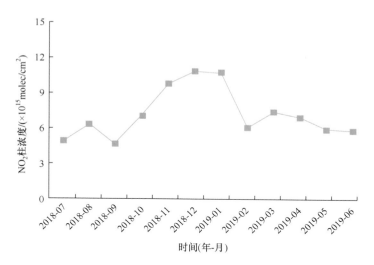

图 7.1.50　2018 年 7 月～2019 年 6 月珠三角地区二氧化氮柱浓度月均值对比

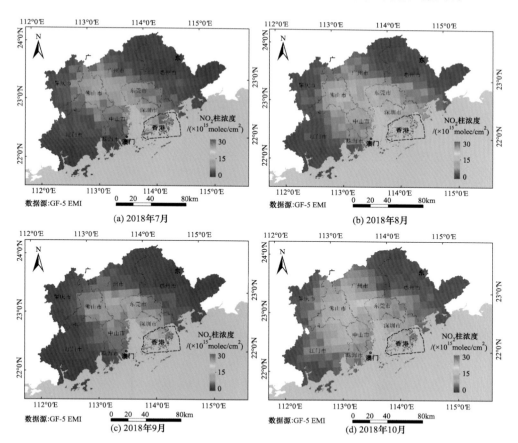

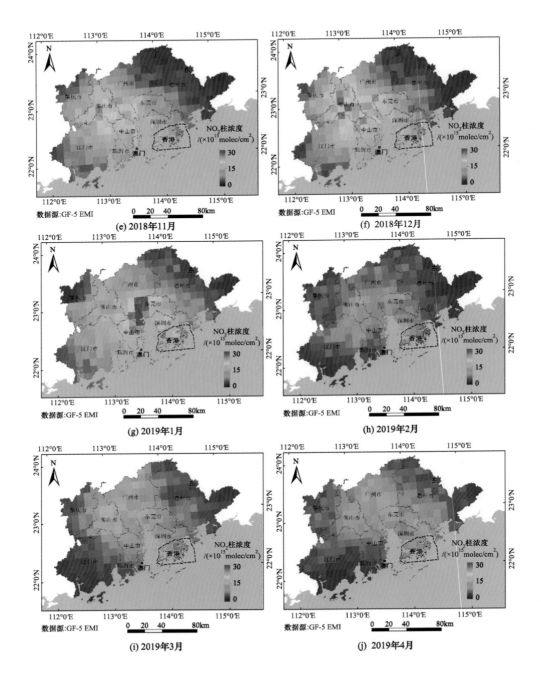

(e) 2018年11月

(f) 2018年12月

(g) 2019年1月

(h) 2019年2月

(i) 2019年3月

(j) 2019年4月

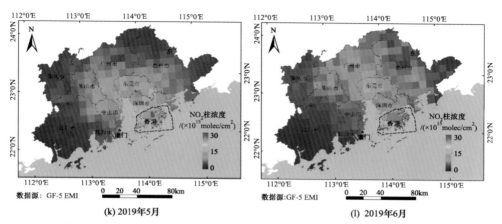

图 7.1.51 2018 年 7 月～2019 年 6 月珠三角地区二氧化氮柱浓度分布图

7.1.3 京津冀地区温室气体高分遥感监测应用示范

1. 示范数据

采用高分五号卫星大气温室气体探测仪,估算了京津冀地区 2018 年 8 月～2019 年 7 月的二氧化碳(CO_2)和 2018 年 8～12 月的甲烷(CH_4)浓度,并进行时空分析。CO_2 采用单点扫描观测,单个观测点大小约 $10km^2$,在每日监测数据的基础上给出京津冀地区月平均的监测结果。

2. 示范结果与分析

1) CO_2 监测结果

基于 GOSAT 卫星 2018 年 8 月～2019 年 7 月数据对京津冀地区 CO_2 浓度分布进行监测,图 7.1.52 为每月京津冀地区 CO_2 浓度空间分布图,2018 年 10～12 月由于在轨测试期间仪器调试,未获取有效数据。可以看出,夏季由于森林生态系统光合作用强,对 CO_2 吸收作用体现了陆地生态系统碳汇特征,故大气 CO_2 垂直柱浓度降低;冬季北方地区工业及居民生活燃煤导致 CO_2 排放量增加,同时陆地生态系统碳汇作用减弱,使得 CO_2 垂直柱浓度增加。

2) CH_4 监测结果

基于高分五号卫星大气温室气体探测仪数据对京津冀地区 CH_4 气体分布进行监测,图 7.1.53 为 2018 年 8～12 月每月京津冀地区 CH_4 浓度空间分布图。可以看出,CH_4 浓度分布具有冬季高、夏季低的典型特点,主要高值集中在 10 月和 11 月,12 月有所降低。

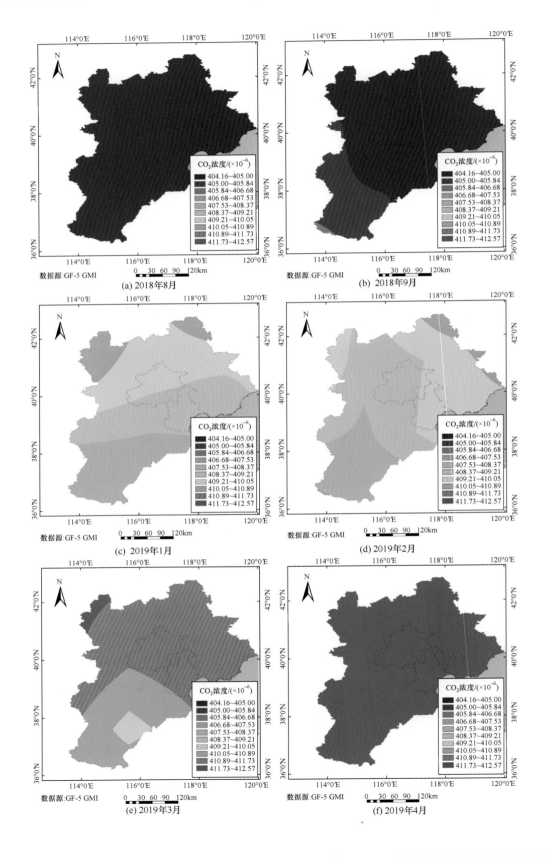

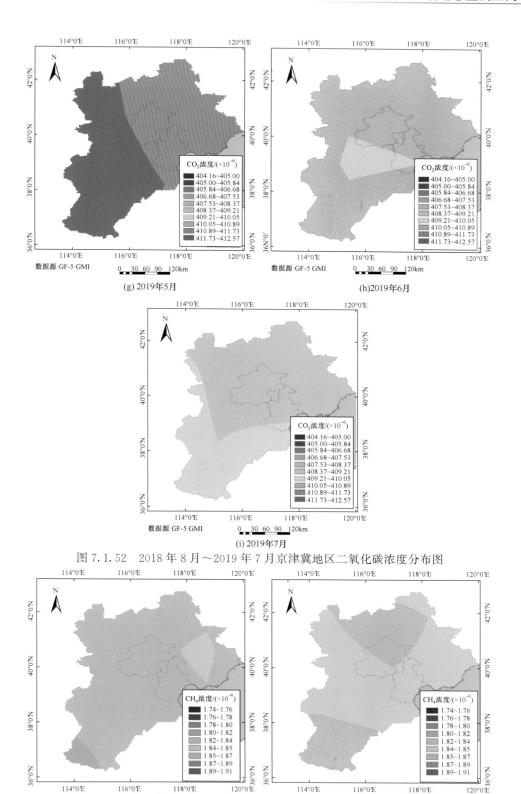

图 7.1.52　2018 年 8 月～2019 年 7 月京津冀地区二氧化碳浓度分布图

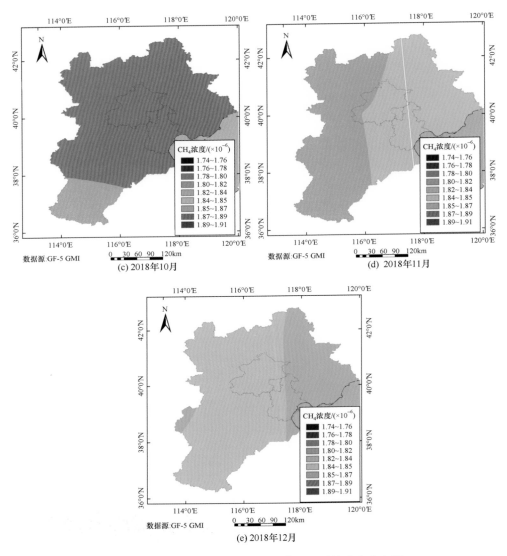

图 7.1.53　2018 年 8～12 月京津冀地区甲烷浓度分布图

7.2　高分水环境遥感监测应用示范

7.2.1　水体水质高分遥感监测应用示范

1. 示范区数据

官厅水库地处 $40°18'N\sim40°26'N$，$115°37'E\sim115°51'E$，位于北京市北部与河北省的交界处，大部分位于河北省怀来县，小部分位于北京市延庆区。官厅水库水面面积大约为 $238km^2$，平均水深约为 $7.37m$，平均透明度约为 $0.78m$。官厅水库属于中国重要水系之一的海河流域,建于 1951～1954 年。其最主要的支流为河北怀来永定河。它是新中国成立之后的第一座大型水库,并在多个省市的防洪抗灾、农业灌溉以及能源供应上都发挥了重要作用。20 世纪 80 年代后期,库区受到严重污染,90 年代水质继续恶化,1997 年被迫退出城市生活饮用水体系。其主要供水支流永定河的有机物污染是水库水质污染的重要原因之一。

采用紧凑式高分辨率成像分光计(compact high resolution imaging spectrometer,CHRIS)卫星影像作为高分五号卫星可见短波红外高光谱相机的替代数据,进行高光谱的水质遥感监测应用示范。PROBA(project for on board autonomy)小卫星是欧洲空间局于 2001 年发射的一颗最小的对地观测卫星,CHRIS 是搭载在 PROBA 平台上最主要的成像光谱分光计,具有五个成像模式,以其卓越的光谱分辨率、空间分辨率及多角度的优势分别对陆地、海洋及内陆水体进行成像。它有 80 个波段,光谱分辨率为 12～13nm,空间分辨率为 17m/34m。因目前官厅水库没有与 CHRIS 卫星同步的水面数据,故使用 10 景历史 CHRIS 影像,覆盖时间为 2005 年 5 月～2007 年 9 月,具体情况见表 7.2.1。

表 7.2.1　基于 CHRIS 的官厅水库水质遥感监测应用示范数据集

序号	传感器	模式	成像日期
1	CHRIS	Mode 2	2005-05-30
2	CHRIS	Mode 2	2005-07-03
3	CHRIS	Mode 2	2006-04-10
4	CHRIS	Mode 2	2006-04-19
5	CHRIS	Mode 2	2006-07-30
6	CHRIS	Mode 2	2006-09-12
7	CHRIS	Mode 2	2006-10-17
8	CHRIS	Mode 2	2007-04-08
9	CHRIS	Mode 2	2007-06-08
10	CHRIS	Mode 2	2007-09-20

2. 示范结果与分析

1) 叶绿素 a 浓度遥感监测结果

利用 CHRIS 影像 2005～2007 年官厅水库叶绿素 a 浓度分布如图 7.2.1 所示。由图可知,2005 年 7 月 3 日和 2006 年 9 月 12 日的官厅水库叶绿素 a 浓度空间分布差异较大,东北部浓度较高,平均值较高,2007 年 4 月 8 日等时间的空间差异较小,平均值较低。高光谱影像可以较好地反映叶绿素 a 浓度的时空变化。

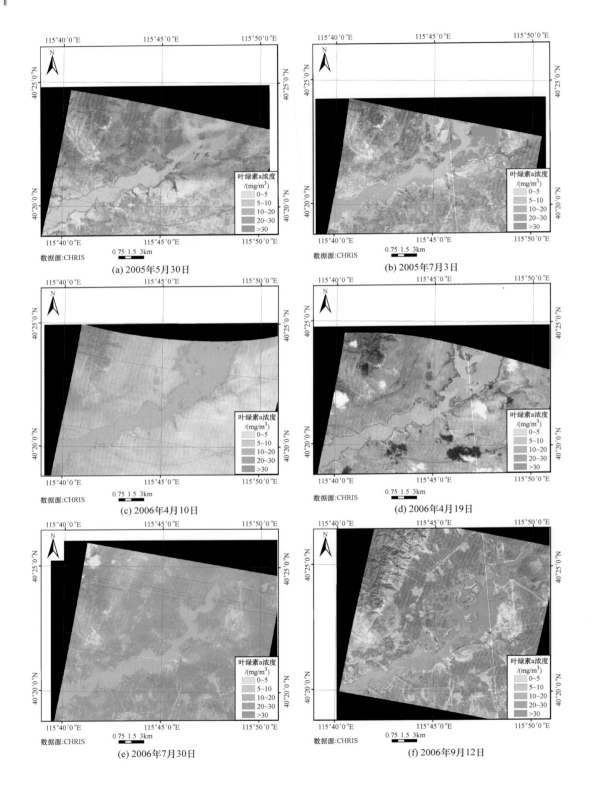

(a) 2005年5月30日

(b) 2005年7月3日

(c) 2006年4月10日

(d) 2006年4月19日

(e) 2006年7月30日

(f) 2006年9月12日

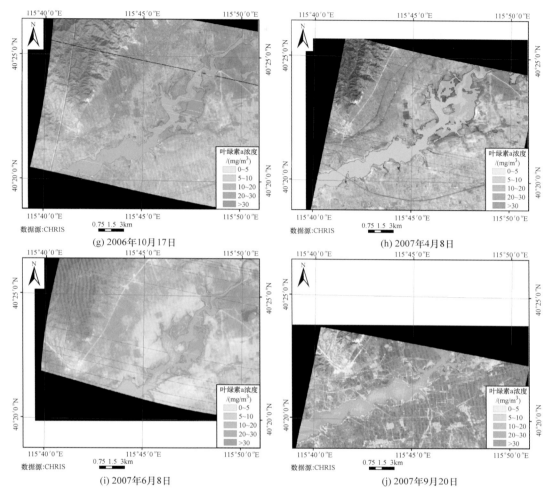

图 7.2.1　基于 CHRIS 监测的官厅水库叶绿素 a 浓度分布图

2）悬浮物浓度遥感监测结果

利用 CHRIS 影像得到的 2005～2007 年官厅水库悬浮物浓度分布如图 7.2.2 所示。由图可知，2005 年 7 月 3 日、2006 年 4 月 10 日和 7 月 30 日的官厅水库悬浮物浓度空间分布的平均值较高，2006 年 9 月 12 日等时间官厅水库悬浮物浓度空间分布的平均值较低，高光谱影像可以较好地反映悬浮物浓度的时空变化。

3）透明度遥感监测结果

利用 CHRIS 影像得到的 2005～2007 年官厅水库透明度分布如图 7.2.3 所示。由图可知，2006 年 9 月 12 日和 2007 年 9 月 20 日透明度空间分布的平均值较高，2005 年 7 月 3 日、2006 年 4 月 10 日透明度空间分布的平均值较低，高光谱影像可以较好地反映透明度的时空变化。

4）黄色物质质量分数遥感监测结果

利用 CHRIS 影像得到的 2005～2007 年官厅水库黄色物质质量分数分布如图 7.2.4 所示。由图可知，2005 年 7 月 3 日的官厅水库黄色物质质量分数空间分布的平均值较高，2006 年 4 月 10 日等时间的黄色物质质量分数空间分布平均值较低，高光谱影像可以较好地反映黄色物质质量分数的时空变化。

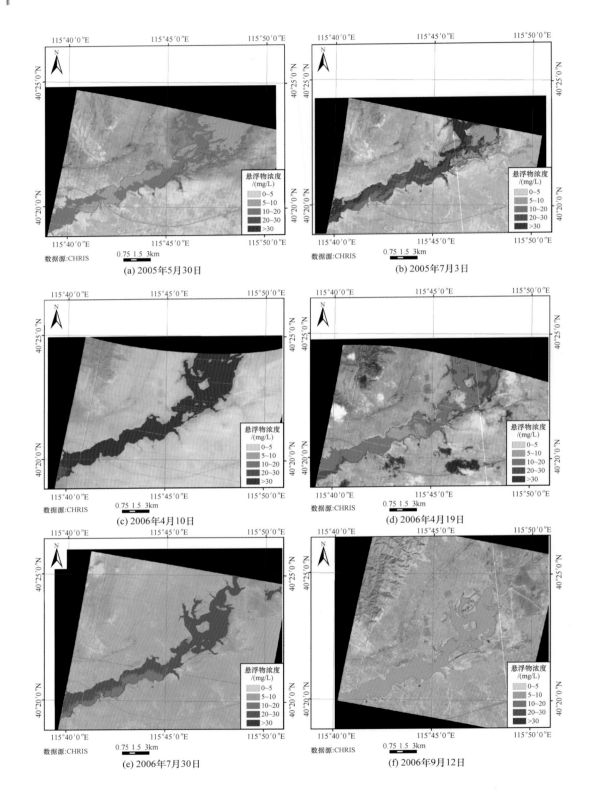

(a) 2005年5月30日

(b) 2005年7月3日

(c) 2006年4月10日

(d) 2006年4月19日

(e) 2006年7月30日

(f) 2006年9月12日

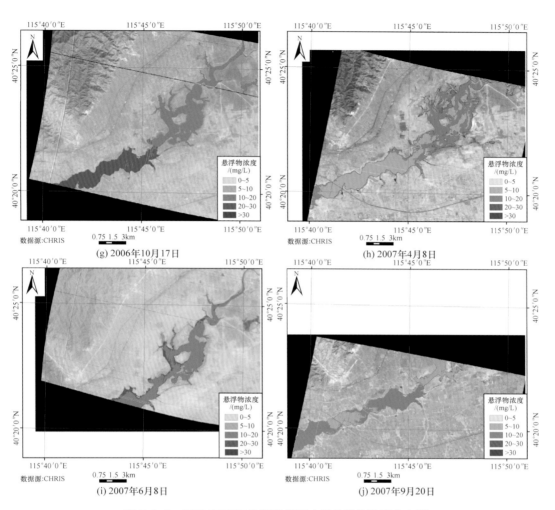

图 7.2.2　基于 CHRIS 监测的官厅水库悬浮物浓度分布图

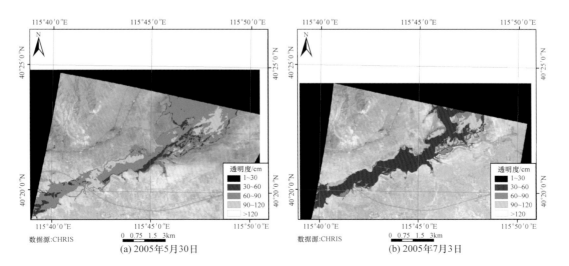

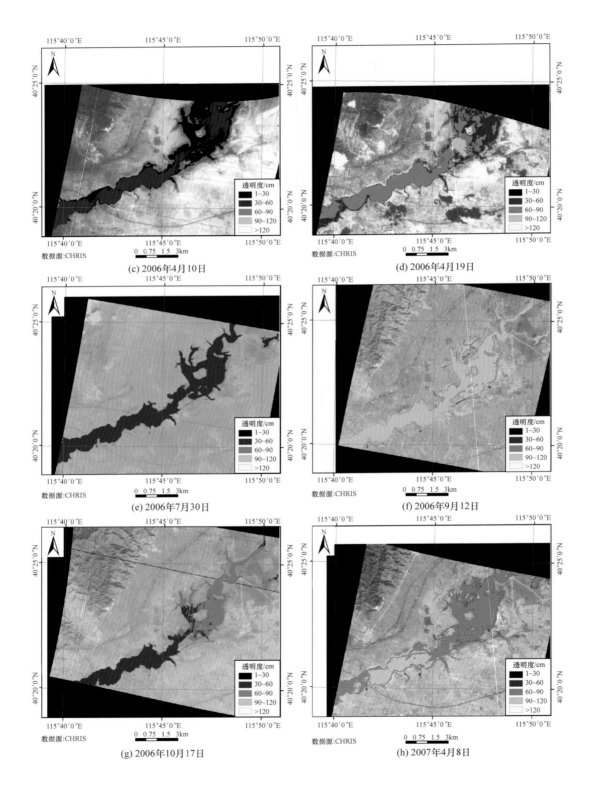

(c) 2006年4月10日

(d) 2006年4月19日

(e) 2006年7月30日

(f) 2006年9月12日

(g) 2006年10月17日

(h) 2007年4月8日

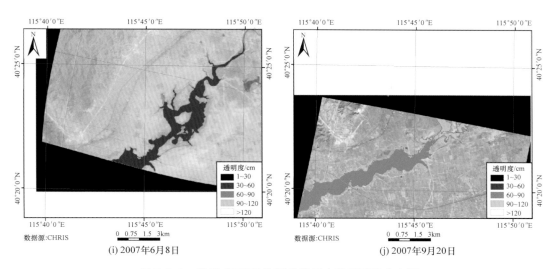

图 7.2.3　基于 CHRIS 监测的官厅水库透明度分布图

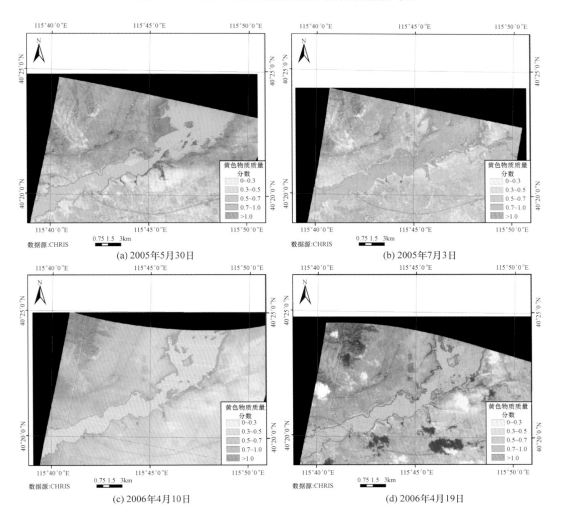

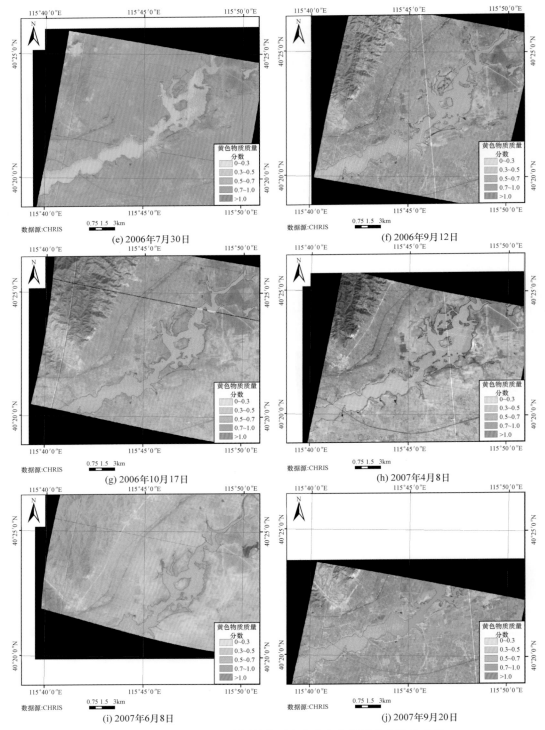

图 7.2.4　基于 CHRIS 监测的官厅水库黄色物质质量分数分布图

5）营养状态遥感监测结果

利用 CHRIS 影像得到 2005～2007 年官厅水库营养状态分级分布如图 7.2.5 所示。由图可知,2005 年 7 月 3 日和 2006 年 9 月 12 日的官厅水库营养状态空间差异大,东北部和中部富营养化严重,2007 年 4 月 8 日等营养状态空间差异小,富营养化程度低,表明高光谱影像可以较好地反映富营养化程度的时空变化。由于官厅水库没有 CHRIS 影像的同步水面

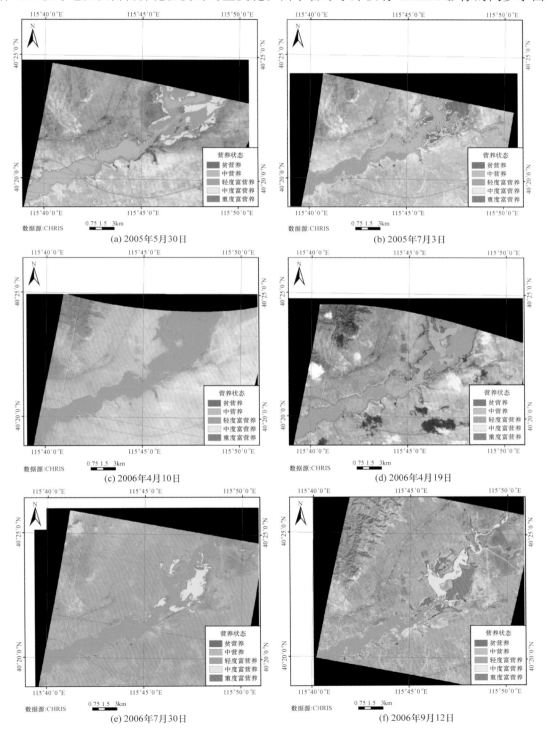

(a) 2005年5月30日　　(b) 2005年7月3日

(c) 2006年4月10日　　(d) 2006年4月19日

(e) 2006年7月30日　　(f) 2006年9月12日

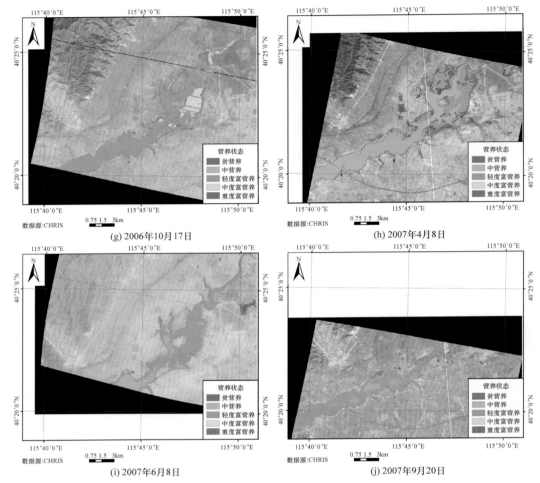

图 7.2.5 基于 CHRIS 监测的官厅水库营养状态分级分布图

数据,无法进行精度验证。但根据经验判断,官厅水库水质分布结果较合理。

7.2.2 饮用水水源地安全高分遥感监测应用示范

1. 示范区数据

长江南京段夹江地处长江南京段上游,其南岸是南京市河西新城区,北岸是江心洲。长江南京夹江段自梅子洲头至梅子洲尾,长 13.6km,俗称大胜关水域,具有饮用、渔业、工业水域功能,平均宽 300m 左右,流域内有城镇人口 15.23 万、农村人口 0.55 万,共计 15.78 万人,年取水量 38.081 万 m^3。夹江河段为感潮河段,平均水深 20~30m,深槽最深处 72m,多年平均流量 28800m^3/s,水文特征(水位、流速)受到上游地表径流及来自长江口潮波的双重影响,同时淮河入江水量对江水下泄也有一定的顶托影响。夹江年最高水位一般发生在 5~9 月,20 世纪年最高水位大于 9.0m 发生的时间集中在 7~9 月,其中最大的三次发生在 7 月中旬和 8 月中旬。夹江最高水位为 10.22m(1954 年 8 月 17 日),最低水位为 1.54m(1956 年 1 月 9 日),1950~1982 年多年平均高潮水位 5.48m,多年平均低潮水位 4.97m。作为南京市的主要供水水源地,夹江承担着南京市 80% 以上的自来水供应。从网上相关数据来看,夹江水源地水质较为安全,但随着长江沿江开发,水资源的短缺和水环境污染将渐现明显,夹江水源地的安全状况将直接关系到南京市人民身体健康和生态环境安全。

作者研究团队于 2014 年 10 月 15 日在夹江进行野外实验,以期进行高分影像数据的同步验证。实验分为室内实验和室外实验两部分。

室内实验大部分在南京师范大学水环境实验室完成,有少量参数在中国科学院南京地理与湖泊研究所测量。室内实验主要是对采集的水样进行室内分析,测定总悬浮物浓度、无机悬浮物浓度、有机悬浮物浓度、叶绿素浓度、藻蓝蛋白等水质参数,总悬浮颗粒物的吸收系数、无机悬浮物的吸收系数、有色可溶性有机物(chromophoric dissolved organic matter,CDOM)吸收系数等固有光学量,本次室内实验加测了总磷、总氮数据以及颗粒有机碳(particulate organic carbon,POC)和溶解有机碳(dissolved organic carbon,DOC)浓度。

室外实验采用 ASD 对各点位水体遥感反射率进行测定,并在各相应定位采集水样供室内实验测量水质参数。同时还需要记录测量的时间、经纬度、风速、风向、大气压、空气温度等指标。本次实验共采集样点 29 个,夹江采样点位分布如图 7.2.6 所示,其中 27 号点位于秦淮河入口,28 号、29 号点位于秦淮河内。可以看出,27 号、28 号、29 号点明显表现出内陆水体的光学特征,在 400～500nm 波段范围,由于叶绿素 a 在蓝紫光波段的吸收及黄质在该范围内的强吸收作用,水体的反射率较低;在 550～580nm 波段出现反射峰,其原因是叶绿素和胡萝卜素弱吸收及细胞的散射作用;在 625nm 附近,由于藻蓝蛋白色素的吸收,反射率较低;在 675nm 附近由于叶绿素对红光的吸收作用,形成了一个较为明显的反射谷;700nm 附近出现了一个反射峰,这是由于水和叶绿素 a 在该处的吸收系数达到最小,该反射峰是含藻类水体最显著的光谱特征,其存在与否是判定水体是否含有藻类的重要依据。其余点位的光谱反射率在 550～700nm 波段没有表现出特别明显的峰谷特征,主要是因为含有的叶绿素极少,水体组成以无机悬浮颗粒物为主。

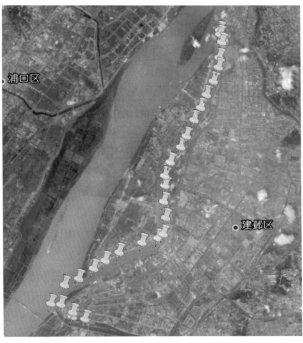

图 7.2.6　夹江采样点位分布图

本节利用 2013 年 6 月～2015 年 4 月南京夹江水域高分一号影像数据集进行总氮(total nitrogen，TN)、总磷(total phosphorus，TP)、化学需氧量(chemical oxygen demand，COD)的反演以及饮用水水源地的安全评价，共使用了 67 景 WFV 16m 空间分辨率影像，4 景 PMS 8m 空间分辨率影像，具体情况见表 7.2.2。

表 7.2.2 基于高分一号卫星的南京夹江水质遥感监测应用示范数据集

序号	传感器	日期	序号	传感器	日期
1	GF1_WFV1	2013-08-09	37	GF1_WFV3	2013-10-13
2	GF1_WFV1	2013-11-06	38	GF1_WFV3	2013-10-25
3	GF1_WFV1	2013-12-04	39	GF1_WFV3	2013-12-29
4	GF1_WFV1	2014-02-15	40	GF1_WFV3	2014-01-02
5	GF1_WFV1	2014-04-05	41	GF1_WFV3	2014-01-06
6	GF1_WFV1	2014-05-12	42	GF1_WFV3	2014-02-20
7	GF1_WFV1	2014-09-04	43	GF1_WFV3	2014-04-10
8	GF1_WFV1	2014-09-28	44	GF1_WFV3	2014-04-14
9	GF1_WFV1	2014-10-15	45	GF1_WFV3	2014-05-21
10	GF1_WFV1	2014-10-23	46	GF1_WFV3	2014-09-25
11	GF1_WFV1	2014-12-07	47	GF1_WFV3	2014-12-08
12	GF1_WFV1	2015-01-09	48	GF1_WFV3	2014-12-12
13	GF1_WFV1	2015-01-17	49	GF1_WFV3	2015-01-18
14	GF1_WFV1	2015-02-19	50	GF1_WFV3	2015-01-22
15	GF1_WFV1	2015-03-28	51	GF1_WFV3	2015-04-10
16	GF1_WFV2	2013-07-12	52	GF1_WFV3	2015-04-14
17	GF1_WFV2	2013-07-24	53	GF1_WFV4	2013-08-30
18	GF1_WFV2	2013-11-22	54	GF1_WFV4	2013-09-03
19	GF1_WFV2	2014-01-14	55	GF1_WFV4	2013-10-01
20	GF1_WFV2	2014-01-22	56	GF1_WFV4	2013-12-01
21	GF1_WFV2	2014-04-30	57	GF1_WFV4	2013-12-13
22	GF1_WFV2	2014-10-07	58	GF1_WFV4	2014-02-04
23	GF1_WFV2	2014-11-13	59	GF1_WFV4	2014-06-11
24	GF1_WFV2	2014-11-17	60	GF1_WFV4	2014-07-22
25	GF1_WFV2	2014-11-21	61	GF1_WFV4	2014-07-30
26	GF1_WFV2	2014-12-20	62	GF1_WFV4	2014-10-24
27	GF1_WFV2	2014-12-24	63	GF1_WFV4	2014-12-04
28	GF1_WFV2	2015-01-01	64	GF1_WFV4	2015-01-02
29	GF1_WFV2	2015-02-11	65	GF1_WFV4	2015-01-10
30	GF1_WFV2	2015-03-12	66	GF1_WFV4	2015-02-12
31	GF1_WFV2	2015-04-22	67	GF1_WFV4	2015-03-25
32	GF1_WFV2	2015-04-26	68	GF1_PMS2	2013-10-21
33	GF1_WFV3	2013-06-18	69	GF1_PMS2	2014-03-04
34	GF1_WFV3	2013-09-19	70	GF1_PMS2	2014-05-29
35	GF1_WFV3	2013-10-05	71	GF1_PMS1	2014-05-29
36	GF1_WFV3	2013-10-09			

2. 示范结果与分析

1）高分一号卫星 8m 数据水质安全遥感监测结果

以 2013 年 10 月 21 日高分一号 PMS2 数据为例介绍高分遥感监测的南京市夹江饮用水水源地总磷浓度、总氮浓度、COD 浓度和水质安全等级分布，结果如图 7.2.7 所示。从 2013 年 10 月 21 日南京市夹江饮用水水源地总磷浓度分布图及统计信息表（表 7.2.3）中可以看出，南京市夹江饮用水水源地总磷浓度整体分布非常均匀，值域分布在 0～0.1mg/L，其中最大值为 0.035mg/L，最小值为 0.001mg/L，平均值为 0.033mg/L。南京市夹江饮用水水源地总氮浓度较低，值域分布在 0～0.14mg/L，除了夹江南部弯道处总氮浓度分布在 0～0.11mg/L，其余大部分水体总氮浓度值域主要分布在 0.11～0.14mg/L，最大值为 0.14mg/L。南京市夹江饮用水水源地 COD 浓度整体分布在 4.2～4.6mg/L，夹江北部水体的 COD 浓度高于夹江南部，相对高值区主要分布在夹江中部到北部以及南部与长江交汇口处，值域分布在 4.4～4.6mg/L，其余水域的 COD 浓度主要分布在 4.2～4.4mg/L。整体来看，整个夹江流域 COD 浓度最大值为 4.559mg/L，最小值为 0.22mg/L，平均值为 4.46mg/L。

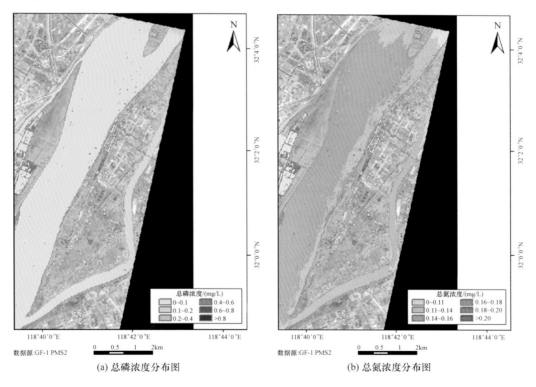

(a) 总磷浓度分布图　　　　　　　　　(b) 总氮浓度分布图

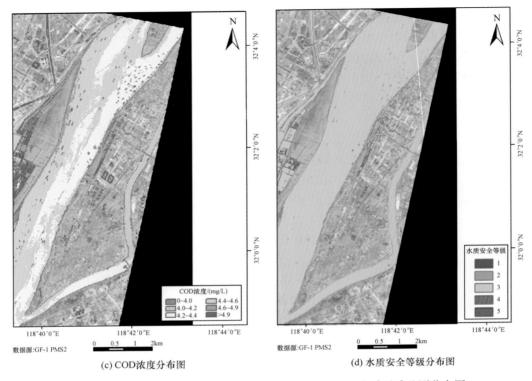

(c) COD浓度分布图   (d) 水质安全等级分布图

图 7.2.7　2013 年 10 月 21 日南京市夹江饮用水水源地水质遥感监测分布图

表 7.2.3　2013 年 10 月 21 日南京市夹江饮用水水源地总磷浓度统计信息

水质参数	最大值/(mg/L)	最小值/(mg/L)	平均值/(mg/L)	方差/(mg/L)
总磷	0.035	0.001	0.033	$3.26×10^{-5}$
总氮	0.140	0.010	0.140	$5.624×10^{-4}$
COD	4.559	0.220	4.460	0.002

由图可以看出,夹江饮用水水源地水域和长江南京段水质基本属于三类水,空间差异不大。

2) 高分一号卫星 16m 数据水质安全遥感监测结果

(1) 基于高分一号卫星的南京市夹江饮用水水源地总氮浓度遥感监测结果。

基于高分一号卫星 16m 宽覆盖卫星数据,对 2013～2015 年 21 个时相的南京市夹江饮用水水源地总氮浓度进行监测,其统计信息见表 7.2.4,分布图如图 7.2.8 所示。

表 7.2.4　2013～2015 年高分一号卫星 16m 数据的南京市夹江饮用水水源地总氮浓度统计信息

日期	最大值/(mg/L)	最小值/(mg/L)	平均值/(mg/L)	方差/(mg/L)
2013-06-18	0.707	0.334	0.493	0.0105
2013-07-12	2.868	2.354	2.627	0.0207
2013-08-09	1.901	1.689	1.800	0.0032
2013-09-03	1.035	0.833	0.930	0.0029
2013-10-09	2.306	1.818	2.064	0.0190

续表

日期	最大值/(mg/L)	最小值/(mg/L)	平均值/(mg/L)	方差/(mg/L)
2013-11-06	1.324	1.113	1.212	0.0036
2013-12-13	3.946	2.931	3.380	0.0642
2014-01-02	8.357	6.097	7.020	0.5836
2014-01-14	1.847	1.547	1.685	0.0076
2014-02-04	6.488	3.323	5.069	0.7770
2014-04-30	2.135	1.959	2.044	0.0027
2014-05-12	2.031	1.756	1.874	0.0050
2014-05-29	0.481	0.261	0.374	0.0035
2014-06-11	1.269	1.122	1.186	0.0018
2014-07-22	1.727	1.357	1.537	0.0090
2014-09-04	0.907	0.634	0.783	0.0057
2014-10-07	4.615	3.833	4.182	0.0449
2014-12-08	1.637	0.002	1.443	0.0083
2014-12-12	1.514	0.008	1.470	0.0066
2015-01-02	1.695	0.001	1.615	0.0250
2015-04-14	1.205	0.067	1.158	0.0011

　　由表可知,2013 年 6 月 18 日夹江总氮浓度总体偏低浓度值在 0.3～0.8mg/L,在夹江的左侧河道浓度偏低,呈点状分布,方差值比较小,说明整个浓度变化梯度比较小;在与长江交汇口处总氮浓度偏低,呈点状分布。2013 年 7 月 12 日夹江总氮浓度总体偏高,浓度值为 2.3～2.9mg/L,方差值比较小,说明整个浓度变化梯度比较小,呈均匀分布;在与长江交汇口处总氮浓度偏低,呈点状分布。2013 年 8 月 9 日夹江总氮浓度总体偏高,浓度值为 1.6～2.0mg/L,呈均匀分布;在与长江交汇口处总氮浓度偏低,呈点状分布。2013 年 9 月 3 日夹江总氮浓度总体偏低,浓度值为 0.8～1.1mg/L,方差值比较小,说明整个浓度变化梯度比较小,呈均匀分布;在与长江交汇口处总氮浓度偏低,呈点状分布。2013 年 10 月 9 日夹江总氮浓度总体偏高,浓度值为 1.8～2.4mg/L,呈均匀分布;在与长江交汇口处总氮浓度偏低,呈点状分布。2013 年 11 月 6 日夹江总氮浓度总体偏高,浓度值为 1.1～1.4mg/L,方差值比较小,说明整个浓度变化梯度比较小,呈均匀分布;在与长江交汇口处总氮浓度偏低,呈点状分布。2013 年 12 月 13 日夹江总氮浓度总体偏高,浓度值为 2.9～4.0mg/L,方差值比较小,说明整个浓度变化梯度比较小,呈均匀分布;在与长江交汇口处总氮浓度偏低,呈点状分布。

　　2014 年 1 月 2 日夹江总氮浓度总体偏高,浓度值为 6.0～8.4mg/L,呈均匀分布,方差值比较大,说明整个浓度变化梯度比较大;在与长江交汇口处总氮浓度偏低,呈点状分布,在河道的右侧总氮的浓度偏高,总体沿河岸分布。2014 年 1 月 14 日夹江总氮浓度总体较高,浓度值为 1.5～1.9mg/L,方差值比较小,说明整个浓度变化梯度比较小,呈均匀分布的状态。2014 年 2 月 4 日夹江总氮浓度总体较高,浓度值为 3.0～6.5mg/L,方差值比较大,说明整个浓度变化梯度比较大,整个夹江呈不均匀分布状态;在夹江与长江交汇处总氮浓度偏高,在夹江河道转弯处总氮浓度偏高,呈块状分布。2014 年 4 月 30 日夹江总氮浓度总体较高,浓度值为 1.9～2.2mg/L,方差值比较小,说明整个浓度变化梯度比较小,呈均匀分布状态。2014 年 5 月 12 日夹江总氮浓度总体较高,浓度值为 1.7～2.1mg/L,方差值比较小,说明整个浓度变化梯度比较小,呈均匀分布的状态。2014 年 5 月 29 日夹江总氮浓度总体较低,浓度值为 0.2～0.5mg/L,方差值比较小,说明整个浓度变化梯度比较小,呈均匀分布状态。2014 年 6 月 11 日夹江总氮浓度总体较低,浓度值为 1.1～1.3mg/L,方差值比较小,说明整个浓度变化梯度比较小,呈均匀分布状态。2014 年 7 月 22 日夹江总氮浓度总体较低,浓度值为 1.3～1.8mg/L,方差值比较小,说明整个浓度变化梯度比较小,呈均匀分布状态。2014 年 9 月 4 日夹江总氮浓度总体较低,浓度值为 0.1～0.6mg/L,方差值比较小,说明整个浓度变化梯度比较小,呈均匀分布状态。2014 年 10 月 7 日夹江总氮浓度总体较高,浓度值为 3.8～4.7mg/L,呈均匀分布状态;在与长江交汇处总氮浓度偏高,呈点状分布,在夹江的中部河道转弯处总氮浓度偏高,呈大面积的块状分布。2014 年 12 月 8 日夹江总氮浓度总体较高,浓度值为 0.002～1.64mg/L,呈均匀分布状态。2014 年 12 月 12 日夹江总氮浓度总体较高,浓度值为 0.008～1.51mg/L。

2015 年 1 月 2 日夹江总氮浓度总体较高,浓度值为 0.001～1.7mg/L,空间差异性较大。2015 年 4 月 14 日夹江总氮浓度总体较低,浓度值为 0.06～1.21mg/L,呈均匀分布状态。

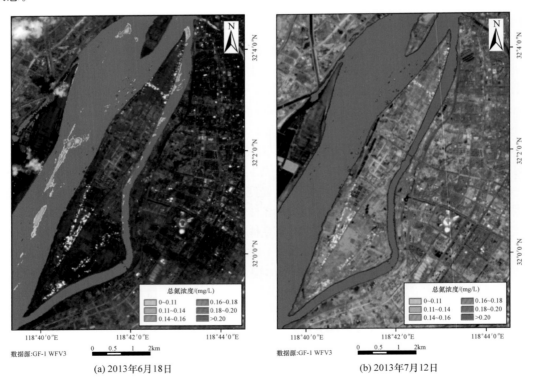

(a) 2013年6月18日　　　　　　　　　　(b) 2013年7月12日

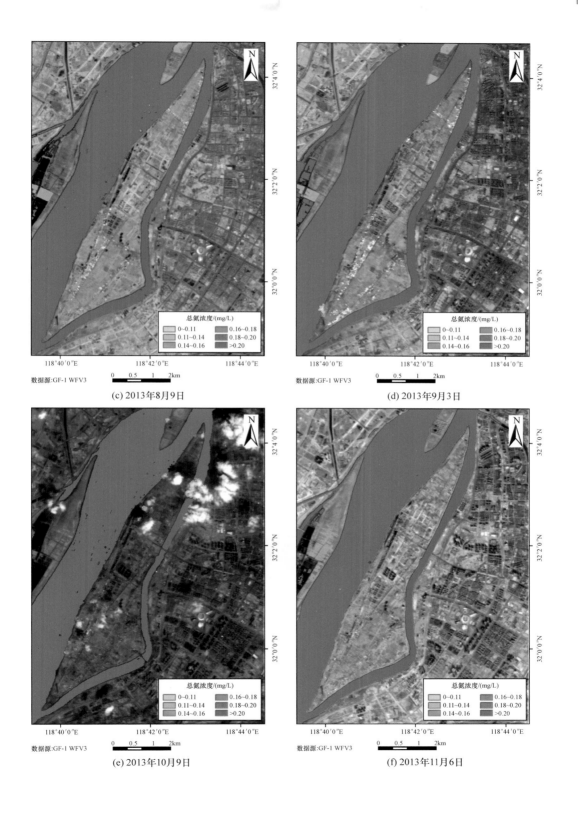

(c) 2013年8月9日

(d) 2013年9月3日

(e) 2013年10月9日

(f) 2013年11月6日

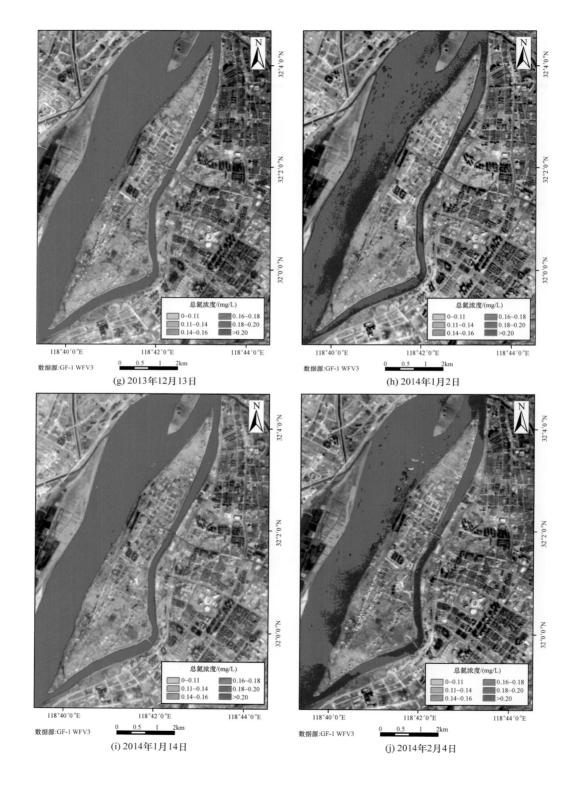

(g) 2013年12月13日

(h) 2014年1月2日

(i) 2014年1月14日

(j) 2014年2月4日

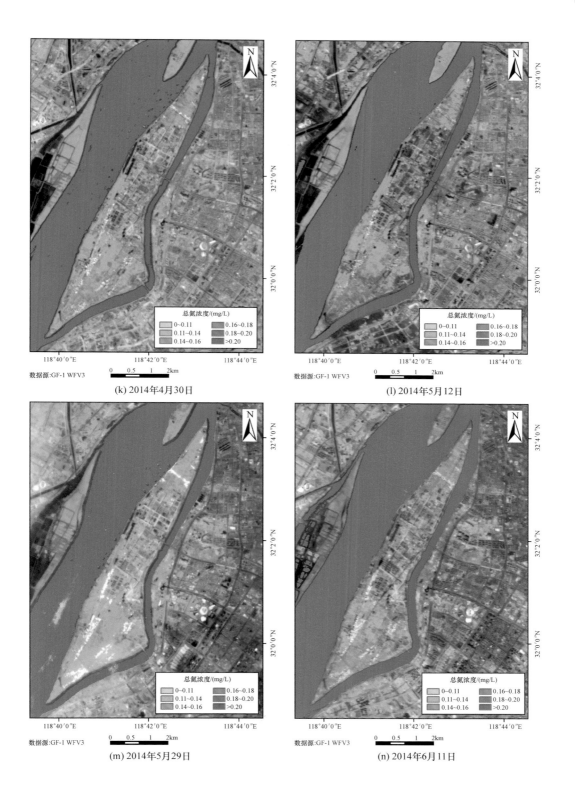

(k) 2014年4月30日

(l) 2014年5月12日

(m) 2014年5月29日

(n) 2014年6月11日

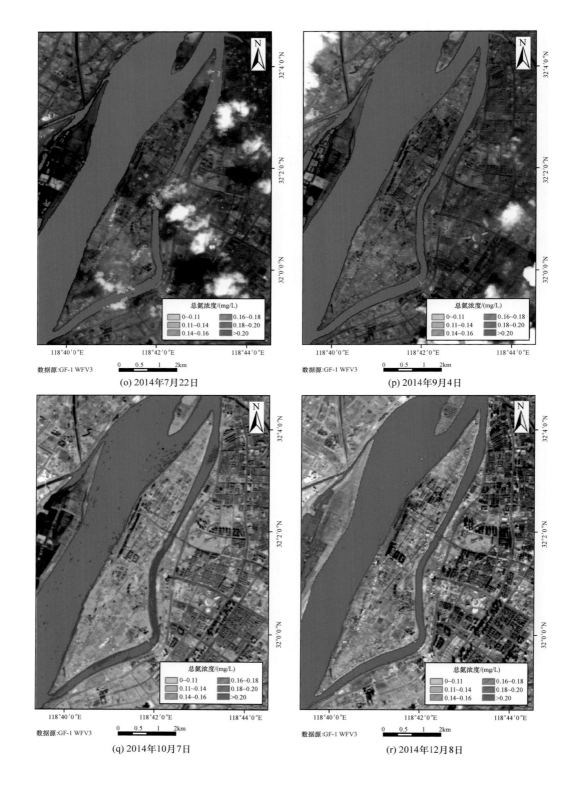

(o) 2014年7月22日

(p) 2014年9月4日

(q) 2014年10月7日

(r) 2014年12月8日

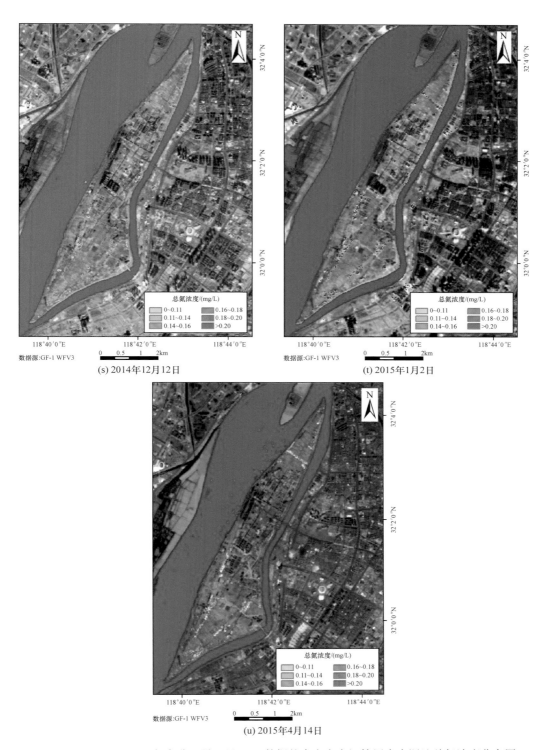

图 7.2.8 2013～2015 年高分一号卫星 16m 数据的南京市夹江饮用水水源地总氮浓度分布图

（2）基于高分一号卫星的南京市夹江饮用水水源地总磷浓度遥感监测结果。

基于高分一号卫星 16m 宽覆盖卫星数据,对 2013～2015 年 31 个时相的南京市夹江饮用水水源地总磷浓度进行监测,其统计信息见表 7.2.5,分布图如图 7.2.9 所示。由图表可知,2013 年 6 月 18 日、7 月 12 日和 8 月 9 日,总磷浓度为 0.1～0.2mg/L,在整条夹江上均匀分布,方差值比较小,变化幅度不大,浓度总体偏低;在支流交汇处有较少处总磷浓度偏高,大于 0.8mg/L,其中 6 月 18 日夹江中心的总磷浓度偏高。2013 年 7 月 24 日总磷浓度为 0.1～0.2mg/L,在整条夹江上浓度是均匀分布的,方差值比较小,变化幅度不是很大,浓度总体偏低;在支流交汇处和河流中心有较少处总磷浓度偏高,大于 0.8mg/L,呈点状分布。2013 年 9 月 3 日总磷浓度为 0.1～0.2mg/L,在整条夹江上浓度均匀分布,方差值比较小,变化幅度不是很大,浓度总体偏低;在与长江的交汇处有较少处总磷浓度偏高,浓度值为 0.4～0.6mg/L,呈点状分布。2013 年 9 月 19 日总磷浓度为 0.1～0.3mg/L,在夹江中心处浓度均匀分布,夹江与长江的交汇处总磷浓度偏高,高于 0.8mg/L,呈点状分布,方差值比较小,变化幅度不是很大,浓度总体偏低;在与长江的交汇处有较少处总磷浓度偏高,浓度值为 0.4～0.6mg/L,呈点状分布。2013 年 10 月 1 日总磷浓度为 0.2～0.3mg/L,在夹江中心处浓度均匀分布,夹江与长江的交汇处总磷浓度偏高,高于 0.8mg/L,呈点状分布;方差值比较小,变化幅度不是很大,浓度总体偏低,在与长江的交汇处有总磷浓度偏高的地方。2013 年 10 月 9 日总磷浓度为 0.1～0.2mg/L,在夹江中心处浓度均匀分布,夹江与长江的交汇处总磷浓度偏高,高于 0.6mg/L,呈点状分布,变化幅度不是很大,浓度总体偏低,方差值比较低,呈均匀分布,差距不是很大。2013 年 10 月 25 日总磷浓度为 0.1～0.2mg/L 分布,在靠近河岸处总磷浓度偏高,超过 0.8mg/L,呈点状分布;河流交汇处浓度偏高,呈点状分布;方差值比较低,说明总体差距不是很大。2013 年 11 月 6 日总磷浓度为 0～0.5mg/L,在靠近河岸处总磷浓度偏高,超过 0.4mg/L,呈块状分布,河流交汇处浓度偏高,呈斑点状分布,方差值比较低,说明总体差距不是很大。2013 年 11 月 22 日总磷浓度为 0.1～0.2mg/L,总磷浓度均匀分布,浓度梯度变化小,方差值比较低,说明总体差距不是很大;在沿岸有少数地方总磷浓度比较高,呈点状零散分布。2013 年 12 月 13 日总磷浓度为 0.2～0.3mg/L,总磷浓度在整条夹江上均匀分布,浓度梯度变化小,方差值比较低,说明总体差距不是很大,在沿岸有少数地方总磷浓度比较高,呈点状零散分布。2013 年 12 月 29 日总磷浓度为 0.2～0.3mg/L,总磷浓度梯度变化大,夹江在这天总磷浓度最大值为 0.220mg/L,最小值为 0.206mg/L,其中平均值为 0.214mg/L,方差值比较低,说明总体差距不是很大;在夹江与长江交汇处和夹江河流的转弯处总磷浓度偏高,在河流交汇处呈点状分布,沿岸呈条带状分布,浓度高于 0.8mg/L。

2014 年 1 月 2 日、1 月 6 日、1 月 14 日总磷浓度为 0.1～0.2mg/L 分布,总磷浓度梯度变化不大,方差值比较低,说明总体差距不是很大;在夹江与长江交汇处及夹江河流的转弯处总磷浓度偏高,在河流交汇处呈点状分布,浓度高于 0.8mg/L,沿岸呈条带状分布,整个夹江河流区沿岸的总磷浓度比夹江中心的浓度要高。2014 年 2 月 15 日总磷浓度为 0～0.1mg/L,总体浓度偏低,总磷浓度梯度变化不大,呈均匀分布,方差值比较低,总体浓度梯度变化小;在夹江与长江交汇处及夹江河流的转弯处总磷浓度偏高,在河口处呈点状分布。2014 年 4 月 10 日总磷浓度为 0.1～0.2mg/L,总体浓度不高,方差值比较低,总体浓度梯度变化小;在夹江与长江交汇处及夹江河流转弯处总磷浓度偏高,在河口呈块状分布,总磷浓度高值区浓度大于 0.8mg/L,在分布区面积大;夹江沿岸总磷浓度偏高,沿河岸呈条带状分布,整个夹江河流区沿岸的总磷浓度比夹江中心的总磷浓度要高。2014 年 4 月 14 日、4 月 30 日、6 月 11 日、7 月 22 日、9 月 4 日、10 月 15 日总磷浓度为 0.1~0.2mg/L,总体浓度偏低,总磷浓度梯度变化不大,呈均匀分布,方差值比较低,总体浓度梯度变化小;在夹江与长江交汇处及夹江河流的转弯处总磷浓度偏高,在河口处呈点状分布,面积比较小。2014 年 5 月 12 日总磷浓度为 0.1~0.2mg/L,分布均匀,总体浓度偏低,总磷浓度梯度变化不大,方差值比较低,总体浓度梯度变化小。2014 年 5 月 29 日总磷浓度为 0.1~0.3mg/L,总体浓度偏低,总磷浓度梯度变化不大,方差值比较低,总体浓度梯度变化小;在夹江与长江交汇处及夹江河流的转弯处总磷浓度偏高,在河口处呈点状分布,面积比较小;夹江沿岸总磷浓度偏高,沿河岸呈条带状分布。2014 年 7 月 30 日总磷浓度为 0.1~0.3mg/L 分布,总体浓度偏低,总磷浓度梯度变化不大,呈均匀分布,其中夹江北部的河流比南部的河流总磷浓度要高,方差值比较低,总体浓度梯度变化小;在夹江与长江交汇处及夹江河流的转弯处总磷浓度偏高,在河口处呈点状分布,面积比较小。2014 年 10 月 7 日总磷浓度为 0.2~0.3mg/L,总体浓度偏低,夹江北部总磷浓度梯度变化不大,呈均匀分布,方差值比较低,总体浓度梯度变化小,在夹江与长江交汇处及夹江河流的转弯处总磷浓度偏高,在河口处呈点状分布,面积比较小,夹江的中部河道转弯处总磷浓度偏高,高于 0.8mg/L,呈块状分布,夹江北部和南部沿河岸总磷浓度偏高。2014 年 12 月 8 日总磷浓度为 0.1~0.2mg/L,总体浓度偏低,总磷浓度梯度变化不大,呈均匀分布。2014 年 12 月 12 日总磷浓度为 0.1~0.2mg/L,总体浓度偏低,总磷浓度梯度变化不大,呈均匀分布,最大值出现于长江北部支流。

　　2015 年 4 月 14 日总磷浓度为 0.1~0.2mg/L,总体浓度偏低,总磷浓度梯度变化不大,呈均匀分布,方差值比较低,总体浓度梯度变化小;在夹江与长江交汇处及夹江河流的转弯处总磷浓度偏高,在河口处呈点状分布,面积比较小。

表 7.2.5　2013~2015 年高分一号卫星 16m 数据的南京市夹江饮用水水源地总磷浓度统计信息

日期	最大值/(mg/L)	最小值/(mg/L)	平均值/(mg/L)	方差/(mg/L)
2013-06-18	0.191	0.175	0.184	1.79×10^{-5}
2013-07-12	0.172	0.159	0.166	1.07×10^{-5}
2013-07-24	0.193	0.181	0.188	9.65×10^{-6}
2013-08-09	0.153	0.143	0.149	8.15×10^{-6}
2013-09-03	0.184	0.165	0.177	2.12×10^{-5}
2013-09-19	0.202	0.186	0.195	1.87×10^{-5}
2013-10-01	0.224	0.210	0.218	1.23×10^{-5}
2013-10-09	0.192	0.171	0.182	2.86×10^{-5}
2013-10-25	0.189	0.177	0.183	1.06×10^{-5}
2013-11-06	0.444	0.092	0.121	7.00×10^{-3}
2013-11-22	0.151	0.142	0.146	6.05×10^{-6}
2013-12-13	0.237	0.223	0.231	1.55×10^{-5}
2013-12-29	0.220	0.206	0.214	1.47×10^{-5}

续表

日期	最大值/(mg/L)	最小值/(mg/L)	平均值/(mg/L)	方差/(mg/L)
2014-01-02	0.198	0.178	0.189	2.75×10^{-5}
2014-01-06	0.198	0.188	0.193	8.09×10^{-6}
2014-01-14	0.171	0.161	0.166	6.62×10^{-6}
2014-02-15	0.094	0.080	0.084	1.33×10^{-5}
2014-04-10	0.180	0.168	0.174	1.21×10^{-5}
2014-04-14	0.159	0.147	0.153	9.63×10^{-6}
2014-04-30	0.167	0.155	0.161	1.16×10^{-5}
2014-05-12	0.127	0.120	0.124	3.87×10^{-6}
2014-05-29	0.299	0.166	0.208	3.33×10^{-3}
2014-06-11	0.191	0.182	0.188	6.07×10^{-6}
2014-07-22	0.194	0.172	0.185	3.37×10^{-5}
2014-07-30	0.225	0.188	0.204	9.19×10^{-5}
2014-09-04	0.128	0.115	0.124	1.20×10^{-5}
2014-10-07	0.230	0.223	0.227	4.93×10^{-6}
2014-10-15	0.128	0.121	0.125	2.98×10^{-6}
2014-12-08	0.179	0.102	0.175	9.83×10^{-5}
2014-12-12	0.182	0.088	0.180	8.74×10^{-5}
2015-04-14	0.177	0.120	0.174	1.61×10^{-4}

数据源:GF-1 WFV3

(a) 2013年6月18日

数据源:GF-1 WFV3

(b) 2013年7月12日

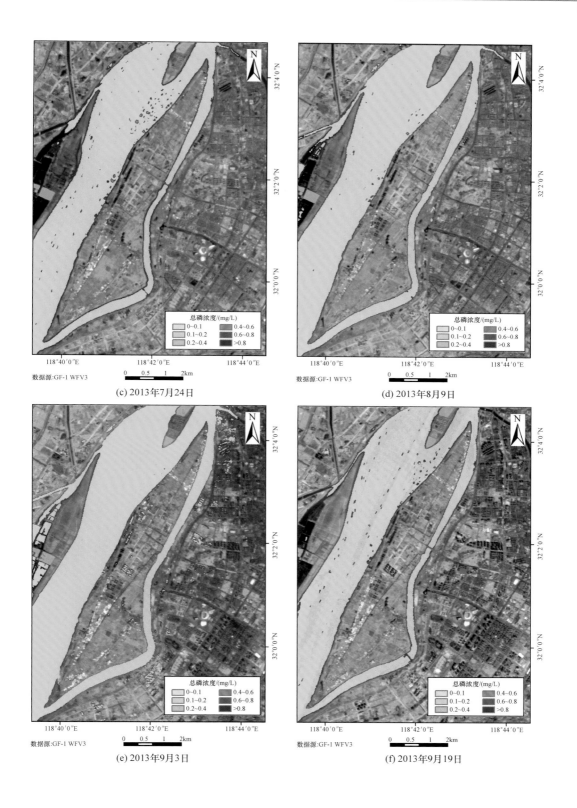

数据源:GF-1 WFV3
(c) 2013年7月24日

数据源:GF-1 WFV3
(d) 2013年8月9日

数据源:GF-1 WFV3
(e) 2013年9月3日

数据源:GF-1 WFV3
(f) 2013年9月19日

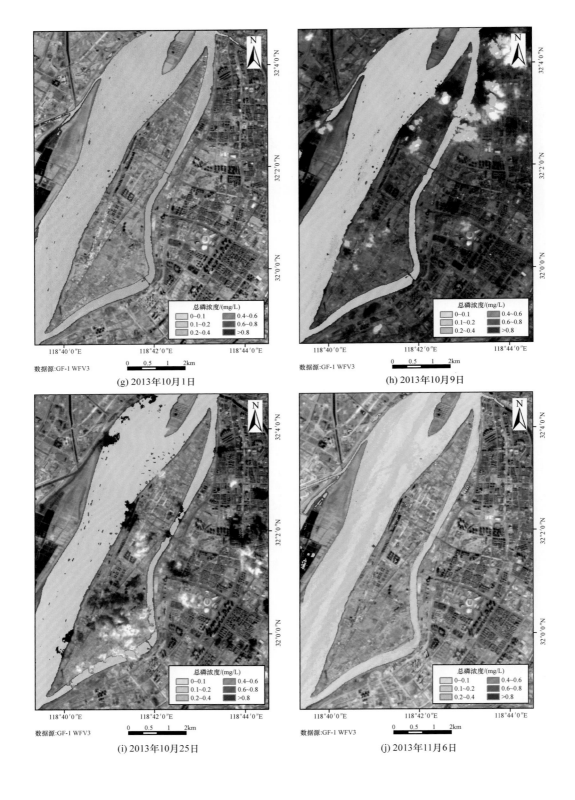

(g) 2013年10月1日

(h) 2013年10月9日

(i) 2013年10月25日

(j) 2013年11月6日

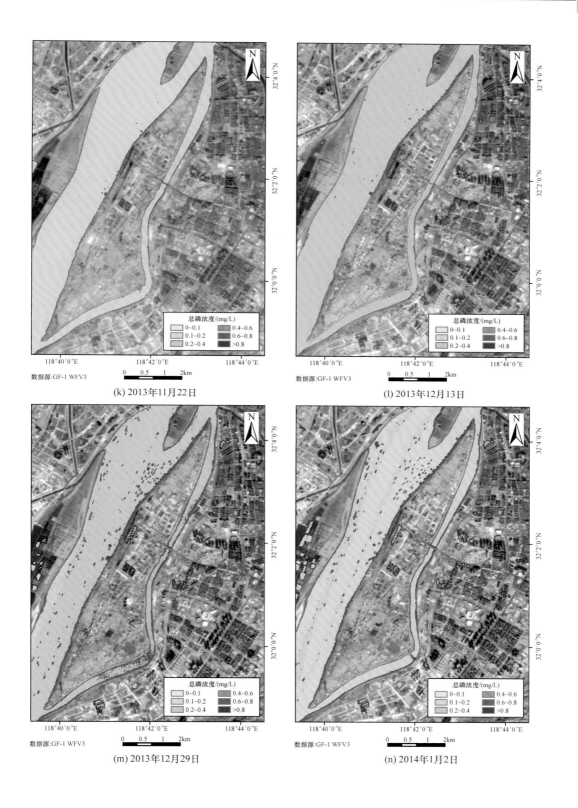

数据源:GF-1 WFV3

(k) 2013年11月22日

数据源:GF-1 WFV3

(l) 2013年12月13日

数据源:GF-1 WFV3

(m) 2013年12月29日

数据源:GF-1 WFV3

(n) 2014年1月2日

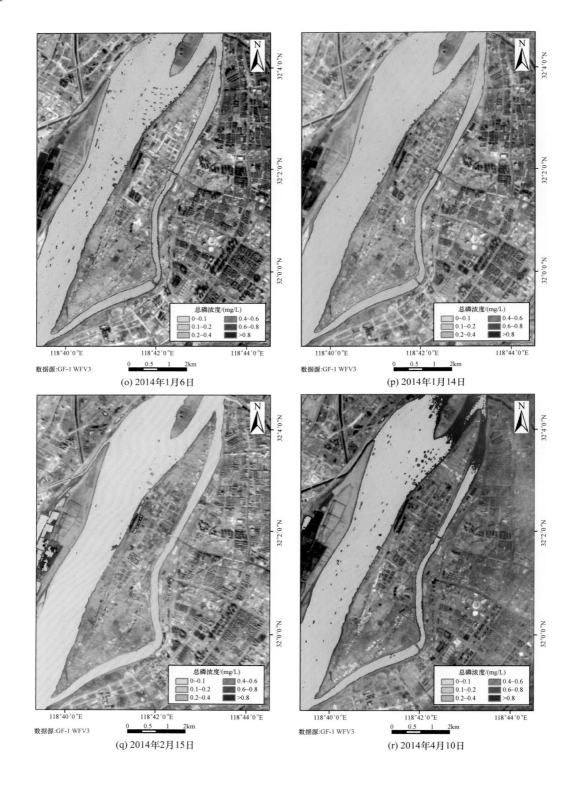

(o) 2014年1月6日

(p) 2014年1月14日

(q) 2014年2月15日

(r) 2014年4月10日

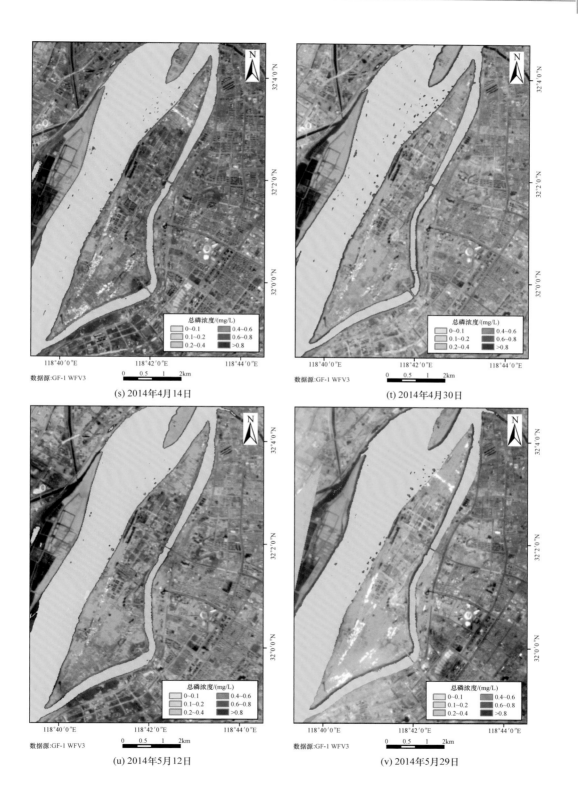

(s) 2014年4月14日

(t) 2014年4月30日

(u) 2014年5月12日

(v) 2014年5月29日

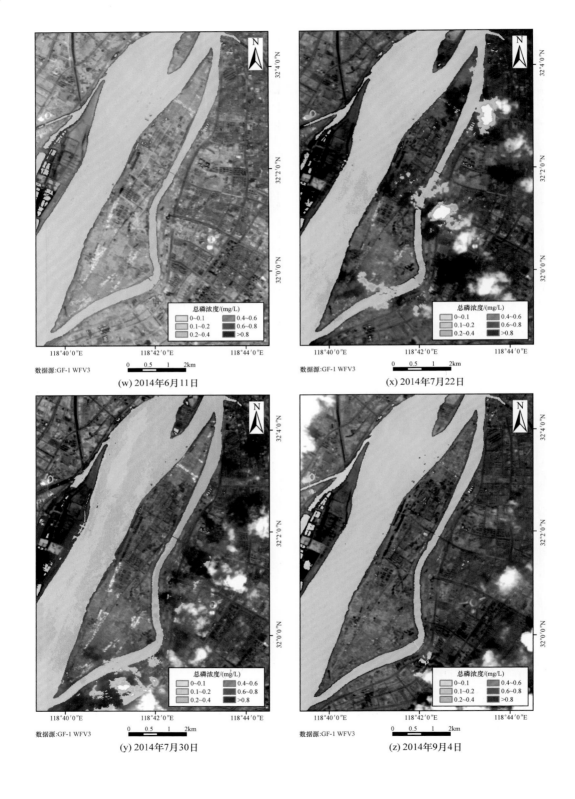

数据源:GF-1 WFV3

(w) 2014年6月11日

(x) 2014年7月22日

(y) 2014年7月30日

(z) 2014年9月4日

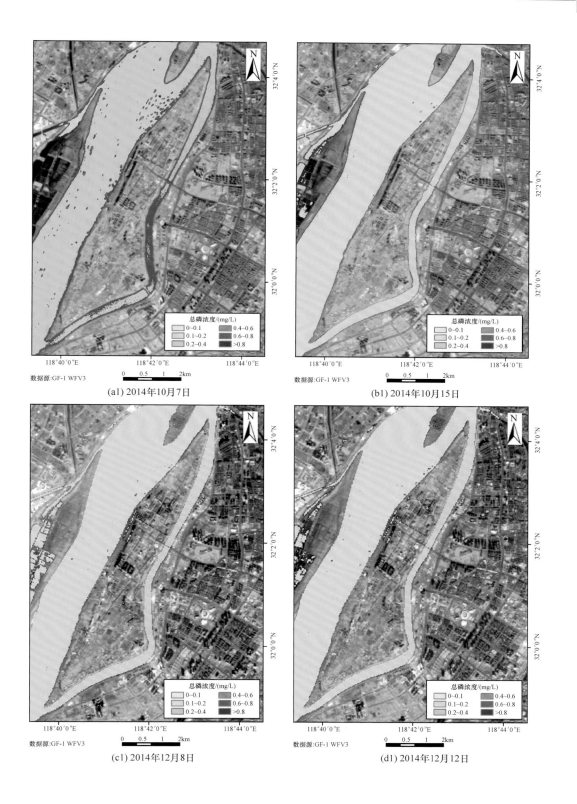

(a1) 2014年10月7日

(b1) 2014年10月15日

(c1) 2014年12月8日

(d1) 2014年12月12日

总磷浓度/(mg/L)

0~0.1　　0.4~0.6
0.1~0.2　　0.6~0.8
0.2~0.4　　>0.8

118°40′0″E　　118°42′0″E　　118°44′0″E

数据源:GF-1 WFV3　　0　0.5　1　　2km

(e1) 2015年4月14日

图 7.2.9　2013~2015 年高分一号卫星 16m 数据的南京市夹江饮用水水源地总磷浓度分布图

（3）基于高分一号卫星的南京市夹江饮用水水源地 COD 浓度遥感监测结果。

基于高分一号卫星 16m 宽覆盖卫星数据,对 2013~2015 年 17 个时相的南京市夹江饮用水水源地 COD 浓度进行监测,其统计信息见表 7.2.6,分布图如图 7.2.10 所示。从图表可知,2013 年 6 月 18 日和 8 月 9 日南京市夹江饮用水水源地 COD 浓度整体较低,分布较为均匀,COD 浓度为 1~4mg/L。2013 年 7 月 12 日南京市夹江饮用水水源地 COD 浓度整体较高,COD 浓度为 3.819~4.595mg/L,高值区出现在夹江北部及中部部分水域,COD 浓度高值范围为 4.4~4.6mg/L。2013 年 9 月 19 日南京市夹江饮用水水源地 COD 浓度整体偏高,分布较为均匀,COD 浓度为 6.8~9.0mg/L。2013 年 10 月 1 日南京市夹江饮用水水源地 COD 浓度整体偏高,分布较为均匀,COD 浓度为 7.7~10.5mg/L,其最高浓度达到 10.45mg/L。2013 年 11 月 6 日南京市夹江饮用水水源地 COD 浓度整体较低,分布较为均匀,COD 浓度为 1~2mg/L,其最高浓度达到 1.858mg/L。2013 年 12 月 13 日南京市夹江饮用水水源地 COD 浓度整体偏高,分布较为均匀,COD 浓度最大值达到 7.75mg/L。

表 7.2.6　2013~2015 年高分一号卫星 16m 数据的南京市夹江饮用水水源地 COD 浓度统计信息

日期	最大值/(mg/L)	最小值/(mg/L)	平均值/(mg/L)	方差/(mg/L)
2013-06-18	1.565	1.277	1.443	0.006
2013-07-12	4.595	3.819	4.195	0.045
2013-08-09	3.233	2.881	3.062	0.010

日期	最大值/(mg/L)	最小值/(mg/L)	平均值/(mg/L)	方差/(mg/L)
2013-09-19	8.932	6.827	7.672	0.311
2013-10-01	10.450	7.799	8.914	0.524
2013-11-06	1.858	1.539	1.703	0.008
2013-12-13	7.750	5.367	6.465	0.398
2014-01-02	19.771	11.296	14.856	6.621
2014-01-06	2.874	2.232	2.539	0.030
2014-01-14	1.811	1.366	1.583	0.015
2014-04-10	3.452	2.703	3.069	0.041
2014-05-29	0.760	0.502	0.633	0.005
2014-07-30	2.829	1.831	2.292	0.076
2014-10-07	9.903	7.518	8.522	0.399
2014-12-08	4.548	2.032	4.272	0.093
2015-01-02	5.917	2.865	5.822	0.108
2015-04-14	4.235	3.351	4.166	0.009

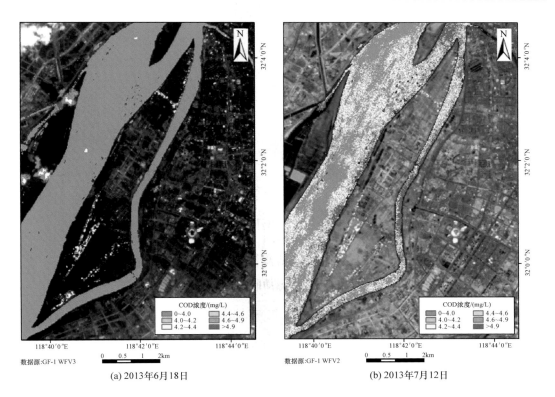

(a) 2013年6月18日　　　　　　　　　　(b) 2013年7月12日

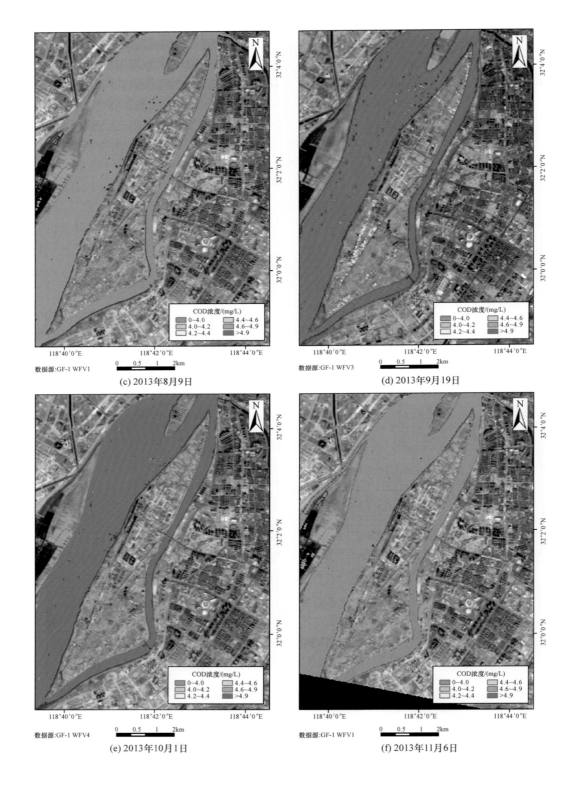

数据源:GF-1 WFV1
(c) 2013年8月9日

数据源:GF-1 WFV3
(d) 2013年9月19日

数据源:GF-1 WFV4
(e) 2013年10月1日

数据源:GF-1 WFV1
(f) 2013年11月6日

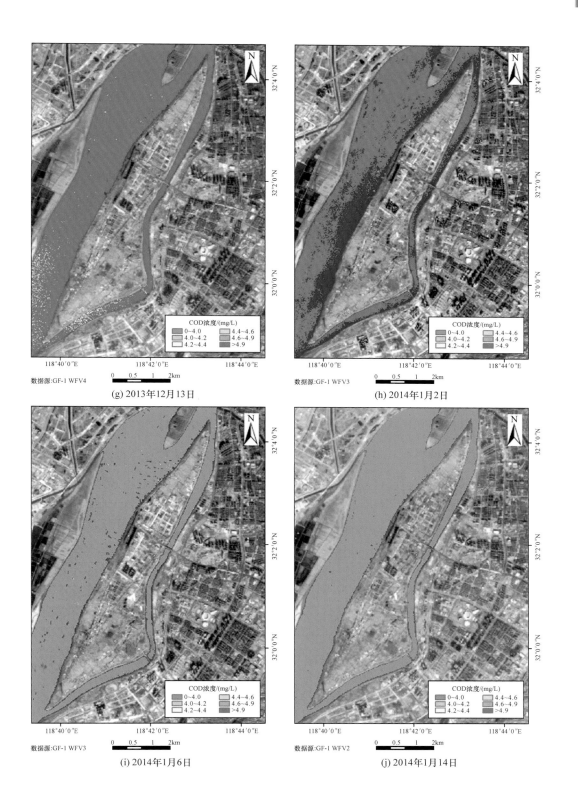

(g) 2013年12月13日

(h) 2014年1月2日

(i) 2014年1月6日

(j) 2014年1月14日

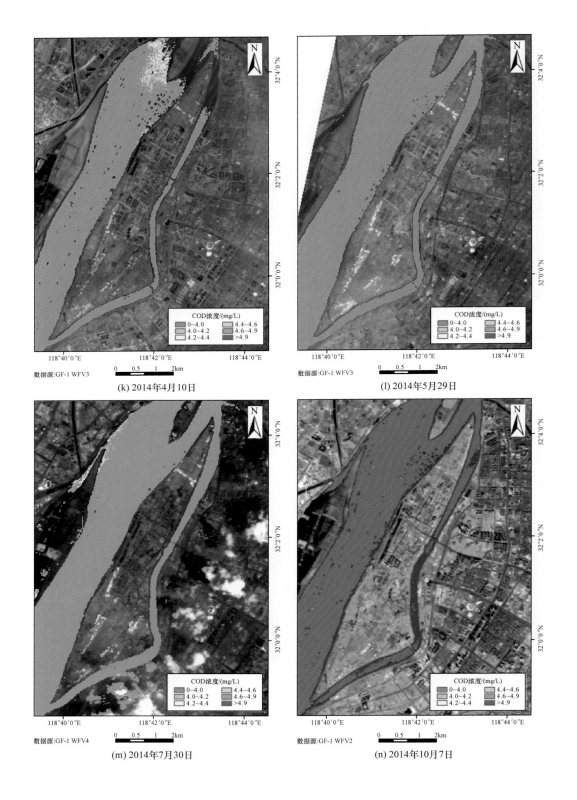

数据源:GF-1 WFV3
(k) 2014年4月10日

数据源:GF-1 WFV3
(l) 2014年5月29日

数据源:GF-1 WFV4
(m) 2014年7月30日

数据源:GF-1 WFV2
(n) 2014年10月7日

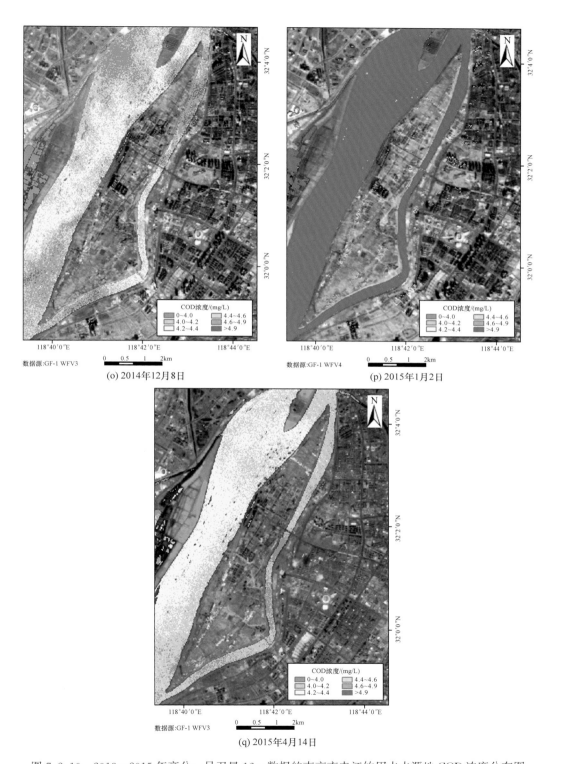

图 7.2.10　2013～2015 年高分一号卫星 16m 数据的南京市夹江饮用水水源地 COD 浓度分布图

2014 年 1 月 2 日南京市夹江饮用水水源地 COD 浓度整体偏高,分布较为均匀,COD 浓度最大值达到 19.771mg/L。2014 年 1 月 6 日、1 月 14 日、4 月 10 日、5 月 29 日和 7 月 30 日南京市夹江饮用水水源地 COD 浓度整体较低,分布较为均匀,COD 浓度为 0~4mg/L。2014 年 10 月 7 日南京市夹江饮用水水源地 COD 浓度整体偏高,分布较为均匀,COD 浓度为 7.5~10.0。2014 年 12 月 8 日南京市夹江饮用水水源地 COD 浓度为 2.032~4.548mg/L;夹江水域上游靠近长江主航道入水口 COD 浓度较高,夹江中间水域 COD 浓度较低,夹江水域下游靠近长江主航道出水口 COD 浓度亦较高。2015 年 1 月 2 日南京市夹江饮用水水源地 COD 浓度整体较高,分布较为均匀,COD 浓度为 2.8~6.0mg/L。2015 年 4 月 14 日南京市夹江饮用水水源地 COD 浓度整体较高,分布较为均匀,COD 浓度为 3.35~4.3mg/L;夹江内水域 COD 浓度高于长江主航道。

(4) 基于高分一号卫星的南京市夹江饮用水水源地水质安全等级遥感监测结果。

利用 2013~2015 年高分一号卫星 16m 数据对南京市夹江饮用水水源地水质安全等级进行监测,结果如图 7.2.11 所示。2013 年 6 月 18 日、7 月 12 日、8 月 9 日、9 月 3 日、11 月 22 日夹江整体水质为三类水,水质状况良好,其中 6 月 18 日少部分地区为四类水。2013 年 11 月 6 日夹江整体水质为二类水,污染较轻,水质状况很好,少部分地区为三类水。

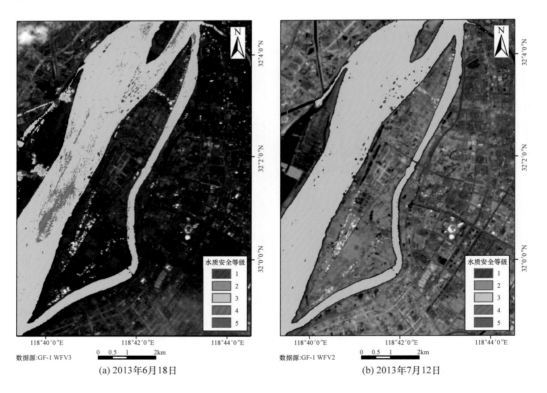

(a) 2013年6月18日　　　　　　　　(b) 2013年7月12日

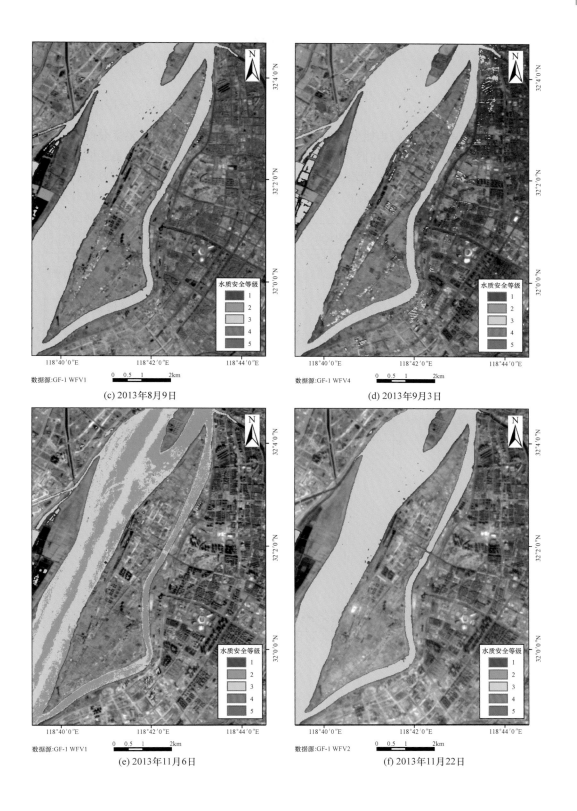

(c) 2013年8月9日   (d) 2013年9月3日

(e) 2013年11月6日   (f) 2013年11月22日

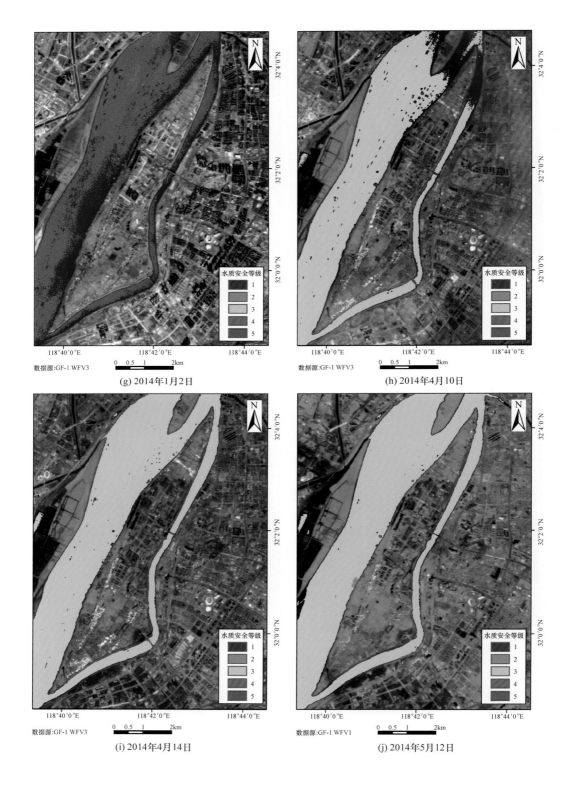

(g) 2014年1月2日

(h) 2014年4月10日

(i) 2014年4月14日

(j) 2014年5月12日

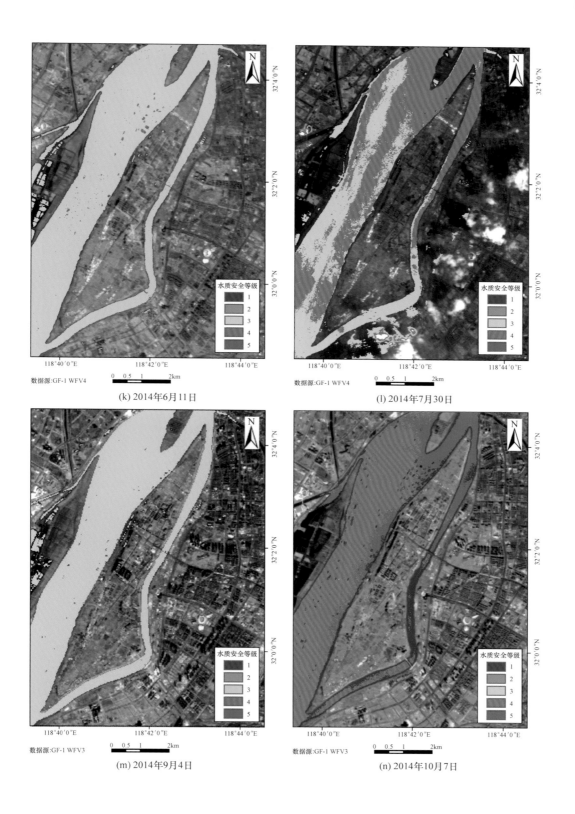

数据源:GF-1 WFV4
(k) 2014年6月11日

数据源:GF-1 WFV4
(l) 2014年7月30日

数据源:GF-1 WFV3
(m) 2014年9月4日

数据源:GF-1 WFV3
(n) 2014年10月7日

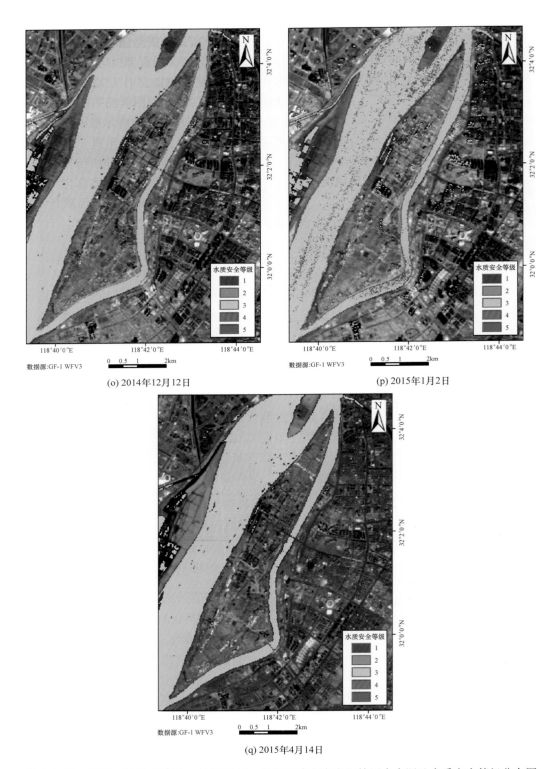

图 7.2.11　2013~2015 年高分一号卫星 16m 数据的南京市夹江饮用水水源地水质安全等级分布图

2014 年 1 月 2 日夹江饮用水水源地整体水质安全等级为五级,有些区域为四级,此时水质状况不理想,比较差,污染比较严重。2014 年 4 月 10 日夹江饮用水水源地水质为三类水,污染较轻,水质状况良好。但是有些区域水质呈现出四类水,呈点状分布在夹江全段沿岸。2014 年 4 月 14 日、5 月 12 日、6 月 11 日、9 月 4 日、12 月 12 日夹江饮用水水源地水质为三类水,污染较轻,水质状况良好。2014 年 7 月 30 日夹江饮用水水源地北部区域水质为四类水,污染较重,水质状况较差;南部区域水质呈现出三类水,水质状况较好。2014 年 10 月 7 日夹江饮用水水源地整体水质为四类水,污染较重,水质状况较差。

2015 年 1 月 2 日、4 月 14 日夹江饮用水水源地水质为三类水,污染较轻,水质状况良好。

3) 结果验证

2014 年 10 月 15 日利用地面实测值开展高分卫星饮用水水源地安全遥感监测结果的验证,结果如表 7.2.7 和图 7.2.12～图 7.2.14 所示,其中图(a)均代表地面实测点位的验证情况,图(b)均代表高分影像的验证情况。

表 7.2.7　地面实测数据与高分影像数据模型误差

数据集	指标	总磷	总氮	COD
地面光谱数据	RMSE/(mg/L)	0.0122	0.1101	0.4338
	MAPE	0.0907	0.0549	0.0860
高分影像数据	RMSE/(mg/L)	0.0185	0.0965	0.2128
	MAPE	0.1484	0.0450	0.0727

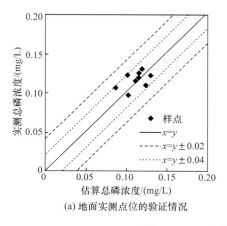

(a) 地面实测点位的验证情况

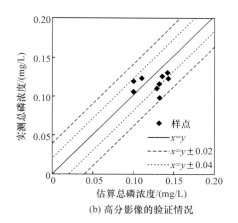

(b) 高分影像的验证情况

图 7.2.12　总磷浓度反演模型验证

从地面实测点位的验证结果来看,模型对总磷浓度有一定的解释能力,所有样点的偏差都在 0.02mg/L 以下。整体 RMSE 为 0.0122mg/L,MAPE 为 0.0907。从同步影像点验证结果来看,验证效果稍差于地面验证效果,少量点位偏差大于 0.02mg/L,小于 0.04mg/L。整体 RMSE 为 0.0185mg/L,MAPE 为 0.1484,均高于地面验证点结果。从数据分布可以看出,在总磷浓度高值区,同步高分影像点验证结果的偏差比较大。

从地面实测点位的验证结果来看,总氮浓度结果均匀分布在 $x=y$ 直线附近,但是在高

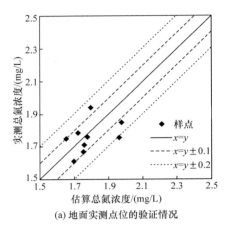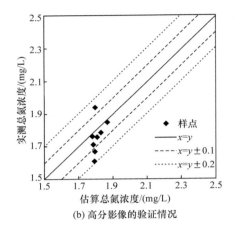

(a) 地面实测点位的验证情况   (b) 高分影像的验证情况

图 7.2.13   总氮浓度反演模型验证

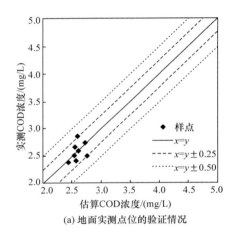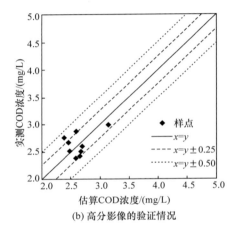

(a) 地面实测点位的验证情况   (b) 高分影像的验证情况

图 7.2.14   COD 浓度反演模型验证

值区偏差较大,有一个点位偏差超过 0.2mg/L。整体 RMSE 为 0.1101mg/L,MAPE 为 0.0549。从同步影像点验证结果来看,在总氮浓度小于 1.8mg/L 的低值区,模型不能反映总氮的变化趋势,估算值几乎没有变化。随着总氮浓度升高,估算结果稍好。整体 RMSE 为 0.0965,MAPE 为 0.0450。

    COD 浓度模型结果较好,大多数样点分布在 0.25mg/L 偏差线以内,少量样点偏差在 0.25～0.50mg/L。整体 RMSE 为 0.4338mg/L,MAPE 为 0.0860。从同步高分影像验证结果来看,虽然结果较地面实测稍差,但依然有较高的精度,偏差基本保持在 0.25mg/L 以内,样点均匀分布在 $x=y$ 直线附近。整体 RMSE 为 0.2128mg/L,MAPE 为 0.0727,均小于地面实测点的误差。

    整体来看,总磷、总氮、COD 模型均有较高的精度。从夹江饮用水水源地高分影像和地面实测同步数据验证结果来看,总磷浓度地面光谱反演 RMSE 为 0.0122mg/L,MAPE 为 9.0%,高分影像反演 RMSE 为 0.0185,MAPE 为 14.8%,精度较高,达到反演要求;总氮浓度地面光谱反演 RMSE 为 0.1101mg/L,MAPE 为 5.49%,高分影像反演 RMSE 为

0.0965mg/L,MAPE 为 4.5%,精度较高,可以达到反演要求,COD 浓度地面光谱反演 RMSE 为 0.4338mg/L,MAPE 为 8.6%,高分影像反演 RMSE 为 0.2128mg/L,MAPE 为 7.27%,精度较高,达到反演要求。

高分一号卫星 WFV 相机和 PMS 相机影像可以反映夹江总磷、总氮、化学需氧量时空变化规律,能够有效地进行夹江水质环境监测,及时向有关部门反映夹江饮用水水源地的水质状况。夹江饮用水水源地水质状况以三类水体为主,通过 2013 年 10 月～2015 年 4 月基于高分一号卫星数据的水质状况遥感监测发现,夹江饮用水水源地水质状况较为稳定,但有时仍然存在四类水,需引起有关部门的重视。目前仍缺少针对高分一号卫星数据有效的去云算法和水体提取算法。较差的去云和水体提取结果是水质参数反演误差增大的重要原因,值得进一步研究。

7.2.3　水华、水草、溢油高分遥感监测应用示范

1. 示范区数据

1) 太湖示范区

太湖地处中国经济快速发展的长江三角洲地区,是中国第三大淡水湖,位于 30°56′N～31°33′N 和 119°52′E～120°37′E 的区域,湖泊水域面积 2338km²,平均水深 1.9m,是一个大型的浅水湖泊。太湖流域行政区划分属江苏、浙江、上海、安徽三省一直辖市,流域内分布有特大城市上海市,江苏省的苏州、无锡、常州、镇江四个地级市,浙江省的杭州、嘉兴、湖州三个地级市,共有 30 县(市)。太湖不仅对全流域灌溉有很大作用,而且对流域城乡供水也有重要作用。近年来,过多的工农业废水和污染物排入湖中,使得太湖水体污染和富营养化日趋严重,并由此引起蓝藻水华频发。自 20 世纪 80 年代以来,由于入湖污染物不断增加,太湖水体富营养化日趋严重,导致湖内蓝藻大量繁殖。太湖蓝藻一般开始于每年的 4 月、5 月,中间暴发期持续到 11 月,甚至是 12 月,而且近年来太湖蓝藻开始暴发的时间有提前的趋势,藻华暴发的持续时间也越来越长。20 世纪 90 年代开始,太湖中梅梁湖区域连年出现蓝藻暴发现象。2003 年以来,太湖蓝藻频发,尤其从 2006 年开始,太湖蓝藻初次暴发时间明显提前,结束时间推迟,频次加密,出现蓝藻水华面积明显增大。2007 年 5 月,太湖蓝藻提前大面积暴发,造成太湖北部湖水腥臭,直接污染了无锡市南泉自来水厂水源地,造成严重水危机,太湖蓝藻事件从生态事件上升到社会事件,引起了社会各界高度重视,使太湖蓝藻问题成为全球热点新闻,气候变化与太湖蓝藻暴发之间的关系也成为社会热点话题。

太湖水体富营养化加重,水华频繁发生,与此同时,因为水草在维持湖泊生态平衡中所发挥的重要作用,对于水华与水草的遥感监测已十分必要。太湖水草主要为荇菜属植物,主要分布于东、西山间和东山西南部水域。生长期(4～10 月)内的荇菜能吸收水中的氮磷,对降低水体氮磷浓度有很大帮助,但过于茂密的水草会影响下层沉水植物生长,会对水质和整个水域生态系统造成影响。此外,进入枯败期的荇菜会腐烂分解,如果不及时清理,其吸附的氮磷会导致水质迅速恶化,还可能使水体富营养化,导致次年藻类疯长。因此打捞水草对保护水质十分重要。环保部门为防治太湖水华,迫切希望能快速、高效地监测太湖水环境质量以及蓝藻水华的分布情况与变化规律。

水华、水草应用示范使用的卫星遥感数据包括高分一号卫星、HICO 高光谱卫星(作为

高分五号卫星的可见短波红外高光谱相机的替代数据)、RADARSAT-2 SAR、ENVISAT ASAR 和 ERS-2 SAR(作为高分三号卫星的 SAR 替代数据)图像数据共 34 景。其中,高分一号卫星 18 景,包括 2013 年 8 月～2014 年 9 月 16 个时相 WFV 宽覆盖相机数据和 2013 年 11 月 1 个时相 PMS 数据;10 景覆盖时间为 2010 年 12 月～2014 年 5 月的 HICO 高光谱数据;6 景 2007 年 4 月～2014 年 8 月的 SAR 图像数据,包括 2 景 Radarsat-2 数据、1 景 ENVISAT ASAR 和 3 景 ERS-2 SAR 数据,数据具体情况见表 7.2.8。

表 7.2.8 水华、水草高分遥感监测应用示范数据集

序号	成像日期	传感器	序号	成像日期	传感器
1	2013-08-09	GF1 WFV2	18	2013-11-22	GF1 PMS2
2	2013-08-13	GF1 WFV2	19	2010-12-03	HICO
3	2013-08-29	GF1 WFV2	20	2010-12-05	HICO
4	2013-11-18	GF1 WFV2	21	2011-09-14	HICO
5	2013-11-30	GF1 WFV2	22	2012-09-18	HICO
6	2013-12-12	GF1 WFV2	23	2013-07-18	HICO
7	2013-12-24	GF1 WFV1	24	2013-11-16	HICO
8	2014-04-30	GF1 WFV2	25	2013-11-20	HICO
9	2014-05-08	GF1 WFV2	26	2014-05-15	HICO
10	2014-06-06	GF1 WFV3	27	2014-05-23	HICO
11	2014-06-14	GF1 WFV2	28	2014-05-26	HICO
12	2014-07-21	GF1 WFV2	29	2007-04-06	ERS 2 SAR
13	2014-07-29	GF1 WFV1	30	2007-11-02	ENVISAT ASAR
14	2014-07-29	GF1 WFV2	31	2009-08-28	ERS 2 SAR
15	2014-08-06	GF1 WFV1	32	2010-08-13	ERS 2 SAR
16	2014-09-04	GF1 WFV2	33	2014-08-09	RADARSAT-2 SAR
17	2014-09-25	GF1 WFV4	34	2014-08-25	RADARSAT-2 SAR

2) 渤海示范区

渤海是一个近封闭的内海,地处中国大陆东部北端,位于北纬 37°07′N～41°0′N,东经 117°35′E～122°15′E 的区域。它一面临海,三面环陆,北、西、南三面分别与辽宁、河北、天津和山东三省一直辖市毗邻,东面经渤海海峡与黄海相通,辽东半岛的老铁山与山东半岛北岸的蓬莱角间的连线即为渤海与黄海的分界线。渤海沿岸分布着大量的港口,主要有营口港、锦州港、秦皇岛港、唐山港、天津港、黄骅港、烟台港、威海港等。大连港也是中国著名的大型港口。这些港口承担了大量的石油运输任务,油轮在运输和装卸过程中经常发生石油泄漏事故。另外,渤海区域的海上钻井平台也是重要的石油泄漏来源。因此,渤海和大连附近海域是我国石油泄漏事故频发、溢油污染严重的海域,遥感监测该区域的溢

油分布具有十分重要的意义。使用 5 景同类卫星的 SAR 图像作为替代卫星数据进行高分雷达遥感监测应用示范,数据具体情况见表 7.2.9。

表 7.2.9　基于 SAR 图像的溢油分布提取应用示范数据集

序号	传感器	成像日期
1	ENVISAT ASAR	2006-03-23
2	ENVISAT ASAR	2007-01-16
3	ENVISAT ASAR	2007-07-25
4	ENVISAT ASAR	2007-07-26
5	RADARSAT SAR	2010-07-26

2. 示范结果与分析

1) 基于多光谱遥感的水华分布提取应用示范

利用 2013～2014 年共 16 景高分一号卫星宽覆盖多光谱影像提取太湖水华的结果,如图 7.2.15 所示。由图可知,对于高分一号卫星 WFV 数据,在太湖湖区范围内(不考虑水草区域),有水华覆盖的像元与周围无水华覆盖的像元有明显的颜色差异,所以有水华覆盖的像元在遥感图像上与水体(无水华覆盖)像元可以很容易区分开来,通过目视判读很容易判断水华的提取情况。通过与相应的原遥感图像进行目视对比,以上水华提取结果与目视判读的水华覆盖面积和位置信息全都符合的很好,说明高分一号卫星宽覆盖多光谱数据可以对太湖水华暴发情况进行有效监测。

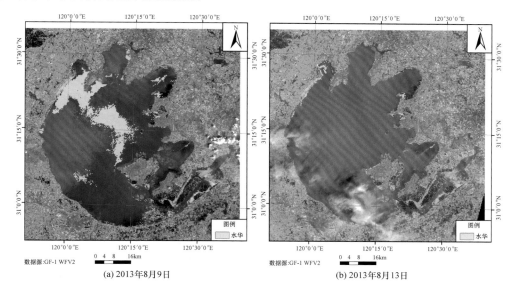

(a) 2013年8月9日　　　　　　　　　　　(b) 2013年8月13日

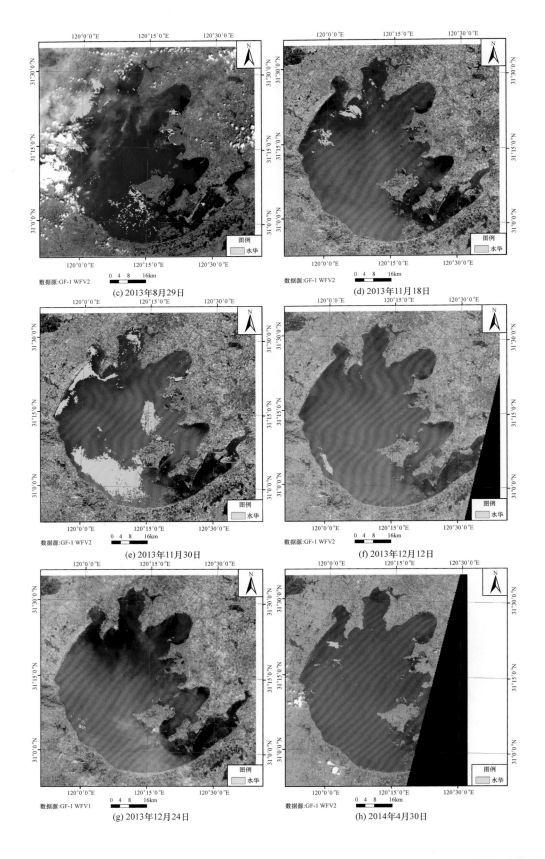

数据源:GF-1 WFV2
0 4 8 16km
(c) 2013年8月29日

数据源:GF-1 WFV2
0 4 8 16km
(d) 2013年11月18日

数据源:GF-1 WFV2
0 4 8 16km
(e) 2013年11月30日

数据源:GF-1 WFV2
0 4 8 16km
(f) 2013年12月12日

数据源:GF-1 WFV1
0 4 8 16km
(g) 2013年12月24日

数据源:GF-1 WFV2
0 4 8 16km
(h) 2014年4月30日

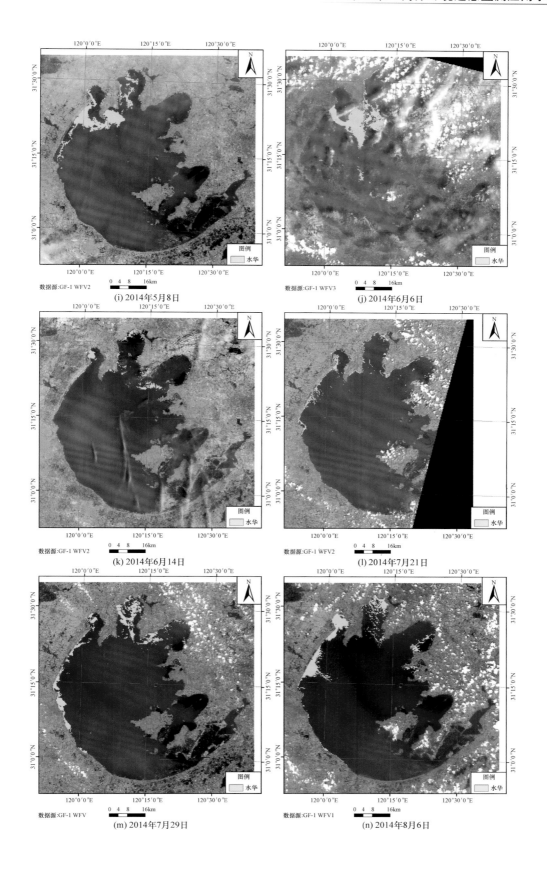

数据源:GF-1 WFV2
0 4 8 16km
(i) 2014年5月8日

数据源:GF-1 WFV3
0 4 8 16km
(j) 2014年6月6日

数据源:GF-1 WFV2
0 4 8 16km
(k) 2014年6月14日

数据源:GF-1 WFV2
0 4 8 16km
(l) 2014年7月21日

数据源:GF-1 WFV
0 4 8 16km
(m) 2014年7月29日

数据源:GF-1 WFV1
0 4 8 16km
(n) 2014年8月6日

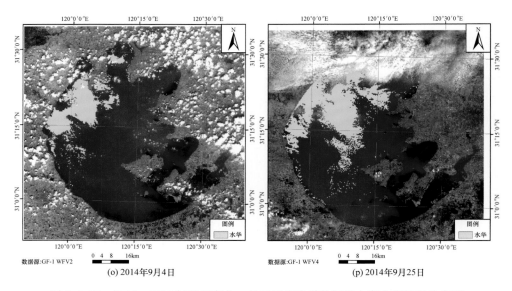

数据源:GF-1 WFV2

(o) 2014年9月4日

数据源:GF-1 WFV4

(p) 2014年9月25日

图 7.2.15 2013~2014 年基于高分一号卫星多光谱数据的太湖水华提取分布图

2) 基于高空间分辨率多光谱遥感的水华和水草分布提取应用示范

利用 2013 年和 2014 年获取的 4 景高分一号卫星 PMS 和 WFV 影像得到太湖水华和水草分布图,如图 7.2.16 所示,高分一号卫星水华和水草分类提取精度验证见表 7.2.10。各景影像的提取精度验证以图斑对象为最小单位,以目视判断各图斑的水华和水草类别归属结果为参考标准,以混淆矩阵为基础。混淆矩阵的原理是将参考图斑的类别与分类结果中相对应图斑的类别进行比较,混淆矩阵的每一列代表参考验证信息,每一列中的数值等于参考样本在分类图像中对应于相应类别的数量。每一行代表遥感数据的分类信息,每一行中的数值等于遥感分类图斑在参考样本相应类别中的数量。

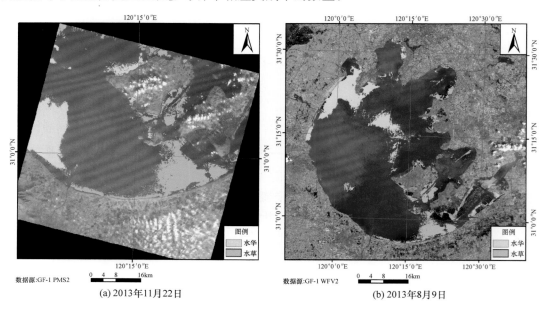

数据源:GF-1 PMS2

(a) 2013年11月22日

数据源:GF-1 WFV2

(b) 2013年8月9日

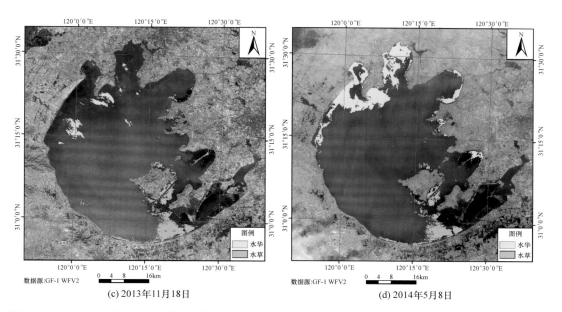

(c) 2013年11月18日　　　　　　　　　　(d) 2014年5月8日

图 7.2.16　2013 年和 2014 年基于高分一号卫星高空间分辨率多光谱数据提取的太湖水华和水草分布图

表 7.2.10　高分一号卫星水华和水草分类提取精度验证

时间	数据	类型	水华	水草	用户精度	总体精度
2013-11-22	PMS2	水华	533	204	0.723	
		水草	127	1453	0.919	0.857
		制图精度	0.807	0.876	—	
2013-08-09	WFV2	水华	491	76	0.865	
		水草	13	781	0.983	0.934
		制图精度	0.974	0.911	—	
2013-11-18	WFV2	水华	202	71	0.739	
		水草	27	703	0.963	0.902
		制图精度	0.882	0.908	—	
2014-05-08	WFV2	水华	167	100	0.625	
		水草	21	658	0.969	0.872
		制图精度	0.888	0.868	—	

　　由图 7.2.16 可以看出,误判主要出现在左上角,水华图斑被判断为水草,这主要是由于左上角影像边界割裂湖泊中原本完整的水华斑块,使得斑块梯度纹理特征受到影响。此外有几个较明显的小块水草被误提为水华。分析假彩色合成影像发现,其中有两个水草斑块受薄云的影响使得图斑梯度纹理特征减弱造成误判,还有一个斑块由于不是挺水或漂叶水草,斑块本身绿色植被特征不明显,造成误判。误判面积比较大的为太湖西南部的一个水华图斑被判为水草。分析假彩色合成影像发现,此水华图斑被水体分割得比较破碎,以致边缘也不呈过渡性地从无到有分布,以致梯度纹理特征与水草类似,造成了误判。

从表 7.2.10 中可以看出,水华和水草的误判主要是东北部近岸湖湾处误提为水华,这主要是由两方面原因造成的:一是 2014 年 5 月 8 日的影像北部湖湾受薄云影响;二是东北部湖湾内的水草比较少,且湖湾处水体发暗。综合 4 景高分一号卫星影像的分析结果,得到水华和水草的高分一号卫星遥感监测的平均精度为 89.1%。

3)基于高光谱遥感的水华和水草分布提取应用示范

利用 HICO 监测得到的 2010~2014 年共 10 景太湖水华和水草分布图分别如图 7.2.17和图 7.2.18 所示。由图可以看出,除 2013 年 7 月 18 日和 2014 年 5 月 23 日没有水华外,其他时间均有水华分布,特别是 2010 年 12 月 3 日,水华分布最多。水草呈季节性和区域性分布,冬季分布较少,其他季节分布相对较多,且主要分布在太湖南部小部分区域。

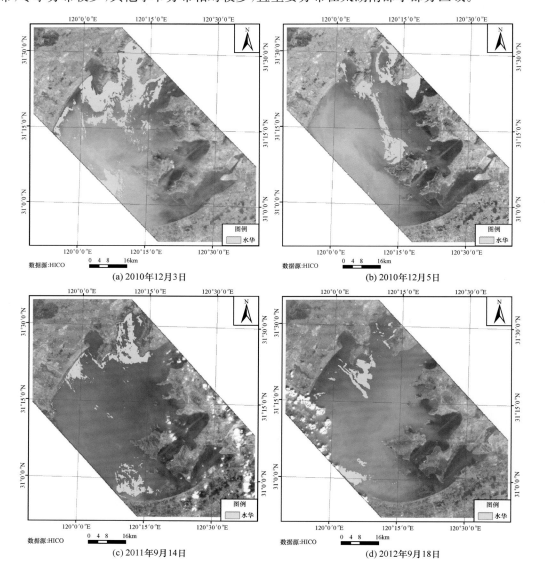

(a) 2010年12月3日   (b) 2010年12月5日

(c) 2011年9月14日   (d) 2012年9月18日

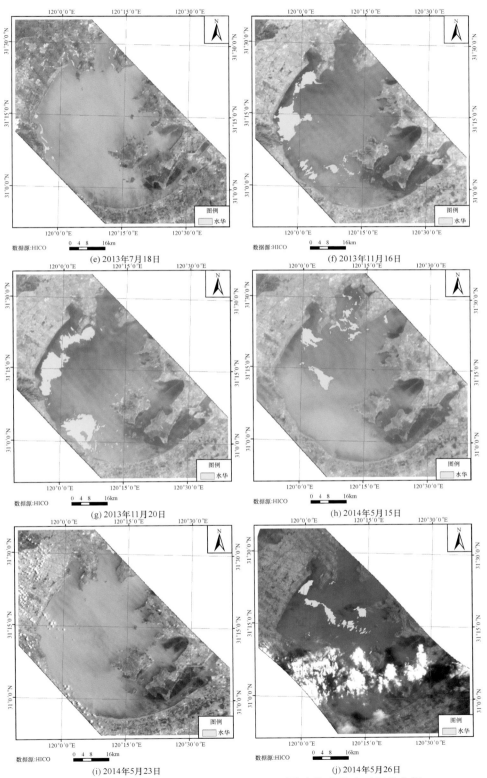

(e) 2013年7月18日

(f) 2013年11月16日

(g) 2013年11月20日

(h) 2014年5月15日

(i) 2014年5月23日

(j) 2014年5月26日

图 7.2.17　2010～2014 年基于 HICO 监测的太湖水华多时相分布图

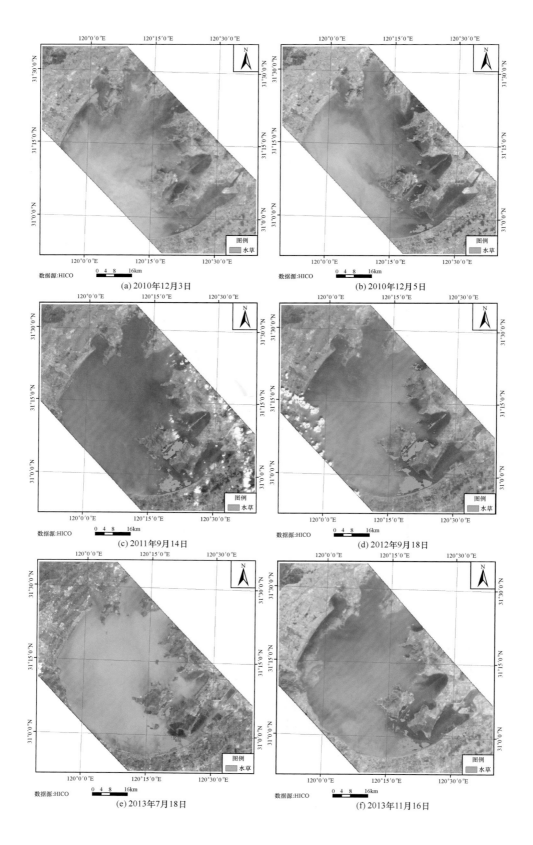

(a) 2010年12月3日

(b) 2010年12月5日

(c) 2011年9月14日

(d) 2012年9月18日

(e) 2013年7月18日

(f) 2013年11月16日

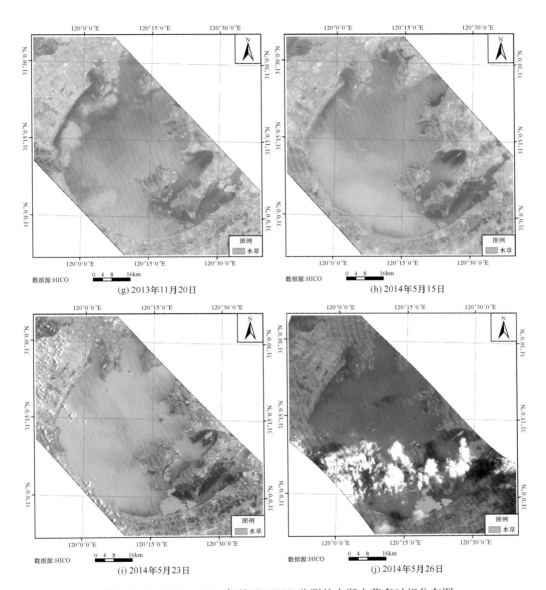

图 7.2.18　2010～2014 年基于 HICO 监测的太湖水草多时相分布图

采用均匀布满整个太湖的点来评价水华和水草的高分遥感信息提取精度。假设该点落在水华上,提取结果也显示该点为水华,则认为该点提取正确,否则认为提取错误,最后统计所有点中提取正确点的个数,得到提取精度。精度评价的结果表明,利用高光谱遥感识别水华的平均精度为 93.4%,水草的平均精度为 94.8%。

4) 基于 SAR 的水华分布提取应用示范

利用 6 景 SAR 数据作为高分三号卫星的替代数据开展对水华遥感监测的应用示范,如图 7.2.19 所示。其中,2007 年 4 月 6 日监测表明,太湖西部沿岸出现蓝藻水华,面积达到 530.3km², 。2007 年 11 月 2 日监测表明,太湖西部沿岸出现蓝藻水华,面积达到 178km²。2009 年 8 月 28 日监测表明,太湖西部沿岸出现蓝藻水华,面积达到 154.8km²。2010 年 8

月 13 日监测表明,太湖西北沿岸出现蓝藻水华,面积达到 $78.8km^2$。2014 年 8 月 9 日监测表明,太湖西北沿岸出现蓝藻水华,面积达到 $53.8km^2$。2014 年 8 月 25 日监测表明,太湖西北沿岸出现蓝藻水华,面积达到 $64.2km^2$。

采用同步的光学卫星提取水华的面积或根据实地的水华分布点位核查对 SAR 提取的水华进行精度验证。结果表明,基于 SAR 的水华提取算法的平均精度为 84.8%。

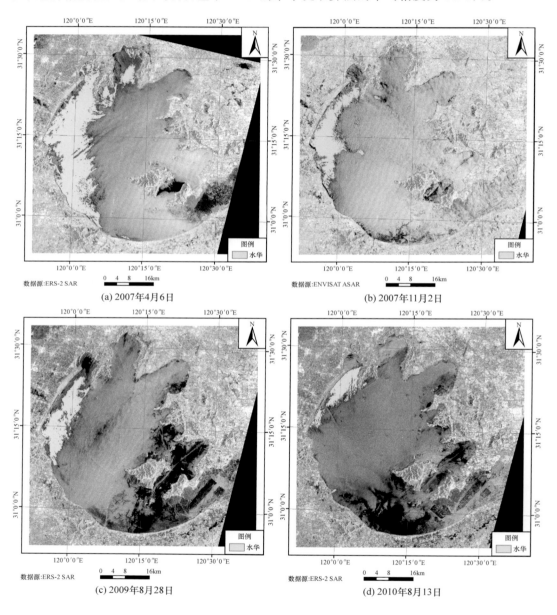

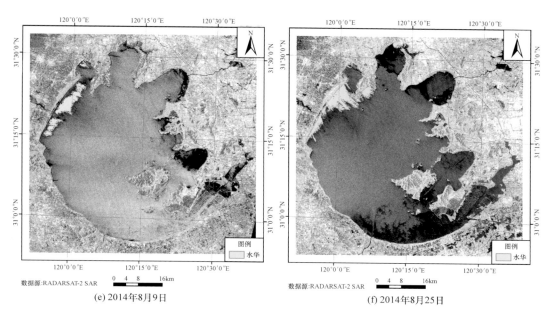

图 7.2.19　太湖蓝藻水华多时相 SAR 监测分布图

5）基于 SAR 的溢油分布提取应用示范

根据第 4 章介绍的 SAR 监测溢油的技术方法得到不同时相的溢油分布图，结果如图 7.2.20 所示。2006 年 3 月 23 日采用韦布尔分布杂波模型、0.001 恒虚警率，提取的溢油面积是 146.2km²。2007 年 1 月 16 日采用 Gauss 分布杂波模型、0.5 恒虚警率，提取的油膜区域大小为 46.13km²。2007 年 7 月 25 日采用 Gamma 分布杂波模型、0.01 恒虚警率，提取图中"之"字形的溢油油污带长度为 17.8km。2007 年 7 月 26 日采用 Gauss 分布杂波模型、0.1 恒虚警率，提取的油膜区域大小为 17.33km²。采用目视解译方法对这些图像提取溢油的精度均值为 96.0%。

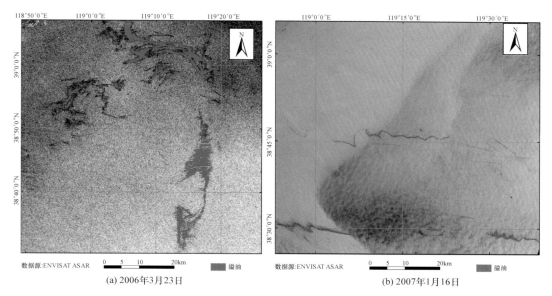

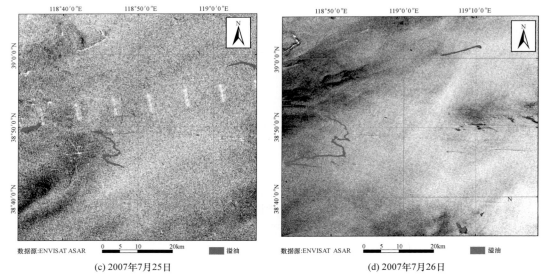

(c) 2007年7月25日   (d) 2007年7月26日

图 7.2.20   渤海溢油多时相 SAR 遥感监测分布图

7.3   高分生态环境遥感监测应用示范

7.3.1   国家级自然保护区高分遥感监测应用示范

1. 示范区数据

根据国家对自然保护区生态环境监测的重要需求,针对高分一号等卫星的数据特点,分别在河北昌黎黄金海岸国家级自然保护区、宁夏灵武白芨滩国家级自然保护区、江苏泗洪洪泽湖湿地国家级自然保护区、黑龙江五大连池国家级自然保护区开展人类活动干扰监测和评价应用示范,并通过保护区实地采样对示范结果进行精度验证。在河北昌黎黄金海岸国家级自然保护区的养殖场、农业用地、居民用地、工矿用地等不同土地利用类型中分别进行实地采样,共计 124 点,对高分卫星遥感监测的结果进行验证,见表 7.3.1。四个国家级自然保护区遥感影像统计见表 7.3.2。

表 7.3.1   河北昌黎黄金海岸国家级自然保护区实地采样统计

类别	道路	养殖场	农业用地	居民用地	工矿用地	合计
采样点个数	20	26	32	28	18	124

表 7.3.2   遥感影像统计

保护区	覆盖面积/km²	影像类型	影像景数
河北昌黎黄金海岸 国家级自然保护区	301.22	GF1 影像 2m/8m,GF1 影像 16m,TM 影像 30m	9
宁夏灵武白芨滩 国家级自然保护区	750.63	GF1 影像 2m/8m,GF1 影像 16m,TM 影像 30m	12

续表

保护区	覆盖面积/km²	影像类型	影像景数
江苏泗洪洪泽湖湿地国家级自然保护区	483.18	GF1 影像 2m/8m，GF1 影像 16m，TM 影像 30m	6
黑龙江五大连池国家级自然保护区	393.04	GF1 影像 2m/8m，GF1 影像 16m，TM 影像 30m	10
合计	1928.07	—	37

2. 示范结果与分析

利用 2014 年 6 月 27 日 2 景高分一号卫星影像对河北昌黎黄金海岸国家级自然保护区内人类活动信息进行遥感信息提取和评价，如图 7.3.1 所示。结果表明，2014 年 6 月河北昌黎黄金海岸国家级自然保护区人类活动干扰程度指数 HAI＝0.002798232，人类活动干扰程度等级为一般。

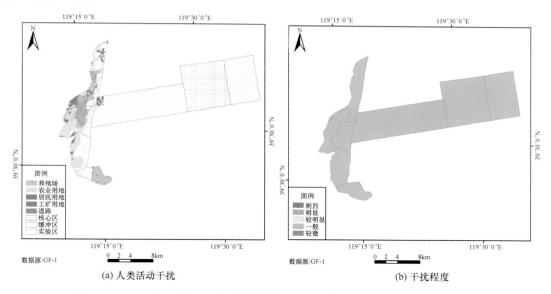

(a) 人类活动干扰　　　(b) 干扰程度

图 7.3.1　2014 年 6 月 27 日河北昌黎黄金海岸国家级自然保护区人类活动干扰和干扰程度高分遥感监测图

利用 2014 年 5 月 19 日 3 景高分一号卫星影像对宁夏灵武白芨滩国家级自然保护区内人类活动信息进行遥感信息提取和评价，如图 7.3.2 所示。结果表明，2014 年 5 月宁夏灵武白芨滩国家级自然保护区人类活动干扰程度指数 HAI＝0.000312，干扰程度等级为轻微。

利用 2013 年 10 月 29 日 3 景高分一号卫星影像对江苏泗洪洪泽湖湿地国家级自然保护区内人类活动信息进行遥感信息提取和评价，如图 7.3.3 所示。结果表明，2013 年 10 月江苏泗洪洪泽湖湿地国家级自然保护区人类活动干扰程度指数 HAI＝0.007163，干扰程度等级为轻微。

利用 2014 年 4 月 30 日 3 景高分一号卫星影像对黑龙江五大连池国家级自然保护区内

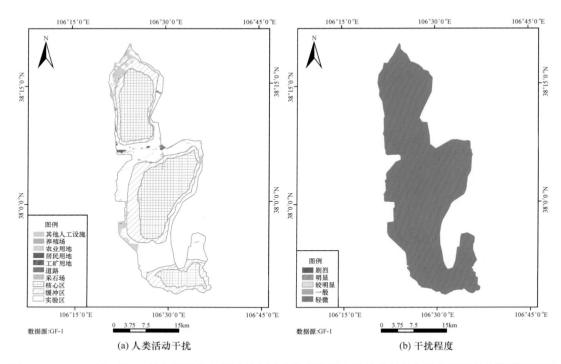

(a) 人类活动干扰 　　　　　　　　(b) 干扰程度

图 7.3.2　2014 年 5 月 19 日宁夏灵武白芨滩国家级自然保护区人类活动干扰和干扰程度高分遥感监测图

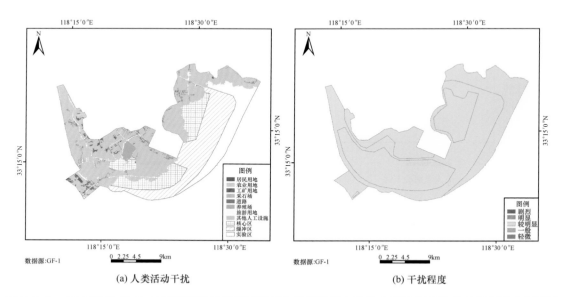

(a) 人类活动干扰 　　　　　　　　(b) 干扰程度

图 7.3.3　2013 年 10 月 29 日江苏泗洪洪泽湖国家级自然保护区人类活动干扰和干扰程度高分遥感监测图

　　人类活动信息进行遥感信息提取和评价,如图 7.3.4 所示。结果表明,2014 年 4 月黑龙江五大连池国家级自然保护区人类活动干扰程度指数 HAI＝0.01125,干扰程度等级为明显。

　　在河北昌黎黄金海岸国家级自然保护区进行实地采样来验证高分遥感监测结果,同时结合目视解译提取相应年份的人类活动干扰数据对分类结果进行分析。将上述得到的人类

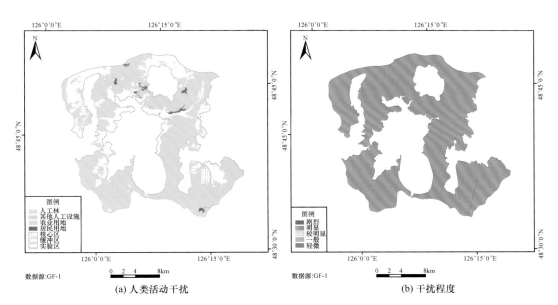

数据源:GF-1

(a) 人类活动干扰

数据源:GF-1

(b) 干扰程度

图 7.3.4　2014 年 4 月 30 日黑龙江五大连池国家级自然保护区人类活动干扰和干扰程度高分遥感监测图

活动分类矢量图与原始昌黎研究区的功能分区进行叠加分析和统计,可以对河北昌黎黄金海岸国家级自然保护区按功能分区、按分类标识进行面积统计,得到表 7.3.3,结果表明该保护区人类活动干扰程度等级为一般。

表 7.3.3　河北昌黎黄金海岸国家级自然保护区面积统计

功能分区	分类标识	面积/m²	功能区权重(a_i)	类型权重(b_i)
核心区	道路	1896400	0.6	0.10
	非人类活动干扰	14183627	0.6	0
	工矿用地	254556	0.6	0.21
	居民点	9435	0.6	0.02
	农业用地	402093	0.6	0.02
	其他人工设施	136125	0.6	0.06
	养殖场	3879263	0.6	0.02
缓冲区	道路	814520	0.3	0.10
	非人类活动干扰	109919117	0.3	0
	工矿用地	115156	0.3	0.21
	居民点	1376552	0.3	0.02
	农业用地	1636496	0.3	0.02
	其他人工设施	34016	0.3	0.06
	养殖场	155462	0.3	0.02

续表

功能分区	分类标识	面积/m²	功能区权重(a_i)	类型权重(b_i)
实验区	道路	14228860	0.1	0.10
	非人类活动干扰	27389366	0.1	0
	工矿用地	6009139	0.1	0.21
	居民点	2065487	0.1	0.02
	农业用地	2314079	0.1	0.02
	其他人工设施	3433651	0.1	0.06
	养殖场	23840425	0.1	0.02

7.3.2　矿山资源开发环境破坏高分遥感监测应用示范

1. 示范区数据

结合环保部门对矿区生态环境监测的需求,针对高分一号等卫星的数据特点,在内蒙古锡林郭勒盟矿区开展生态环境高分遥感监测应用示范,并通过实地考察对矿区应用示范结果开展精度验证工作,应用示范区分布如图 7.3.5 所示。该矿区示范内容主要为矿区土地利用空间分布,覆盖面积 125km²,应用高分一号卫星 16m 影像 6 景、TM-30m 影像 4 景,得到矿区土地利用空间分布图 6 个,包括 2013 年 9 月内蒙古锡林郭勒盟矿区土地利用空间分布图(图 7.3.6);2014 年 9 月内蒙古锡林郭勒盟矿区土地利用空间分布图(图 7.3.7 和图 7.3.8)。霍林河矿区示范内容主要为矿区内部分类,覆盖面积 3.02km²,应用高分一号卫

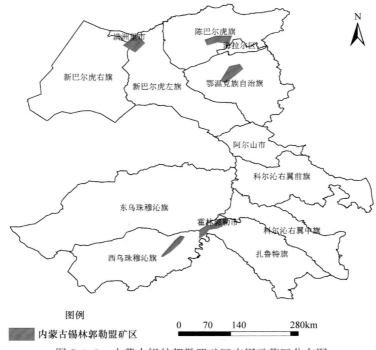

图例

　内蒙古锡林郭勒盟矿区

0　　70　　140　　　　280km

图 7.3.5　内蒙古锡林郭勒盟矿区应用示范区分布图

星 2m/8m 影像 9 景,得到矿区土地利用空间分布图 2 个,包括 2013 年 12 月霍林河矿区内部分类图[图 7.3.9(a)];2014 年 3 月霍林河矿区内部分类图等[图 7.3.9(b)]。在内蒙古锡林郭勒盟矿区示范区的耕地、林地、采矿场、排土场等不同土地利用类型进行实地采样,共计 216 点,见表 7.3.4。内蒙古锡林郭勒盟矿区遥感影像统计见表 7.3.5。

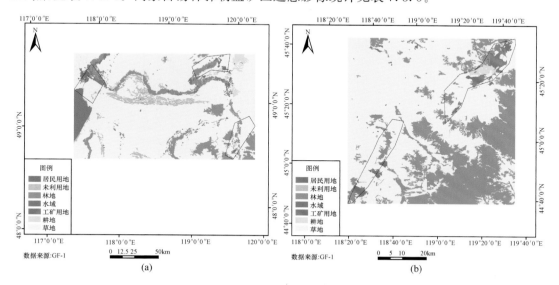

图 7.3.6　2013 年 9 月内蒙古锡林郭勒盟土地利用空间分布图(高分一号卫星)

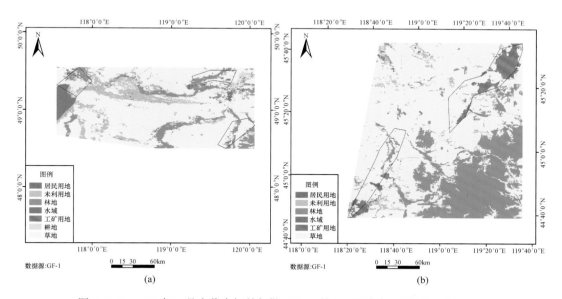

图 7.3.7　2014 年 9 月内蒙古锡林郭勒盟土地利用空间分布图(高分一号卫星)

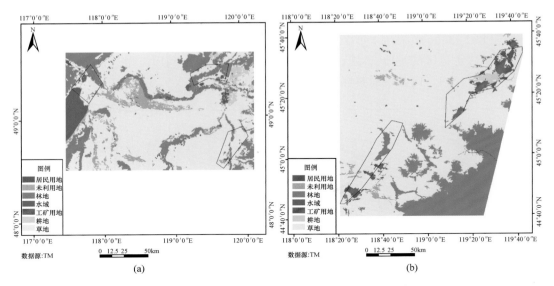

图 7.3.8　2014 年 9 月内蒙古锡林郭勒盟土地利用空间分布图（TM）

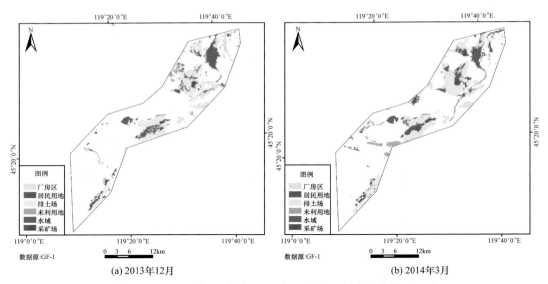

(a) 2013 年 12 月　　　　　　　　　　　　　(b) 2014 年 3 月

图 7.3.9　2013 年 12 月和 2014 年 3 月霍林河矿区内部分类图

表 7.3.4　内蒙古锡林郭勒盟矿区实地采样统计

类别	耕地	林地	草地	水域	居民用地	采矿场	排土场	厂房	未利用地	共计
采样点个数	18	24	32	26	17	22	25	25	27	216

表 7.3.5　内蒙古锡林郭勒盟矿区遥感影像统计

矿区	示范内容	覆盖面积/km²	影像类型	影像个数	专题图个数	产品名称
内蒙古锡林郭勒盟矿区	矿区内部分类矿区空间分布	125	GF-1 影像 2m/8m GF-1 影像 16m TM 影像 30m	19	8	矿区空间范围遥感监测图、矿区植被胁迫程度评价监测图、矿区尾矿分布遥感监测图

2. 示范结果与分析

采用 2013 年与 2014 年高分一号卫星影像数据以及 2014 年 TM 影像数据对内蒙古锡林郭勒盟矿区进行遥感监测。采用 2013 年 12 月和 2014 年 3 月高分一号卫星影像数据对霍林河矿区内部进行遥感监测,区域内主要分为厂房区、采矿场、排土场、水域、居民用地、未利用用地。经过地物分类、信息提取和比对分析,得到如图 7.3.10 所示的工矿用地开发分布图和植被胁迫等级分布图。从图中可以看出,矿区用地开发主要在中东部,其植被胁迫等级(程度)也较高。具体遥感监测结果分别如下。

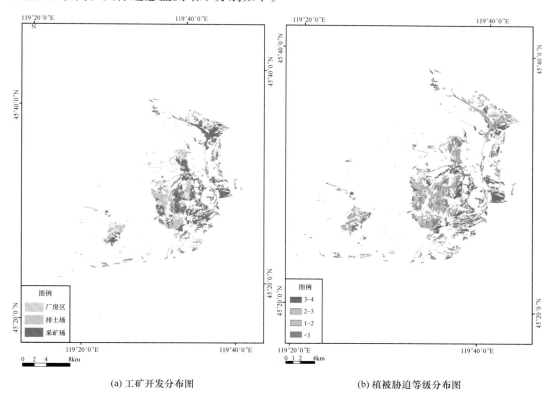

(a) 工矿开发分布图　　　　　　　　　　　(b) 植被胁迫等级分布图

图 7.3.10　2014 年 3 月霍林河矿区工矿用地开发分布图和植被胁迫等级分布图

在内蒙古锡林郭勒盟矿区进行实地采样,同时结合目视解译提取了相应年份准确的地物分类数据,对分类结果进行精度分析。通过监测可知(表 7.3.6),2014 年内蒙古锡林郭勒盟矿区耕地面积为 0.6km²,林地面积 18.1km²,草地面积 83.4km²,水域面积 2.8km²,矿区面积 1.7km²,居民用地面积 0.7km²,未利用用地面积 11.7km²,分别占矿区总面积的 1%、15%、70%、2%、1%、1%、10%。2013 年内蒙古锡林郭勒盟矿区耕地面积为 1.1km²,林地面积 21.3km²,草地面积 87.1km²,水域面积 4.2km²,矿区面积 1.3km²,居民用地面积 0.7km²,未利用用地面积 3.3km²,分别占矿区总面积的 1%、18%、73%、3%、1%、1%、3%。

表 7.3.6　2013 年和 2014 年内蒙古锡林郭勒盟矿区土地利用类型遥感监测统计

土地利用类型	2013 年		2014 年	
	面积/km²	占矿区面积比例/%	面积/km²	占矿区面积比例/%
耕地	1.1	1	0.6	1
林地	21.3	18	18.1	15
草地	87.1	73	83.4	70
水域	4.2	3	2.8	2
矿区	1.3	1	1.7	1
居民用地	0.7	1	0.7	1
未利用地	3.3	3	11.7	10

由表 7.3.7 可见,2014 年霍林河矿区面积为 0.6km²,其中采矿场面积 0.1km²,排土场面积 0.4km²,厂房面积 0.1km²,分别占矿区总面积的 17%、66%、17%。2013 年霍林河矿区面积为 0.5km²,其中采矿场面积 0.1km²,排土场面积 0.3km²,厂房面积 0.1km²,分别占矿区总面积的 20%、60%、20%。

表 7.3.7　2013 年和 2014 年霍林河矿区内部分类遥感监测统计

类型	2013 年		2014 年	
	面积/km²	所占比例/%	面积/km²	所占比例/%
采矿场	0.1	20	0.1	17
排土场	0.3	60	0.4	66
厂房	0.1	20	0.1	17
总计	0.5	100	0.6	100

7.3.3　农村生态环境高分遥感监测应用示范

1. 示范区数据

利用高分一号卫星影像分别在河北和吉林开展农村生态环境高分遥感监测应用示范。其中,河北省邢台市柏乡县覆盖面积 268km²,采用 2014 年 4 月 23 日 1 景高分一号卫星 2m 分辨率全色/8m 分辨率多光谱数据。吉林省通化百泉参业基地覆盖面积 5.7km²,采用 2014 年 9 月 30 日 2 景高分一号卫星 2m 分辨率全色/8m 分辨率多光谱数据。

选择在吉林省通化百泉参业基地示范区的林地/绿化带、农业用地、居民用地、工矿用地等不同土地利用类型进行实地采样,共计 75 点(表 7.3.8),并结合目视解译的方法提取了相应年份准确的地物分类数据,对分类结果进行分析。

表 7.3.8　吉林省通化百泉参业基地实地采样统计

类别	林地/绿化带	农业用地	居民用地	工矿用地	共计
采样点个数	28	24	20	3	75

2. 示范结果与分析

利用 2014 年 4 月 23 日高分一号卫星数据分别提取河北省邢台市柏乡县农村土地利用、基本农田、土地退化和工矿用地,结果如图 7.3.11 所示,其中,工矿用地存在潜在污染风险。利用 2014 年 9 月 30 日高分一号卫星数据提取吉林省通化百泉参业基地非风险源信息,主要有林地/绿化带、农田、居民用地、其他共四类,同时提取工矿企业等风险源信息,其分布情况分别如图 7.3.12 所示。

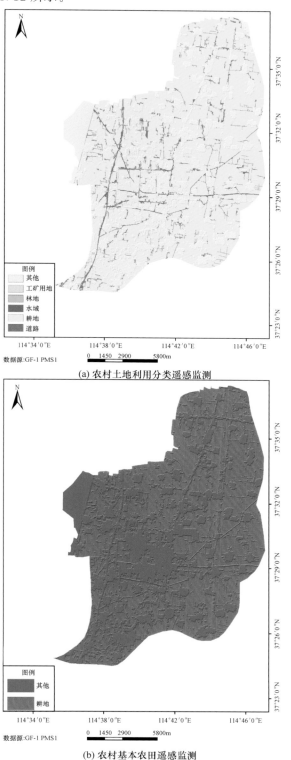

(a) 农村土地利用分类遥感监测

(b) 农村基本农田遥感监测

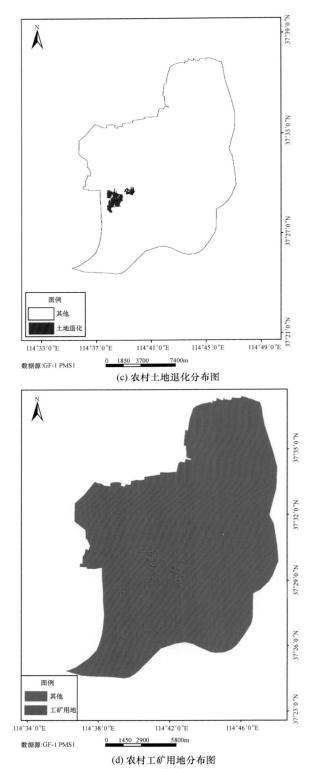

(c) 农村土地退化分布图

(d) 农村工矿用地分布图

图 7.3.11　2014 年 4 月 23 日河北省邢台市柏乡县农村生态环境监测图

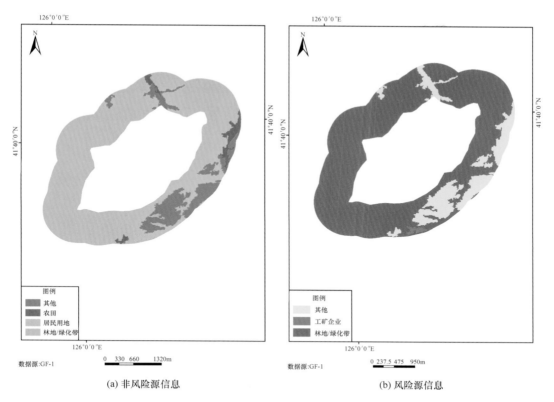

(a) 非风险源信息　　　　　　　　　　(b) 风险源信息

图 7.3.12　2014 年 9 月 30 日吉林省通化百泉参业基地非风险源信息和风险源信息分布图

根据吉林省通化百泉参业基地高分遥感识别结果,提取了非风险源和风险源的面积,见表 7.3.9。

表 7.3.9　吉林省通化百泉参业基地风险源和非风险源统计　　　（单位:m²）

功能分区	工矿企业（风险源）	林地/绿化带	农田	居民用地	其他	总计
通化百泉参业基地	44764	7934780	274360	44764	1108992	9407660

7.3.4　城市生态高分遥感监测应用示范

1. 示范区数据

选取了北京（3 景,2013 年 5 月 1 日、2013 年 6 月 19 日、2014 年 11 月 18 日）、桂林（3 景,2013 年 10 月 10 日、2013 年 10 月 14 日、2014 年 12 月 17 日）、廊坊（2 景,2013 年 12 月 1 日、2015 年 3 月 25 日）三个城市的高分一号卫星多时相遥感影像,采用面向对象的方法对城市生态用地进行遥感监测。每个城市选取不同时间段的影像,进行城市生态用地监测。

选择北京、桂林与廊坊三个示范城市晴空下的高分一号卫星与 Landsat-8 卫星数据（100m 空间分辨率）作为高分五号卫星全谱段光谱成像仪的替代数据进行城市热环境遥感监测应用示范。表 7.3.10 显示了最终收集到的三个示范城市的高分一号卫星数据与 Landsat-8 卫星数据的日期。由表可以看出,两种数据相差的时间间隔最长为 74 天,但是在城市热环境监测中主要利用地表温度的相对值与空间分布,因此若假设 74 天内城市地表覆盖没有显著变化的前提下,这样的时间间隔对于城市环境监测与人居适宜性评价的影响是可以忽略的。

表 7.3.10　示范城市的高分一号卫星数据及其对应的 Landsat-8 卫星数据的日期

示范城市	高分一号卫星	Landsat-8 卫星
北京	2013-05-01	2013-05-12
	2013-06-19	2013-09-01
	2014-11-18	2014-10-06
桂林	2013-10-10	2013-12-04
	2013-10-14	2013-12-04
	2014-12-17	2014-10-14
廊坊	2013-12-01	2013-12-06
	2015-03-25	2015-03-15

2. 示范结果与分析

1) 城市生态用地分类应用示范

(1) 北京示范区城市生态用地监测。

图 7.3.13 显示了北京示范区的高分一号卫星假彩色影像、城市生态用地遥感监测结果图。假彩色影像来自于高分一号卫星的近红外、红光与绿光波段的合成。城市生态用地包括五类:植被、水体、道路、建筑用地(不透水层)和裸土。由于数据缺少,2013 年 5 月 1 日的北京影像的左下角存在无值区。

从表 7.3.11 可以看出,北京示范区以建筑用地为主,像元比例占到 36%~43%,这与北京为一线城市息息相关,其住宅区以及商业用地密集。道路和植被占到其次,像元比例为 20% 左右,说明该地区道路密集,交通发达,绿化面积较大。裸土主要集中在城市郊区,其中主要以农田为主,是城市边缘地区,也是较发达地区,是未来主要发展地区和人口居住地区。像元比例最小的是水体,说明北京建成区缺乏河流以及水库,主要是一些公园水域,故此面积比例相对其他地物类型较小。基于此,北京中心城区以及建筑用地已经饱和,发展规模受到一定限制,同时水体以及植被绿化面积很难进一步扩大,所以在城市边缘区要注重水域的保护以及植被覆盖面积的增加,以保持城市生态平衡,以及满足城市居民对城市生态环境质量的要求。值得注意的是,植被、裸土、水体等面积随时间的变化同时也受季节影响,分类结果也存在一定误差。

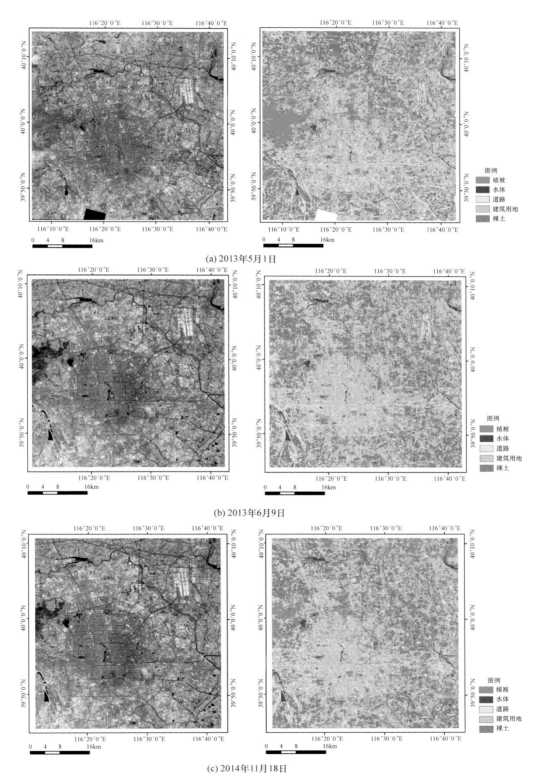

(a) 2013年5月1日

(b) 2013年6月9日

(c) 2014年11月18日

图 7.3.13　北京示范区高分一号卫星影像图与城市生态用地分布图

表 7.3.11 北京示范区遥感影像分类像元统计

类型	2013-05-01		2013-06-19		2014-11-18	
	像元数	百分比/%	像元数	百分比/%	像元数	百分比/%
植被	10334054	22.07	4762474	13.22	7063273	19.61
水体	681596	1.46	614372	1.71	600921	1.67
道路	10502078	22.43	6817299	18.94	5934069	16.48
建筑用地	17116321	36.55	15232661	42.31	15412971	42.80
裸土	8187791	17.49	8573489	23.82	7000767	19.44

(2) 桂林示范区城市生态用地监测。

图 7.3.14 显示了桂林示范区的高分一号卫星假彩色影像以及采用面向对象的获得城市生态用地[植被、水体、道路、建筑用地(不透水层)和裸土]遥感监测结果图。在对 3 景不同时间段桂林市城区五种地物类型信息提取的基础上,对其进行了信息提取结果像元统计分析。

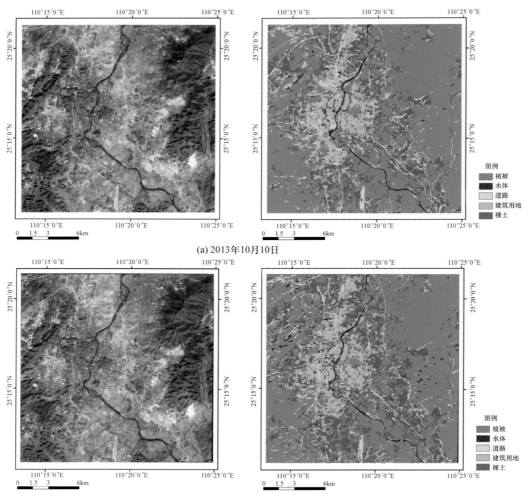

(a) 2013年10月10日

(b) 2013年10月14日

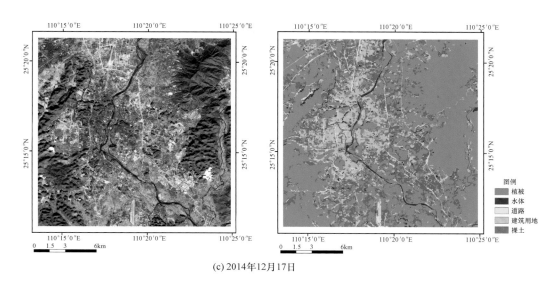

(c) 2014年12月17日

图 7.3.14　桂林示范区高分一号卫星影像图与城市生态用地分布图

　　表 7.3.12 显示了桂林示范区不同时相遥感影像分类像元统计结果。几条城中主干道及城市边缘的道路均被成功提取,其他道路由于宽度相对较差以及周围像元的影响未能提取。贯穿影像南北的河流是漓江,但水体比较分散,且面积相对较小,加上周围植被、建筑物的影响,使得分类结果中水体的像元数最少,但其不能否定桂林具有充足的水量。植被的像元比例则占到 60% 左右,城市周围植被覆盖度高,生态环境质量比较高。其他三种地物类型则比较均衡,而且建筑用地像元比例只有约 12%,与北京密集的城市建筑用地差异较大。因此,从生态环境角度来看,该城市比较适合人们居住和旅游度假,与实际情况比较符合。

表 7.3.12　桂林示范区遥感影像分类像元统计

分类类别	2013-10-10		2013-10-14		2014-12-17	
	像元数	百分比/%	像元数	百分比/%	像元数	百分比/%
植被	3616652	60.97	3332071	55.51	3975548	63.61
水体	118074	1.99	182418	3.04	137692	2.20
道路	376545	6.35	299976	5.00	252132	4.03
建筑用地	732528	12.35	808977	13.48	780936	12.50
裸土	1087771	18.34	1379049	22.97	1103692	17.66

　　(3) 廊坊示范区城市生态用地监测。

　　廊坊是一座比较小的城市,地处北京、天津之间,生态环境与北京、桂林生态环境完全不同。图 7.3.15 显示了 2013 年 12 月 1 日和 2015 年 3 月 25 日廊坊示范区的高分一号卫星假彩色影像以及采用面向对象的获得城市生态用地(植被、水体、道路、建筑用地和裸土)遥感监测结果分布图。

　　从表 7.3.13 和图 7.3.16 可以看出,廊坊建筑用地像元比例只有 10% 左右,而植被像元比例为 35%,说明该城市住宅区以及商业区相对较少,植被覆盖相对较多,但是以农田为主。

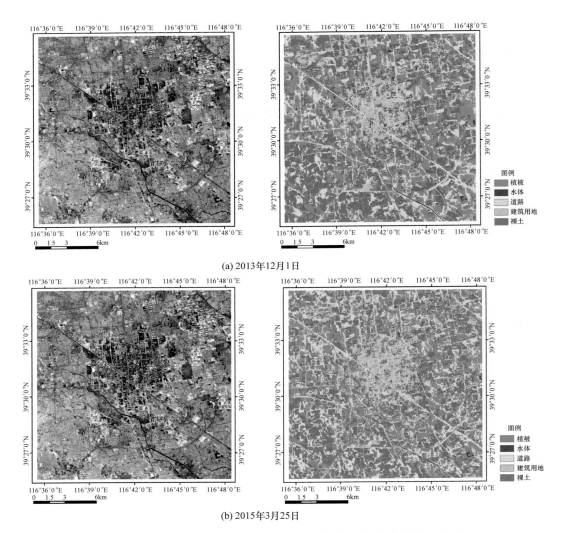

图 7.3.15 廊坊示范区高分一号卫星影像图与城市生态用地分布图

道路和裸土所占比例较大,主要集中分布在城市郊区,这也证明了该地区并不是繁华地区,城市生态环境良好。在城市的发展过程中,应着重保护当地生态环境,城市快速发展应与生态环境相平衡。

表 7.3.13 廊坊示范区遥感影像分类像元统计

类型	2013-12-01		2015-03-25	
	像元数	百分比/%	像元数	百分比/%
植被	1877197	34.08	1835074	33.32
水体	64518	1.17	40919	0.74
道路	1219286	22.13	1338962	24.31
建筑用地	545303	9.90	611028	11.09
裸土	1802105	32.72	1682426	30.54

2) 城市热环境高分遥感监测应用示范

结合劈窗算法和 Landsat-8 热红外数据，成功反演了北京城区示范区在三个日期（2013 年 5 月 12 日、2013 年 9 月 1 日、2014 年 10 月 6 日）的地表温度（LST），计算了反映该城市热环境特征的城市热岛强度（UHI），并根据 UHI 的数值范围将城市热岛强度分为四个等级，即强热岛效应（UHI＞0.2）、一般热岛效应（0.1＜UHI≤0.2）、弱热岛效应（0.05＜UHI≤0.1）和无热岛效应（UHI≤0.05），结果如图 7.3.16 所示，统计了它们各自对应的地表温度与城市热岛强度直方图。由图可以看出，基于 Landsat 8 热红外数据反演三个日期的地表温度分别为 300～315K，295～310K 和 290～305K，在空间分布上几乎符合正态分布。对比图 7.3.16 的分类结果可以看出，建筑用地与裸土的地表温度以及城市热岛强度高于植被与水体区域。另外，可以发现北京南城的地表温度高于北城，在一定程度上反映了南城的建筑用地与裸土面积高于北城，同时北城多处水源分布以及植被分布更广泛等原因也降低了其地表温度。

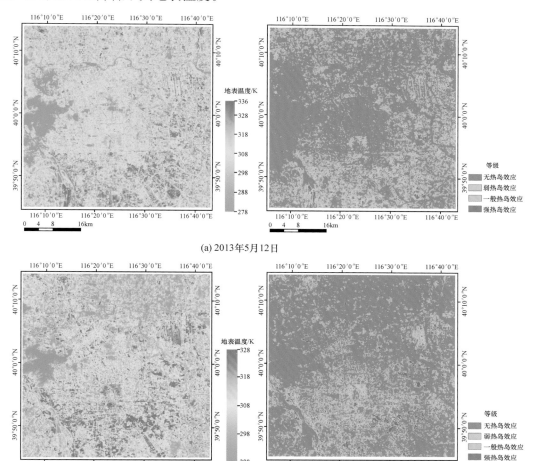

(a) 2013年5月12日

(b) 2013年9月1日

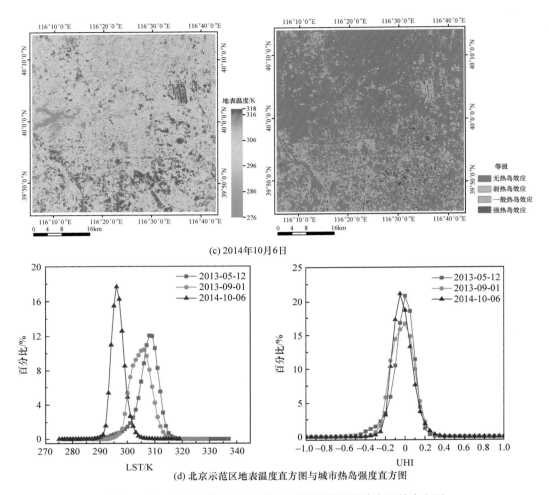

(c) 2014年10月6日

(d) 北京示范区地表温度直方图与城市热岛强度直方图

图 7.3.16　北京示范区地表温度与城市热岛强度分布及其直方图

　　以 2013 年 5 月 12 日数据为例,表 7.3.14 显示了北京示范区城市热岛强度分级统计。桂林和廊坊的地表温度与城市热岛强度结果分别如图 7.3.17 和图 7.3.18 所示。由于在桂林示范区的东侧为轨道交接处,所以 Landsat-8 在该区域缺少同步数据。尽管可用另一轨道数据进行空间填补,但两个相邻轨道的观测时间相差数日,且地表温度存在较大的时间变化,因此为了减少误差,仍旧使用一个轨道的 Landsat-8 热红外数据进行城市热环境分析。此外,从图 7.3.18 可以看出,相比于北京与桂林地表温度分布格局,廊坊城区的不透水层地表温度并不高于植被及其周边地区,甚至城区的地表温度在 2015 年 3 月 15 日反而低于周边地区,平均温度差为 1～2K,表现出明显的冷岛效应,热岛效应出现在示范区的东北方向和东南方向,其原因可能在于郊区的土壤水分较高,水分所具有的较高热容量使其降温速度慢于热容量更小的建筑用地。但根据城市热岛强度空间分布与统计结果可以发现,与北京、桂林类似,廊坊示范区的城市热岛强度也并不明显。

表 7.3.14　2013 年 5 月 12 日北京示范区城市热岛强度分级统计（默认区间）

分级体系	像元数	占总像元的百分比/%	面积/km²
强热岛效应（UHI＞0.2）	18273	0.88	16.45
一般热岛效应（0.1＜UHI≤0.2）	238842	11.53	214.96
弱热岛效应（0.05＜UHI≤0.1）	373820	18.05	336.44
无热岛效应（UHI≤0.05）	1440329	69.54	1296.30
总计	2071264	100	1864.15

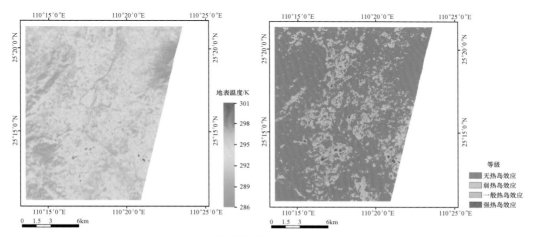

(a) 2013年12月4日

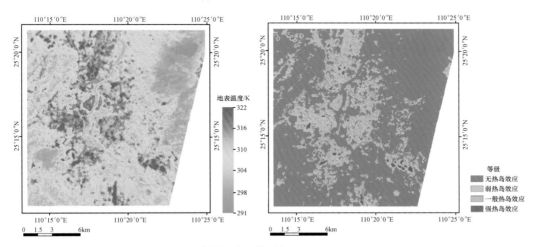

(b) 2014年10月14日

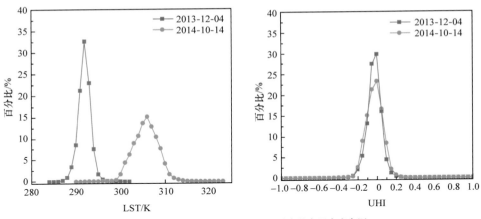

(c) 桂林示范区地表温度直方图与城市热岛强度直方图

图 7.3.17 桂林示范区地表温度与城市热岛强度分布及其直方图

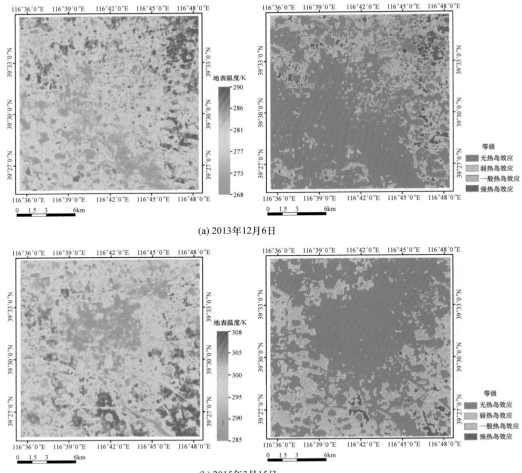

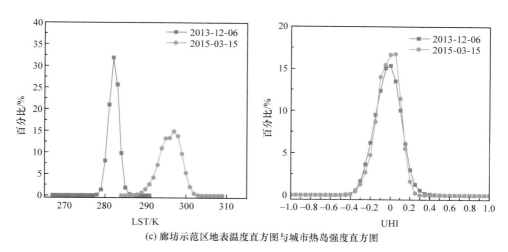

(c) 廊坊示范区地表温度直方图与城市热岛强度直方图

图 7.3.18　廊坊示范区地表温度与城市热岛强度分布及其直方图

7.3.5　生物多样性高分遥感监测应用示范

1. 示范区数据

针对环保部门对生物多样性优先区生态环境监测需求,分别在海南中南部生物多样性优先区、西双版纳生物多样性优先区开展了生物多样性优先区高分遥感监测应用示范,并通过优先区实地考察对示范结果开展了精度验证工作。

海南中南部生物多样性优先区位于海南省的中南部,覆盖面积为 13740km²,主要保护对象为天然林生态系统,重要珍稀濒危动植物物种及各类重要遗传资源。西双版纳生物多样性优先区位于云南省的东部和南部,生物多样性资源丰富,主要保护对象为典型热带天然林生态系统、湿地生态系统以及重要珍稀濒危动植物物种。

在海南中南部示范区进行了实地采样,分别在城镇生态系统、农田生态系统、森林生态系统、湿地生态系统等不同生态系统类型中进行采样,共计 225 点(表 7.3.15)。其中海南中南部生物多样性优先区示范内容包括生态系统多样性与生境类型分类、物种识别与分类两方面,覆盖面积 13740km²,应用高分一号卫星 2m/8m、16m、Landsat TM-5 影像 30m 共 20 景,得到生态系统多样性与生境类型分类、物种识别与分类专题图 5 个,包括 2013 年 12 月海南中南部生物多样性优先区生态系统结构图、2014 年 2 月海南中南部生物多样性优先区生态系统结构图、2008 年 8 月海南中南部生物多样性优先区生态系统结构图、2014 年 6 月海南中南部琼中县中平镇人类活动干扰图、2014 年 6 月海南中南部琼中县中平镇人类活动干扰程度图。西双版纳生物多样性优先区示范内容包括生态系统多样性与生境类型分类、物种识别与分类两方面,覆盖面积 40043km²,应用高分一号卫星 2m/8m、16m、Landsat TM-5 影像 30m 共 28 景,产出生态系统多样性与生境类型分类、物种识别与分类专题图 5 个,包括 2013 年 9 月西双版纳生物多样性优先区生态系统结构图、2014 年 5 月西双版纳生物多样性优先区生态系统结构图、2010 年 2 月西双版纳生物多样性优先区生态系统结构图、2014 年 2 月西双版纳景洪市勐罕镇人类活动干扰图、2014 年 2 月西双版纳景洪市勐罕镇人类活动干扰程度图(表 7.3.16)。

表7.3.15　海南中南部示范区实地采样统计

研究区	城镇生态系统	农田生态系统	森林生态系统	湿地生态系统	灌丛生态系统	裸地	总计
海南中南部示范区	37	41	42	39	29	37	225

表7.3.16　海南中南部示范区遥感影像统计

生物多样性优先区	示范内容	覆盖面积/km²	影像类型	影像个数	专题图个数	产品名称
海南中南部生物多样性优先区	生态系统多样性与生境类型分类	13740	高分一号卫星影像2m/8m、16m Landsat TM-5影像30m	20	3	人类活动干扰图;人类活动干扰程度图;生态系统结构图;人类活动信息统计表
	人类活动				2	
西双版纳生物多样性优先区	生态系统多样性与生境类型分类	40043	高分一号卫星影像2m/8m、16m Landsat TM-5影像30m	28	3	
	人类活动				2	
总计	—	54784	—	48	10	

2. 示范结果与分析

1) 海南中南部生物多样性保护优先区高分遥感监测

以2013年12月和2014年2月高分一号卫星影像为基础对海南中南部生物多样性优先区生态系统多样性与生境类型分类进行监测,获得生态系统结构分布图(图7.3.19)。对

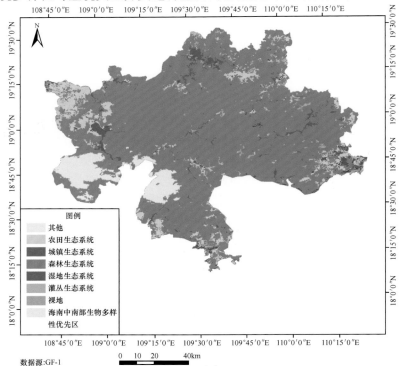

(a) 2013年12月

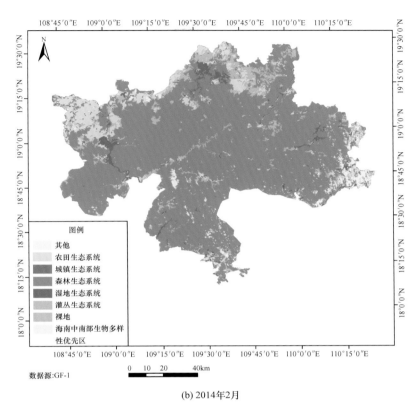

(b) 2014年2月

图 7.3.19　2013 年 12 月和 2014 年 2 月海南中南部生物多样性优先区生态系统结构分布图

监测结果进行统计分析。结果表明,2013 年 12 月和 2014 年 2 月海南中南部生物多样性保护优先区生态系统类型有城镇生态系统、农田生态系统、森林生态系统、湿地生态系统、灌丛生态系统、裸地、其他七类,其占地面积见表 7.3.17。

表 7.3.17　2013 年和 2014 年海南中南部生物多样性保护优先区生态系统类型信息统计表

(单位:km²)

时间(年-月)	城镇生态系统	农田生态系统	森林生态系统	湿地生态系统	灌丛生态系统	裸地	其他	总计
2013-12	88.26	1041.34	11082.66	432.16	191.22	68.52	835.99	13740.15
2014-02	79.25	1032.80	10723.24	341.58	1120.59	19.36	423.33	13740.15

基于 2014 年 6 月高分一号卫星影像对海南中南部琼中县中平镇物种识别与分类进行监测,获得人类活动干扰图和人类活动干扰程度分布图(图 7.3.20)。对该区域人类活动信息统计和人类活动干扰程度进行评价。结果表明,人类活动干扰程度指数 HAI=0.00013,干扰程度等级为微弱。2014 年 6 月海南中南部琼中县中平镇人类活动信息统计见表 7.3.18。

表 7.3.18　2014 年 6 月海南中南部琼中县中平镇人类活动信息统计　(单位:km²)

研究区	农业用地	居民点	道路交通设施	总计
海南中南部琼中县中平镇	11.49	5.85	2.61	19.95

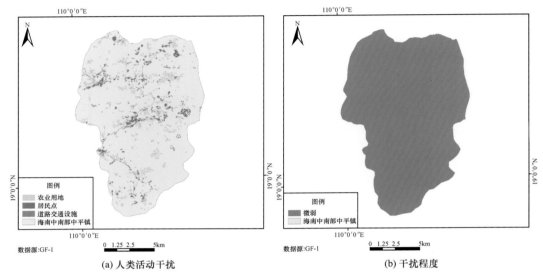

图 7.3.20　2014 年 6 月海南中南部琼中县中平镇人类活动干扰和干扰程度高分遥感监测图

2) 西双版纳生物多样性保护优先区高分遥感监测

利用 2013 年 9 月、2014 年 2 月高分一号卫星影像对西双版纳生物多样性保护优先区生态系统多样性与生境类型分类进行了监测,获得其生态系统结构分布图如图 7.3.21 所示。

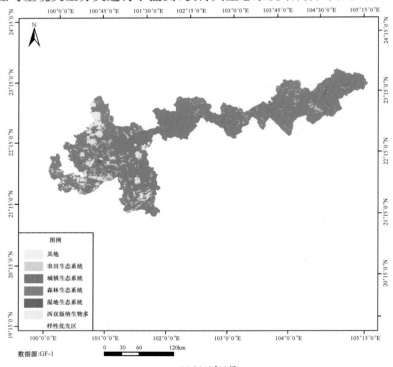

(a) 2013年9月

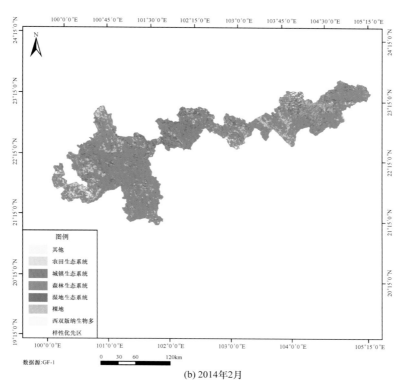

(b) 2014年2月

图 7.3.21　2013 年 9 月和 2014 年 2 月西双版纳生物多样性保护优先区生态系统结构分布图

对西双版纳生物多样性保护优先区生态系统类型进行统计。结果表明,2013 年 9 月生态系统类型有城镇生态系统、农田生态系统、森林生态系统、湿地生态系统、其他五类。2014 年 2 月生态系统类型有城镇生态系统、农田生态系统、森林生态系统、湿地生态系统、裸地、其他六类,各类生态系统的面积见表 7.3.19。

表 7.3.19　2013 年和 2014 年西双版纳生物多样性保护优先区生态系统类型信息统计

(单位:km²)

时间(年-月)	城镇生态系统	农田生态系统	森林生态系统	湿地生态系统	裸地	其他	总计
2013-09	558.61	1007.39	34743.17	267.58	0	3467.21	40043.96
2014-02	640.55	1247.04	36248.20	287.47	70.79	1549.91	40043.96

以 2014 年 2 月高分一号卫星影像为基础对西双版纳景洪市勐罕镇物种识别与分类进行监测,得到西双版纳景洪市勐罕镇人类活动干扰图和人类活动干扰程度图,如图 7.3.22 所示。对其人类活动信息进行统计。结果表明,干扰程度指数 HAI=0.00014,干扰程度等级为微弱。2014 年 2 月西双版纳景洪市勐罕镇人类活动信息统计见表 7.3.20。

表 7.3.20　2014 年 2 月西双版纳景洪市勐罕镇人类活动信息统计表 （单位：km²）

研究区	农业用地	居民用地	人工林	道路交通设施	总计
西双版纳景洪市勐罕镇	37.99	14.00	7.88	4.95	64.82

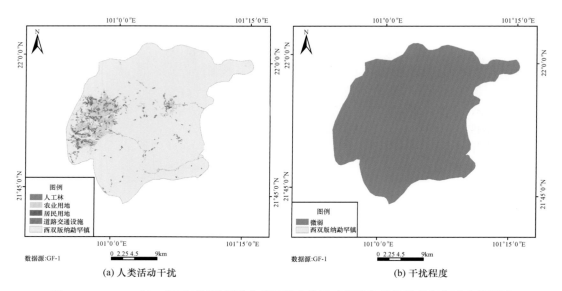

图 7.3.22　2014 年 2 月西双版纳景洪市勐罕镇人类活动干扰和干扰程度高分遥感监测图

参 考 文 献

鲍艳松,刘良云,王纪华,等.2006.利用 ASAR 图像监测土壤含水量和小麦覆盖度[J].遥感学报,10(2):
　　263-271.

曹宝,秦其明,张自力,等.2008.基于特征增强技术的面向对象分类方法[J].水土保持研究,15(1):
　　135-138.

曹小欢,邱雪莹,黄苗.2009.饮用水水源地安全评价指标的分析[J].中国水利,(21):25-28.

曹宇,莫利江,李艳,等.2009.湿地景观生态分类研究进展[J].应用生态学报,20(12):3084-3092.

陈尔学.2004.星载合成孔径雷达影像正射校正方法研究[D].北京:中国林业科学研究院.

陈华丽,陈植华,丁国平.2004.用基于知识的决策树方法分层提取矿区土地类型——以湖北大冶为例[J].
　　国土资源遥感,16(3):49-53.

陈晶,贾毅,余凡.2013.双极化雷达反演裸露地表土壤水分[J].农业工程学报,29(10):109-115,298.

陈炯,贾海峰,杨健,等.2010.基于极化 SAR 的河流有机物污染监测研究[J].环境科学,31(9):
　　2017-2022.

陈良富,徐希孺.1999.热红外遥感中大气下行辐射效应的一种近似计算与误差估计[J].遥感学报,3(3):
　　165-170.

陈鹏飞,杨飞,杜佳.2013.基于环境减灾卫星时序归一化植被指数的冬小麦产量估测[J].农业工程学报,
　　29(11):124-131.

陈婉,李林军,李宏永,等.2013.深圳市蛇口半岛人工填海及其城市热岛效应分析[J].生态环境学报,
　　22(1):157-163.

陈伟涛,张志,王焰新.2009.矿山开发及矿山环境遥感探测研究进展[J].国土资源遥感,21(2):1-8.

陈旭.2004.遥感解译分析矿山开发对生态环境的影响[J].资源调查与环境,25(1):13-17.

陈云浩,冯通,史培军,等.2006.基于面向对象和规则的遥感影像分类研究[J].武汉大学学报(信息科学
　　版),31(4):316-321.

程乾,刘波,李婷,等.2015.基于高分1号杭州湾河口悬浮泥沙浓度遥感反演模型构建及应用[J].海洋环境
　　科学学报,34(4):558-563,577.

崔步礼,常学礼,陈雅,等.2007.黄河口海岸线遥感动态监测[J].测绘科学,32(3):108-109,119,196.

丁晓英,许祥向.2007.应用遥感技术分析韩江河口悬沙的动态特征[J].国土资源遥感,19(3):71-73,110.

方萌,张鹏,徐喆.2006."3S"技术在农作物秸秆焚烧监测中的应用[J].国土资源遥感,18(3):1-4,87.

冯兰娣,孙效功,胥可辉.2002.利用海岸带遥感图像提取岸线的小波变换方法[J].青岛海洋大学学报(自然
　　科学版),32(5):777-781.

付卓,胡吉平,谭衢霖,等.2006.遥感应用分析中影像分割方法[J].遥感技术与应用,21(5):456-462.

高玉川,梁洪有,李家国,等.2011.针对 HJ-1B 的水表温度反演方法研究[J].遥感信息,26(2):9-13.

关元秀,程晓阳.2008.高分辨率卫星影像处理指南[M].北京:科学出版社.

郭达志,郝庆旺.1995.开采沉陷预计与分析的空间模拟[J].中国矿业大学学报,24(3):57-61.

郭冠华,陈颖彪,魏建兵,等.2012.粒度变化对城市热岛空间格局分析的影响[J].生态学报,32(12):
　　3764-3772.

郭舟,杜世宏,张方利.2013.基于高分辨率遥感影像的城市建设区提取[J].北京大学学报(自然科学版),
　　49(4):635-642.

韩宇平,阮本清.2003.区域水安全评价指标体系初步研究[J].环境科学学报,23(2):267-272.

何诚,冯仲科,袁进军,等.2012.高光谱遥感技术在生物多样性保护中的应用研究进展[J].光谱学与光谱分
　　析,32(6):1628-1632.

侯伟,鲁学军,张春晓,等.2010.面向对象的高分辨率影像信息提取方法研究——以四川理县居民地提取为例[J].地球信息科学学报,12(1):119-125.

胡海德,李小玉,杜宇飞,等.2012.生物多样性遥感监测方法研究进展[J].生态学杂志,31(6):1591-1596.

胡潭高,朱文泉,阳小琼,等.2009.高分辨率遥感图像耕地地块提取方法研究[J].光谱学与光谱分析,29(10):2703-2707.

黄慧萍,吴炳方,李苗苗,等.2004.高分辨率影像城市绿地快速提取技术与应用[J].遥感学报,8(1):68-74.

姜杰.2012.基于OMI卫星数据和数值模拟的中国大气SO₂浓度监测与排放量估算[D].南京:南京师范大学.

蒋赛.2009.基于高分辨率遥感影像的渭河水质遥感监测研究[D].西安:陕西师范大学.

金焰,张咏,牛志春,等.2010.环境一号卫星CCD数据在太湖蓝藻水华遥感监测中的应用[J].环境监测管理与技术,22(5):53-56,66.

雷利卿,岳燕珍,孙九林,等.2002.遥感技术在矿区环境污染监测中的应用研究[J].环境保护,30(2):33-36.

李成尊,聂洪峰,汪劲,等.2005.矿山地质灾害特征遥感研究[J].国土资源遥感,17(1):45-48,78.

李丹,陈水森,陈修治.2010.高光谱遥感数据植被信息提取方法[J].农业工程学报,26(7):181-185,386.

李德仁,童庆禧,李荣兴,等.2012.高分辨率对地观测的若干前沿科学问题[J].中国科学:地球科学,42(6):805-813.

李俊生,张兵,申茜,等.2007.航天成像光谱仪CHRIS在内陆水质监测中的应用[J].遥感技术与应用,22(5):593-597.

李敏,崔世勇,李成名,等.2008.面向对象的高分辨率遥感影像信息提取——以耕地提取为例[J].遥感信息,23(6):63-66,89.

李娜,周德民,赵魁义.2011.高分辨率影像支持的群落尺度沼泽湿地分类制图[J].生态学报,31(22):6717-6726.

李四海,恽才兴.2001.河口表层悬浮泥沙气象卫星遥感定量模式研究[J].遥感学报,5(2):154-160.

李素菊,王学军.2003.巢湖水体悬浮物含量与光谱反射率的关系[J].城市环境与城市生态,16(6):66-68.

李文杰,张时煌.2010.GIS和遥感技术在生态安全评价与生物多样性保护中的应用[J].生态学报,30(23):6674-6681.

李小文,王锦地.1995.植被光学遥感模型和植被结构参数化[M].北京:科学出版社.

李鑫川,徐新刚,鲍艳松,等.2012.基于分段方式选择敏感植被指数的冬小麦叶面积指数遥感反演[J].中国农业科学,45(17):3486-3496.

李旭文,牛志春,姜晟.2010.Landsat5 TM遥感影像上太湖蓝藻水华反射光谱特征研究[J].环境监测管理与技术,22(6):25-31.

李炎,商少凌,张彩云,等.2005.基于可见光与近红外遥感反射率关系的藻华水体识别模式[J].科学通报,50(22):2555-2561.

李燕军.2006.植被指数筛选与物种多样性遥感监测模型研究[D].兰州:甘肃农业大学.

梁珊珊,张兵,李俊生,等.2012.环境一号卫星热红外数据监测核电站温排水分布——以大亚湾为例[J].遥感信息,27(2):41-46.

廖秀英,孙九林,吕宁,等.2012.探讨利用SCIAMACHY数据反演温室气体二氧化碳[J].地球物理学进展,27(3):837-845.

林江,陈松林.2013.基于遥感的厦门岛地表温度反演与热环境分析[J].福建师范大学学报(自然科学版),29(2):75-80.

刘文渊,谢亚楠,万智龙,等.2012.不同地表参数变化的上海市热岛效应时空分析[J].遥感技术与应用,27(5):797-803.

刘雪华,孙岩,吴燕. 2012. 光谱信息降维及判别模型建立用于识别湿地植物物种[J].光谱学与光谱分析,32(2):459-464.

刘琰,郑丙辉,万峻,等. 2009. C市饮用水源风险评价实例分析[J].环境科学研究,22(1):52-59.

刘毅,陆春晖,王永,等.2011.利用GOMOS卫星资料研究热带平流层臭氧、二氧化氮和三氧化氮的准两年和半年振荡特征[J].科学通报,56(18):1455-1463.

刘勇,邢育刚,李晋昌.2012.土地生态风险评价的理论基础及模型构建[J].中国土地科学,26(6):20-25.

龙娟.2011.基于光谱特征分析的野鸭湖湿地典型植物信息提取方法研究[D].北京:首都师范大学.

龙娟,宫兆宁,郭道宇,等.2010.基于光谱特征的湿地湿生植物信息提取研究[J].国土资源遥感,22(3):125-129.

卢中正,闫永忠,邱少鹏.2006.黄河上中游地区生态环境质量综合评价[J].地质灾害与环境保护,17(4):61-64.

陆庆珩,查少翔,鲁然英,等.2007.石灰石矿山开采生态环境影响评价的若干问题[J].河南建材,(1):24-26.

陆衍,阚芠芠.2012.基于ETM+影像的田湾核电站温排水影响分析[J].上海国土资源,33(4):44-47.

马广文,赵朝方,石立坚.2008.星载SAR监测海洋溢油污染的初步研究[J].海洋湖沼通报,(2):53-60.

马克平,钱迎倩,王晨.1995.生物多样性研究的现状与发展趋势[J].科技导报,13(1):27-30.

马荣华,孔繁翔,段洪涛,等.2008.基于卫星遥感的太湖蓝藻水华时空分布规律认识[J].湖泊科学,20(6):687-694.

毛克彪,唐华俊,陈仲新,等.2006.一个从ASTER数据中反演地表温度的劈窗算法[J].遥感信息,21(5):7-11.

苗艳艳,樊勇,葛纯朴. 2007. 遥感技术在湖北矿山环境调查中的应用[J].矿业安全与环保,34(5):30-32,90.

莫登奎,林辉,李际平,等.2006.基于均值漂移的高分辨率影像多尺度分割[J].广西师范大学学报:自然科学版,24(4):247-250.

倪绍祥.2005.土地利用覆被变化研究的几个问题[J].自然资源学报,20(6):932-937.

倪绍祥,巩爱歧,王薇娟.2000.环青海湖地区草地蝗虫发生的生态环境条件分析[J].农村生态环境,16(1):5-8.

倪勇强,林洁.2003.河口区治江围涂对杭州湾水动力及海床影响分析[J].海洋工程,21(3):73-77.

潘邦龙,易维宁,王先华,等.2011.基于环境一号卫星超光谱数据的多元回归克里格模型反演湖泊总氮浓度的研究[J].光谱学与光谱分析,31(7):1884-1888.

潘邦龙,易维宁,王先华,等.2012.湖泊水体高光谱遥感反演总磷的地统计算法设计[J].红外与激光工程,41(5):1255-1260.

潘德炉,李淑蔷,毛天明.1997.卫星海洋水色遥感的辐射模式研究[J].海洋与湖沼,28(6):652-658.

潘洁,张鹰.2011.基于Hyperion影像的射阳河口无机氮磷浓度反演研究[J].遥感信息,3(115):88-93.

潘竟虎,董晓峰.2006.基于GIS与QuickBird影像的小流域土壤侵蚀定量评价[J].生态与农村环境学报,22(2):1-5.

齐瑾,张鹏,张文建,等. 2008. 基于SCIATRAN模型的二氧化氮DOAS反演敏感性试验[J]. 气象学报,66(3):396-404.

钱丽萍. 2008. 遥感技术在矿山环境动态监测中的应用研究[J].安全与环境工程,15(4):5-9.

乔家君,毛磊.2009.基于RS,GIS村域农田数据库设计研究——以河南省吴沟村为例[J].农业系统科学与综合研究,25(3):312-316,321.

覃志豪,Karnieli A. 2001.用NOAA-AVHRR热通道数据演算地表温度的劈窗算法[J].国土资源遥感,13(2):33-42.

尚红英,陈建平,李成尊,等.2008.RS 在矿山动态监测中的应用——以新疆稀有金属矿集区为例[J].遥感技术与应用,23(2):189-194.

申彦科,张伟.2014.基于"3S"技术的辽宁省某尾矿库扩容工程生态影响预测与评价[J].林业调查规划,39(1):5-8.

慎佳泓,胡仁勇,李铭红,等.2006.杭州湾和乐清湾滩涂围垦对湿地植物多样性的影响[J].浙江大学学报(理学版),33(3):324-328,332.

史正涛,刘新有.2008.城市水安全研究进展与发展趋势[J].城市规划,2008,32(7):82-87.

苏伟,李京,陈云浩,等.2007.基于多尺度影像分割的面向对象城市土地覆被分类研究——以马来西亚吉隆坡市城市中心区为例[J].遥感学报,11(4):521-530.

孙俊,张慧,王桥,等.2011.利用环境一号卫星热红外通道反演太湖流域地表温度的 3 种方法比较[J].生态与农村环境学报,27(2):100-104.

孙美仙,张伟.2004.福建省海岸线遥感调查方法及其应用研究[J].台湾海峡,23(2):213-218,261.

谭衢霖,高姣姣.2010.面向对象分类提取高分辨率多光谱影像建筑物[J].测绘工程,19(4):30-33,38.

童庆禧,张兵,郑兰芬.2006.高光谱遥感——原理、技术与应用[M].北京:高等教育出版社.

万华伟,王昌佐,李亚,等.2010.基于高光谱遥感数据的入侵植物监测[J].农业工程学报,26(S2):59-63,425.

汪殿蓓,暨淑仪,陈飞鹏.2001.植物群落物种多样性研究综述[J].生态学杂志,20(4):55-60.

王安琪,周德民,宫辉力.2012.基于雷达后向散射特性进行湿地植被识别与分类的方法研究[J].遥感信息,27(2):15-19.

王常颖.2009.基于数据挖掘的遥感影像海岸带地物分类方法研究[D].青岛:中国海洋大学.

王建平,程声通,贾海峰,等.2003.用 TM 影像进行湖泊水色反演研究的人工神经网络模型[J].环境科学,24(2):73-76.

王丽艳,李畅游,孙标.2014.基于 MODIS 数据遥感反演呼伦湖水体总磷浓度及富营养化状态评价[J].环境工程学报,8(12):5527-5534.

王敏,孟浩,白杨,等.2013.上海市土地利用空间格局与地表温度关系研究[J].生态环境学报,22(2):343-350.

王桥,厉青,陈良富,等.2011.大气环境卫星遥感技术及其应用[M].北京:科学出版社.

王桥,魏斌,王昌佐,等.2010.基于环境一号卫星的生态环境遥感监测[M].北京:科学出版社.

王桥,杨一鹏,黄家柱,等.2005.环境遥感[M].北京:科学出版社.

王桥,张峰,刘思含,等.2013.区域生态环境遥感应用综合示范——以太湖流域为例[M].北京:科学出版社.

王庆,廖静娟.2010.基于 SAR 数据的鄱阳湖水体提取及变化监测研究[J].国土资源遥感,22(4):91-97.

王小燕,吴玺,魏来,等.2008.基本农田变化信息在不同空间分辨率卫星影像中的提取方法研究[J].西南农业学报,21(3):724-727.

王晓红,聂洪峰,杨清华,等.2004.高分辨率卫星数据在矿山开发状况及环境监测中的应用效果比较[J].国土资源遥感,16(1):15-18,80.

王彦飞,李云梅,吕恒,等.2011.环境一号卫星高光谱遥感数据的内陆水质监测适宜性——以巢湖为例[J].湖泊科学,23(5):789-795.

王宇,王乘,刘吉平.2003.一种基于数学形态学的遥感图象边缘检测算法[J].计算机工程与应用.39(30):91-93.

王子峰,陈良富,顾行发.2008.基于 MODIS 数据的华北地区秸秆焚烧监测[J].遥感技术与应用,23(6):611-617.

韦玮,李增元,谭炳香,等.2011.基于多角度高光谱 CHRIS 影像的隆宝滩湿地遥感分类方法研究[J].林业科学研究,24(2):159-164.

魏小兰,李震,陈权.2008.S波段雷达数据反演土壤水分的模拟分析和验证[J].地球信息科学,10(1):97-101,108.

吴传庆.2008.基于高光谱技术的湖泊富营养化监测遥感机理研究[D].北京:北京师范大学.

吴虹,杨永德,王松庆.2004.QuickBird-2&SPOT-1矿山生态环境遥感调查试验研究[J].国土资源遥感,16(4):46-49,80.

夏既胜,秦德先,杨树华,等.2006.基于GIS的矿山尾矿库选址方法研究——以个旧锡矿某矿山为例[J].金属矿山,(8):51-54.

徐光宇,徐明德,王海蓉,等.2015.基于GIS的农村环境质量综合评价[J].干旱区资源与环境,29(7):39-46.

徐京萍,张柏,李方,等.2008.基于MODIS数据的太湖藻华水体识别模式[J].湖泊科学,20(2):191-195.

徐良将,黄昌春,李云梅,等.2013.基于高光谱遥感反射率的总氮总磷的反演[J].遥感技术与应用,28(4):681-688.

徐文婷.2004.三峡库区森林植被生物多样性遥感定量监测方法研究[D].北京:中国科学院遥感应用研究所.

徐文婷,颜长珍.2004.1998—2002年我国陆地植被变化探测研究[J].郑州大学学报(理学版),36(2):54-57.

徐晓华.2012.基于卫星遥感数据的中国对流层SO₂时空变化特征及其对酸雨形成的影响[D].南京:南京大学.

徐怡波,赖锡军,周春国.2010.基于ENVISAT ASAR数据的东洞庭湖湿地植被遥感监测研究[J].长江流域资源与环境,19(4):452-459.

薛丹,李成范,雷鸣,等.2013.基于MODIS数据的上海市热岛效应的遥感研究[J].测绘与空间地理信息,36(4):1-3.

闫欢欢,陈良富,陶金花,等.2012.珠江三角洲地区SO₂浓度卫星遥感长时间序列监测[J].遥感学报,16(2):390-404.

闫勇,韩鸿胜.2012.港珠澳大桥对伶仃洋水沙环境的影响[J].水道港口,33(2):113-118.

阎福礼,王世新,周艺,等.2006.利用Hyperion星载高光谱传感器监测太湖水质的研究[J].红外与毫米波学报,25(6):460-464.

杨佩国,胡俊峰,刘睿.2013.HJ-1B卫星热红外遥感影像农田地表温度反演[J].测绘科学,38(1):60-62.

杨妍辰,杨丽萍.2010.利用气象卫星遥感监测沙尘暴[J].内蒙古气象,(2):29-31.

姚延娟,王雪蕾,吴传庆,等.2013.饮用水源地非点源风险遥感提取及定量评估[J].环境科学研究,26(12):1349-1355.

姚延娟,吴传庆,王雪蕾,等.2012.地表饮用水源地安全指数及快速评价方法[J].环境科学与技术,35(1):186-190.

叶智威,覃志豪,宫辉力.2009.洪泽湖区的Landsat TM6地表温度遥感反演和空间差异分析[J].首都师范大学学报(自然科学版),30(1):88-95.

衣强,毛战坡,彭文启.2006.饮用水水源地评价方法研究[J].给水排水,32(S1):6-10.

张朝阳.2006.遥感影像海岸线提取及其变化检测技术研究[D].郑州:中国人民解放军信息工程大学.

张穗,何报寅.2004.河口Ⅱ类水体富营养化的遥感定量方法研究[J].长江科学院院报,21(3):29-31.

张霄宇,林以安,唐仁友,等.2005.遥感技术在河口颗粒态总磷分布及扩散研究中的应用初探[J].海洋学报,27(1):51-56

张艳玲,冯凤英,闫浩文.2010.高分辨率影像农田信息提取方法[J].地理空间信息,8(1):78-80.

张莹,陈良富,陶金花,等.2012.利用卫星红外高光谱资料反演大气甲烷浓度垂直廓线[J].遥感学报,

16(2):232-247.

张永继,闫冬梅,曾峦,等.2005.基于邻域相关信息的海岸线提取方法[J].装备指挥技术学院学报,16(6):88-92.

赵少华,秦其明,张峰,等.2011.基于环境减灾小卫星(HJ-1B)的地表温度单窗反演研究[J].光谱学与光谱分析,31(6):1552-1556.

赵少华,王桥,游代安,等.2015a.高分辨率卫星在国家环境保护领域中的应用[J].国土资源遥感,27(4):1-7.

赵少华,王桥,游代安,等.2015b.卫星红外遥感技术在我国环保领域中的应用与发展分析[J].地球信息科学学报,17(7):855-861.

赵少华,王桥,张峰,等.2014a.高分一号卫星环境遥感应用示范研究[J].航天器工程,23(增刊):118-124.

赵少华,张峰,李自杰,等.2014b.雷达遥感在环境保护工作中的应用概述[J].微波学报,30(1):90-96.

赵少华,张峰,王桥,等.2013.高光谱遥感技术在国家环保领域中的应用[J].光谱学与光谱分析,33(12):3343-3348.

赵汀.2007.基于遥感和GIS的矿山环境监测与评价——以江西德兴铜矿为例[D].北京:中国地质科学院.

郑丙辉,张远.2008.我国流域水污染控制任重道远[J].环境保护与循环经济,28(6):6-7.

郑新江,罗静宁,刘征.2001.FY-1C气象卫星在沙尘暴监测中的应用[J].上海航天,18(1):55-60.

周春艳,厉青,张丽娟,等.2016.遥感监测2005~2015年中国NO2时空特征及分析影响因素[J].遥感技术与应用,31(6):1190-1200.

周春艳,王萍,张振勇,等.2008.基于面向对象信息提取技术的城市用地分类[J].遥感技术与应用,23(1):31-35,123.

周纪,李京,赵祥,等.2011.用HJ-1B卫星数据反演地表温度的修正单通道算法[J].红外与毫米波学报,30(1):61-67.

周立国,冯学智,王春红,等.2008.太湖蓝藻水华的MODIS卫星监测[J].湖泊科学,20(2):203-207.

周孝明,王宁,吴骅.2012.两种高光谱热红外数据大气校正方法的分析与比较[J].遥感学报,16(4):796-808.

周义,覃志豪,包刚.2013.热红外遥感图像中云覆盖像元地表温度估算初论[J].地理科学,33(3):329-334.

周颖,巩彩兰,匡定波,等.2012.基于环境减灾卫星热红外波段数据研究核电厂温排水分布[J].红外与毫米波学报,31(6):544-549.

朱党生,张建永,程红光,等.2010.城市饮用水水源地安全评价(Ⅰ):评价指标和方法[J].水利学报,41(7):778-785.

邹亚荣,梁超,陈江麟,等.2011.基于SAR的海洋溢油监测最佳探测参数分析[J].海洋学报,33(1):36-44.

邹亚荣,王华,邹斌.2008.基于CFAR海上溢油检测研究[J].遥感技术与应用,23(6):629-632.

Achterberg E P,Braungardt C,Morley N H,et al. 1999. Impact of Los Frailes Mine spill on riverine,estuarine and coastal waters in southern Spain[J]. Water Research,33(16):3387-3394.

Aguirre-Gutiérrez J,Seijmonsbergen A C,Duivenvoorden J F. 2012. Optimizing land cover classification accuracy for change detection,a combined pixel-based and object-based approach in a mountainous area in Mexico[J]. Applied Geography,34:29-37.

Apan A A,Raine S R,Paterson M S,et al. 2002. Mapping and analysis of changes in the riparian landscape structure of the Lockyer Valley Catchment,Queensland,Australia[J]. Landscape and Urban Planning,59(1):43-57.

Baatz M,Arini N,Schape A,et al. 2006. Object-oriented image analysis for high content screening:Detailed quantification of cells and sub cellular structures with the Cellenger software[J]. Cytometry Part A,69(7):652-658.

Baatz M,Schape A. 2000. Multiresolution segmentation:An optimization approach for high quality multi-scale image segmentation[J]. Angewandte Geographis Information Sverarbeitung,12(12):12-23.

Balling Jr R C,Brazel S W. 1988. High-resolution surface temperature patterns in a complex urban terrain photogram[J]. Engineering Remote Sensing Technology,54(9):1289-1293.

Barnaba F,Putaud J P,Gruening C,et al. 2010. Annual cycle in co-located in situ,total-column,and height-resolved aerosol observations in the Po Valley(Italy):Implications for ground-level particulate matter mass concentration estimation from remote sensing [J]. Journal of Geophysical Research:Atmospheres,115(D19):1-22.

Bentz C M,Lorenzzetti J A,Kampel M. 2004. Multisensor synergistic analysis of mesoscale oceanic features:Campos Basin,south-eastern Brazil[J]. International Journal of Remote Sensing,25(25):4835-4841.

Beynon M. 2002. An analysis of distributions of priority values from alternative comparison scales within AHP[J]. European Journal of Operational Research,140(1):104-117.

Brazel A J,Brazel S W,Balling Jr R C. 1988. Recent changes in smoke/haze events in Phoenix,Arizona[J]. Theoretical and Applied Climatology,39(2):108-113.

Brekke C,Solberg A H S. 2005. Oil spill detection by satellite remote sensing[J]. Remote Sensing of Environment,95(1):1-13.

Canny J. 1986. A computational approach to edge detection[J]. IEEE Transactions on Pattern Analysis and Machine Intelligence,8(6):679-698.

Carder K L,Chen F R,Lee Z P,et al. 1999. Semianalytic moderate-resolution imaging spectrometer algorithms for chlorophyll-a and absorption with bio-optical domains based on nitrate-depletion temperatures[J]. Journal of Geophysical Research,104(C3):5403-5421.

Chahine M. 1970. Inverse problems in radiative transfer determination of atmospheric parameter[J]. Journal of the Atmospheric Sciences,27(6):960-967.

Chang N B,Xuan Z,Yang Y J. 2013. Exploring spatiotemporal patterns of phosphorus concentrations in a coastal bay with MODIS images and machine learning models[J]. Remote Sensing of Environment,134(4):100-110.

Chen J G,Zhou W H,Chen Q. 2012. Reservoir sedimentation and transformation of morphology in the lower yellor river during 10 year's initial operation of the Xiaolangdi reservoir[J]. Journal of Hydrodynamics,24(6):914-924.

Chen S S,Fang L G,Li H L,et al. 2011. Evaluation of a three-band model for estimating chlorophyll-a concentration in tidal reaches of the Pearl River Estuary,China[J]. ISPRS Journal of Photogrammetry and Remote Sensing,66(3):356-364.

Cheng Y F,Eichler H,Wiedensohler A,et al. 2008. Relative humidity dependence of aerosol optical properties and direct radiative forcing in the surface boundary layer of at Xinken in Pearl River Delta of China:An observation based numerical study[J]. Atmospheric Environment,doi. 10. 1016/j. atmosenv. 2008. 04. 009.

Cloutis E A. 1996. Review article hyperspectral geological remote sensing:Evaluation of analytical techniques[J]. International Journal of Remote Sensing,17(12):2215-2242.

Cloutis E A. 1999. Hyperspectral geological remote sensing:Evaluation of analytical techniques[J]. Remote Sensing,17(12):2215-2224.

Coll C,Caselles V. 1997. A split-window algorithm for land surface temperature from advanced very high resolution radiometer data:Validation and algorithm comparison[J]. Journal of Geophysical Research,102:16697-16713.

Coops H,Hanganu J,Tudor M,et al. 1999. Classification of Danube Delta lakes based on aquatic vegetation and turbidity[J]. Hydrobiologia,415(415):187-191.

Darvishzadeh R,Atzberger C,Skidmore A K,et al. 2009. Leaf area index derivation from hyperspectral vegetation indices and the red edge position[J]. International Journal of Remote Sensing,30(23):6199-6218.

Dave J V,Mateer C L. 1967. A preliminary study of the possibility of estimating total atmospheric ozone from satellite measurements[J]. Journal of the Atmospheric Sciences,24(4):414-427.

Dekker A G,Vos R J,Peters S W M. 2001. Comparison of remote sensing data,model results and in situ data for total suspended matter (TSM) in the southern Frisian Lakes[J]. Science of the Total Environment,268(1/2/3):197-214.

Dekker A G,Peters S W M. 1993. Use of the thematic mapper for the analysis of eutrophic lakes:A case study in the Netherlands[J]. International Journal of Remote Sensing,14(5):799-822.

del Frate F,Petrocchi A,Lichtenegger J,et al. 2000. Neural networks for oil spill detection using ERS-SAR data[J]. IEEE Transactions on Geoscience & Remote Sensing,38(5):2282-2287.

Donald S F. 1991. A general regression neural network[J]. IEEE Transactions on Neural Networks,2(6),568-576.

Espedal H A,Johannessen O M. 2000. Detection of oil spills near offshore installations using synthetic aperture radar (SAR)[J]. International Journal of Remote Sensing,21(11):2141-2144.

Feng D G,Li X J,Siu W C. 1997. Optimal sampling schedule design for positron emission tomography data acquisition[J]. Control Engineering Practice,5(12):1759-1766.

Ferrier G. 1999. Application of imaging spectrometer data in identifying environmental pollution caused by mining at Rodaquilar,Spain[J]. Remote Sensing of Environment,68(2):125-137.

Ferrier G,Hudson-Edwards K A,Pope R J. 2009. Characterisation of the environmental impact of the Rodalquilar mine,Spain by ground-based reflectance spectroscopy[J]. Journal of Geochemical Exploration,97(1):11-19.

Fiscella B,Giancaspro A,Nirchio F,et al. 2000. Oil spill detection using marine SAR images[J]. International Journal of Remote Sensing,21(18):3561-3566.

Fisher J B,Tu K P,Baldocchi D D. 2008. Global estimates of the land-atmosphere water flux based on monthly AVHRR and ISLSCP-II data,validated at 16 FLUXNET sites[J]. Remote Sensing of Environment,112(3):901-919.

Forget F,Hourdin F,Fournier R,et al. 1999. Improved general circulation models of the Martian atmosphere from the surface to above 80km[J]. Journal of Geophysical Research Atmospheres,104(E10):155-176.

Gade M,Rud O,Ishii M. 1998. Monitoring algae blooms in the Baltic Sea by using spaceborne optical and microwave sensors[J]. Geoscience and Remote Sensing Symposium Proceedings,2:754-756.

Gillespie T W,Foody G M,Rocchoni D,et al. 2008. Measuring and modelling biodiversity from space[J]. Progress in Physical Geography,32:203-221.

Gordon H R,Morel A Y. 1983. Remote Assessment of Ocean Color for Interpretation of Satellite Visible Imagery:A Review[M]. New York:Springer-Verlag.

Harken J,Sugumaran R. 2005. Classification of Iowa wetlands using an airborne hyperspectral image:A comparison of the spectral angle mapper classifier and an object-oriented approach[J]. Canadian Journal of Remote Sensing,31(2):167-174.

Hofmann P,Lettmayer P,Blaschke T,et al. 2015. Towards a framework for agent-based image analysis of remote-sensing data[J]. International Journal of Image and Data Fusion,6(2):115-137.

Holmström H,Öhlander B. 1999. Oxygen penetration and subsequent reactions in flooded sulphidic mine tailings:A study at Stekenjokk,northern Sweden[J]. Applied Geochemistry,14(6):747-759.

Hu C M,Lee Z P,Ma R H,et al. 2010. Moderate Resolution Imaging Spectroradiometer (MODIS) observations of cyanobacteria blooms in Taihu Lake,China[J]. Journal of Geophysical Research:Oceans,115(C4):C04002.

Huggel C M,Kääb A,Haeberli W,et al. 2002. Remote sensing based assessment of hazards from glacier lake outbursts:A case study in the Swiss Alps[J]. Canadian Geotechnical Journal,39(2):316-330.

James A L,Roulet N T. 2006. Investigating the applicability of end-member mixing analysis (EMMA) across scale:A study of eight small,nested catchments in a temperate forested watershed[J]. Water Resources Research,42(8):375-387.

John M. 2008. Assessing land use and land cover change in the Wassa West District of Ghana using remote sensing[J]. Geological Journal,71(4):249-259.

Kanaa T F N,Tonye E,Mercier G,et al. 2003. Detection of oil slick signatures in SAR images by fusion of hysteresis thresholding responses[J]. Geoscience and Remote Sensing,4:2750-2752.

Karathanassi V,Topouzelis K,Pavlakis P,et al. 2006. An object-oriented methodology to detect oil spills[J]. International Journal of Remote Sensing,27(23):5235-5251.

Kidder S Q,Wu H T. 1987. A multispectral study of the St. Louis area under snow-covered conditions using NOAA-7 AVHRR data[J]. Remote Sensing of Environment,22(2):159-172.

Lee Z P,Peacock T G,Davis C O. 1996. Method to derive ocean absorption coefficients from remote-sensing reflectance[J]. Applied Optics,3(35):453-462.

Li W H,Weeks R,Gillespie A R. 1998. Multiple scattering in the remote sensing of natural surfaces[J]. International Journal of Remote Sensing,19(9):1725-1740.

Lorenc A C. 1986. Analysis methods for numerical weather prediction[J]. Quarterly Journal of the Royal Meteorological Society,112(474):1177-1194.

Lorenc A C. 1988. Optimal nonlinear objective analysis[J]. Quarterly Journal of the Royal Meteorological Society,114(479):205-240.

Ma Y M,Tsukamoto O,Ishikawa H. 2002. Remote sensing parameterization of the processes of energy and water cycle over desertification areas[J]. Science in China Series D:Earth Sciences,45(1):47-53.

Mansor S B,Cracknell A P,Shilin B V,et al. 1994. Monitoring of underground coal fires using thermal infrared data[J]. International Journal of Remote Sensing,15(8):1675-1685.

McMillin L M. 1975. Estimation of sea surface temperatures from two infrared window measurements with different absorption[J]. Journal of Geophysical Research Atmospheres,80(36):5113-5117.

Morel A,Prieur L. 1977. Analysis of variations in ocean color[J]. Limnology and Oceanography,22(4):709-722.

Mu Q,Zhao M,Running S W. 2011. Improvements to a MODIS global terrestrial evapotranspiration algorithm[J]. Remote Sensing of Environment,115(8):1781-1800.

Nagendra H. 2001. Using remote sensing to assess biodiversity[J]. International Journal of Remote Sensing,22(12):2377-2400.

Oh Y,Sarabandi F T,Ulaby F. 1992. An empirical model and an inversion technique for radar scattering from bare soil surfaces[J]. IEEE Transactions on Geoscience and Remote Sensing,30(2):370-381.

Penman H L. 1948. Natural evaporation from open water,hare soil and grass[J]. Proceedings of the Royal Society of London,193(1032):120-145.

Priestley C H B,Taylor R J. 1972. On the assessment of surface heat and evaporation ration using large scale parameters[J]. Monthly Weather Review,100:81-92.

Qiao Y L,Ma B Z,Feng J L. 2000. Study on monitoring farmland by using remote sensing and GIS in Shanxi

China[J]. Advances in Space Research,26(7):1059-1064.

Qin Z,Karnieli A,Berliner P. 2001. A mono-window algorithm for retrieving land surface temperature from Landsat TM data and its application to the Israel-Egypt border region[J]. International Journal of Remote Sensing,22(18):3719-3746.

Rajasekar U J,Weng Q H. 2009. Application of association rule mining for exploring the relationship between urban land surface temperature and biophysical/social parameters[J]. Photogrammetric Engineering and Remote Sensing,4(75):385-396.

Rodgers C D. 2000. Inverse Methods for Atmospheric Sounding: Theory and Practice[M]. London: World Scientific Publishing.

Silió-Calzada A，Bricaud A，Gentili B. 2008. Estimates of sea surface nitrate concentrations from sea surface temperature and chlorophyll concentration in upwelling areas: A case study for the Benguela system[J]. Remote Sensing of Environment,112(6):3173-3180.

Snyder W C,Wan Z,Zhang Y,et al. 1998. Classification-based emissivity for land surface temperature measurement from space[J]. International Journal of Remote Sensing,19(14):2753-2774.

Sobrino J A,Raissouni N. 2000. Toward remote sensing methods for land cover dynamic monitoring: Application to Morocco[J]. International Journal of Remote Sensing,2(21):353-366.

Solberg A H S,Dokken S T，Solberg R. 2004. Automatic detection of oil spills in ENVISAT,Radarsat,and ERS SAR images[C]//2003 IEEE International Geoscience and Remote Sensing Symposium,Toulouse.

Streutker D R. 2002. A remote sensing study of the urban heat island of Houston,Texas[J]. International Journal of Remote Sensing,23(13):2595-2608.

Streutker D R. 2003. Satellite-measured growth of the urban heat island of Houston,Texas[J]. Remote Sensing of Environment,85(3):282-289.

Sun D,Qiu Z,Li Y,et al. 2014. Detection of total phosphorus concentrations of turbid inland waters using a remote sensing method[J]. Water Air & Soil Pollution,225(5):1953.

Tanawa E,Tchapnga H B D,Ngnikam E,et al. 2002. Habitat and protection of water resources in suburban areas in African cities[J]. Building and Environment,37(3):269-275.

Tanre D,Vermote E，Holben B N. 1992. Satellite aerosols retrieval over land surfaces using the structure functions[J]. Annual International Geoscience and Remote Sensing Symposium,2:1474-1477.

Turner W,Spector S,Gardiner N,et al. 2003. Remote sensing for biodiversity science and conservation[J]. Trends in Ecology & Evolution,18(6):306-314.

Ulaby F T,Sarabandi K,McDonald K. 1978. Michigan microwave canopy scattering model[J]. International Journal of Remote Sensing,11(7):1223-1253.

van den Berg M S,Scheffer M,van Nes E,et al. 1999. Dynamics and stability of Chara sp. and Potamogeton pectinatus in a shallow lake changing in eutrophication level[J]. Hydrobiologia,408(9):335-342.

Vapnik V N. 1995. Controlling the Generalization Ability of Learning Processes[M]//The Nature of Statistical Learning Theory. New York:Springer.

Wan Z M,Dozier J. 1996. A generalized split-window algorithm for retrieving land-surface temperature from space[J]. IEEE Transactions on Geoscience and Remote Sensing,34(4):892-905.

Wan Z M,Li Z L. 1997. A physics-based algorithm for retrieving land-surface emissivity and temperature from EOS/MODIS data[J]. IEEE Transactions on Geoscience and Remote Sensing,35(4):980-996.

Wang K C,Dickinson R E. 2012. A review of global terrestrial evapotranspiration:Observation,modeling,climatology and climatic variability[J]. Reviews of Geophysics,50(2):RG2005.

Wang Y Q,Shi J C,Liu Z H,et al. 2013. Retrieval algorithm for microwave surface emissivities based on multi-source,remote-sensing data:An assessment on the Qinghai-Tibet Plateau[J]. Science China Earth Sciences,56(1):93-101.

Wang Z F,Chen L F,Tao J H,et al. 2010. Satellite-based estimation of regional particulate matter (PM) in Beijing using vertical-and-RH correcting method[J]. Remote Sensing of Environment,114(1):50-63.

Wu C,Wu J,Qi J,et al. 2010. Empirical estimation of total phosphorus concentration in the mainstream of the Qiantang River in China using Landsat TM data[J]. International Journal of Remote Sensing,31(9): 2309-2324.

Yao Y J, Liang S L, Liu S M, et al. 2013. MODIS-driven estimation of terrestrial latent heat flux in China based on a modified Priestley-Taylor algorithm[J]. Agricultural and Forest Meteorology,171(172): 187-202.

Zandbergen E G,de Haan R J,Stoutenbeek C P,et al. 1998. Systematic review of early prediction of poor outcome in anoxicischaemic coma[J]. The Lancet,352(9143):1808-1812.